ベーシック
生化学

畑山 巧 編著

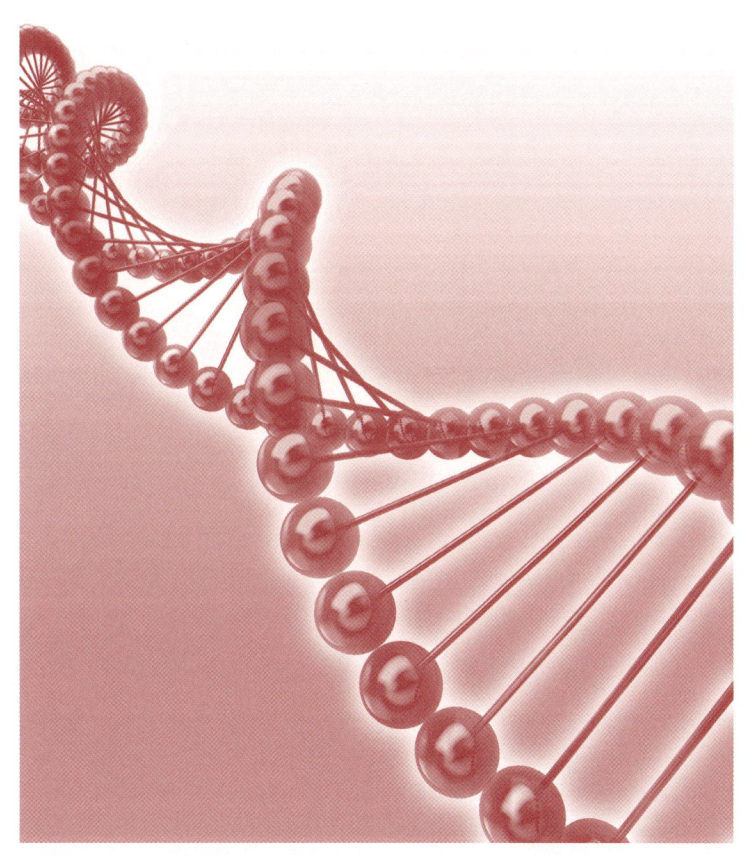

化学同人

◆**編　者**

畑山　巧　　京都薬科大学生命薬科学系生化学分野　教授

◆**著　者**(五十音順)

井上　幸江	山陽小野田市立山口東京理科大学薬学部薬学科　教授	22 章
今岡　進	関西学院大学生命環境学部生命医科学科　教授	序, 2, 3, 4, 5, 13 章
大塚　健三	中部大学　名誉教授	9, 10, 11, 12, 14, 17 章
中井　彰	山口大学大学院医学系研究科医化学分野　教授	18, 21, 22, 23, 24 章
畑山　巧	京都薬科大学生命薬科学系生化学分野　教授	1, 6, 15, 19, 20 章
藤本　充章	山口大学大学院医学系研究科医化学分野　准教授	18, 23 章
山岸　伸行	摂南大学薬学部薬学科　教授	7, 8, 16 章

まえがき

 元来，心のなかに芽生えた"何故"という素朴な疑問や好奇心によって，科学は発達・進歩してきたといえる．そのなかでも，生命現象を分子のレベルで化学的に解明しようとする科学が生化学である．現在までの膨大な生化学研究の結果，地球上の生物は非常に多様であるにもかかわらず，ヒトのような高等生物から細菌などの原核生物までが共通の原理にもとづいて生命を営んでいること，そして地球上の生物は，共通の物質のあり合わせの寄せ集めによって生存に有利な生物が生き残り，進化を遂げてきたことが明らかにされてきた．

 現在，生命現象の解明のおもしろさよりも，直接的に社会の利益として還元される成果が強く要求される風潮が高まっている．しかし，知的好奇心を満たし，生命の基本的現象を明らかにしていくことは，応用科学の基礎を築き，生命科学全体の進歩に必要な知識を追加するものであり，今すぐに役立たないように見えても，むしろ将来の飛躍発展に寄与するものである．たとえば，基本的な生命現象を明らかにすることは，その異常によって引き起こされるさまざまな病気の解明や治療法の開発につながり，医学的にも重要である．

 本書は，このような興味深い生化学の基本を学び理解するためのテキストである．限られたスペースで生化学の基礎を解説するために，できる限り基本的な事項を選び，基本原理を論理的に理解できるように心がけた．そのためには基本的な用語を理解し身につけることも必要である．本書では用語解説を設けるとともに，生化学の知識を身近な事象と関連づけて興味をもてるよう，数多くのコラムを用意している．さらに章末問題に取り組めば，各章の重要な基本事項の理解を確認できるだろう．

 また，あらゆる生物において，本書に登場する個々の反応や代謝は独立して存在するのではなく，相互に作用しあい，統合的に制御されている．つねに代謝の全体像を思い描きながら読み進むように心がけて欲しい．

 生命の不思議に興味をもつ多くの読者に，生化学のエッセンスを本書によって感じて頂ければ幸いである．また，本書は医学，薬学，農学，生命科学などをはじめとする幅広い分野の学生が生化学の基礎を習得し，さらに発展しうるための知識を与えるものと確信している．

 最後に，本書の出版にあたって化学同人編集部の山田歩氏に終始お世話になったことを記して，深く感謝する．

2009 年 3 月

畑山 巧

主要目次

序　章　生化学の基礎

Ⅰ．生体分子の構造と機能
第1章　タンパク質
第2章　糖　質
第3章　脂　質
第4章　生体膜
第5章　機能性タンパク質
第6章　核　酸

Ⅱ．酵　素
第7章　酵素触媒
第8章　ビタミン

Ⅲ．生体エネルギーと代謝
第9章　代　謝
第10章　糖質の代謝
第11章　グリコーゲン代謝と糖新生
第12章　クエン酸サイクル
第13章　電子伝達系と酸化的リン酸化
第14章　光合成
第15章　脂質代謝
第16章　アミノ酸代謝
第17章　代謝の統合
第18章　シグナル伝達
第19章　ヌクレオチド代謝

Ⅳ．遺伝子の複製と発現
第20章　DNAの複製と修復，組換え
第21章　転写とRNAプロセシング
第22章　タンパク質の合成と成熟
第23章　遺伝子・機能の解析技術
第24章　遺伝子発現と細胞の増殖，分化，死

目　　次

序　章　生化学の基礎 ... 1
- 0.1　生命とは何か　1
- 0.2　生命と水　2
- 0.3　代　謝　5
- 0.4　細胞の構造と機能　6
- 章末問題　12

Ⅰ．生体分子の構造と機能

第1章　タンパク質 ... 14
- 1.1　アミノ酸　14
- 1.2　タンパク質　18
- コラム　プロテオームとは何か　24
- 章末問題　26

第2章　糖　質 ... 27
- 2.1　単　糖　27
- 2.2　ペントースとヘキソース　29
- 2.3　単糖の誘導体　31
- 2.4　二糖とオリゴ糖　31
- 2.5　多　糖　33
- 2.6　複合糖質　36
- コラム　なぜグリコーゲンで貯蓄するのか　34　■　ウイルスと糖　37
- 章末問題　38

第3章　脂　質 ... 39
- 3.1　脂質の分類　39
- 3.2　脂肪酸　40
- 3.3　トリアシルグリセロール　41
- 3.4　リン脂質　42

vi 目次

    3.5　糖脂質　45
    3.6　ステロイド　46
    コラム　コレステロールは悪者か　47
    章末問題　47

第4章　生体膜 …… 49

    4.1　生体膜の構造　49
    4.2　膜タンパク質　53
    4.3　生体膜の機能　55
    コラム　細胞のコミュニケーション　57
    章末問題　58

第5章　機能性タンパク質 …… 59

    5.1　細胞骨格タンパク質　59
    5.2　輸送タンパク質　63
    5.3　受容体タンパク質　65
    コラム　筋細胞のアクチンとミオシン　62　■　ABCトランスポーター　64　■　K^+チャネルタンパク質　65
    章末問題　66

第6章　核　酸 …… 67

    6.1　塩基，ヌクレオシドとヌクレオチド　67
    6.2　DNAとRNA　69
    6.3　染色体の構造　77
    コラム　DNAとRNAの化学的安定性　73
    章末問題　78

II．酵　素

第7章　酵素触媒 …… 80

    7.1　酵素の一般的性質　80
    7.2　酵素反応の特性と反応様式　81
    7.3　補酵素・微量金属の役割　84
    7.4　酵素活性の測定　86
    7.5　酵素反応速度論　87
    7.6　酵素反応の阻害　91
    7.7　酵素活性の調節機構　96

7.8 酵素の細胞内分布　98
コラム　RNA ワールド　99
章末問題　99

第8章　ビタミン　101

8.1 脂溶性ビタミン　101
8.2 水溶性ビタミン　104
コラム　ビタミン発見物語　111
章末問題　112

Ⅲ．生体エネルギーと代謝

第9章　代　謝　114

9.1 異化と同化　114
9.2 生化学的反応における自由エネルギー　115
9.3 ATPと高エネルギー化合物　116
9.4 酸化還元電位と自由エネルギー変化　118
コラム　共役反応　115
章末問題　121

第10章　糖質の代謝　123

10.1 糖質の消化・吸収，体内運搬　123
10.2 解 糖 系　125
10.3 ピルビン酸の嫌気的代謝　128
10.4 解糖の調節　129
10.5 グルコース以外のヘキソースの代謝　130
10.6 ペントースリン酸経路　132
10.7 グルクロン酸経路　134
コラム　お酒の代謝　129　■　NADPHの抗酸化作用　134　■　ヒトはなぜビタミンCを合成できないのか　135
章末問題　136

第11章　グリコーゲン代謝と糖新生　137

11.1 グリコーゲンの分解　137
11.2 グリコーゲン合成　139
11.3 グリコーゲン代謝の制御　140
11.4 糖 新 生　143

11.5 糖新生の前駆体　146
11.6 糖新生の調節　147
章末問題　148

第12章　クエン酸サイクル　148

12.1 クエン酸サイクルの概要　149
12.2 ピルビン酸からアセチル CoA へ　151
12.3 クエン酸サイクルの酵素反応　153
12.4 クエン酸サイクルの調節　154
12.5 クエン酸サイクルの関連反応　156
コラム　クエン酸サイクル補充反応の重要性　157
章末問題　159

第13章　電子伝達系と酸化的リン酸化　161

13.1 ミトコンドリア　161
13.2 電子伝達系　162
13.3 酸化的リン酸化　167
13.4 電子伝達系および酸化的リン酸化の阻害剤　171
コラム　スーパーオキシド　172
章末問題　172

第14章　光合成　173

14.1 光合成の概略　173
14.2 葉緑体とクロロフィル　174
14.3 明反応（光依存反応）　177
14.4 暗反応（光非依存反応）　179
コラム　光合成装置の分布　177　■　明反応の電子伝達を阻害する除草剤　184
章末問題　184

第15章　脂質代謝　185

15.1 脂質の消化と吸収　185
15.2 脂質の体内運搬　185
15.3 脂肪酸の貯蔵と動員　188
15.4 脂肪酸の分解　189
15.5 ケトン体の生成　192
15.6 脂肪酸の生合成　193
15.7 トリアシルグリセロールの合成　197

15.8　グリセロリン脂質の合成　199
15.9　スフィンゴ脂質の合成　200
15.10　エイコサノイドの合成　201
15.11　コレステロールの代謝　202
コラム　肥満　199
章末問題　205

第16章　アミノ酸代謝 ········· 207

16.1　タンパク質の消化・吸収と体内運搬　207
16.2　細胞内のタンパク質の分解　207
16.3　アミノ酸の異化　208
16.4　アミノ酸の生合成　222
16.5　特殊な生体成分の生合成　223
コラム　ポルフィリン症と吸血鬼伝説　209
章末問題　228

第17章　代謝の統合 ········· 229

17.1　代謝の概観　229
17.2　臓器での代謝　230
17.3　ホルモンによる血糖値の調節　232
17.4　エネルギー代謝の乱れ　236
コラム　血糖値を低下させるホルモンは一つだけ　234　■　エネルギー倹約遺伝子　237
章末問題　239

第18章　シグナル伝達 ········· 241

18.1　シグナル分子の細胞外経路　241
18.2　受容体とその活性化機構　243
18.3　Gタンパク質共役型受容体の細胞内シグナル伝達経路　245
18.4　酵素共役型受容体の細胞内シグナル伝達経路　248
コラム　シグナル伝達と病気　250
章末問題　250

第19章　ヌクレオチド代謝 ········· 251

19.1　デノボ経路によるヌクレオチドの合成　251
19.2　デオキシリボヌクレオチドの合成　255
19.3　チミジンヌクレオチドの合成　256
19.4　サルベージ経路によるヌクレオチドの合成　257

19.5 ヌクレオシド三リン酸の合成　258
19.6 ヌクレオチドの分解　259
  コラム　ソリブジン薬害　261
  章末問題　262

Ⅳ. 遺伝子の複製と発現

第20章　DNA の複製と修復，組換え　264
20.1 DNA ポリメラーゼ　264
20.2 DNA 複製　266
20.3 DNA 修復　273
20.4 DNA の組換え　275
  章末問題　276

第21章　転写と RNA プロセシング　277
21.1 RNA ポリメラーゼ　277
21.2 原核細胞における転写　278
21.3 真核細胞における転写　280
21.4 転写後プロセシング　282
21.5 転写のスイッチの基本原理——オペロン　285
21.6 真核細胞の転写調節　287
  コラム　ヒストンの修飾　289
  章末問題　290

第22章　タンパク質の合成と成熟　291
22.1 遺伝暗号　291
22.2 トランスファー RNA とアミノアシル化　293
22.3 リボソーム　294
22.4 タンパク質の生合成　295
22.5 タンパク質の合成を阻害する抗生物質　299
22.6 タンパク質の輸送と局在化　300
22.7 タンパク質の翻訳後修飾　302
  コラム　タンパク質が凝集すると…　302　■　ミトコンドリアのタンパク質合成　303
  章末問題　303

第23章　遺伝子機能の解析技術 ································· *305*

- 23.1　DNAクローニング　305
- 23.2　DNAライブラリー　308
- 23.3　PCR法による遺伝子増幅　309
- 23.4　DNA塩基配列の決定法　310
- 23.5　外来遺伝子の細胞での発現　312
- 23.6　遺伝子改変生物　312
- 23.7　核酸のハイブリッド形成を利用した遺伝子解析　315
- 23.8　遺伝子解析技術の医療分野での応用　316
- 23.9　遺伝子治療　317

コラム　自分のゲノムを知る　311
章末問題　318

第24章　遺伝子発現と細胞の増殖，分化，死 ················ *319*

- 24.1　細胞の誕生と分化　319
- 24.2　発生の進行と遺伝子発現プログラム　321
- 24.3　細胞の増殖　323
- 24.4　細胞の死　326
- 24.5　がん　328

コラム　クローン生物の誕生　330
章末問題　330

索　引 ·· 331

章末問題の解答は，化学同人ホームページに掲載されている．
▶ http://www.kagakudojin.co.jp/book/b50481.html

序章

生化学の基礎

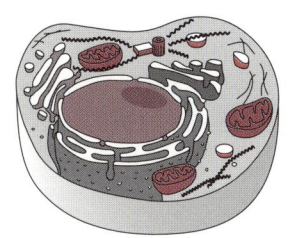

　生命現象とは，外界と区切られた小さな空間「細胞」が行うダイナミックで，謎に満ちた営みである．そして生化学とは，この生命の謎を分子レベルで解明していく学問である．
　生化学では，無生物である何千種類もの化学物質からどのようにして生物の特性が生じるのかを明らかにしていく．個々の生体物質は化学法則や物理法則に従って振る舞うが，それらの物質が生体中で複雑に相互作用し，統合されることによって，生命活動というきわめて複雑な営みが可能になる．生化学を学ぶことで，この不思議な生命活動のしくみの一端に触れることができるだろう．

0.1　生命とは何か

　われわれ生物の体内では，それ自身では生命をもたない物質の集まりが純粋に物理法則に従い，かつそれらが化学反応を行うことで生命活動が営まれている．19世紀には，動物には"アニムス（animus）"という生命の力が宿っていて，生物を構成する物質はこの力によってつくられると信じられていた．そのようななか，F. Wöhlerは1828年，無機物であるシアン酸とアンモニアから，有機物[*1]である尿素を合成することに成功したのである．当時，生体内でしか合成できないと思われていた尿素を人工的に合成したこの実験は，生命を構成する物質と，生物に由来しない物質に相違がないことを示すきっかけとなった[*2]．
　生命の特徴として，以下の三つをあげることができる．

① 外界から物質やエネルギーを取り込み，それを変換して利用する
② 正確な自己複製を行う
③ 外界の変化に対して応答または適応する

　①の例として，光エネルギーを利用して水と二酸化炭素からグルコースを合成する光合成や，逆にグルコースの分解エネルギーを利用して高エネルギー物質ATPの合成を行う呼吸などがある．また，必要に応じて，細胞の浸透圧や濃度勾配に逆らってイオンなどを輸送するのもその一例である．生きた細胞は，化学反応の緻密な連携によって，自由自在に物質の合成や輸送を操っている．②の例としては，生命が自身の遺伝情報に従って正確な自己複製を行う細胞分裂が代表的である．③に関しては，恒常性という言葉が使

*1　生体を構成し，炭素原子を含む化合物を有機化合物という．有機（organic）とは"生命機能をもつ"という意味．有機化合物の特徴は，少ない種類の元素で構成されているにもかかわらず，その種類がきわめて多いことである．これは有機化合物の中心をなす（骨格となる）炭素原子の特殊な性質，すなわち同じ原子が共有結合によって多数結合できるという性質に由来する（金属原子も多数結合できるが共有結合ではない）．

*2　たとえばグルコース（ブドウ糖）は，生命がもっとも多量につくる化合物のひとつであるが，試薬瓶のなかにあるときはただの化学物質である．しかし，ひとたび細胞中に入るとエネルギーの元となり，さらにさまざまな生体物質の合成原料ともなる．多くの細胞はグルコースを分解して，水と二酸化炭素に変化させることでエネルギーを得ているが，植物は逆に水と二酸化炭素から光エネルギーを利用してグルコースを合成することができる．

われる．生物はその巧妙なしくみによって，外界の環境変化に適応して生命の内部環境を一定に保つ．生命にとって必要なものは取り入れ，危険なものからは遠ざかるか，排除する．たとえば，光，温度，大気中の酸素濃度，あるいは海水中の塩濃度の変化などに対して生命は応答し，適応している．

0.2 生命と水

水は生命にとって必要不可欠である．細胞内や，細胞外の体液や血液は一種の水溶液と考えることができ，ほとんどの生物でその重量の70%以上を水が占める．生体を構成する物質と水との相互作用によって，さまざまな生体機能の特徴が規定されている．

0.2.1 水の分子構造と性質

水の最大の特徴は，酸素と水素の電気陰性度の差によって，分子内に電荷の偏りが生じていることである（図0.1）．水分子の酸素原子と水素原子は電子対を共有して，いわゆる共有結合を形成している．この結合では，酸素原子核が水素原子核に比べて電子を引きつける力が強い（電気陰性度が大きい）ので，水素原子は部分的に正の電荷（δ^+）をもち，酸素原子は水素原子2個分の負の電荷（$2\delta^-$）をもつ．

この双極子としての性質をもつために，水分子の水素原子が他の水分子の酸素原子と電気的に相互作用する．これを**水素結合**（hydrogen bond）という．この水素結合のために，水分子は分子量が18と小さいにもかかわらず沸点が高い．また，この水素結合を切断して安定化できる溶質は水に溶け，切断できない溶質は水に溶けない．すなわち，極性分子は水に溶け（親水性），非極性分子は水に溶けずに集塊を形成する傾向がある（疎水性）．生物の細胞膜はまさに後者の性質を利用して形成されている．また，水素結合は水だけに特徴的なものではなく，タンパク質，糖質，核酸など主要な生体物質の構造を保つのに重要な役割をしている．

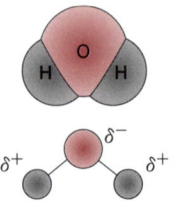

水分子

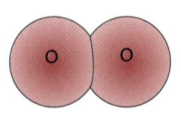

酸素分子

図0.1 水分子と酸素分子

半透膜
水分子などの溶媒は通過させ，溶質分子は通過させない膜．細胞膜は一種の半透膜である．

0.2.2 浸透圧

濃度の異なる二種類の水溶液を混合すると，撹拌しなくても液は混じり合い，最終的には均一な溶液となる．もし，このような二種類の溶液が半透膜で区切られている場合は，溶液を均一にしようとする力が働き，水分子が溶質濃度の低い溶液から高い溶液に移動する．この水を押す力が**浸透圧**（osmotic pressure）である．たとえば，ヒトの赤血球を純水に入れると，細胞膜を通して水分子が細胞内に浸入し，内部の圧力が上昇して細胞は破裂する．細胞と等しい浸透圧になるように溶質濃度を調整した液を**等張液**（isotonic solution）とよぶ．生化学の実験などで細胞を扱う場合に用いる生

理食塩水(0.9%NaCl 溶液)も，等張液の一つである．

0.2.3 水素イオン濃度(pH)と弱酸の解離

液体中の水分子は，わずかであるが次のようにイオン化している．

$$H_2O \rightleftarrows H^+ + OH^-$$

H^+ は，実際には H_2O と結合してヒドロニウムイオン(H_3O^+)として存在している．この水のイオン化は，生体分子を理解するうえで重要である．上記の反応を平衡定数 K_{eq} を使って表すと

$$K_{eq} = \frac{[H^+][OH^-]}{[H_2O]} \tag{0.1}$$

となる．純水のイオン化率はきわめて低いので，$[H_2O]$を一定と考え，25℃における水の解離定数 $K_{eq} = 1.8 \times 10^{-16}$，水の濃度 $[H_2O] = 55.5$ mol/L を代入して，水のイオン積 K_w を求めると，

$$K_w = [H^+][OH^-] = 1.0 \times 10^{-14} \tag{0.2}$$

となる．この値は 25℃において一定である．

一方，生化学的な反応は $[H^+]$ に大きく影響される．溶液中の水素イオン濃度を表すには pH を用いるのが便利である[*3]．

$$pH = -\log[H^+] \tag{0.3}$$

純水の$[H^+]$と$[OH^-]$は等しいことから，式(0.2)を用いると

$$[H^+] = [OH^-] = 1.0 \times 10^{-7} \tag{0.4}$$

となる．この値を上の式(0.3)に導入すると

$$pH = -\log[H^+] = -\log(1.0 \times 10^{-7}) = 7 \tag{0.5}$$

となり，中性溶液は pH=7 である．$[H^+]$が 1.0×10^{-7} より大きい場合，すなわち pH が 7 より小さい場合が酸性であり，7 より大きい場合がアルカリ性(塩基性)である．

生化学で扱うカルボン酸などはすべて弱酸で，このような弱酸は水中では完全には隔離しない．弱酸(HA)の解離を，

$$HA \rightleftarrows H^+ + A^-$$

として，酸解離定数を K_a とすると

*3 記号 p は負の対数であることを表す．

$$K_a = \frac{[H^+][A^-]}{[HA]} \tag{0.6}$$

となる．これを$[H^+]$について解くと

$$[H^+] = \frac{K_a[HA]}{[A^-]} \tag{0.7}$$

となり，次に両辺の負の対数をとると

$$-\log[H^+] = -\log K_a - \log\frac{[HA]}{[A^-]} \tag{0.8}$$

と求められる．$-\log[H^+] = pH$，$-\log K_a = pK_a$，$-\log[HA]/[A^-] = \log[A^-]/[HA]$なので，この式は

$$pH = pK_a + \log\frac{[A^-]}{[HA]} \tag{0.9}$$

となる．これを**ヘンダーソン-ハッセルバルヒの式**(Henderson-Hasselbalch equation)という．

HAに対するA^-のモル比とHAのpK_aがわかれば，この式からpHを計算できる．また，弱酸の中和滴定曲線の中点においては$[HA] = [A^-]$であるから，上記の式から$pH = pK_a$となり，中点のpHから，その酸のpK_aを求めることもできる．

0.2.4 緩衝作用

生物における反応の多くは，pHの変化によって大きな影響を受ける．したがって，生体のpHは厳密に調節される必要がある．たとえばヒトの血液（動脈血）のpHは，7.40±0.05に保たれており，血液や細胞内液は多少の酸や塩基を加えてもpHの変化を受けにくい**緩衝作用**(buffering action)をもつ溶液となっている．これを**緩衝液**(buffer)とよぶ．

緩衝液は一般に弱酸とその共役塩基を含む溶液であり，その濃度比によって溶液のpHが決まる．緩衝液中では，その成分間での平衡が成立している．この平衡が乱されるような変化が加えられると，その平衡は変化を和らげる方向へ移動する（ルシャトリエの法則）．

たとえば，弱酸である酢酸（CH_3COOH）と，その共役塩基である酢酸ナトリウム（CH_3COONa）の混合水溶液は緩衝液である．水のイオン化平衡は

$$H_2O \rightleftarrows H^+ + OH^-$$

で表され，酢酸および酢酸ナトリウムのイオン化平衡は

$$CH_3COOH \rightleftarrows CH_3COO^- + H^+$$
$$CH_3COONa \rightleftarrows CH_3COO^- + Na^+$$

で表される．

　CH_3COOH は弱酸であるから，わずかに CH_3COO^- と H^+ に解離している．一方，その塩である CH_3COONa は CH_3COO^- と Na^+ にほとんど解離している．ここに H^+ を添加すると，H^+ は十分量ある CH_3COO^- と反応し，平衡はその変化を和らげるように CH_3COOH を生成する方向へ傾き，結果として $[H^+]$ はほとんど変化しない．水酸化物イオン（OH^-）を添加した場合には，OH^- が H^+ と反応して H_2O が生成し H^+ が減少するが，この減少を補うように平衡が移動するため，やはり $[H^+]$ はほとんど変化しない．

0.3　代 謝

　生物は**代謝**（metabolism）を行うことによって，生命を維持している．そして代謝反応を維持するためにはエネルギーが必要であり，そのために生物は多様な方法でエネルギーを得ている（図0.2）．

　このエネルギーの獲得方法は生物種によって大きく二つに分類される．一つは動物，菌類，腸内細菌のように，他の生物の体や他の生物が合成した有機物を摂取してエネルギーを得る生物であり，従属栄養生物とよばれる．もう一方は，非生物界からエネルギーを直接取り出す生物で，独立栄養生物とよばれる．独立栄養生物はさらに二つに分けられ，植物や光合成細菌のように太陽光のエネルギーを利用する生物（光栄養生物）と，無機物の化学エネルギーを利用する生物（無機栄養生物）である[*4]．

*4　われわれがふだん目にする生物の多くは，食物だけでなく，酸素の利用という意味においても，光栄養生物に大きく依存している．地球の歴史において，光栄養生物の出現は酸素濃度の上昇をもたらし，地球環境を大きく変化させた．

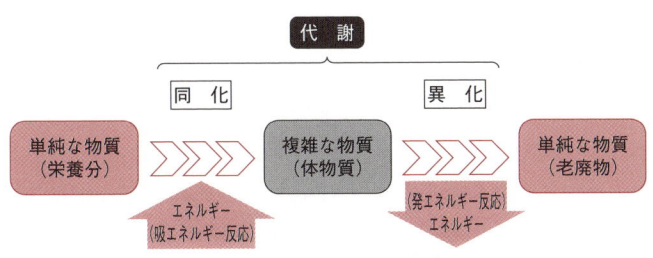

図 0.2　代謝の概要

0.3.1　同化と異化

　細胞を構成する核酸，タンパク質，脂質，糖質などは，おもに水素（H），炭素（C），窒素（N），酸素（O），硫黄（S），リン（P）という六種類の元素からできている．基本的にこれらの元素は，地球上の岩石や水，大気など，非生

物環境に存在するものを生物が取り込んで生体分子へと変換している．とくに二酸化炭素（CO_2）と，窒素（N_2）や硝酸イオン（NO_3^-）は生物にとって重要な原料（元素の供給源）である．

生物が外から取り込んだ物質を使って自分にとって必要な物質を合成することを**同化**（anabolism）という．生物は，太陽光のエネルギーや化学エネルギーを利用して，大気中の CO_2 をグルコースなどの炭水化物に変える．これらは，それぞれ光合成と化学合成であり，この働きを総称して炭酸同化という．一方，根粒菌や一部の藍藻は大気中の N_2 を固定して，アンモニア（NH_3）に変換する（窒素固定）．また，植物は根から吸収した硝酸イオン（NO_3^-）を還元して NH_3 にする．このようにして合成された NH_3 はアミノ酸などに変換される．これを窒素同化とよぶ．

ヒトをはじめとする従属栄養生物は，炭酸同化や窒素同化によって合成された物質を利用して，細胞に必要な物質をつくったり，それを分解してエネルギーを得ている．細胞内で，同化物質をより簡単な物質に分解してエネルギーを得る過程を**異化**（catabolism）という．グルコースを分解してエネルギーを得る過程は地球上のほとんどすべての生物に共通である．

0.4 細胞の構造と機能

生命の基本単位は**細胞**（cell，英語で小部屋という意味）である．すなわち生物はすべて細胞からなる．1665 年，R. Hooke は手づくりの顕微鏡でコルクを観察し，そこに"小さな部屋"，すなわち細胞を発見した．その後，ドイツの植物学者 M. J. Schleiden は 1838 年に，動物学者 T. Schwann は 1839 年に，それぞれ「植物や動物の体はすべて細胞からなりたっている」と提唱した．1858 年には「すべての細胞は細胞から生じる」と R. L. K. Virchow が唱え，この頃には生物はすべて細胞からできているという細胞説が確立した．

0.4.1 細胞の多様性

地球上には 1000 万種以上の生物がいると見積もられているが，これらの生物を構成する細胞も多彩である．たとえば，酵母のような約 10 μm の細胞や，ニワトリの未受精卵のように約 3 cm のものがあり，1000 倍以上も大きさが異なる（図 0.3）．また，大腸菌のように単独で存在する単細胞生物と，ヒトのように細胞がたくさん集まって生体を構成している多細胞生物がいる．

細胞の構造を比較したときにもっとも顕著な特徴は，細胞内に核が存在するかどうかである．核をもつ細胞を**真核細胞**（eukaryotic cell），核をもたない細胞を**原核細胞**（prokaryotic cell）とよんで区別する[*5]．真核細胞では DNA が核に収納されているが，原核細胞では DNA を納める明瞭な区分がない．植物，菌類，動物，原生生物は真核生物であり，細菌は原核生物であ

*5　ギリシャ語で eu は「真の」，karyon は「核の」意味で，pro は「前」の意味である．

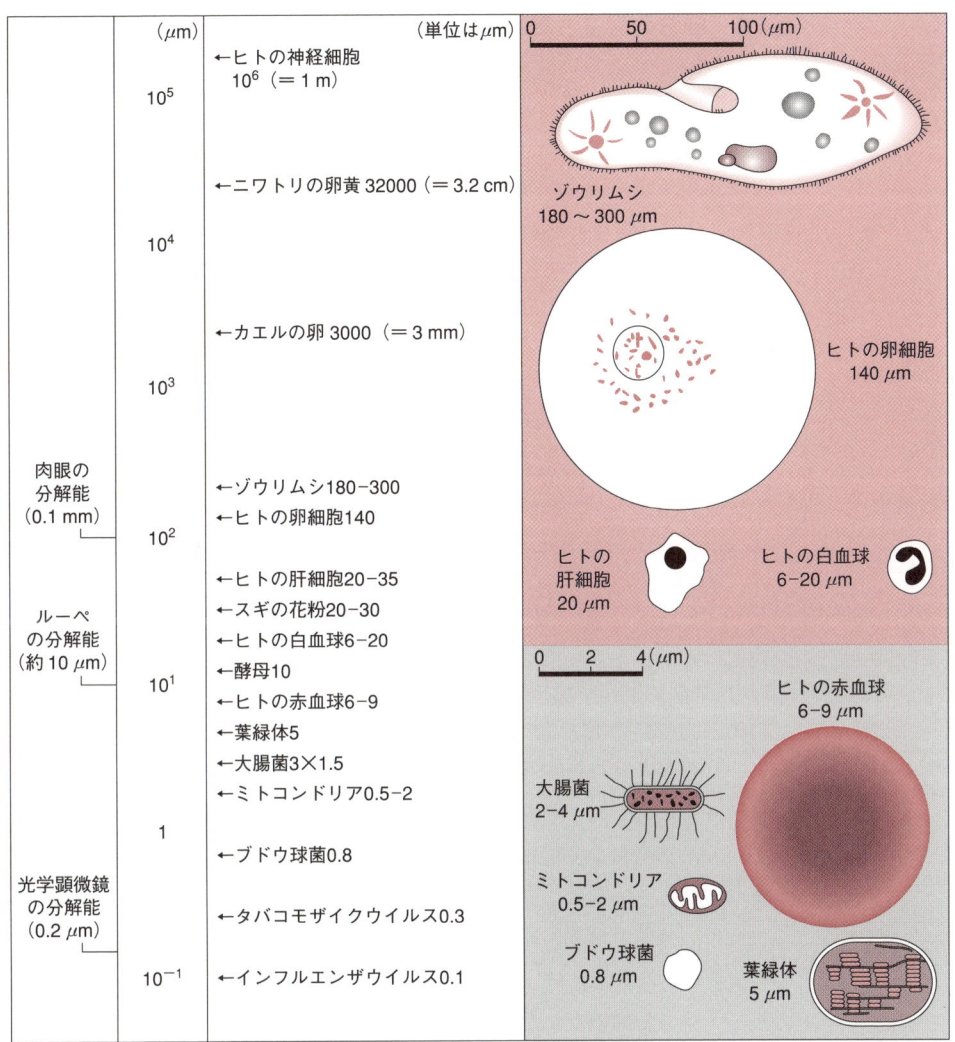

図 0.3　さまざまな大きさの細胞

る．

　最近では塩基配列の比較に基づいて，原核生物を**古細菌**（Archaea）と**真正細菌**（Bacteria）に分類する（ドメイン説）．大腸菌や乳酸菌は真正細菌の仲間である．古細菌は，温泉など高温域や極端に酸性の強い場所などに生息し，原始の地球に生きた生物にもっとも近いと考えられている．この二つのグループは生命の歴史の初期，真核生物が出てくるより前か，同時期に分かれたと考えられている．真核生物は，次節で述べるように複雑な細胞構造をもつ．

ドメイン説

地球上の生物は，細菌，古細菌，真核生物の三つのドメイン（domain，超界または域）に分類できるとする説．真核生物はさらに原生生物，菌類，植物，動物の四つの界（kingdom）に分けることができる．

0.4.2 細胞の構造と細胞小器官

(a) 原核細胞

ほとんどの原核生物は小さく（～数 μm），構造も真核生物に比べて単純である．外側に細胞壁という頑丈な構造をもち，個々の細胞が独立した個体として生きている．原核生物である真正細菌の一種の構造を図 0.4 に示す．DNA は核膜に包まれておらず，**核様体**（nucleoid）とよばれている部位に存在する．

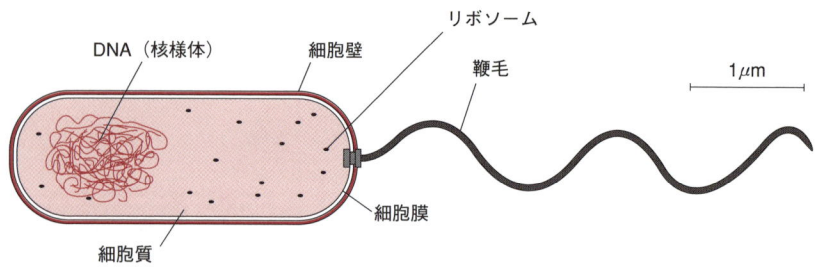

図 0.4　原核生物（コレラ菌）

(b) 真核細胞

動物細胞や植物細胞などの真核細胞は，核をはじめとした細胞小器官をもち，これらがそれぞれ特有の機能を発揮して生命活動を営んでいる（図 0.5）．

真核細胞において，**核**（nucleus）はもっとも目立つ細胞小器官である．核膜という二重膜によって細胞質と隔てられ，核内にはゲノム DNA が折りたたまれている．通常は，一つの細胞に一つの核が存在する．後に詳しく述べるように，核内では DNA の複製や RNA の転写といった細胞にとってきわめて重要な生命現象が営まれている．核は一般的には球形であるが，機能に応じて大きさや形の変化が見られ，たとえば白血球やがん細胞においては異形性が見られる．光学顕微鏡で核内に見えるのが，核小体である．核小体はリボソーム RNA を合成する場であり，そこでは製造途中のリボソームやRNA，タンパク質が集まって大型複合体を形成している．一方，核のなかで合成された mRNA や，核外で合成されたタンパク質は，核膜にある核膜孔とよばれる穴を通って出入りする．核と細胞質間を行き来する物質はすべてこの核膜孔を通過すると考えられている．

ミトコンドリア（mitochondoria）は，ほとんどの真核細胞に存在する．独自の DNA をもち，細菌と似た特徴が多いため，太古の昔に真核生物に寄生して共生していた細菌が起源と考えられている．ミトコンドリアは，細胞の発電所にたとえられ，グルコース由来の小分子を酸化して，高エネルギー物質アデノシン三リン酸（ATP）を産生する．ATP は細胞活動の基本的な動力源である．ミトコンドリアは外膜と内膜からなる二重膜をもち，その内部は内膜が折りたたまれて複雑なひだ状構造（クリステ，cristae）を形成している．

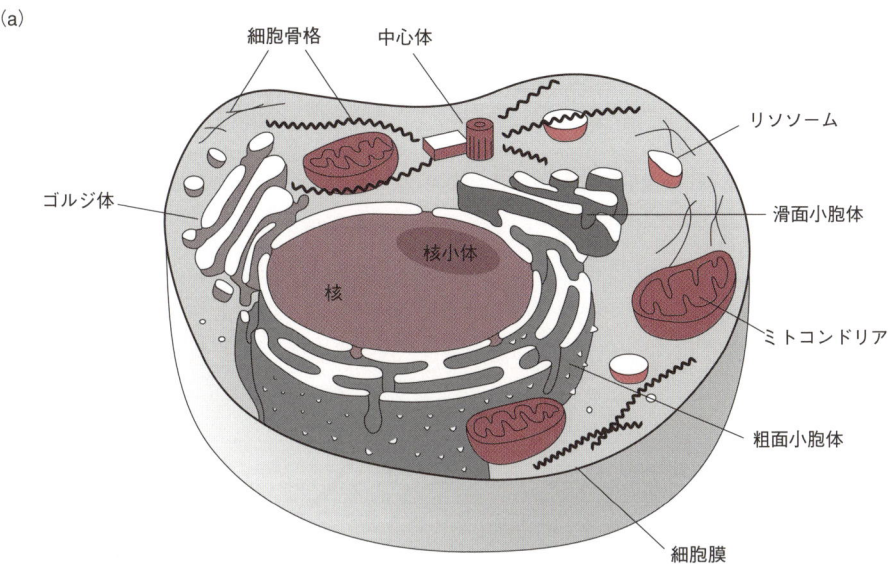

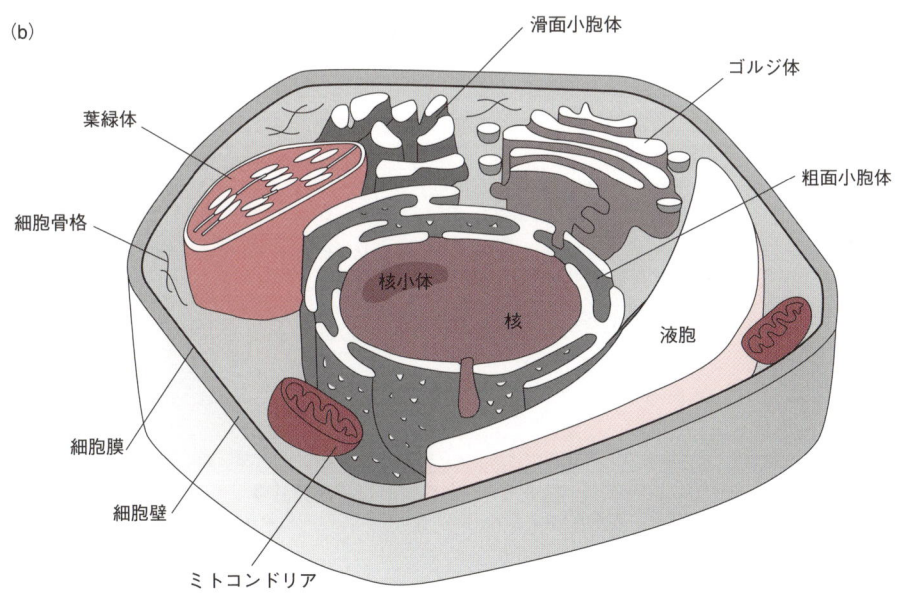

図 0.5 細胞の構造と細胞小器官
(a)動物細胞，(b)植物細胞の断面図．

内膜の内側をマトリックス，内膜と外膜の間を膜間腔とよぶ．外膜にはポーリン (porin) とよばれる輸送タンパク質が多数あり，水を通すチャネルを形成している．この膜はふるいのような構造をしており，約 5000 Da 以下の分子を自由に通過させる．これに対して，内膜は高度に特殊化しており，イオンの透過性が格段に低く，さまざまな輸送タンパク質が働いている．内膜は，動物細胞の ATP の大部分を生産する，酸化的リン酸化の中心的役割を果た

す．ひだ状の構造によってミトコンドリア内膜の面積は非常に大きくなり，多量のATPを必要とする心臓の細胞ではこの構造がとくに発達している．

葉緑体（chloroplast）は，植物細胞のみに見られる細胞小器官であり，ミトコンドリアより大きく（5 μm），さらに構造が複雑である（図0.6）．クロロフィル（葉緑素）を含み，緑色に見える．葉緑体は光合成の場であり，太陽光のエネルギーを利用して，水と二酸化炭素からグルコースと酸素を生成する．ミトコンドリアと同じように葉緑体も独自のDNAをもち，真核細胞に寄生した光合成細菌が起源であると考えられている．内膜と外膜が存在し，外膜の透過性は高いが，内膜の透過性は低く，輸送タンパク質が存在する．内膜はミトコンドリアのマトリックスに対応する**ストロマ**（stroma）とよばれる広い空間を構成しており，ストロマには代謝にかかわる多数の酵素が含まれる．葉緑体の内膜には折りたたみはなく，その代わりに**チラコイド**（thylakoid）という第三の膜系を有する．チラコイドは扁平な袋状でクロロフィルはこの膜内に存在し，さらに電子伝達系，光合成系，ATP合成系にかかわる酵素群が含まれている．チラコイドは相互に連結し，層状に集合して**グラナ**とよばれる構造になることが多い．

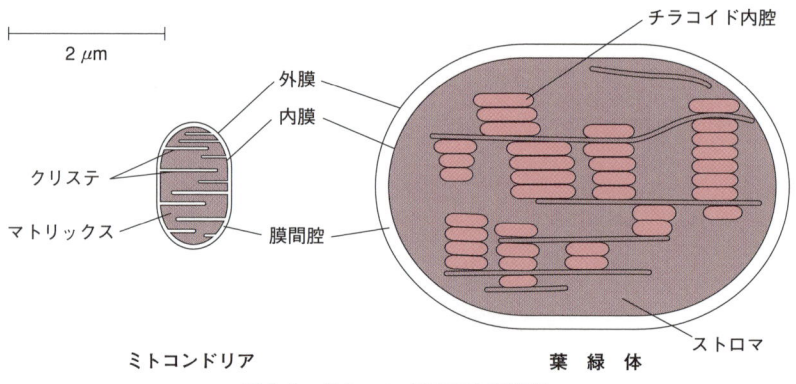

図0.6 ミトコンドリアと葉緑体
ミトコンドリアは，通常0.5〜2 μm，葉緑体は5 μm程度の大きさである．この図は実際の比率に合わせて表している．

小胞体（endoplasmic reticulum, ER）はあらゆる真核細胞に存在する．小胞体膜は動物細胞の膜構造の半分以上を占め，環状や扁平な袋状の構造で細胞質全体に分布し，その内部は**小胞体内腔**（ER lumen）とよばれる．また，一部では核膜と連続性が認められることがある．小胞体には，粗面小胞体と滑面小胞体がある．粗面小胞体はリボソームを結合してタンパク質合成を行う場で，細胞膜タンパク質，分泌タンパク質，小胞体タンパク質などが合成される．滑面小胞体では（粗面小胞体にもこの機能は存在するが），リン脂質や複合脂質，ステロイドの合成，外来異物の代謝が行われる．また，Ca^{2+}を小胞体内腔に貯蔵し，細胞内シグナル伝達において重要な役割をもつ．

ゴルジ体(golgi body)は真核細胞の核周辺に存在し，扁平な袋状の層を形成している(図0.7)．小胞体に近接する面をシス面，反対の面をトランス面とよび，一般にゴルジ体の膜層は湾曲しており，シス面が凸，トランス面が凹になっている．ゴルジ体は，粗面小胞体から細胞膜へ向かう細胞内輸送のもっとも重要な中継基地であり，ゴルジ体のシス面には小胞体で合成された分泌タンパク質や細胞膜タンパク質などが運び込まれる．ゴルジ体ではタンパク質の糖鎖修飾や限定分解などのプロセシングが行われ，トランス面からそれぞれの目的の場所に送られる．

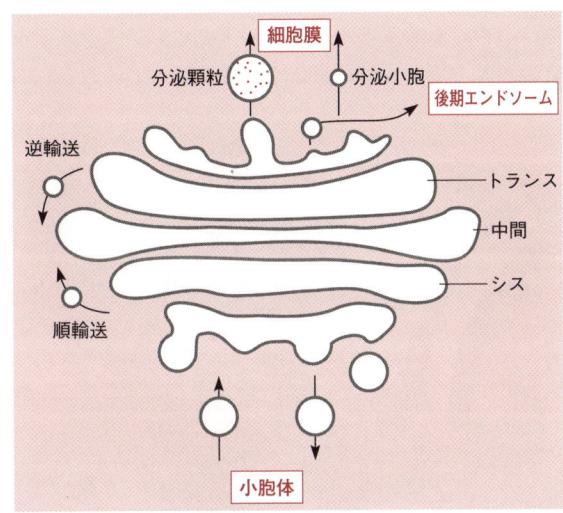

図0.7 ゴルジ体の構造

リソソーム(lysosome)は袋状の構造体で，内部はpH5程度の酸性に保たれており，多数の酸性加水分解酵素が存在する[*6]．リソソームはこれらの酵素を使って，外から侵入した異物や，細胞で不要になった生体高分子やミトコンドリアなどを分解する．また，リソソーム中で分解されてできた糖やアミノ酸は細胞質ゾルへ搬出されて再利用される．また，ほとんどの細胞小器官の形態が比較的均一なのに対して，リソソームの形態は不均一である．この多様性は，リソソームの機能が多岐にわたる(細胞内で生じた不要タンパク質や食作用で取り込まれた微生物の消化，細胞のための栄養生産など)ためと考えられている．

植物や菌類の細胞には，**液胞**(vacuole)とよばれる，液体で満たされたきわめて大型の膜胞が数個存在している．これには多くの加水分解酵素が含まれていて細胞中の不要物を分解し，動物細胞のリソソームに近縁である．また，液胞は栄養物の貯蔵，浸透圧や膨圧の調節も行っている．

ペルオキシソーム(peroxisome)は一枚の膜で囲まれた袋状の構造体で，カタラーゼ(catalase)や種々の酸化酵素(oxidase)を高濃度に含んでいる．ペルオキシソームはミトコンドリアと同様に酸素を消費するが，エネルギー産

[*6] これらの酵素は酸性の条件でしか働かないため，もしこれらの酵素が細胞質(pH7.2)に漏れ出ても危険はない．

生は行わず，酸化酵素により反応性の高い過酸化水素（H_2O_2）を発生させて，酸化による解毒やミトコンドリアでは酸化できない脂肪酸の酸化を行っている．過酸化水素は本来生体には有害であり，過剰の過酸化水素はこの小胞に含まれるカタラーゼによって水と酸素に分解される．われわれが飲んだアルコールの25%はペルオキシソームで代謝される．

そして，これらの細胞小器官以外の部分が**細胞質ゾル**（cytosol）である．細胞質ゾル中ではさまざまな化学反応やリボソームによるタンパク質合成が行われているが，たんに細胞小器官が乱雑に並んでいるのではなく，細胞骨格とよばれる三種類の繊維状構造が存在する（図0.8）．中間径フィラメントは細胞の形を保つために必要である．また，アクチンフィラメントや微小管は細胞内小器官の移動や細胞全体の動きなどに関与している（第5章を参照）．

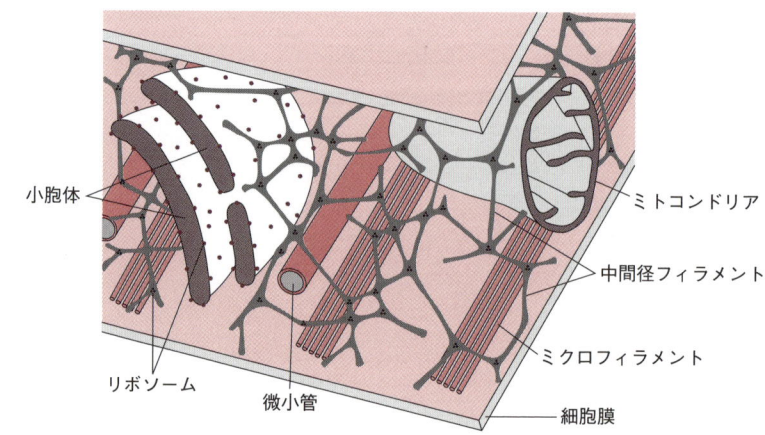

図0.8 細胞骨格
鈴木孝仁「視覚でとらえるフォトサイエンス生物図録」（数研出版，2000）より引用．

章末問題

0-1. 浸透圧とは何か．また，なぜ細胞にとって重要なのかを述べよ．

0-2. ケイ素（Si）は周期表で炭素と同族に入り，炭素と同じように四つの結合をつくることができる．炭素の代わりにケイ素を主体とする生物は存在しうるか，炭素とケイ素の性質の違いから予想せよ．

0-3. 細胞内液や血液は緩衝液の性質をもつ．緩衝液の特徴と，生理的な重要性を述べよ．

0-4. たとえばCO_2のような単純な化合物から，グルコース（$C_6H_{12}O_6$）のような複雑な化合物への変化は，自然界の化学反応では起こらない（あるいは大きなエネルギーが必要となる）．しかし，生物はこのような自然界とは逆の化学反応を行っている．どのようなしくみでこの反応を行っているのかを簡単に説明せよ．

0-5. 原核生物と真核生物の違いを説明せよ．

0-6. 原核生物（たとえば大腸菌）と真核生物（たとえばヒト）は生物としての起源が同じであると考えられている．その理由を述べよ．

0-7. 細胞小器官の種類と機能を簡単に述べよ．

0-8. 現在，単細胞生物が進化して多細胞生物になったと考えられているが，1個の細胞を大きくするのではなく細胞の数を増やすことによって大型化した理由を考察せよ．

Part I

生体分子の構造と機能

第1章
タンパク質

第2章
糖　質

第3章
脂　質

第4章
生 体 膜

第5章
機能性タンパク質

第6章
核　酸

Basic Biochemistry

第1章
タンパク質

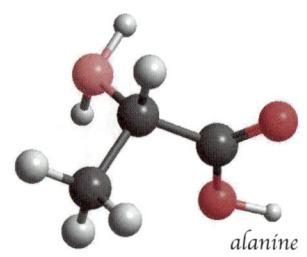
alanine

　タンパク質は，地球上のあらゆる生物の生命活動を担っている中心的な高分子物質であり，代謝のみならず，構造維持，運動，輸送，情報伝達および制御などあらゆる細胞機能に関与している．タンパク質は基本的に20種類の構成アミノ酸がペプチド結合でつながった直鎖状の重合体であり，遺伝情報に従って合成・発現される．

1.1　アミノ酸

1.1.1　アミノ酸の構造

　タンパク質（protein）を構成する**アミノ酸**（amino acid）は α-アミノ酸であり，α-炭素原子にアミノ基とカルボキシ基，および特異的な側鎖（R）が結合した共通の構造をもつ（図1.1）．これらのアミノ酸は，側鎖が水素原子であるグリシンを除いて α-炭素原子がキラルであり，光学活性をもつ．α-アミノ酸の一般構造にはL形とD形が存在するが，生物のタンパク質に含まれるアミノ酸はすべてL形である．対して，糖の場合はほとんどD形で存在する．

キラル

正像と鏡像が重なり合わない構造．炭素原子が四種の異なる原子や原子団と結合する場合，互いに重ね合わせることのできない鏡像の関係を示す二種の配置をとることができる．この二種の化合物（エナンチオマー）は物理的・生物学的性質が異なる．このような四種の異なる置換基をもつ炭素原子はキラル（不斉）であり，キラル原子（または不斉中心）とよばれる．

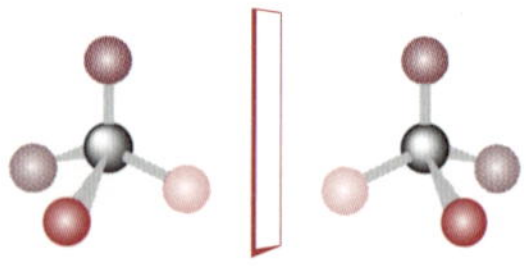

図1.1　α-アミノ酸の一般構造とD, L-異性体

1.1.2　アミノ酸のイオン化

　中性付近の水溶液中ではアミノ酸の α-アミノ基はプロトン化して正に，α-カルボキシ基は脱プロトン化して負に荷電し，アミノ酸は両性イオン形として存在する（図1.2）．解離基とプロトンとの親和性は pK_a で表されるが，アミノ酸は α-カルボキシ基と α-アミノ基の解離に相当する，少なくとも二つの pK_a 値をもつ．表1.1に，α-カルボキシ基と α-アミノ基の pK_a を，それぞれ pK_1 と pK_2 として示した．アミノ酸は，pK_1 に相当する pH においては α-カルボキシ基の2分の1が，また pK_2 に相当する pH においてはプロ

トン化した α-アミノ基の2分の1が解離した状態にある．アミノ酸の正味の電荷がゼロになる pH を**等電点**（isoelectric point, pI）とよび，一般に pI = $(pK_1 + pK_2)/2$ で求められる．イオン化する側鎖をもつアミノ酸の場合は，pK_1 と pK_2 に加えて側鎖の解離（pK_R）を考慮して等電点を求める．

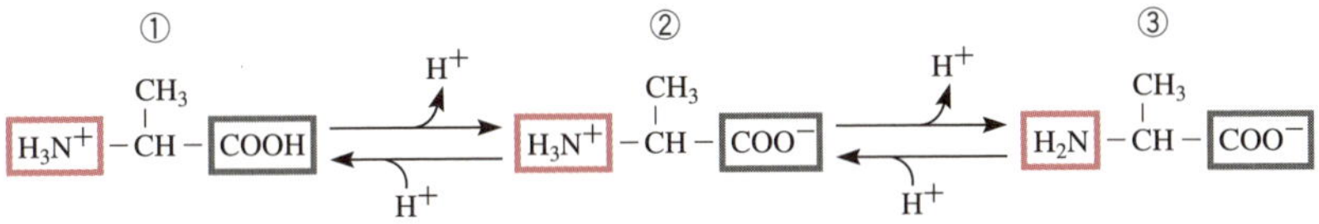

図 1.2　アラニンのイオン化状態
溶液の pH が pK_1 に相当するときは①と②が等濃度に，pK_2 に相当するときは②と③が等濃度になる．また，pI では両性イオン形②で存在する．

pKa
酸からプロトンが解離する平衡定数を酸解離定数（K_a）という．K_a 値は小さくて不便なため対数値が使われ，pH と同様に，$pK_a = -\log K_a$ と定義する．pH は溶液の酸性度の尺度であるが，pK_a は物質の酸としての強さの尺度である．

1.1.3　タンパク質を構成するアミノ酸

タンパク質を構成する20種類のアミノ酸は，側鎖の性質によって，非極性中性アミノ酸，極性中性アミノ酸，および電荷のある極性アミノ酸に分類される（表1.1）．このうちプロリンは，α-アミノ基が側鎖と結合したイミノ酸である．これら20種類のアミノ酸以外のアミノ酸もタンパク質に含まれているが，それらはタンパク質が生合成された後で，リン酸化，メチル化，アセチル化，ヒドロキシ化，カルボキシ化などの化学修飾を受けて生成される．たとえば，コラーゲンには 4-ヒドロキシプロリン，また血液凝固タンパク質のプロトロンビンや Ca^{2+} イオンを結合するある種のタンパク質には γ-カルボキシグルタミン酸が含まれる（図1.3）．

コラーゲン
三重ヘリックス構造をもつ不溶性の繊維状タンパク質．動物の結合組織のおもな構成成分．Gly-Pro(OH)-X という特徴的な反復配列をもち，3残基ごとにグリシンが存在するが，側鎖が最小のグリシンは三重らせんの中心部に収まるアミノ酸として必須である．プロリンやヒドロキシプロリンはコラーゲンに剛性を与え，組織が伸縮に耐えられるよう強度を与えている．

1.1.4　非タンパク質性アミノ酸

生体内には，タンパク質の構成成分にはならない非タンパク質性のアミノ酸も多く存在する．たとえば，オルニチンやシトルリンは尿素回路の中間体であり，β-アラニンはビタミンの一種であるパントテン酸の構成成分である（図1.3）．ジヒドロキシフェニルアラニン（DOPA）は神経伝達物質，チロキシンやトリヨードチロニンは甲状腺ホルモンである．

パントテン酸
アシル基の担体である補酵素 A やアシルキャリアタンパク質の構成成分．パントテン酸とシステインが結合したパンテテイン基が，アシル基の結合に必要な SH 基を提供する．

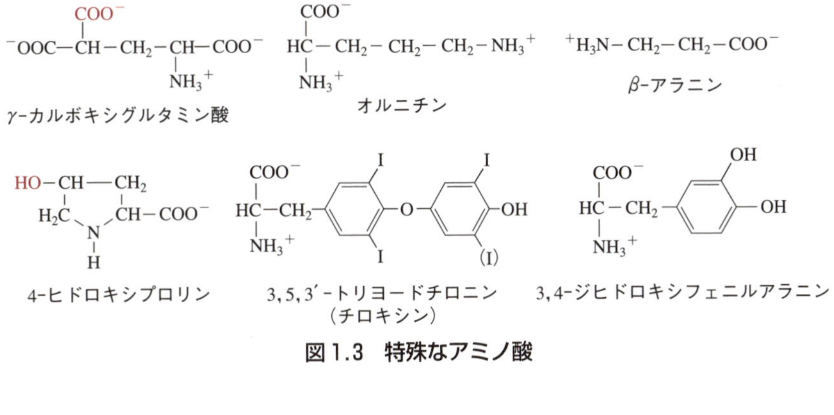

図 1.3　特殊なアミノ酸
γ-カルボキシグルタミン酸　オルニチン　β-アラニン
4-ヒドロキシプロリン　3,5,3'-トリヨードチロニン（チロキシン）　3,4-ジヒドロキシフェニルアラニン

表1.1 タンパク質に存在する20種類のアミノ酸(その1)

名　称	三文字表記 (一文字表記)	構造式	pK_1 (α-COOH)	pK_2 (α-NH$_2$)	pK_R (側鎖)
非極性中性アミノ酸					
グリシン Glycine	Gly (G)		2.35	9.78	
アラニン Alanine	Ala (A)		2.35	9.87	
バリン Valine	Val (V)		2.29	9.74	
ロイシン Leucine	Leu (L)		2.33	9.74	
イソロイシン Isoleucine	Ile (I)		2.32	9.76	
メチオニン Methionine	Met (M)		2.13	9.28	
プロリン Proline	Pro (P)		1.95	10.64	
フェニルアラニン Phenylalanine	Phe (F)		2.20	9.31	
トリプトファン Tryptophan	Trp (W)		2.46	9.41	

表1.1 タンパク質に存在する20種類のアミノ酸（その2）

名称	三文字記号 (一文字記号)	構造式	pK_1 (α-COOH)	pK_2 (α-NH$_2$)	pK_R (側鎖)
極性中性アミノ酸					
セリン Serine	Ser (S)		2.19	9.21	
トレオニン Threonine	Thr (T)		2.09	9.10	
アスパラギン Asparagine	Asn (N)		2.14	8.72	
グルタミン Glutamine	Gln (Q)		2.17	9.13	
チロシン Tyrosine	Tyr (Y)		2.20	9.21	10.46
システイン Cysteine	Cys (C)		1.92	10.70	8.37
電荷のある極性アミノ酸					
リシン Lysine	Lys (K)		2.16	9.06	10.54
アルギニン Arginine	Arg (R)		1.82	8.99	12.48
ヒスチジン Histidine	His (H)		1.80	9.33	6.04
アスパラギン酸 Aspartic Acid	Asp (D)		1.99	9.90	3.90
グルタミン酸 Glutamic Acid	Glu (E)		2.10	9.47	4.07

1.2 タンパク質

1.2.1 ペプチドとペプチド結合

アミノ酸の α-カルボキシ基と，別の1分子のアミノ酸の α-アミノ基が脱水縮合してジペプチドが形成される．この -CO-NH- の共有結合を**ペプチド結合**（peptide bond）とよぶ（図1.4）．さらにアミノ酸が順次ペプチド結合で連結されて，オリゴペプチド，ポリペプチド（タンパク質）が形成される．これらは一方の末端にアミノ基を，もう一方の末端にカルボキシ基をもち，それぞれ**アミノ末端（N末端）**，**カルボキシ末端（C末端）**とよばれる．

また，ペプチド中のアミノ酸は α-カルボキシ基がペプチド結合しているアミノ酸をアミノ酸の語尾を -yl にかえてよぶ．例として図1.4(b)に，細胞を還元状態に保つのに重要なグルタチオンを示す．グルタチオンはグルタミン酸の γ-位のカルボキシ基がシステインとペプチド結合しているトリペプチドで，γ-グルタミル-システイニル-グリシンとよぶ．

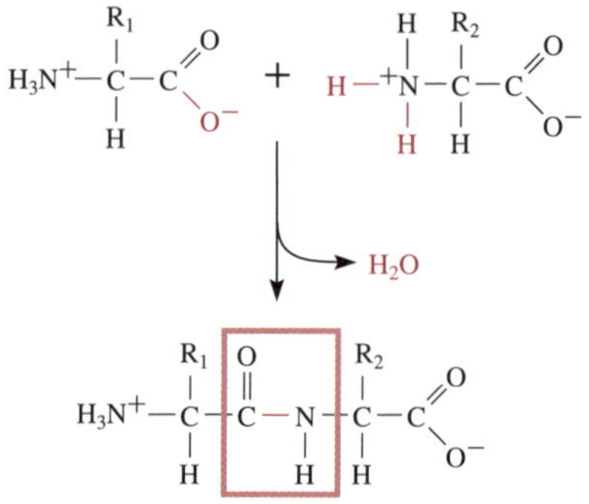

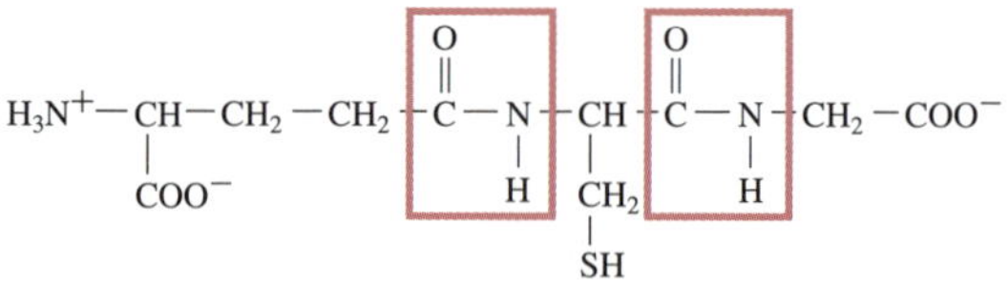

図1.4 ペプチド結合とペプチド
(a) 脱水縮合によるペプチド結合の形成，(b) トリペプチド（グルタチオン）の構造．図中の□はペプチド結合を示す．

1.2.2 タンパク質の種類と構造

タンパク質には，1本のポリペプチド鎖から構成されるものだけでなく，2本以上のポリペプチド鎖から構成されるオリゴマータンパク質もある．タンパク質の大きさは種類によって異なるが，**分子量**（molecular weight）や**質量**（molecular mass）で表される．分子量は炭素の同位体 ^{12}C の質量の1/12を基準にした分子の相対質量のことであり，単位はつけない．一方，質量に

は単位としてダルトン(原子質量単位, Da)を用いる[*1].

*1 アミノ酸1個は約110ダルトン.

タンパク質はネイティブな立体構造をとってはじめて機能を発揮する．タンパク質はその形状から，球状タンパク質と繊維状タンパク質の大きく二つに分類される．一般に，球状タンパク質は水溶性で，さまざまな酵素をはじめ多様な生物活性をもつが，繊維状タンパク質は一般に水に不溶であり，おもに構造タンパク質として機能する(コラーゲンなど)．

熱，酸，アルカリ，界面活性剤などの処理によって，(ペプチド結合は破壊されないが)タンパク質のネイティブな立体構造が破壊されて，生物活性が消失する．このような変化を**変性**(denaturation)という．一般に，タンパク質がネイティブな立体構造をとるのに必要な自由エネルギー変化は小さく，そのため変性は非常に小さなエネルギーでも起こる．

ネイティブなタンパク質の高次構造は，一次構造，二次構造，三次構造，および四次構造の四つのレベルからなる．

ポリペプチド鎖のアミノ酸配列をタンパク質の一次構造とよぶが，ペプチド結合は共鳴により二重結合の性質をもち，C=OとN−H結合はC−N結合をはさんでトランスに位置した固い平板状の構造をもつ(図1.4)．一方，α炭素原子の両側のC_α−N間とC_α−C間では自由に回転できるが，その回転も側鎖などによって立体構造上の影響を受けるため，タンパク質の構造は一定の制約を受ける．

二次構造は，ポリペプチド鎖の短い限定された領域において見られる構造で，**αヘリックス**(α helix)や**βシート**(β sheet)はその構造単位である．

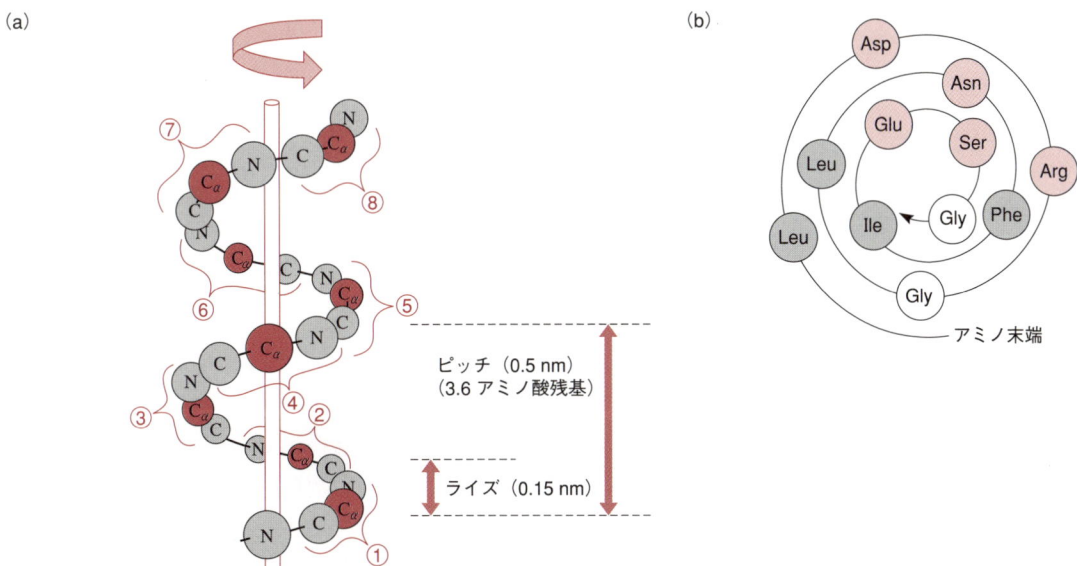

図1.5 右巻きαヘリックスのらせん構造と，それを軸方向から見た図
(a)①〜⑧のC-C_α-Nは，各アミノ酸残基のCOOH-C-NH_2の骨格を示している．カルボキシ基，アミノ基，側鎖は省略した．
(b)親水性アミノ酸を赤で，疎水性アミノ酸を灰色で示した．

αヘリックスのらせん構造は，一回転で進む距離（ピッチ）が0.54 nmで，そのなかに3.6アミノ酸残基が存在し，1アミノ酸残基あたりの進み（ライズ）は0.15 nmである（図1.5a）．αヘリックス内で，ペプチド結合のカルボニル酸素原子は4残基向こうのペプチド結合のアミド水素と水素結合を形成し，αヘリックスの構造を安定化している．タンパク質中に存在するαヘリックスの大部分は右巻きで，側鎖はαヘリックスの外側に突きでている．αヘリックスでは，そのらせんの一方の面に疎水性アミノ酸が多く，もう一方の面に親水性アミノ酸が多く含まれているものが多い（図1.5b）．

一方，βシートは複数のβストランドがシート状に並んだ波状構造であり，隣り合うポリペプチド鎖が同方向の場合を平行βシート，逆方向の場合を逆平行βシートとよぶ（図1.6）．いずれの場合でも，βシートは隣り合う鎖間の水素結合により安定化され，側鎖がシート面に対して垂直方向に交互に突出する構造をとる．これらの構造以外に，ループ構造，ターン構造，ベント構造などがあり，αヘリックスやβシートとの組み合わせによって，βαβモチーフやβヘアピンモチーフなどの**モチーフ**（超二次構造）が形成される．

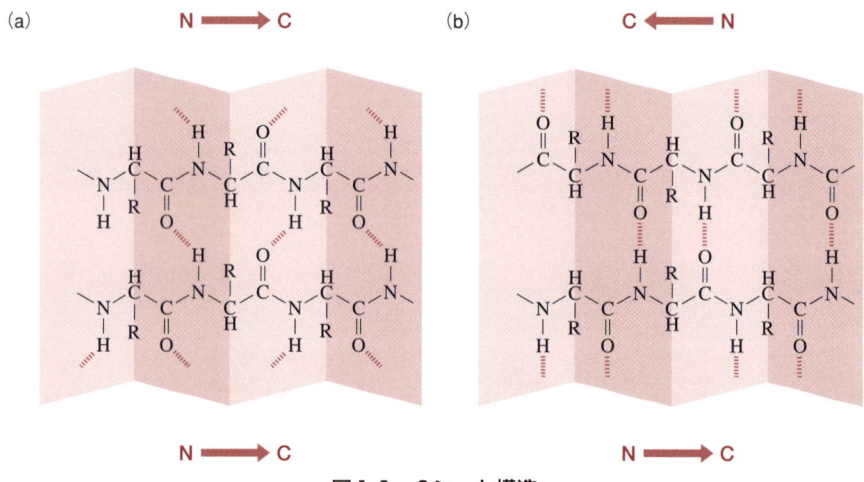

図1.6　βシート構造
(a)平行βシート．(b)逆平行βシート．水素結合を赤の破線で，各ポリペプチド鎖のC末端方向を矢印で示す．側鎖(R)はシートに対して垂直方向に突きでている．

三次構造は，1本のポリペプチド鎖がとる三次元構造である．多くのタンパク質は，モチーフが組み合わさった特別な機能をもつ**ドメイン**（domain）とよばれる構造単位からなる．構造的に独立した，100～200アミノ酸からなるドメインは，多くの生物に共通して数百種類存在する．大部分のタンパク質はこれらのドメインが複数組み合わされてできている．三次構造をとったタンパク質はコンパクトで，疎水性相互作用，水素結合，静電性相互作用などの非共有結合性の相互作用や共有結合性の**ジスルフィド結合**（disulfide bond）などにより安定化されている（図1.7）．

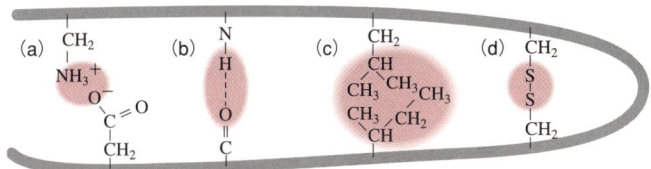

図 1.7 タンパク質の三次構造を維持するおもな結合
(a)静電性相互作用，(b)水素結合，(c)疎水性相互作用，(d)ジスルフィド結合．

　四次構造とは，二つ以上のポリペプチドからなるオリゴマータンパク質の**サブユニット**（subunit）の空間的配置を指す．一般にサブユニットは非共有結合を介して会合し，さまざまな条件下で四次構造が変化することによりタンパク質の機能が制御される．たとえば，多くのアロステリック酵素はオリゴマータンパク質で，調節サブユニットと触媒サブユニットから構成されている．調節サブユニットにリガンドが結合すると，酵素の活性が変化する．

1.2.3　タンパク質のフォールディング

　タンパク質には親水性領域と疎水性領域が混在するが，ネイティブなタンパク質では，親水性領域は表面に，疎水性領域は水と接触しない内部に存在する傾向がある．リボソーム上で合成された新生タンパク質はアミノ酸の連なったひも状の構造で，一時的に疎水性領域も表面に露出する．細胞質にはタンパク質が非常に高濃度で存在することから，タンパク質どうしの疎水性領域がランダムに相互作用して不溶性の凝集体をつくりやすい．このような環境下でタンパク質がネイティブな構造をとるために，**分子シャペロン**（molecular chaperone）とよばれる補助分子が機能している（図 1.8）．分子シャ

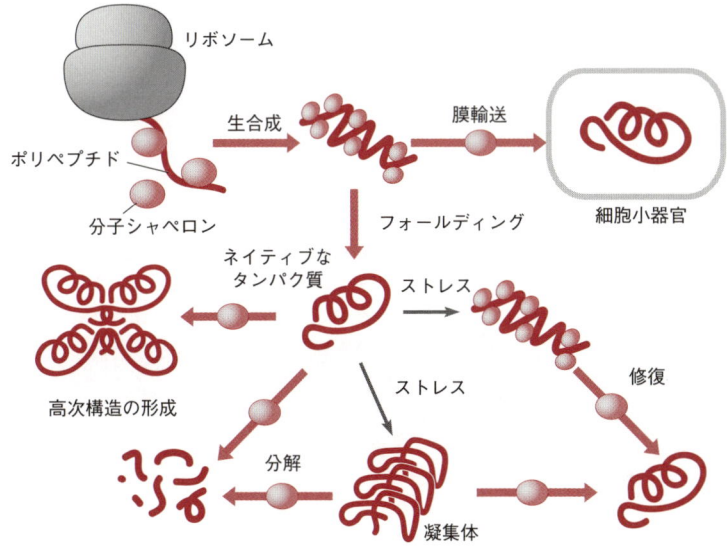

図 1.8　タンパク質の一生と分子シャペロン

熱ショックタンパク質(Hsp)
細胞を熱などのストレスにさらすと一過性に誘導されるタンパク質の総称．ストレスタンパク質ともよばれ，変性した細胞タンパク質の凝集を抑制し，修復する役割を担っている．また，正常時においても大量に存在し，分子シャペロンとして機能している．Hspは，Hsp105，Hsp90，Hsp70，Hsp60，Hsp40，低分子量Hspなどのファミリーに分類される．

イオン交換クロマトグラフィー
イオン交換基をもつ担体とタンパク質の総電荷との結合性を利用してタンパク質を分離する方法．タンパク質の電荷は溶液のpHと自身の等電点に依存し，溶液のpHがタンパク質の等電点より低いとタンパク質は正の電荷をもち，逆に溶液のpHがタンパク質の等電点より高いとタンパク質は負の電荷をもつことを利用する．

アフィニティークロマトグラフィー
特定のリガンドとの高い結合性を利用してタンパク質を精製する方法．特異性の高いリガンドを固定した不溶性の担体，あるいは特定のタンパク質に対する抗体を固定した担体を用いて，それらと特異的に相互作用するタンパク質を分離する．

ペロンの多くは**熱ショックタンパク質**(heat shock protein, Hsp)とよばれる一群のタンパク質であり，代表的なHsp70は，変性した，あるいはアンフォールド状態のタンパク質の疎水性領域に結合して凝集を防ぎ，フォールディングを補助する役割を果たしている．一般に，分子シャペロンはタンパク質の生合成，フォールディング，高次構造の形成，タンパク質の修復，活性制御，輸送，および分解など，タンパク質の一生にかかわっている．

1.2.4 タンパク質の精製

タンパク質は多種多様であり，また熱などのさまざまな条件下で変性しやすいことから，活性を保ったタンパク質の分離・精製は非常に難しい．タンパク質の分離方法はそれぞれのタンパク質によって異なるが，基本的にはタンパク質の溶解度，荷電状態，極性，大きさ，結合特異性などの性質を利用して分離する．タンパク質の溶解度は溶液の塩濃度，溶媒の極性，pH，温度などの影響を受ける．一般にタンパク質溶液に硫酸アンモニウムのような塩を加えると，タンパク質と水和していた水分子を塩が奪うためにタンパク質は沈殿する(塩析)．また，タンパク質溶液のpHをタンパク質の等電点近傍にすると，タンパク質どうしの反発が最小になるため沈殿しやすくなる(等電点沈殿)．

クロマトグラフィー(chromatography)とは，カラムなどに詰めた固体のマトリックス(担体)を用いて分離する方法で，タンパク質がもつ荷電を利用して分離するイオン交換クロマトグラフィー，タンパク質分子の大きさを利用して分離するゲルろ過クロマトグラフィー，タンパク質の結合特異性を利用して分離するアフィニティークロマトグラフィーなどがある．

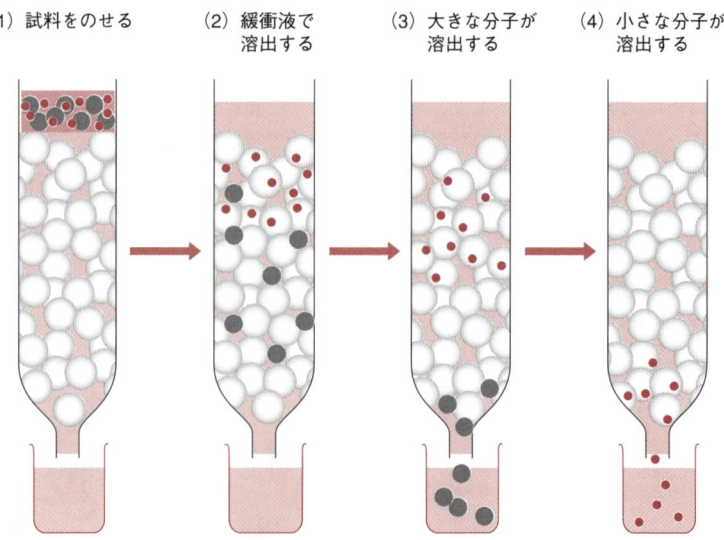

図1.9　ゲルろ過クロマトグラフィーのしくみ

ゲルろ過クロマトグラフィーでは，一定の大きさの孔をもつ多孔性のゲル粒子をカラムに詰め試料を流す．すると，ゲル粒子の孔に入ることのできない大きな分子は，孔に入ることのできる小さな分子より速く溶出される（図1.9）．このように，ゲル粒子に入り込む程度にしたがって溶出の速度が異なるという原理を利用する．

電気泳動（electrophoresis）では，電荷をもつ分子が電場のなかを移動する際に，分子の電荷密度，大きさ，形状などによって移動速度が異なるという性質を利用する．**ポリアクリルアミドゲル電気泳動**（polyacrylamide gel electrophoresis, PAGE）は網目構造をもつポリアクリルアミドゲルを支持体として用いるため，タンパク質の分離に分子ふるい効果が加味される．SDS-ポリアクリルアミドゲル電気泳動（SDS-PAGE）は，タンパク質を2-メルカプトエタノールなどの還元剤と，界面活性剤である**ドデシル硫酸ナトリウム**（sodium dodecyl sulphate, **SDS**）で処理したのち，SDSを含むポリアクリルアミドゲル中で電気泳動を行うものである（図1.10）．還元剤はタンパク質のもつジスルフィド結合を還元して切断し，SDSはタンパク質1gあたりに約1.4gという一定の割合で結合してこれを変性させ，その結果タンパク質は伸びたペプチド鎖として単位質量あたりほぼ同じドデシル硫酸の負の電荷をもつことになる．これを電気泳動にかけると，ポリアクリルアミドゲルの分子ふるい効果によって，タンパク質を大きさで分離できる．SDS-PAGEの場合，タンパク質の移動度と分子量の対数の間に直線関係が

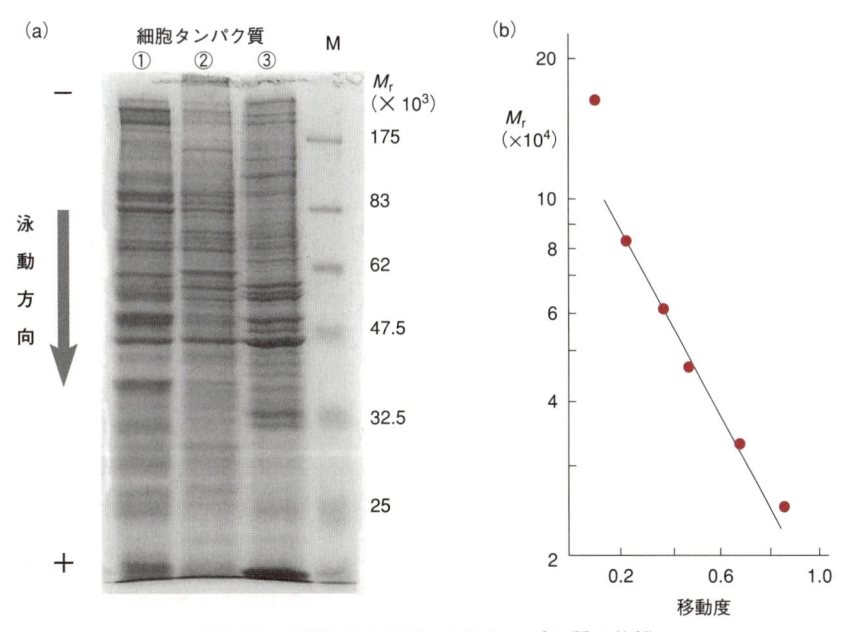

図1.10 SDS-PAGEによるタンパク質の分離
(a) 三種類の細胞タンパク質とマーカータンパク質（M）をSDS-PAGEで分離し，クマシーブリリアントブルー（CBB）で染色した．(b) タンパク質の移動度と分子量の関係．

あるので，分子量が既知のマーカータンパク質を同時に電気泳動することにより，目的とするタンパク質の分子量を求めることができる（図1.10b）．

タンパク質は，pH勾配のなかを自らの等電点に相当するpHのところまで移動する．これを利用するのが等電点電気泳動である．近年，プロテオーム解析に用いられている二次元電気泳動は，一次元目に等電点電気泳動，二次元目にSDS-PAGEを行ってタンパク質を二次元的に分離する方法で，一度に数百種類のタンパク質を分離することができる（図1.11）．

MALDI-TOF質量分析計
マトリックス支援レーザー脱離イオン化（matrix assisted laser desorption ionization, MALDI）質量分析計．試料をマトリックスと混合して乾燥固化し，その表面にレーザー光を照射してイオン化させる．比較的不安定な試料にも適用でき，飛行時間型検出器と組み合わせて，一般の化合物より比較的高分子のタンパク質，核酸，糖類などの分解物の質量を分析することができる．

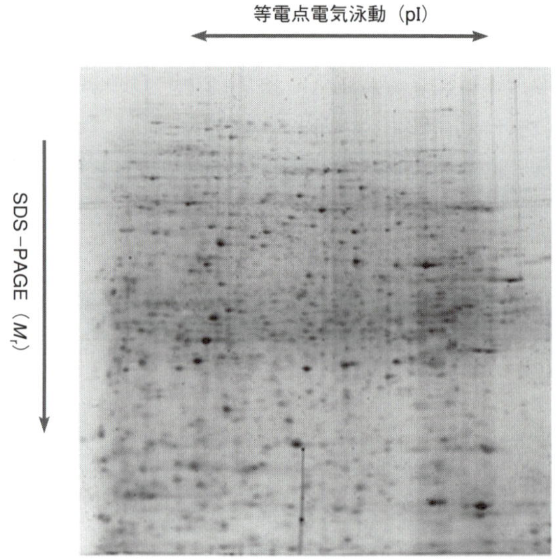

図1.11 二次元ゲル電気泳動によるタンパク質の分離
ラット肝臓のタンパク質を分離し，蛍光ゲル染色したもの．それぞれのスポットは単一のポリペプチドに対応する．

● プロテオームとは何か

一つの細胞には数千種類ものタンパク質が発現している．ある細胞に発現しているタンパク質の集団を**プロテオーム**（proteome）とよぶ．従来のタンパク質研究は一つ一つのタンパク質を対象としていたが，それに対して細胞や組織で発現しているタンパク質の集団を扱う研究をプロテオーム研究という．

ゲノムは，個体において（一部の例外を除いて）ほとんどすべての細胞で同じであるが，プロテオームは組織や細胞によって異なり，また同一の組織や細胞であっても分化，発育，生理的環境などによって変化する．一方，mRNAの発現を網羅的に検出するマイクロアレイ法では，特定の条件下にある細胞や組織のmRNA群（トランスクリプトーム）の発現を検出できるが，これらのmRNAが実際にタンパク質に翻訳されているかはわからない．

プロテオーム解析では，まず細胞に含まれるタンパク質を二次元ゲル電気泳動によって分離する．分離されたタンパク質スポットをゲルから切り出し，プロテアーゼで消化後，MALDI-TOF質量分析計によりペプチド断片を解析し，その結果をデータベースと照合してタンパク質を同定する．正常な組織と病気の組織のプロテオームを比較することにより，病気の原因や進展にかかわるタンパク質を検出することができる．

1.2.5 アミノ酸の配列決定法

タンパク質やペプチドのアミノ酸配列は，エドマン分解で決定することができる（図1.12）．ポリペプチドをフェニルイソチオシアネートで処理すると，タンパク質のN末端アミノ酸のアミノ基と反応してフェニルチオカルバモイル付加物が生成される．この化合物に無水トリフルオロ酢酸を作用させるとN末端アミノ酸が切断されてチアゾリジン誘導体として遊離し，これを酸性条件下で安定なフェニルチオヒダントイン誘導体に変えて種類を同定する．エドマン分解を繰り返すと，ペプチドのアミノ酸配列をN末端から順に決定できる．現在では，これらの過程はプロテインシークエンサーとして自動化されており，微量のタンパク質のアミノ酸配列を容易に決定することができる．しかし，大きなペプチドの全アミノ酸配列を一度に決定することはできないので，1本の長いポリペプチド鎖を酵素的，あるいは化学的に特異的に切断[*2]して得られたペプチド断片のアミノ酸配列を決定する．さらに，異なった部位で切断したペプチド断片のアミノ酸配列を決定し，重複するペプチドの組み合わせから，これらのペプチド断片の順序を決定して，タンパク質の完全なアミノ酸配列を決定する[*3]．

一方，タンパク質中のアミノ酸はDNAの三つの塩基配列（遺伝暗号）によって規定されているので，DNAクローニングで単離した遺伝子や相補的DNA（cDNA）の塩基配列を決定して，その配列からタンパク質のアミノ酸配列を推定することができる．この方法はタンパク質のアミノ酸配列を直接

*2 化学試薬の臭化シアン（BrCN）はメチオニン残基と特異的に反応してペプチド結合を切断する．また，種々のプロテアーゼ（トリプシン，キモトリプシン，V8プロテアーゼなど）は特定のペプチド結合を加水分解する．

*3 異なった二つの方法でタンパク質を切断し，そこから得られたペプチド断片のアミノ酸配列の重複によりペプチド断片の順序を決める．
第一の切断
G-A-T-L-R　P-F-N-S-L　N-W-Q-C-D
第二の切断
G-A-T-L-R-P-F　N-S-L-N-W　Q-C-D
完全なアミノ酸配列
G-A-T-L-R-P-F-N-S-L-N-W-Q-C-D

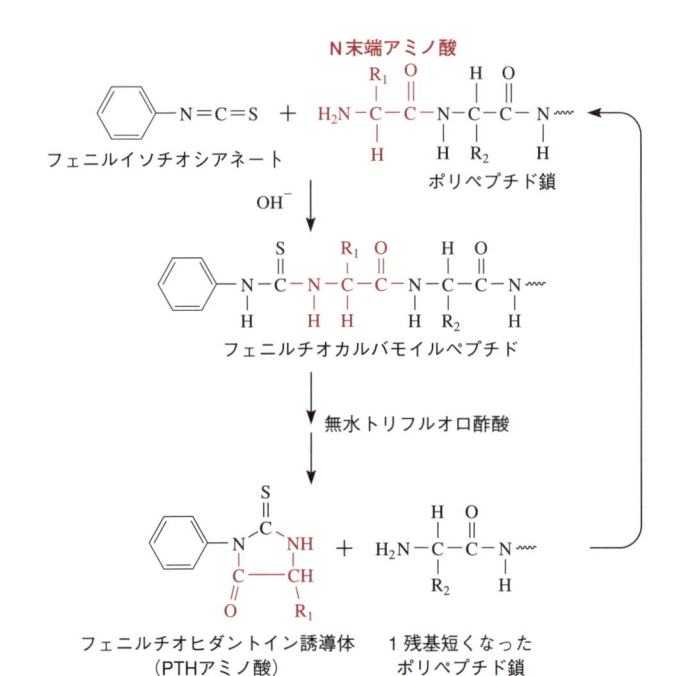

図1.12　エドマン分解によるアミノ酸配列の決定

決定するよりも容易だが，天然のタンパク質は細胞内でオリゴマーを形成したり，翻訳後修飾を受けることから，これらの解明のためには従来のタンパク質の研究方法も必要である．

現在までにアミノ酸配列が決定されたタンパク質や塩基配列がわかった遺伝子は膨大な数にのぼり，インターネットを通じてタンパク質データベースやDNAデータベースにアクセスして，これらの情報を得ることができる．

章末問題

1-1. リジン，ヒスチジン，アスパラギン酸，セリンの等電点を求めよ．

1-2. タンパク質の構造の四つのレベルについて説明せよ．

1-3. 細胞内で起こるタンパク質のフォールディングにおける分子シャペロンの必要性について説明せよ．

1-4. SDS-ポリアクリルアミドゲル電気泳動によるタンパク質の分離の原理を説明せよ．

1-5. エドマン分解によるタンパク質のアミノ酸配列の決定法の原理を説明せよ．

1-6. 大部分のタンパク質は，一定の機能をもったドメインの組合せによって構成されている．このタンパク質の構造が生物の進化にどのように寄与してきたのか考察せよ．

1-7. ペプチド結合が破壊されないような条件下でも，タンパク質は変性して生物活性が失われる．それはなぜか．

1-8. 分子シャペロン（熱ショックタンパク質）は細胞質のみならず，小胞体やミトコンドリア，核などにも存在する．それはなぜか．

第2章

糖 質

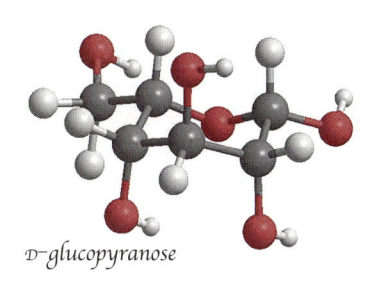

D-glucopyranose

　糖質は地球上にもっとも豊富に存在する生体物質であり，とくにグルコースは光合成によって大量に生産されている．グルコースはヒトを含めた多くの生物にとって重要なエネルギー源であり，一般的に糖質の酸化は，生物にとって中心的なエネルギー産生経路である．また，植物や細菌においては糖のポリマーこそが細胞壁の構造をかたちづくる成分である．

　糖は一つの分子内にアルコールとアルデヒドまたはケトンの構造をもつ化合物であり，アセタール結合によって多数結合する．糖はこの結合の度合いによって，単糖，二糖，オリゴ糖，多糖に分類される．さらにこの他に，タンパク質や脂質と結合している複合糖質もある．

　本章では，糖質の構造と機能について述べる．

2.1　単 糖

　単純な**単糖**（monosaccharide）は，2個以上のヒドロキシ基をもつ**アルデヒド**（aldehyde），あるいは**ケトン**（ketone）である．一般的に $C_n(H_2O)_n$ という式で表され，炭水化物ともよばれる．$n=3$ がもっとも小さい単糖で，グリセルアルデヒドとジヒドロキシアセトンがある．これらは3個の炭素から構成されているので三炭糖（トリオース，triose）ともよばれる．$n=4$，5，6のものは，それぞれ四炭糖（テトロース，tetrose），五炭糖（ペントース，pentose），六炭糖（ヘキソース，hexose）とよぶ．さらに，アルデヒド基を含む糖を一般にアルドース（aldose）とよび，三炭糖のグリセルアルデヒド，五炭糖の**リボース**（ribose），六炭糖の**グルコース**（glucose）などがこれに属する（図2.1）．アルドースの場合，アルデヒド炭素を1位として，炭素に順に番号をつける．なお，図2.1の糖はすべて **Fischer の投影式**（Fischer projection）で表した．

　リボースは生体中でもっとも豊富に存在する五炭糖であり，RNAの構成成分である．2位の炭素にヒドロキシ基のないものは**2-デオキシリボース**（2-deoxyribose）で，こちらはDNAを構成する．六炭糖のアルドースには，グルコースやガラクトース（galactose），マンノース（mannose）などがある．

　ジヒドロキシアセトンのように，ケトン基を含む糖を**ケトース**（ketose）という（図2.2）．ケトースの場合は，ケトンのカルボニル炭素の数字が小さくなるように番号をつける．生体中に見られる代表的なケトースは**フルクトー**

Fischer の投影式

E. Fischer が初めて使用した，光学異性体の立体配置を表現するための投影式．縦方向に書かれた結合は紙面の奥行き方向へ，横方向に書かれた結合は紙面の手前に出るように投影する．グリセルアルデヒドを例にすると，不斉炭素（異なる四種の置換基が結合している）を中央に置き，炭素番号の小さい –CHO 基を上に配置する．次に，もっとも長い炭素鎖が縦に並ぶように，–CH₂OH 基を下に配置する．このように配置したものをそのまま投影したものが Fischer の投影式で，不斉炭素に結合したヒドロキシ基（官能基）が右側にくるものを D 形，左側にくるものを L 形とよぶ．

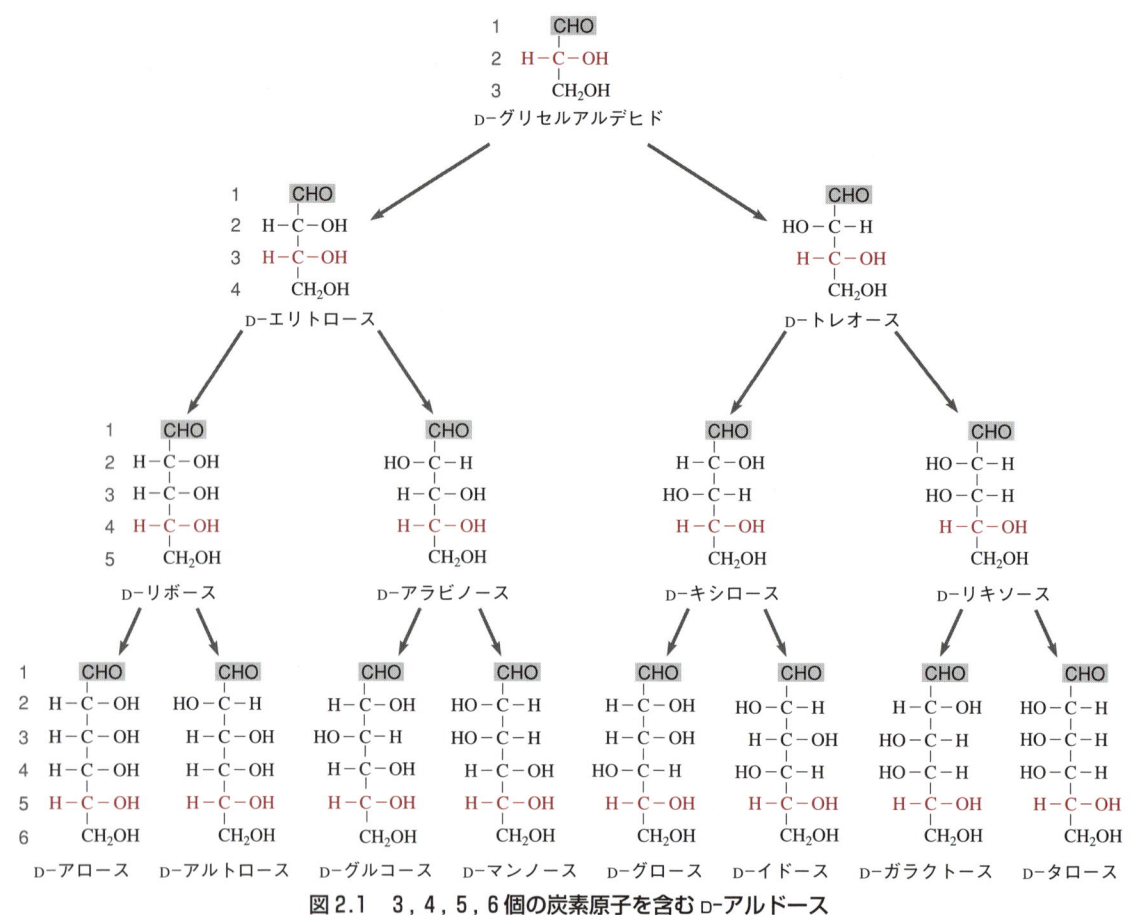

図2.1　3, 4, 5, 6個の炭素原子を含むD-アルドース

もっとも簡単なアルドースであるグリセルアルデヒドはアルデヒド基（太字）とヒドロキシ基をもち，不斉炭素が1個存在するので，D-グリセルアルデヒドとL-グリセルアルデヒドがある．赤字で示したヒドロキシ基のある炭素の絶対配置がD-グリセルアルデヒドと一致しているものをD体の糖（D-グルコースなど）という．また，横に示した数字は，糖鎖における炭素原子の標準的な番号づけである．

糖のD体，L体

糖には不斉炭素が複数あるため，本来D，Lという絶対配置では表現できないが，一番下の不斉炭素（グルコースであれば5位）の配置をグリセルアルデヒドと比較することで決定されたという歴史があるため，慣用的にこのヒドロキシ基の方向をもって糖のD，Lを区別する．

ス（fructose）である．

糖は光学異性体をもつ．たとえばグルコースは，2位から5位までの炭素原子がそれぞれ不斉炭素であり，ヒドロキシ基の向きがそれぞれ右と左の二種類あるので，2^4 すなわち16種類の異性体が存在する．そのうちの一組ずつが**エナンチオマー**（enantiomer，鏡像関係）である．生体に存在する糖においてはDの絶対配置をもつものが大部分であり，D-リボース，D-グルコース，D-マンノース，D-ガラクトース，D-フルクトースなどはいずれも生体に豊富に存在している．D-グルコースとD-マンノースは一カ所（2位）の不斉炭素の配置が異なるだけであるが，これらを**エピマー**（epimer）とよぶ．D-ガラクトースとD-グルコースもエピマーの関係にある．

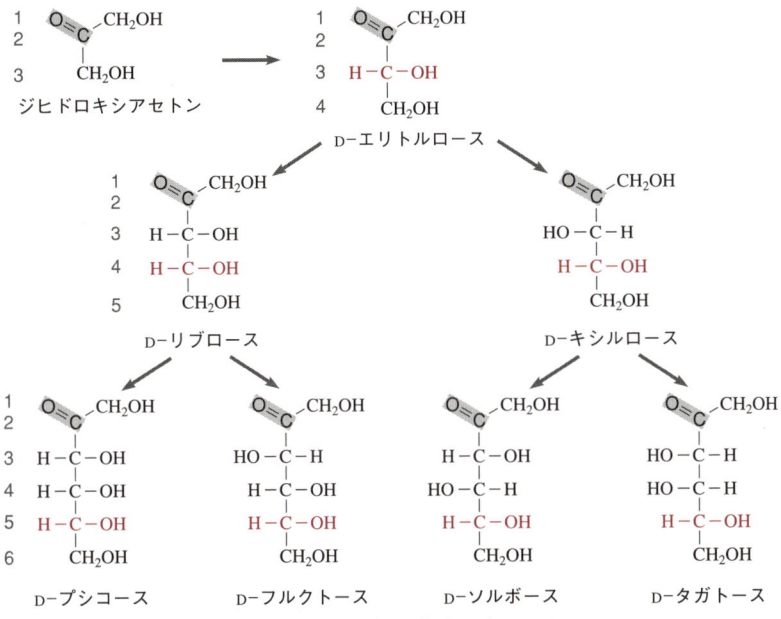

図2.2　3，4，5，6個の炭素を含むケトース

もっとも単純なケトースはジヒドロキシアセトンである．同じ炭素数でもケトースはアルドースより不斉炭素が1個少ないため，異性体の数が半分となる．ケトン基を太字で表し，一番下に書いた不斉炭素（赤字）によってD，Lを決定する．

2.2　ペントースとヘキソース

　リボース，グルコース，フルクトースなど多くの糖は，実際の溶液中では環状構造として存在している（ただし五員環以上の構造に限られる）．すなわち，アルドースの場合は，分子内のヒドロキシ基がアルデヒド基と**ヘミアセタール**（hemiacetal）を形成している（図2.3）．ケトースの場合は**ヘミケタール**（hemiketal）となる．

　アルドースであるグルコース，ケトースであるフルクトースの場合は5位の炭素に結合したヒドロキシ基がヘミアセタール（ヘミケタール）形成にかかわり，それぞれ，六員環および五員環を形成している（図2.4）．これらの構造はピランおよびフランに類似しているのでそれぞれピラノースおよびフラノースとよばれ，それぞれグルコピラノース，フルクトフラノースとなる．

　ヘミアセタールおよびヘミケタールができるときには，カルボニル基から生じるヒドロキシ基が，生成した環に対して上を向いたものと下を向いたものができる．この異性体を**アノマー**（anomer）とよぶ．ヒドロキシ基が下向きのものがα-アノマー，上向きのものがβ-アノマーである．また，これらは溶液中では平衡状態にあるが，グルコースの場合おおよそα-アノマー：β-アノマーが1：2の割合で含まれ，直鎖構造は1％未満である．このよう

図2.3　ヘミアセタールとアセタールの形成反応

図2.4 アルドースとケトースの環化反応

な環状構造は図2.4の右側に示すように**ハース (Haworth) 投影式**で書かれる．

しかし，グルコピラノースはこのような平面構造ではなく，実際は「いす型」とよばれる立体配座をとる（図2.5）．いす型の配座では，置換基はアキシアル (axial) とエクアトリアル (equatorial) の二つの配向をもつ．アキシアル結合は，環の平面に対してほぼ垂直であるのに対して，エクアトリアル結合はこの平面に対してほぼ平行である[*1]．

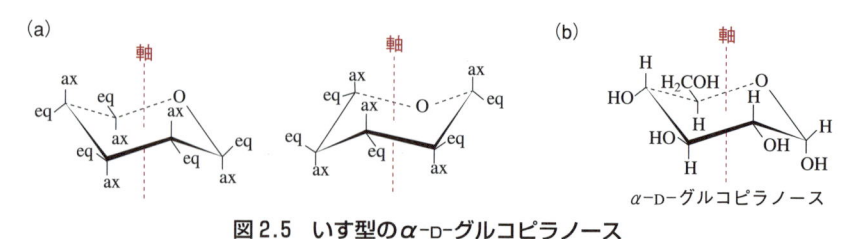

*1 糖の場合，CH_2OH や OH はできるだけエクアトリアルになるほうが立体障害は小さくなる．グルコースの β-アノマーは1位のヒドロキシ基がエクアトリアルになるので，α-アノマーより安定である．

図2.5 いす型の α-D-グルコピラノース
(a) ピラノースがとる二種類のいす型立体配座を示す．環の平面に対して垂直に出ている結合を axial (ax)，斜めに出ている結合を equatorial (eq) とよぶ．(b) α-D-グルコピラノースの立体配座を示す．かさ高い6位の CH_2OH が eq になる場合が安定である．

2.3　単糖の誘導体

　単純なヘキソースに加えて，生体中では糖質のヒドロキシ基が修飾された（別の基に置換や酸化された）誘導体が存在する（図2.6）．グルコース，ガラクトース，マンノースの2位の炭素に結合しているヒドロキシ基がアミノ基に置換されたグルコサミン，ガラクトサミン，マンノサミン，そしてこれらの糖のアミノ基に酢酸がアミド結合した，N-アセチルグルコサミン，N-アセチルガラクトサミンなどがある．また，グルコースの酸化誘導体としては，アルデヒドの部分が酸化されたグルコン酸，末端のヒドロキシ基が酸化されたグルクロン酸がある[*2]．動物の糖タンパク質（後述）に含まれる糖としては，N-アセチルノイラミン酸（シアル酸の一種）がある．この糖は，糖タンパク質の糖鎖の末端に結合している場合が多く，カルボキシ基を有するため，中性付近では負の電荷をもつ．

*2　グルクロン酸のように単糖の主鎖末端のヒドロキシメチル基がカルボキシ基に酸化された糖を総称してウロン酸といい，グルコン酸のようにアルデヒド基が酸化された糖をアルドン酸という．

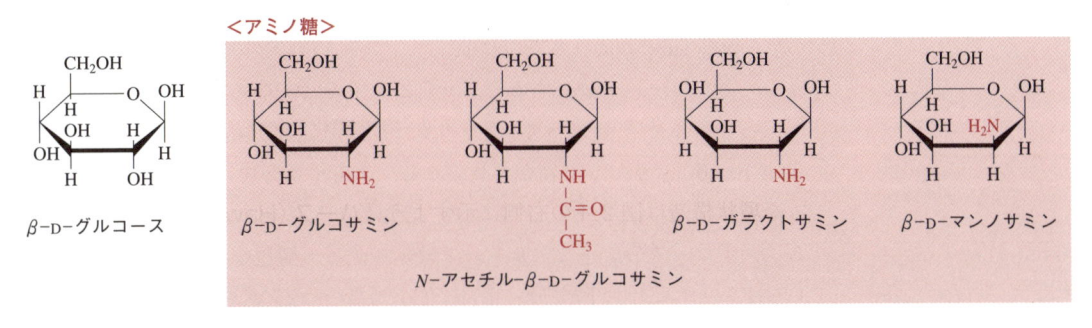

図2.6　単糖の誘導体

2.4　二糖とオリゴ糖

2.4.1　グリコシド結合

　糖の環状構造は，化学的にはヘミアセタールであり，アセタールはもう1分子の糖と結合して形成される．この結合を*O*-グリコシド結合

図2.7 O-グリコシド結合の形成
(a)マルトースの合成．(b)グリコーゲンに見られる二種類の結合様式．

(O-glycosidic bond)とよぶ（図2.7）．この結合にはいくつかのパターンがある．グルコースを例にすると，通常は4位のヒドロキシ基と結合する場合がもっとも多く，($α1→4$)グリコシド結合とよばれる．グリコーゲンには，($α1→6$)グリコシド結合も見られる．一方，反応する側の糖が$β$-アノマーの場合には，($β1→4$)グリコシド結合となる．

グルコースのようなアルドースはアルデヒド構造を有しており，酸化されやすい．すなわちFe^{3+}〔鉄(Ⅲ)〕やCu^{2+}〔銅(Ⅱ)〕を容易に還元する（自身は酸化される）．この反応が，フェーリング反応の原理である（図2.8）．しかし，グリコシド結合を形成してアセタール型になると，もはやこの反応は起こらない．糖鎖が2個以上結合したときには，その末端を区別するため，アセタール結合をしていない最後の糖を還元末端，アセタール結合をしている最初の糖を非還元末端とよぶ[*3]．

[*3] 通常，糖鎖を書く場合には，左側に非還元末端を書く．

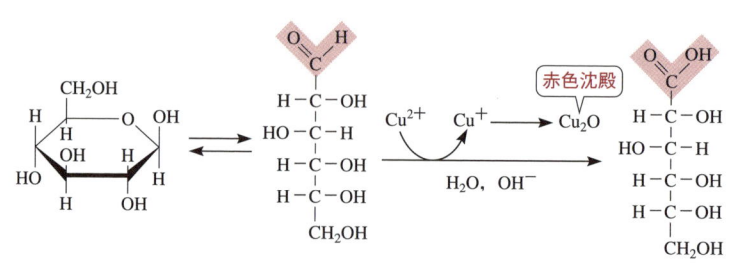

図2.8 アルドースの酸化反応（フェーリング反応）

2.4.2 二糖

二糖(disaccharide)は，二つの単糖が O-グリコシド結合でつながって形成される．よく見られる二糖としては，**スクロース**(ショ糖，sucrose)，**ラクトース**(乳糖，lactose)，**マルトース**(麦芽糖，maltose)がある(図2.9)．

スクロースはいわゆる砂糖であり，サトウキビやサトウダイコンから抽出される．これは，グルコース(Glc)とフルクトース(Fru)のアノマー炭素どうしが結合したもので，両方とも還元性を示さない．このグリコシド結合の配置はグルコースが α であり，フルクトースは β であるため，Glc($\alpha 1 \leftrightarrow 2\beta$)Fru と表される．牛乳などに含まれるラクトースは，ガラクトース(Gal)が($\beta 1 \rightarrow 4$)グリコシド結合によってグルコースと結合したもので Gal($\beta 1 \rightarrow 4$)Glc と表される．マルトースは二つのグルコースが($\alpha 1 \rightarrow 4$)グリコシド結合によってつながったもので，Glc($\alpha 1 \rightarrow 4$)Glc と表される．マルトースは，デンプンが唾液中のアミラーゼで加水分解されると生じ，小腸のマルターゼでグルコースにまで分解される．

スクロース
(α-D-グルコピラノシル-(1→2)-
β-D-フルクトフラノシド)

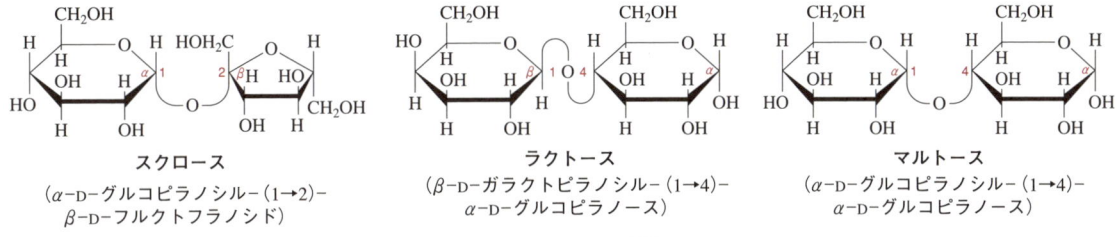

ラクトース
(β-D-ガラクトピラノシル-(1→4)-
α-D-グルコピラノース)

マルトース
(α-D-グルコピラノシル-(1→4)-
α-D-グルコピラノース)

図 2.9 おもな二糖類

2.4.3 オリゴ糖

オリゴ糖(oligo sugar)は少糖ともよばれ[*4]，数個から十数個の単糖が結合した糖類である．前項で述べた二糖類もオリゴ糖に含まれるが，通常は三個以上の単糖が結合したものをオリゴ糖とよぶ．

オリゴ糖は，ヒトを含めた動物の乳汁中や，植物や昆虫にも存在するが，二糖類や多糖類に比べると存在量は少ない．一方，後に述べる糖タンパク質や糖脂質から切り出された糖をオリゴ糖とよぶ場合もある．それぞれの糖鎖構造ごとに特有の生体機能があり，その性質が注目されている．

*4 オリゴはギリシャ語で少ないを意味する．

2.5 多糖

生体に見出される糖のほとんどは多糖類として存在している．**多糖**(polysaccharide)には一種類の単糖からなるホモ多糖と二種類以上の単糖から構成されるヘテロ多糖がある．

2.5.1 ホモ多糖

デンプンやグリコーゲン，セルロースは，グルコースが多数結合したホモ多糖である（図2.10a）．デンプンは植物によって産生され，グリコーゲンはヒトをはじめとした多くの動物の肝臓や筋肉で合成されて，蓄えられている．デンプンは**アミロース**（amylose）と**アミロペクチン**（amylopectin）に分類される．アミロースはグルコースが（α1→4）結合した直鎖状のポリマーで，螺旋状の構造をとっている．アミロペクチンには，（α1→6）結合も含まれるため分枝している．グリコーゲンはさらに（α1→6）結合の頻度が高く，高度に分枝した構造となっている（図2.10b）．

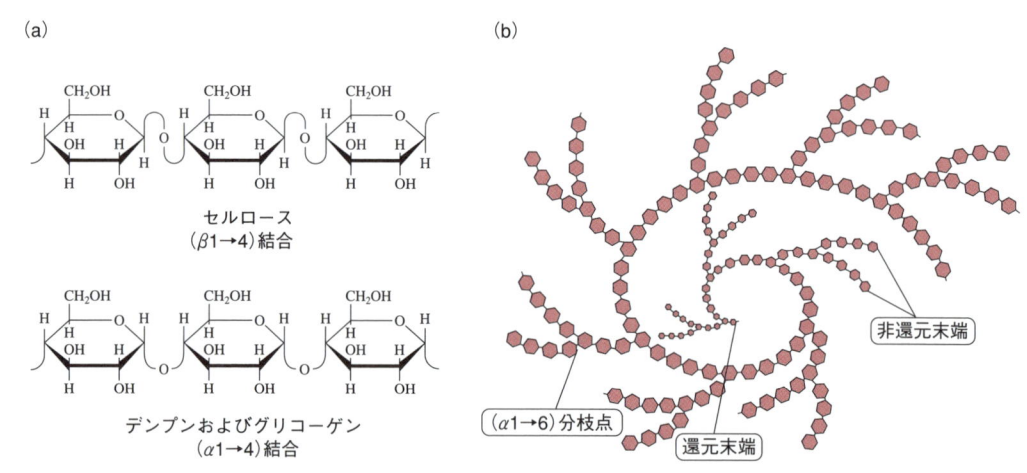

図2.10 セルロース，デンプン，グリコーゲンの構造
(a)多糖の構造式，(b)グリコーゲンの模式図．六角形は一つのグルコースを表す．

*5 多糖は，タンパク質のように分子量や結合する糖の種類が厳密に固定されていない．たとえばデンプンの分子量はまちまちである．これはタンパク質の合成がDNA-RNAの塩基配列によって厳密に制御されているのに対して，糖鎖の合成は酵素依存的なためである．

セルロースは，植物が産生するグルコースポリマーでありながら，その性質はデンプンとまったく異なる．セルロースは直鎖状で，水に不溶である．10,000〜15,000個のグルコースからなり[*5]，（β1→4）結合で連結している（図2.10a）．

通常，動物は（β1→4）結合を切断する酵素（セルラーゼ）をもっていないので，セルロースを栄養源として利用できない．セルラーゼをもつ一部の微生物のみがセルロースをグルコースに分解することができる．ウシやヒツジ

● なぜグリコーゲンで貯蓄するのか

肝細胞に貯蔵されているグリコーゲンをグルコース濃度に換算すると，0.4 Mに相当する．これがもし単糖として存在すれば，極端に高い浸透圧が発生し，細胞外から水が進入して細胞が破壊されてしまうだろう．グリコーゲンという巨大な分子にすることで，そのモル濃度は約10 nM（10^{-9} M）になっている．

また，ほ乳動物の血中グルコース濃度は5 mM程度である．もし細胞内に糖が単糖で存在していたなら，受動輸送で細胞外からグルコースを取り込むことは不可能である．

もセルラーゼはもたないが，消化管内の細菌がセルロースを分解している．

セルロースとよく似たホモ多糖に**キチン**（chitin）がある．キチンは昆虫，エビ，カニなど節足動物の堅い外骨格の主成分であり，N-アセチル-D-グルコサミンが（$\beta 1 \rightarrow 4$）結合した物質である（図2.11）．

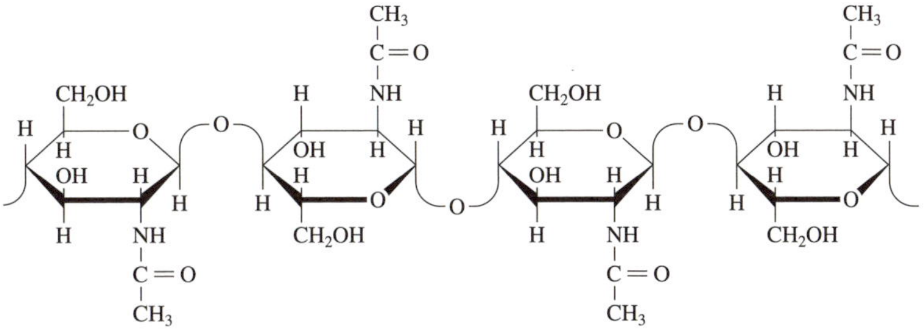

図2.11　キチンの構造

2.5.2　ヘテロ多糖

多細胞生物である動物組織の細胞の外側は，ゲル様の物質，細胞外マトリックスによって満たされている．これらは一般に**グリコサミノグリカン**（glycosaminoglycan）とよばれるヘテロ多糖であり，ヒアルロン酸，コンドロイチン硫酸，ヘパリンなどがある（図2.12）．

ヒアルロン酸は，D-グルクロン酸とN-アセチルグルコサミンの多数の繰り返しからなる．その溶液は透明性が高く，関節液の潤滑剤として働いたり，脊椎動物の眼球のガラス体にゼリー様の性質を与えたりする．

コンドロイチン硫酸には，コンドロイチン 4-硫酸とコンドロイチン 6-硫酸がある．D-グルクロン酸残基と 4 位（または 6 位）のヒドロキシ基が硫酸基に置換されたN-アセチルガラクトサミン残基の数十回程度の繰り返しからなり，軟骨や腱，大動脈壁の拡張力に寄与している．

ケラタン硫酸は動物体の角膜，軟骨，骨に見られる．他のグリコサミノグリカンと違ってウロン酸を含んでおらず，代わりにD-ガラクトースが含まれている．

デルマタン硫酸はコンドロイチン 4-硫酸が異性化したもので，グルクロン酸部分がイズロン酸となっている．おもに皮膚に存在し，その他には血管，大動脈弁，腱，肺で見いだされる．

ヘパリンはさらに多くの硫酸置換基を含む．マスト細胞から放出される抗血液凝固因子である．

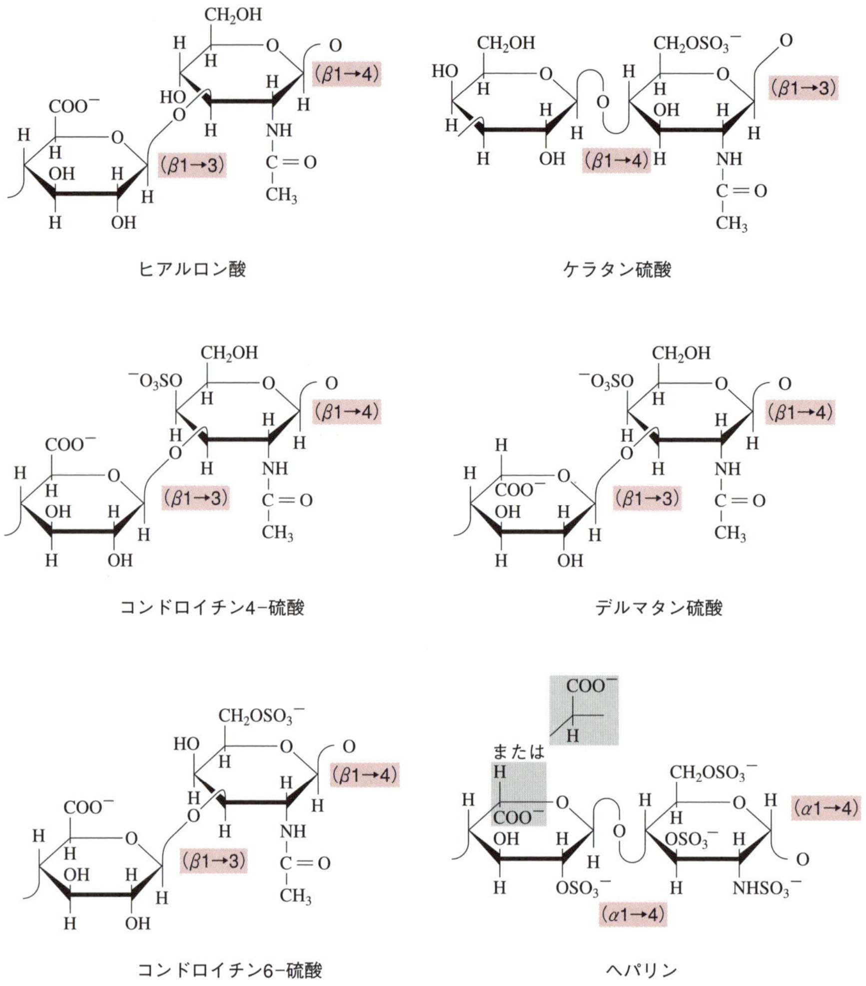

図2.12　グリコサミノグリカン

2.6　複合糖質

　糖質にタンパク質や脂質が結合した物質は**複合糖質**（complex carbohydrate）とよばれ，細胞間の認識や情報伝達において重要な役割を担っている．複合糖質は，プロテオグリカン，糖タンパク質，糖脂質に大別できる．

2.6.1　プロテオグリカン

　プロテオグリカン（proteoglycan）は皮下などの結合組織のマトリックスを構成している物質である．コンドロイチン硫酸，デルマタン硫酸，ヘパラン硫酸，ケラタン硫酸などのグリコサミノグリカンがコアタンパク質（1000〜

5000 アミノ酸)の Ser 残基を介して共有結合しており,水和した多糖が硫酸基の負の荷電によって反発しあうために膨らんでゲル状になる.

軟骨では,さまざまなプロテオグリカンがリンクタンパク質を介してヒアルロン酸と非共有結合的に多数結合して,巨大な複合体を形成している.軟骨は,関節における骨どうしの直接の接触を避けるために,また,大きな圧力に耐えるために必要な組織であり,このような巨大なプロテオグリカン複合体が軟骨のコラーゲン繊維を補強している.

2.6.2 糖タンパク質

糖タンパク質には,糖鎖がペプチド鎖のアスパラギン残基の側鎖のアミド窒素原子に結合する N 結合型と,セリンやトレオニン残基の側鎖の酸素原子に結合する O 結合型がある(図 2.13).結合する糖鎖は分枝しており,その構造的特徴によって大まかに分類されており,マンノースの含量の多い高マンノース型や末端にシアル酸が結合したものなど多様である.この配列はタンパク質のアミノ酸配列のように厳密に規定されておらず,同じタンパク質に結合した糖鎖の間でも多様性がある.タンパク質への糖鎖の付加は小胞体内腔とゴルジ体で行われる(第 22 章を参照).赤血球表面にも糖鎖構造が

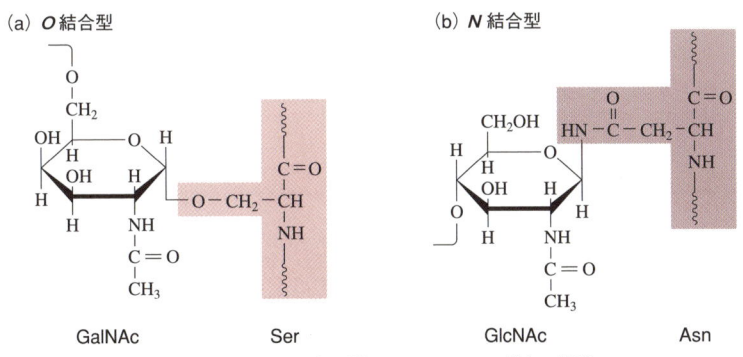

図 2.13 糖タンパク質におけるオリゴ糖の構造

ウイルスと糖

シアル酸は多くの血漿タンパク質の糖鎖の末端に結合しているが,シアル酸が切断されると肝臓のレクチンがこの糖鎖を認識してタンパク質を取り込み分解する.インフルエンザウイルスの感染においてもレクチンが重要な役割を果たす.宿主細胞の表面に存在する,シアル酸を含んだ糖鎖をウイルス表面のレクチン(ヘマグルチニンタンパク質)が認識して,そこへウイルスが結合すると,ウイルスはシアル酸を切断し,細胞内への侵入を開始する.このシアル酸の切断を阻害する物質がインフルエンザ治療薬として用いられている.

見られ，図2.14に示したように赤血球表面の糖タンパク質や糖脂質の糖鎖構造の違いが血液型の違いとなっている．

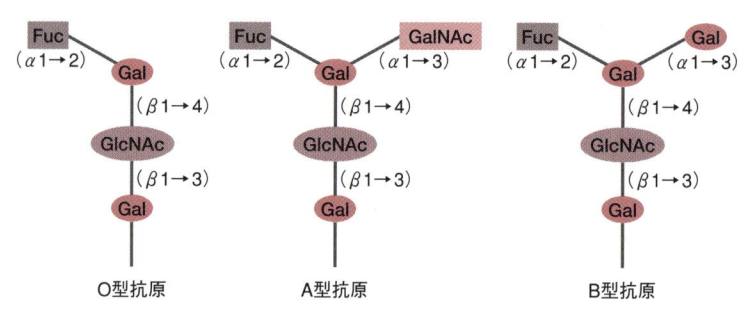

図2.14 ABO式血液型を決める糖鎖の構造
Fuc：フコース，Gal：ガラクトース，GlcNAc：N-アセチルグルコサミン，GalNAc：N-アセチルガラクトサミン．血液型の違いが性格の違いにまで影響を与えているかどうかは定かではないが，少なくとも医学的には，この違いは個人識別として重要である．

2.6.3 糖脂質

糖質は脂質にも結合する．真核細胞の膜脂質であるガングリオシドや，大腸菌などのグラム陰性菌の外膜の主要な構成成分であるリポ多糖が含まれる．**レクチン**(lectin)はほとんどの生物に見られ，糖タンパク質や糖脂質の糖鎖を特異的に認識するタンパク質の総称である．レクチンはこの機能によって，細胞間の認識，シグナル伝達，接着の過程などを担っている．

章末問題

2-1. アルドースとケトースの構造上の違いを，六単糖のグルコースとフルクトースを例にして説明せよ．

2-2. グルコースを例にして，エナンチオマー，エピマー，アノマーの定義を説明せよ．

2-3. セルロースとデンプンはどちらもグルコースが多数結合してできたものであるが，性質は異なっている．これらの性質の違いをあげ，その理由を説明せよ．

2-4. $α$-D-マンノースは甘みを呈するが，$β$-D-マンノースは苦みを呈する．純粋な$α$-D-マンノースの水溶液を作製したところ，時間がたつと甘みが失われた．その理由を説明せよ．ただし，マンノースが分解されたのではない．

2-5. 生体における糖質の代表的な役割を三つあげて説明せよ．

第3章

脂　質

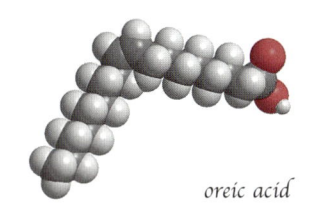

oreic acid

　脂質は，タンパク質や糖質とは大きく性質の異なる生体分子である．エーテルやクロロホルムなどの有機溶媒に可溶性で水には溶けにくく，その生体機能も多岐にわたっている．中性脂肪はエネルギー源，リン脂質は生体膜の構成成分であり，ステロイドはホルモンとして作用する．酵素の補因子として機能する脂質もある．
　本章では，脂質の多様な構造と機能について述べる．

3.1　脂質の分類

　脂質（lipid）の分類を表3.1に示す．脂質は単純脂質，複合脂質，誘導脂質の三種類に大きく分類される．単純脂質は脂肪酸とアルコールのエステルであり，アルコール部分の違いによって，トリアシルグリセロール（中性脂肪），コレステロールエステル，ろうなどに分類される．複合脂質は，アルコールと脂肪酸に加えてリン酸や糖などを含む脂質であり，リン脂質と糖脂質に分類される．これらはさらに，グリセロールを含むものとスフィンゴシンを含むものに分類される．誘導脂質は単純脂質，複合脂質の加水分解によって生じる化合物であり，脂肪酸やイソプレノイドが含まれる．脂肪酸の一つであ

ろ　う
長鎖の脂肪酸と長鎖の第一級アルコールとのエステル．ワックスともいう．植物の葉の表面や昆虫の体表面に見いだされ，疎水性が強く，外部からの水の浸入や内部からの水の漏出を防ぐ働きをしている．また，マッコウクジラの頭部に大量に存在し，潜水するための比重の調節に利用されている．

表3.1　脂質の分類

単純脂質		トリアシルグリセロール	グリセロールと脂肪酸のエステル
		コレステロールエステル	コレステロールと脂肪酸のエステル
		ろう（ワックス）	高級アルコールと脂肪酸のエステル
複合脂質	リン脂質	グリセロリン脂質	グリセロールと脂肪酸，リン酸がエステル結合し，さらに極性基が結合
		スフィンゴリン脂質	スフィンゴシンに脂肪酸とリン酸がエステル結合し，さらに極性基が結合
	糖脂質	グリセロ糖脂質	グリセロールに脂肪酸と糖が結合
		スフィンゴ糖脂質	スフィンゴシンに脂肪酸と糖が結合
誘導脂質		脂肪酸	飽和脂肪酸，不飽和脂肪酸
		エイコサノイド	プロスタグランジン，トロンボキサン，ロイコトリエンなど
		ステロイド	コレステロール，ステロイドホルモン，胆汁酸
		脂溶性ビタミン	ビタミンA，D，E，K

るアラキドン酸からは，プロスタグランジンなどの多くの種類の生理活性物質が合成され，それらはエイコサノイドとよばれる．イソプレノイドは5個の炭素をもつイソプレンから誘導されるもので，ステロイド，脂溶性ビタミンなどがこの脂質に分類される．イソプレノイドは生体中に遊離状態で存在する脂質で，誘導脂質に分類される．

このように脂質の構造は多岐にわたるが，それぞれの分類ごとには比較的よく似た構造をとっている．

3.2　脂肪酸

脂肪酸の表記方法

脂肪酸の性質は構成炭素の数と二重結合の数に大きく依存するため，それらを「ラウリン酸 (12:0)」のように表す．この場合は12が炭素数，0が二重結合の数である．同様にオレイン酸 (二重結合を1個もつ) は 18:1と表す．さらに，二重結合の位置は Δ^9 のように示し，この場合は9番目と10番目の炭素の間に二重結合があることを表している．

脂肪酸 (fatty acid) は，炭素数が数個から数十個の炭化水素鎖をもつカルボン酸であり，主要な脂質である中性脂肪やリン脂質などに含まれる．表3.2に，生体中に存在する代表的な脂肪酸を示した．生体中に存在する脂肪酸は，炭素数 12～20 個 ($C_{12} \sim C_{20}$) のものが多く，偶数個の炭素から構成されている．それは，脂肪酸がアセチル CoA の C_2 を単位として合成されるからである (第15章を参照)．脂肪酸のカルボキシ基の pK_a は 4.5～5.0 程度であり，わずかに水に溶け酸性を示す．脂肪酸には，二重結合をもたない飽和脂肪酸と，二重結合をもつ不飽和脂肪酸がある (図3.1)．生体に存在する脂肪酸の立体異性体は，ほとんどがシス異性体である．二重結合を2個以上も

表3.2　動物の脂肪酸

炭素数	二重結合	慣用名	系統名	構造式	融点 (℃)
飽和脂肪酸					
12	0	ラウリン酸	n-ドデカン酸	$CH_3(CH_2)_{10}COOH$	43.5
14	0	ミリスチン酸	n-テトラデカン酸	$CH_3(CH_2)_{12}COOH$	53.9
16	0	パルミチン酸	n-ヘキサデカン酸	$CH_3(CH_2)_{14}COOH$	63.1
18	0	ステアリン酸	n-オクタデカン酸	$CH_3(CH_2)_{16}COOH$	69.6
20	0	アラキジン酸	n-エイコサン酸	$CH_3(CH_2)_{18}COOH$	76.5
22	0	ベヘン酸	n-ドコサン酸	$CH_3(CH_2)_{20}COOH$	81.5
24	0	リグノセリン酸	n-テトラコサン酸	$CH_3(CH_2)_{22}COOH$	86.0
不飽和脂肪酸					
16	1	パルミトレイン酸	cis-Δ^9-ヘキサデセン酸	$CH_3(CH_2)_5CH=CH(CH_2)_7COOH$	$-0.5 \sim 0.5$
18	1	オレイン酸	cis-Δ^9-オクタデセン酸	$CH_3(CH_2)_7CH=CH(CH_2)_7COOH$	12～16
18	2	リノール酸	cis, cis-Δ^9, Δ^{12}-オクタデカジエン酸	$CH_3(CH_2)_4(CH=CHCH_2)_2(CH_2)_6COOH$	$-5.2 \sim -5.0$
18	3	α-リノレン酸	全 cis-$\Delta^9, \Delta^{12}, \Delta^{15}$-オクタデカトリエン酸	$CH_3CH_2(CH=CHCH_2)_3(CH_2)_6COOH$	$-10 \sim -11.3$
20	4	アラキドン酸	全 cis-$\Delta^5, \Delta^8, \Delta^{11}, \Delta^{14}$-エイコサテトラエン酸	$CH_3(CH_2)_4(CH=CHCH_2)_4(CH_2)_2COOH$	-49.5

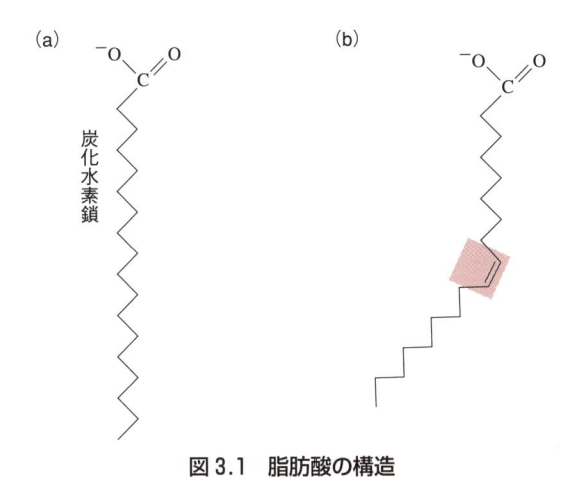

図 3.1　脂肪酸の構造
(a)飽和脂肪酸(ステアリン酸)，(b)不飽和脂肪酸(オレイン酸)．

つ脂肪酸は多価不飽和脂肪酸とよばれ，リノール酸，α-リノレン酸などはヒトの必須脂肪酸である．

　脂肪酸，および脂肪酸を含む化合物の物理的性質は，脂肪酸の炭化水素鎖の長さと不飽和度によって大きく異なる．炭化水素鎖が長くなるほど疎水性が増し，水に溶けにくくなり，さらに融点も高くなる．室温(25℃)では，12：0～20：0の飽和脂肪酸はワックスのような固体となる．一方，二重結合をもつ不飽和脂肪酸の融点は低くなり，二重結合を1個もつオレイン酸(18：1)は室温では液体であり，リノール酸(18：2)ではさらに融点が下がる．これは，飽和脂肪酸は直線に近い構造をとり分子が密に詰まるが，不飽和脂肪酸では炭素骨格が折れ曲がっており，堅くパッキングできず，脂肪酸どうしの相互作用が弱いためである．後に述べるように，この融点の違いは脂肪酸が結合してできるリン脂質の性質にも大きな影響を及ぼす．

3.3　トリアシルグリセロール

　トリアシルグリセロール(triacylglycerol)は，中性脂肪ともよばれ，グリセロールに3個の脂肪酸がエステル結合したものである(図3.2)．疎水性が強く，水にはきわめて溶けにくい．3個の脂肪酸がすべて同じ場合は単純トリアシルグリセロールとよばれるが，天然に存在するほとんどのトリアシルグリセロールには二種類あるいは三種類の異なる脂肪酸が結合した「混合型」が多い．ほとんどの真核細胞では，細胞質中に小さな油滴として存在し，そのおもな役割はエネルギーの貯蔵である．脊椎動物では脂肪細胞に，植物では種子に大量に蓄えられている．

　トリアシルグリセロールは，グリコーゲンやデンプンと同様にエネルギー源として利用されているが，脂肪酸の炭素原子は糖質より還元状態にあるの

イソプレノイド

イソプレンを構成単位にもつ化合物の総称．イソプレン(2-メチル-1,3-ブタジエン)は5個の炭素からなる炭化水素で，この化合物の活性体であるイソペンテニル二リン酸はステロイドやテルペンなどさまざまな物質の合成原料として利用されている．合成された化合物は5個単位の炭素骨格をもつ．たとえばテルペンは，5個，10個，15個などの炭素数で構成される．ステロイド合成経路で最初にできるラノステロールは30個の炭素をもつ．

イソプレン

イソペンテニル二リン酸

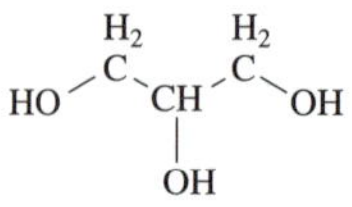

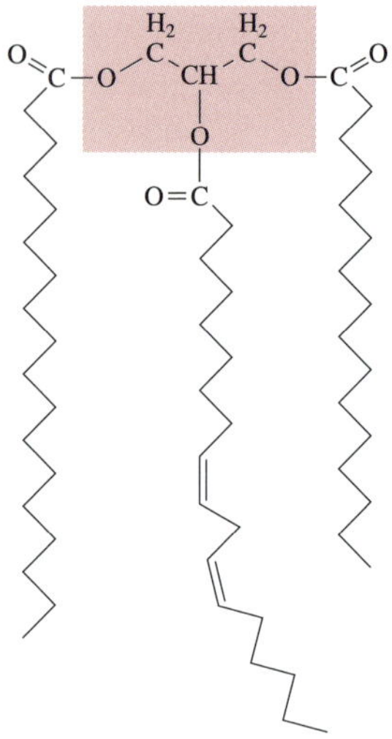

図 3.2 トリアシルグリセロールの構造

*1 中性脂肪は熱伝導性が低いため，アザラシやペンギンなどの寒冷地に暮らす動物は皮下に多量の中性脂肪を蓄え，寒さに対する断熱材として利用している．

で，トリアシルグリセロールが酸化されると，質量あたりで糖質の2倍以上ものエネルギーが産生される．グルコースが多数結合したグリコーゲンが貯蔵できるエネルギーは一日分にも満たないが，トリアシルグリセロール（中性脂肪*1）は，数カ月分のエネルギー需要を満たすだけの量を蓄えることができる．

3.4 リン脂質

グリセロリン脂質の光学異性体
グリセロールは不斉炭素をもっていないので光学活性ではないが，3位にリン酸が結合すると2位の炭素（赤字）は不斉炭素になり，光学活性をもつようになる．すなわち，DとLのエナンチオマー（対掌体）が存在することになる．下記のL-グリセロール3-リン酸にも光学異性体が存在する．これにさらに脂質2分子が結合したものが，通常のリン脂質である．つまり，グリセロリン脂質には光学異性体が存在する．

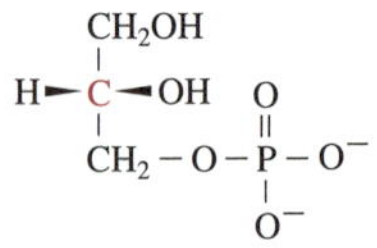

L-グリセロール3-リン酸

細胞膜や核膜などの生体膜を構成しているのも脂質である．膜の脂質は両親媒性であり，脂質分子の一端が疎水性，別の端は親水性である．この親水性の部分にリン酸基をもつものが**リン脂質**（phospholipid）であり，グリセロリン脂質とスフィンゴリン脂質の二種類がある．

3.4.1 グリセロリン脂質

グリセロールの1位と2位に脂肪酸がエステル結合し，3位にリン酸がエステル結合したものをホスファチジン酸といい，**グリセロリン脂質**（glycerophospholipid）の基本構造になっている．グリセロリン脂質は，ホスファチジン酸にコリン，セリン，エタノールアミンなどの極性基が結合したもので，それぞれホスファチジルコリン，ホスファチジルセリン，ホスファチジルエタノールアミンとよばれる（表3.3）．リン脂質分子は，脂肪酸の疎水性部分とリン酸エステルの親水性部分からなる，いわゆる両親媒性分子である．通常，グリセロールの1位のヒドロキシ基にはC_{16}かC_{18}の脂肪酸が結合し，2位のヒドロキシ基にはC_{18}かC_{20}の不飽和脂肪酸が結合している．

表3.3 グリセロリン脂質

グリセロリン脂質の名称	R	Rの構造式	正味の電荷(pH7)
ホスファチジン酸	—	—H	-1
ホスファチジルエタノールアミン	エタノールアミン	$-CH_2-CH_2-NH_3^+$	0
ホスファチジルコリン	コリン	$-CH_2-CH_2-N^+(CH_3)_3$	0
ホスファチジルセリン	セリン	$-CH_2-CH(NH_3^+)-COO^-$	-1
ホスファチジルグリセロール	グリセロール	$-CH_2-CH(OH)-CH_2-OH$	-1
ホスファチジルイノシトール	myo-イノシトール	(myo-イノシトール環構造)	-1
カルジオリピン	ホスファチジルグリセロール	(ホスファチジルグリセロール構造)	-2

　グリセロールは不斉炭素をもたないが，このようにヒドロキシ基に異なる脂肪酸が結合することによって，グリセロリン脂質にはD，Lの光学異性体が生じる．また，中性付近のpHでリン酸基は負に荷電しているが，極性基部分の荷電状態には負の場合と正の場合がある．このような違いはリン脂質が構成する膜の性質を大きく左右する．

　中性脂肪と同様，グリセロリン脂質に結合している脂肪酸もさまざまである．したがって単純にホスファチジルコリンといっても，脂肪酸の種類によって多くの分子種がある．また，この脂肪酸の組成は摂取する脂肪酸の種類によっても変化する．さらに，グリセロリン脂質の種類は動物種によって異なっており，同じ動物種でも組織や細胞によってその割合や組成が異なる．

　脊椎動物の心臓には**プラスマローゲン**（plasmalogen）とよばれるリン脂質が豊富に存在する．プラスマローゲンはエーテル結合をもったリン脂質で，グリセロールの1位の結合がエステル結合ではなくビニルエーテル結合である（図3.3）．このリン脂質の機能はよくわかっていないが，エーテル結合は

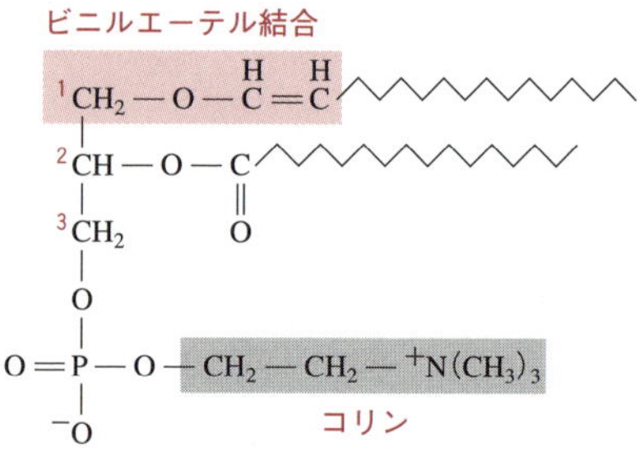

図3.3 プラスマローゲンの構造

リン脂質の脂肪酸のエステルを加水分解するホスホリパーゼに対して耐性であり，この性質が重要なのかもしれない．

3.4.2 スフィンゴリン脂質

スフィンゴ脂質（sphingolipid）とは，2位にアミノ基，3位にヒドロキシ基をもつ炭素数18のアルコールであるスフィンゴシン（sphingosine）を含む脂質の総称である[*2]．スフィンゴシンの2位のアミノ基に脂肪酸がアミド結合をしたものはセラミド（ceramide）とよばれ，スフィンゴ脂質の基本構造となる（図3.4）．さらに1位のヒドロキシ基にホスホコリンがエステル結合したものがスフィンゴミエリン（sphingomyelin）である．スフィンゴミエリンはスフィンゴ脂質のなかで唯一のリン脂質であり，全体的な構造はグリセロリン脂質のホスファチジルコリンとよく似ている．スフィンゴミエリンはおもに動物の細胞膜に存在するが，ニューロンの軸索を取り囲んでいるミエリン鞘にとくに豊富に存在しているため，この名前がつけられた．

*2 「スフィンゴ」は，ギリシャ神話のスフィンクスから命名された．発見当時，機能がわからない不思議な物質であったためだが，最近ではこれら一連の化合物がさまざまな生理作用をもつことが明らかになっている．

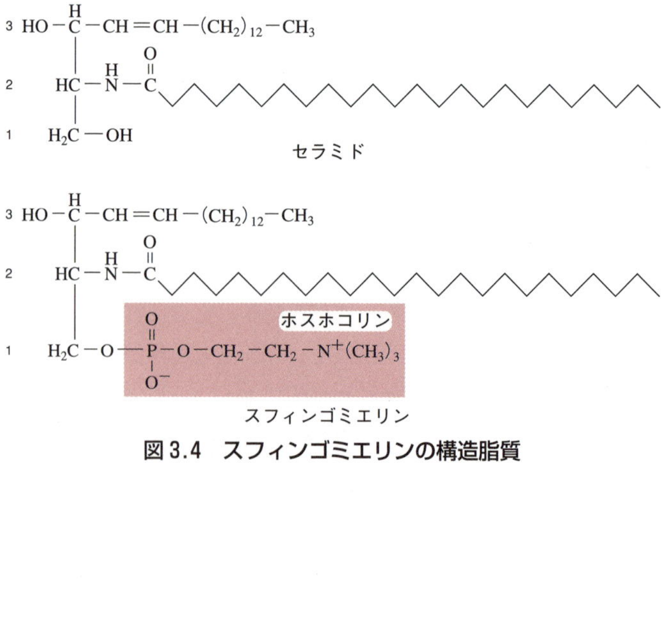

図3.4 スフィンゴミエリンの構造脂質

3.5 糖脂質

　糖脂質(glycolipid)は，親水性の糖(あるいは糖鎖)と疎水性の脂質部分から構成される物質で，脂質部分にはセラミドやジアシルグリセロールをもつ．ほ乳動物細胞には**スフィンゴ糖脂質**(glycosphingolipid)が多く存在し，植物には**ガラクトリピド**(galactolipid)が豊富に存在する．

　スフィンゴ糖脂質は，スフィンゴシンの1位のヒドロキシ基に糖(あるいは糖鎖)がグリコシド結合したものである(図3.5a)．1個の糖がセラミドに結合したものは**セレブロシド**(cerebroside)とよばれ，そのなかでもガラクトースが結合した**ガラクトセレブロシド**は神経組織の細胞膜に，グルコースが結合した**グルコセレブロシド**は非神経組織の細胞膜に局在する．**ガングリオシド**(ganglioside)は極性部分にオリゴ糖をもち，スフィンゴ脂質のなかではもっとも複雑な構造をしている．糖鎖の末端にはN-アセチルノイラミン酸(Neu5Ac)が結合している．ノイラミン酸は酸性糖であり，ガングリオシドは中性付近のpHでは負に帯電している．これに対してセレブロシドは中性であり，中性糖脂質ともよばれる．スフィンゴ糖脂質の機能については未解明な部分も多いが，たとえばガングリオシドは細胞の外表面に存在して，細胞外分子や隣接する細胞に認識されることがわかっている．

　ガラクトリピドは，1個あるいは2個のガラクトースがジアシルグリセロールの3位のヒドロキシ基とグリコシド結合を形成したものである(図3.5b)．ガラクトリピドは生物界においてもっとも豊富に存在する膜脂質の一つであり，葉緑体のチラコイド膜に局在して維管束植物の膜脂質の70〜

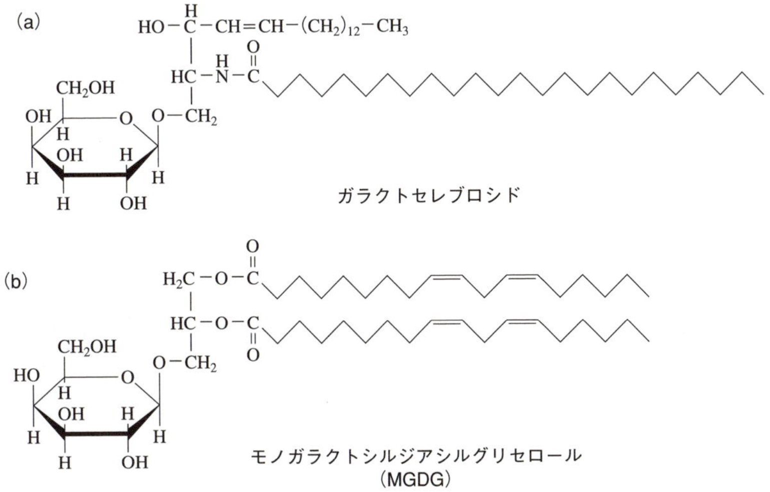

(a) ガラクトセレブロシド

(b) モノガラクトシルジアシルグリセロール
(MGDG)

図3.5　糖脂質の構造
(a)セレブロシド，(b)ガラクトリピド．

80％を占めている．構造はグリセロリン脂質と似ているが，リン酸を含まない．リン酸は植物の栄養素として重要であるので，リン酸を含まない脂質を利用することで，リン酸を節約しているのかもしれない．

3.6 ステロイド

*3 脂溶性ビタミンについての詳細は第8章を参照，またステロイドの生合成については第15章を参照．

脂質には脂肪酸を構成成分とするもの以外に，イソプレノイド骨格をもつものがある．これにはビタミンDなどの脂溶性ビタミンや**ステロイド**(steroid)が含まれる[*3]．ステロイドは四つの環が縮合した構造をもち，図3.6に示したように六員環3個と五員環1個からなる．この四つの縮合した環はほぼ平面構造をとり，この基本骨格にメチル基やヒドロキシ基などが結合してステロイド骨格をかたちづくる．環状の置換基の立体表示についてはこの環に対して下向きをα，上向きをβで表す．図に示した二つのメチル基はいずれもβ配置である．

コレステロール(cholesterol)は基本となるステロイドで，A環の3位にヒドロキシ基，D環の17位に非極性炭化水素が結合した両親媒性化合物である．コレステロールの六員環はいす型をとっており，置換基はすべてβ配置

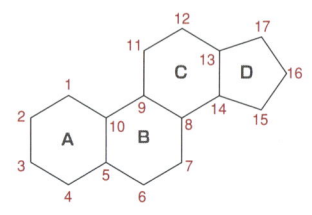

図3.6 ステロイドの基本骨格
A，B，C：六員環．D：五員環．
図中の数字は炭素原子の番号で，A環から順につけていく．

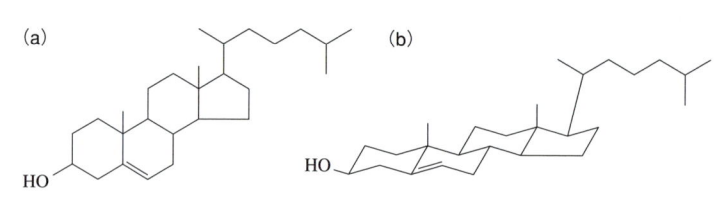

図3.7 コレステロールの構造
(a)一般的な構造式，(b)立体構造式．

コール酸　　テストステロン　　エストラジオール

シトステロール　　コルチゾール　　アルドステロン

図3.8 さまざまなステロイド

で結合している（図3.7）．コレステロールは細胞膜の構成成分の一つである一方，さまざまなステロイドの生合成の出発原料となっている．動物においては，コレステロールから胆汁酸，副腎皮質ホルモン，性ホルモンが，植物においてはシトステロールやアルカロイドが合成される（図3.8）．コール酸は胆汁酸の一つで，通常はタウリンやグリシンが抱合される（詳しくは第15章を参照）．副腎皮質ホルモンには，ミネラルコルチコイド（アルドステロンなど）とグルココルチコイド（コルチゾールなど）がある．アルドステロンは腎臓の尿細管でのナトリウムイオンの再吸収を調節して，体液量や血圧を調節している．コルチゾールは基本的には血糖値を調整する作用があるが，ストレス応答とも深くかかわっており，免疫機能や不妊にもかかわると考えられている．また，性ホルモンには男性ホルモンであるアンドロゲン（テストステロンなど）と女性ホルモンであるエストロゲン（エストラジオールなど）がある．

ミネラルコルチコイド
副腎皮質から分泌されるステロイドホルモンのうち，ミネラル（ナトリウムイオンとカリウムイオン）の濃度の調節に関係するものの総称．アルドステロンが代表的である．

グルココルチコイド
副腎皮質から分泌されるステロイドホルモンのうち，糖質代謝に関係するものの総称（グルコとは糖質のこと）．代表的なものにコルチゾールがある．

● コレステロールは悪者か

最近，生活習慣病のリスク因子として血中コレステロールの量が測定され，コレステロールに悪者の印象をもっている人も多い．しかし，コレステロールは細胞膜に存在して，膜の機能を調節したり，胆汁酸やステロイドホルモンの合成原料となっている．コレステロールが必要以上に血中に存在すると動脈硬化症などを引き起こす可能性があるのだが，私たちの体にとってはなくてはならない物質の一つである．

章末問題

3-1. 脂質は，他の生体成分である糖質やタンパク質とどのように異なるのか，説明せよ．

3-2. 中性脂肪とリン脂質（グリセロリン脂質）についてその構造の違いと機能の違いを説明せよ．

3-3. 飽和脂肪酸と不飽和脂肪酸からなるリン脂質が形成する膜の性質を簡潔に述べよ．

3-4. 中性脂肪に水酸化ナトリウム溶液などのアルカリを加えると石けん（界面活性剤）ができる．どのような反応が起こっているか説明せよ．

3-5. ステロイドの働きについて述べよ．

第4章

生体膜

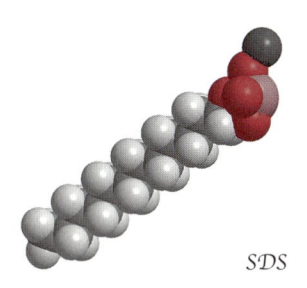

SDS

　細胞膜は，厚さ5 nmほどの脂質二重層であり，リポソームがその基本構造になっている．細胞膜は内外を仕切るだけでなく，必要なものを選択的に取り込んだり，外界の環境を認識して（あるいは情報を取り込んで）応答したり，また状況に応じて形状を変えたりするという多様な機能をもつ．これらの機能は，脂質膜だけでなく，そこに挿入されているタンパク質や糖質と協同することによって実現される．

　本章では，細胞や細胞小器官を構成している生体膜の構造とその機能である膜輸送について述べる．

4.1　生体膜の構造

4.1.1　ミセルとリポソーム

　ドデシル硫酸ナトリウム（SDS）やトリトンなどの界面活性剤に代表される両親媒性分子を水に入れると，外側に親水性の部分を向け，内側では疎水性の部分が疎水性相互作用で球状に集まった，ミセルを形成する（図4.1）．リン脂質は疎水性部分に2本のアシル基があるためにかさ高く，ミセルの内部には収まりにくいのでリポソームを形成する．リポソームの外側はミセルとよく似た構造をとるが，内側にも親水性部分を向けた脂質二重層（二分子膜）となっている．すなわち，内側に水溶性の区画ができる．イオンなど極性物質はこの膜を容易には透過できず，内部に外とは異なる環境を生みだすことができる．これが細胞膜の基本構造である．

(a) ミセル　　　　(b) リポソーム

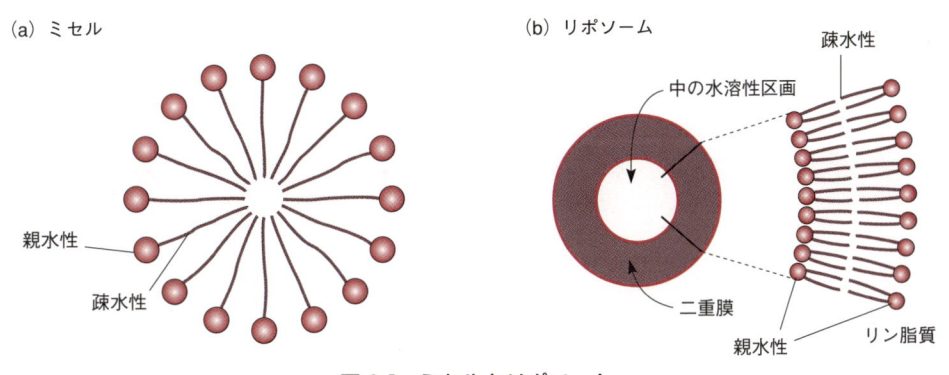

図4.1　ミセルとリポソーム

4.1.2 生体膜の流動モザイクモデル

細胞膜は，おもにリン脂質から構成され，そこに細胞膜のさまざまな生理作用を担っているタンパク質が存在している．1972 年に S. J. Singer と G. L. Nicolson によって，細胞膜の**流動モザイクモデル**（fluid mosaic model）が提唱された（図 4.2）．このモデルではリン脂質が二重層を形成し，そのなかにタンパク質が埋め込まれている．脂質の疎水性部分が膜の内面で向かい合っており，タンパク質は膜の疎水性部分と相互作用することで膜に保持されている．タンパク質には膜の両側に露出しているものもあれば，片側だけに露出しているものもあり，タンパク質の配向は非対称的である．ミトコンドリアや小胞体などの細胞小器官も同様の膜からできている．膜を構成しているほとんどのグリセロリン脂質は，少なくとも 1 個の不飽和脂肪酸を含んでいる．不飽和結合（二重結合）があると，そこで脂肪酸の炭化水素鎖が折れ曲がるため，脂肪酸の炭化水素間での疎水性相互作用が弱くなり，膜の粘性が低下して流動性が上昇する．動物細胞では，不飽和結合の折れ曲がりでできた隙間にコレステロール分子が入り，細胞膜を剛直化させて流動性や透過性を低下させる．

> **流動モザイクモデル**
> 生体膜は，脂質二重層のなかにタンパク質がモザイク状に存在し，タンパク質は膜中を水平方向に移動（拡散）するというモデル．

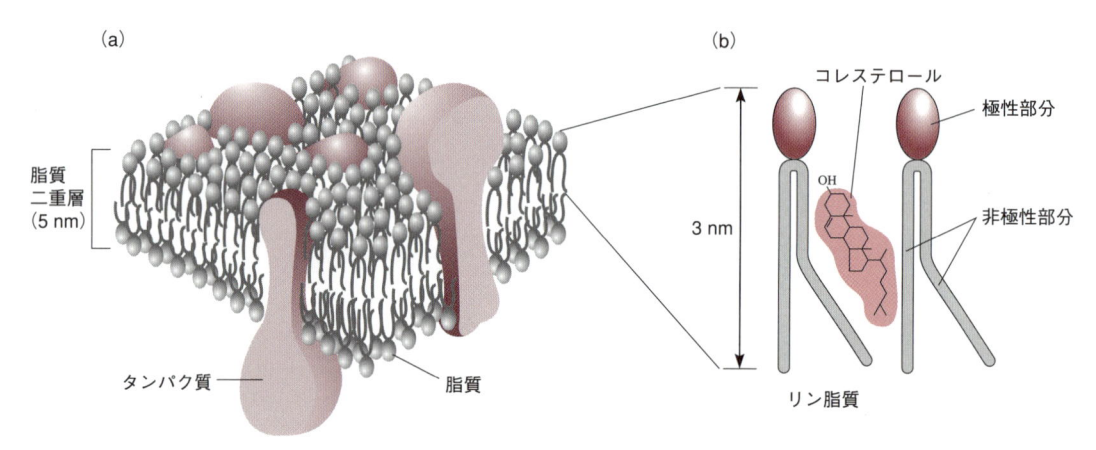

図 4.2 流動モザイクモデル(a)と膜脂質(b)

4.1.3 生体膜の成分

細胞膜や細胞小器官の膜に含まれるタンパク質の含量や，膜を構成するリン脂質の種類は，細胞の種類や機能によって異なっている．たとえば大腸菌の細胞膜のタンパク質含量は重量比で約 75% を占める．一方，マウス肝臓の細胞膜のタンパク質含量は 50% 程度である．膜を構成する脂質の組成を見ると，ラット肝臓の細胞膜ではコレステロールがもっとも高く，ついでホスファチジルコリン，スフィンゴ脂質の順になる．一方，小胞体膜や核膜を構成する脂質は，ホスファチジルコリンの割合がもっとも高く，50% 以上を占める（表 4.1）．

表 4.1　生体膜を構成する主要な脂質

		脂質の組織(脂質全体に対する%)						
		PC	SM	PE	PI	PS	PG	コレステロール
ラット肝臓	細胞膜	18	14	11	4	9	—	30
	粗面小胞体	55	3	16	8	3	—	6
	滑面小胞体	55	12	21	7	—	—	10
	ミトコンドリア内膜	45	5	25	6	1	2	3
	ミトコンドリア外膜	50	5	23	13	2	3	5
	核膜	55	3	20	7	3	—	10
	ゴルジ体膜	40	10	15	6	4	—	8
	リソソーム膜	25	24	13	7	—	—	14
ラット脳	ミエリン	11	6	14	—	7	—	22
	シナプトソーム	24	4	20	2	8	—	20
ラット赤血球	赤血球膜	41	—	37	2	13	—	24
原核細胞	大腸菌形質膜	0	—	80	—	—	15	0
	枯草菌形質膜	0	—	69	—	—	30	0

PC：ホスファチジルコリン，SM：スフィンゴミエリン，PE：ホスファチジルエタノールアミン，PI：ホスファチジルイノシトール，PS：ホスファチジルセリン，PG：ホスファチジルグリセロール．

　個々の脂質分子は，隣接する脂質分子と自由に入れ換わり膜平面上を移動することができる．すなわち脂質膜において，脂質の水平移動，さらにはその間に挿入されているタンパク質の移動は容易に起こる．そのスピードは非常に速く，数秒でほとんどの脂質が完全に置き換わる．この流動性は，膜の脂質組成によって大きく変化する．膜の流動性は膜の機能にとって重要で，膜タンパク質の迅速な移動や相互作用，細胞分裂時の均一な膜組成分配などを可能にしている．

　脂質二重層の組成は外側と内側で異なり，非対称である．赤血球の細胞膜を例にすると，外側ではホスファチジルコリンやスフィンゴミエリンの割合が高いが，内側ではホスファチジルエタノールアミンやホスファチジルセリンの割合が高い(図 4.3)．これは，水平方向に起こる脂質の側方拡散に比べて，二重層横断拡散[**フリップ-フロップ(flip-flop)拡散**]がきわめて遅いためである(図 4.4)．フリップ-フロップ拡散では，リン脂質が親水性の環境を離れて疎水性の膜中を通過しなければならないため，大きなエネルギーを必要とする．しかし，フリップ-フロップ拡散は膜組成を維持するためには重要な機構で，フリッパーゼとよばれるタンパク質が働いてこの拡散を補助している．

　脂質は，水平方向にはすばやく自由に拡散していると述べたが，水平方向の脂質の分布(膜構造)も均一ではないことが最近の研究で明らかになってきた．脂質二重膜の平面上に脂質の不均一な固まり(ラフト[*1], raft)がある．

フリップ-フロップ拡散
脂質二重層を構成する脂質分子は，膜面における側方拡散に加えて，二重層を横切って外から内へ(フリップ)，内から外へ(フロップ)拡散することができる．

[*1]　raft は，いかだの意味．脂質二重膜を海にたとえて，いかだが浮いているように見えることから名づけられた．

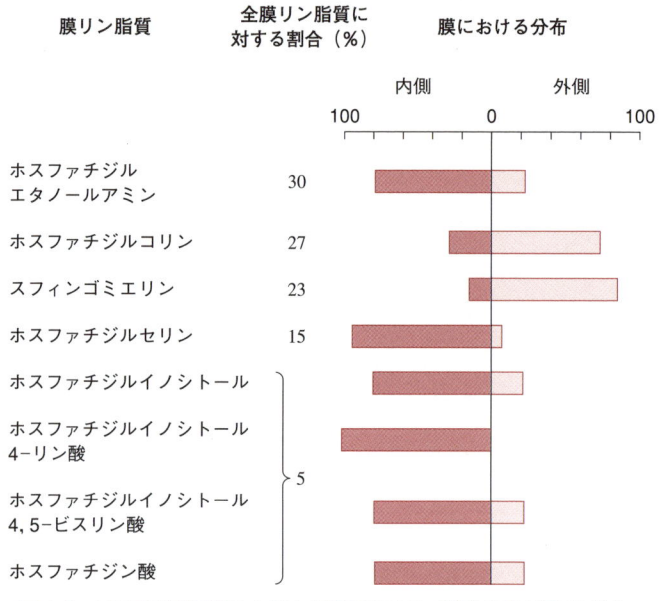

図4.3 赤血球細胞膜の内側と外側でのリン脂質の非対称性分布

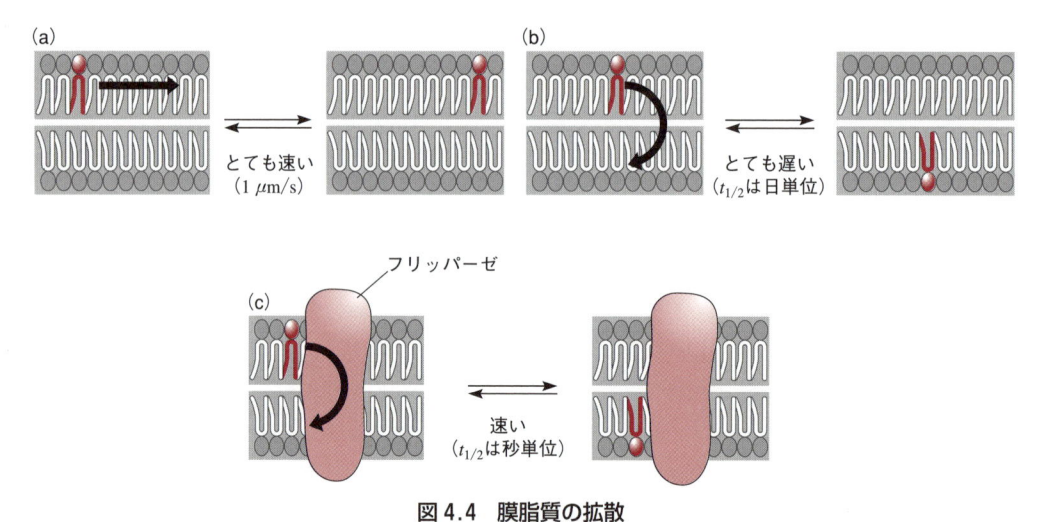

図4.4 膜脂質の拡散
(a)側方拡散，(b)フリップーフロップ拡散，(c)フリッパーゼにより触媒される横断的拡散．

　ラフトは飽和脂肪酸をもつスフィンゴ脂質とコレステロールからなり，この部分の膜は厚く粘性も高い（図4.5）．ただし，ラフトにおいても膜脂質の交換はつねに起こっており，決して静的ではない．このラフトには，膜輸送や外部シグナルの伝達による細胞応答など細胞膜においてさまざまな機能を果たしているタンパク質が集中して存在している．ラフトの直径は50 nm程度で，膜タンパク質を一ヵ所に集めることでタンパク質間相互作用を容易にし，細胞の情報伝達をスムーズにしていると考えられている．

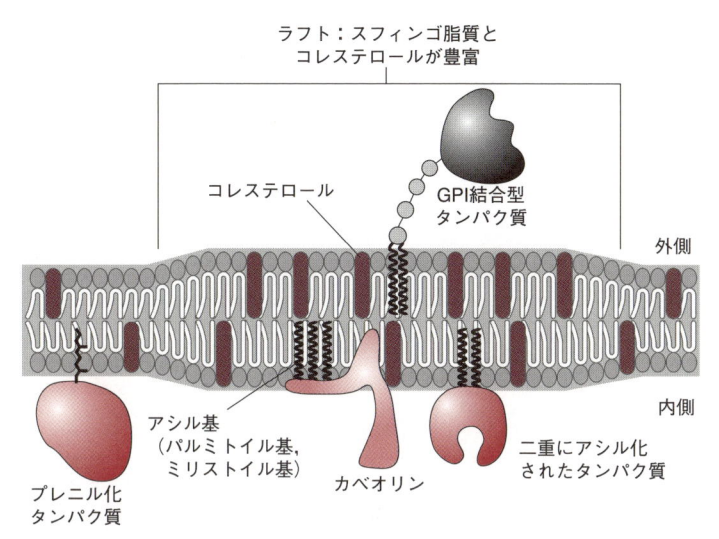

図 4.5　細胞膜上のラフトの構造
ラフトはコレステロールとスフィンゴ脂質に富み，周囲の膜より厚く，流動性も低い．2 個の長鎖脂肪酸が結合したものや GPI アンカーを結合したタンパク質が豊富に存在する．また，カベオリンという特殊なタンパク質が存在し，物質輸送に関係していると考えられている特殊な膜構造(カベオラ)を形成している．

4.2　膜タンパク質

動物細胞においては，細胞膜の重量のほぼ 50% をタンパク質が占める．これらは膜タンパク質とよばれ，大きく二つに分類することができる．膜を貫通，あるいは脂質などのアンカーを利用することによって膜に強く結合している**膜内在性タンパク質**(integral membrane protein)と，膜脂質や内在性タンパク質とイオン結合を形成することによって膜の表面に存在する**膜表在性タンパク質**(peripheral membrane protein)である(図 4.6)．

4.2.1　膜内在性タンパク質

膜貫通型の内在性タンパク質は，膜貫通の様式によってさらに三種類に分けられる．一つめは，α ヘリックス構造が 1 回だけ膜を貫通しているもので，赤血球膜に存在するグリコホリンなどがある．図 4.7 に構造を示す．グリコホリンはトランスポーターで，ヒト赤血球に存在するものは 75〜93 番目のアミノ酸残基が膜を貫通している[*2]．α ヘリックスのアミノ酸残基について，**ハイドロパシー指数**(hydropathy index)すなわち疎水性の指標をプロットすることで，膜貫通ヘリックスを推測することができる(図 4.7)．

二つめは，α ヘリックス構造が膜を複数回貫通しているものである．例として，バクテリオロドプシンは 7 本の α ヘリックスが膜を貫通し，その α ヘ

[*2] タンパク質の膜を貫通している部分は疎水性で，α ヘリックス構造をとることでヘリックスの外側に疎水性のアミノ酸側鎖を向ける．膜の疎水性部分を 3 nm，1 アミノ酸あたり 0.15 nm 長とすると，約 20 アミノ酸残基で貫通できる．

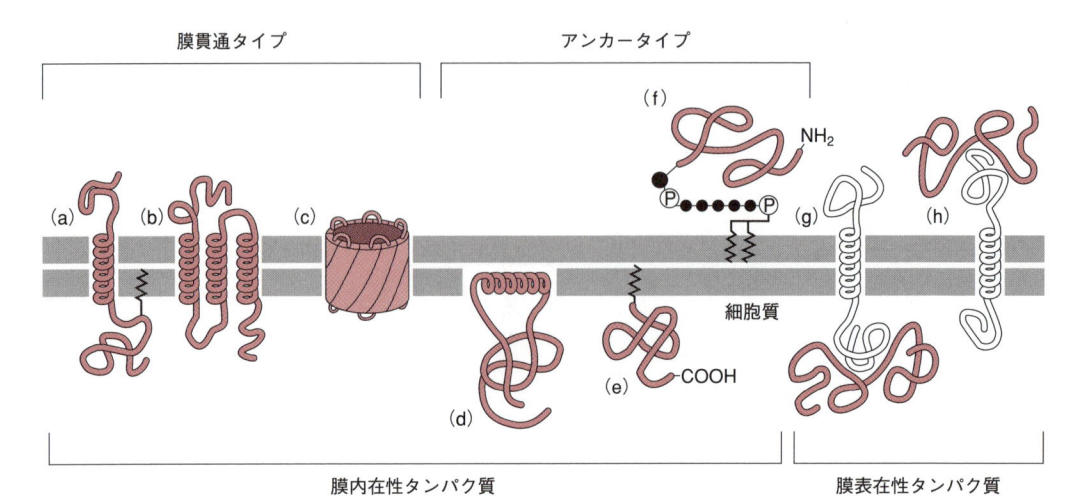

図4.6 膜タンパク質の存在様式
(a)1回膜貫通型，(b)複数回膜貫通型，(c)βバレル，(d)タンパク質の一部が膜内にあるタイプ，(e)脂質結合タイプ，(f)GPIアンカータイプ，(g, h)他のタンパク質(図注の白)との相互作用によって膜表面に存在するタイプ．ここには示していないが，膜脂質の極性部分と相互作用する膜表在性タンパク質もある．〔B. Alberts, "Molecular Biology of the Cell", Garland Science (2008)より引用〕．

ハイドロパシー指数
アミノ酸側鎖の疎水度を示す数値．アミノ酸を疎水性溶液から水中へ移したときの自由エネルギー変化から求めた値である．正の値は疎水性の強さ，負の値は親水性の強さを表す．

*3 ポーリンとは穴を意味し，極性の溶質を透過させるタンパク質である．

リックス内部にレチナールが結合しており，光に応答するプロトンポンプとして働いている．

三つめの構造モチーフはβバレルである．βバレルは，βシートが膜内部で円筒状になった構造で，代表例は大腸菌のポーリン*3などである．疎水性のアミノ酸側鎖は外側を向き，親水性のアミノ酸側鎖は内側を向いている．なお，このβバレルの膜貫通性については，ハイドロパシー指数では推測することができない．

膜を貫通していないアンカータイプの膜内在性タンパク質は，その結合様式によって三種類に分けられる（図4.6）．一つめは，タンパク質の一部のア

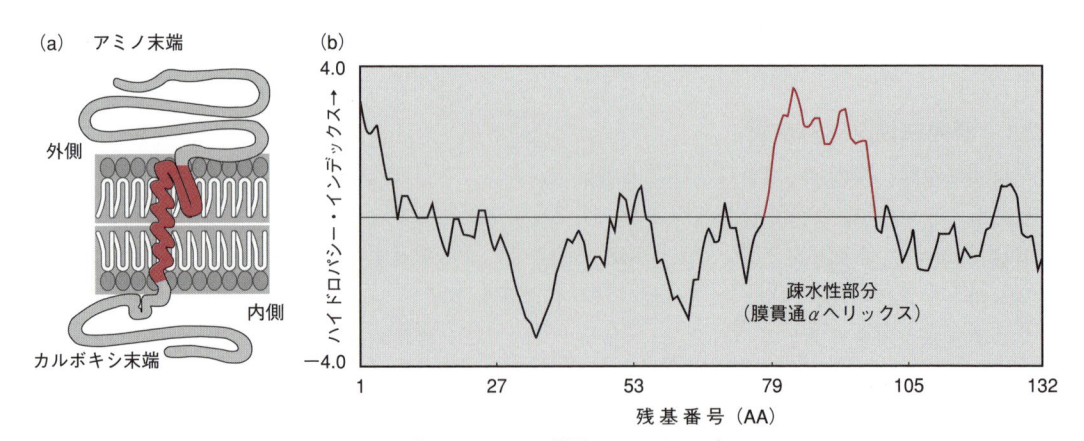

図4.7 グリコホリンの構造とハイドロパシー
(a)ヒト赤血球膜のグリコホリンの膜貫通領域，(b)グリコホリンのハイドロパシープロット．グラフ中の赤い部分が膜貫通領域に相当する．

ミノ酸残基が膜に挿入されているもので，この例としてプロスタグランジン合成酵素(COX)があげられる．この酵素はタンパク質の一部をアンカーとして膜中に挿入しており，タンパク質のほとんどの部分は膜表面に存在する[*4]．二つめは脂質二重層へのアンカーとして脂質が結合したものである(図4.8)．アンカーの脂質には，タンパク質のシステインやセリン残基に結合するパルミトイル基，アミノ末端のグリシン残基に結合するミリストイル基，カルボキシ末端のシステイン残基に結合するファルネシル基がある．三つめには，タンパク質のカルボキシ末端にグリコシル化ホスファチジルイノシトール(GPI)基が結合して膜に係留されるものがある．

[*4] この酵素は膜に存在する酵素であるが，基質のアラキドン酸は膜脂質に存在し，疎水性が強いため，膜上で反応を行うと都合がよい．

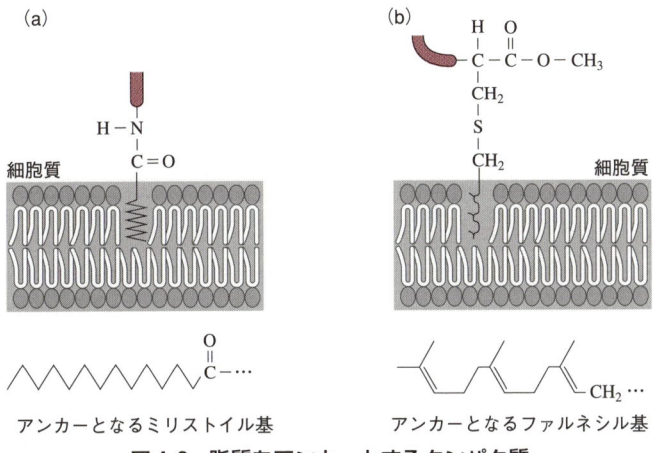

図4.8 脂質をアンカーとするタンパク質
(a)脂肪酸をアンカーにするタイプ，(b)プレニル基をアンカーにするタイプ．

4.2.2 膜表在性タンパク質

文字通り，膜の表面に局在しているタンパク質で，膜表面の脂質や膜内在性タンパク質に結合するものなどがある．例として，ミトコンドリア内膜の外表面に存在するシトクロム c は正に帯電しており，ホスファチジルセリンなどの負に帯電したリン脂質と相互作用している(詳しくは第5章，第18章を参照)．

4.3 生体膜の機能

細胞膜は細胞の外部と内部を区切るものであるが，細胞が生命活動を営むには，細胞膜を通して必要なものを取り込んだり，不必要なものを排泄したり，また細胞外からの情報や環境変化を内部に伝え，それに対して応答(適応)しなければならない．これらの生体膜の機能を担っているのは，おもに膜タンパク質である．ここでは，生体膜の機能の一つとして物質の出し入れ(膜輸送)について説明する．

4.3.1 膜輸送

細胞は，グルコースやアミノ酸，酸素などの細胞にとって必要なものを積極的に取り込み，エネルギー代謝で生じた老廃物や二酸化炭素などを排出しなければならない．酸素や二酸化炭素などは容易に細胞膜を通過するが，アミノ酸やグルコース，無機イオンなどは脂質二重層を容易には通過できない．これらの物質を選択的に透過させるため，細胞膜には膜輸送タンパク質が存在する．膜輸送タンパク質には，**トランスポーター**(transporter)と**チャネル**(channel)の二種類がある（図4.9）[*5]．どちらも物質を選択的に透過させる機能をもつが，溶質の選別方法が異なる．チャネルは，自身が開放状態にあるときには，このタンパク質の内径より小さくて，かつ適当な電荷をもつ分子のみを透過させる．一方，トランスポーターの場合は，ちょうど酵素と基質が結合するように分子と特異的に結合し，さらにはそれによるトランスポータータンパク質の構造変化によって物質を透過させる．

[*5] チャネルが通すものの大部分が無機イオンであるため，イオンチャネルともよばれる．

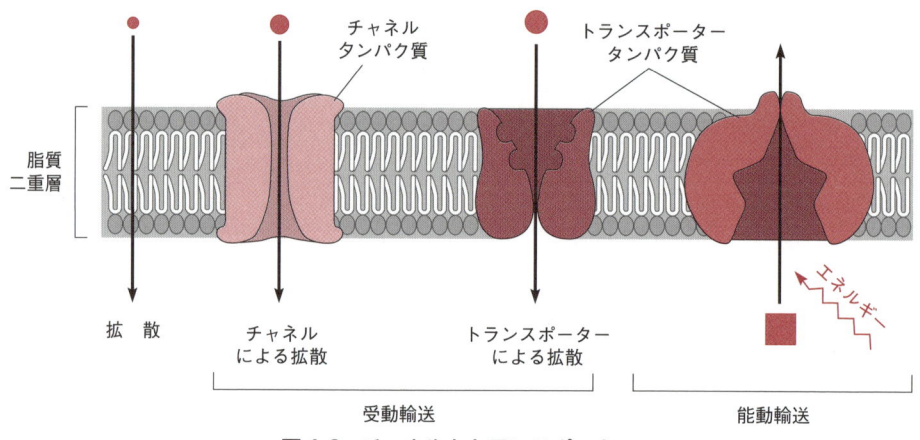

図4.9 チャネルとトランスポーター

溶質は熱力学の法則に従って，濃度の高いほうから低いほうへ拡散する．もし，ある溶質の細胞外の濃度が内側よりも高い場合には，膜輸送タンパク質によって溶質が外から内へ運ばれる際にエネルギーは必要ない．これを**受動輸送**(passive transport)という．ほとんどのチャネルタンパク質は，受動輸送を行う．この受動輸送には，溶質の濃度勾配によるものと，イオンのように電荷をもつ溶質が電気化学的勾配によって輸送されるものがある．後者の場合，膜の両側に電位差（膜電位）が生じている．

これに対して，グルコースやK^+のように，細胞内の濃度が高くても細胞内へ輸送しなければならない溶質があり，これらは溶質の濃度勾配や電気化学的勾配に逆らって輸送される．このような輸送を**能動輸送**(active transport)とよび，エネルギーを必要とする．たとえばATP駆動ポンプは，ATPの加水分解エネルギーを利用して能動輸送を行う．細胞膜型のCa^{2+}ポンプ

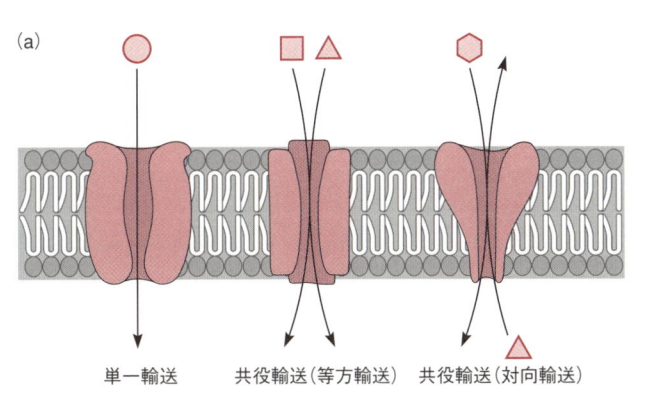

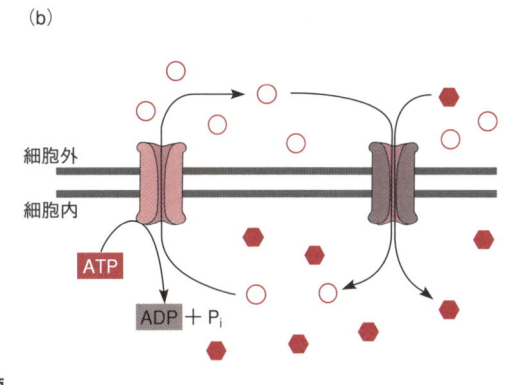

図4.10 輸送系の分類
(a)輸送には，単一輸送と共役輸送がある．単一輸送には，能動輸送と受動輸送がある．(b)共役輸送．腸管におけるグルコース吸収も共役輸送(等方輸送)であり，この場合は○が Na^+，●がグルコースとなる．

はATPを利用して細胞質から外部へ Ca^{2+} を排出し，細胞内の Ca^{2+} 濃度を低く保っている．古細菌のバクテリオロドプシンは光エネルギーを使って，細胞内から細胞外へ H^+ を輸送する．

また，共役型トランスポーターは，ある溶質が濃度勾配に従って輸送されるのを利用して，別の溶質を濃度勾配に逆らって輸送するものである（図4.10）．共役輸送は，二つの溶質が同じ方向に輸送される等方輸送（シンポート）と，互いに逆向きに輸送される対向輸送（アンチポート）に分類される．例として，腸管における小腸粘膜細胞へのグルコースの吸収は，細胞外の高い Na^+ 濃度を利用して等方輸送によって行われる．共役輸送は，見かけ上エネルギーを消費していないが，能動輸送された物質の濃度勾配やイオンの電気化学勾配を利用していることになる．

4.3.2 エキソサイトーシスとエンドサイトーシス

細胞の生体膜は連続性を失うことなく他の膜と融合することができ，その機能を利用して大量の物質を一度に放出したり，細菌のような大きな物質を取り込むことができる．合成されたタンパク質や脂質は，小胞体膜がくびれて生じた小胞によってゴルジ体や細胞膜へ輸送される（図4.11）．このよう

●細胞のコミュニケーション

細胞はトランスポーターを利用して物質の出し入れを行っているが，この他にも細胞間で直接的に物質をやりとりする機構がある．隣接する細胞のギャップ結合とよばれる部分には，コネクソンといういわば細胞どうしのトンネルがあり，そこを通してイオンなどの小分子(分子量＜1000)のやりとり，すなわち細胞間のコミュニケーションが行われる．がん細胞と正常細胞ではこのコミュニケーションが断たれ，がん細胞は無秩序に増殖を始める．その他には，心筋細胞が同調して拍動するためにもこの機構は重要である．

に，小胞が細胞膜と融合して中身を細胞外に放出することを**エキソサイトーシス**(exocytosis，開口分泌)とよぶ．分泌細胞は，その細胞に特異的な物質を大量に生産し，分泌小胞に蓄えて放出する．分泌小胞はゴルジ体から出芽し細胞膜近くで蓄積されて，細胞が外部からのシグナルを受け取ると細胞膜と融合して内容物を細胞外に放出する．

一方，**エンドサイトーシス**(endocytosis)は，細胞膜によって形成された小胞を介して細胞外の物質を取り込む作用である．マクロファージなどの食細胞は，細菌を飲み込んで(貪食作用)，食胞を形成する．食胞はリソソームと融合し，消化酵素によって細菌を消化する．

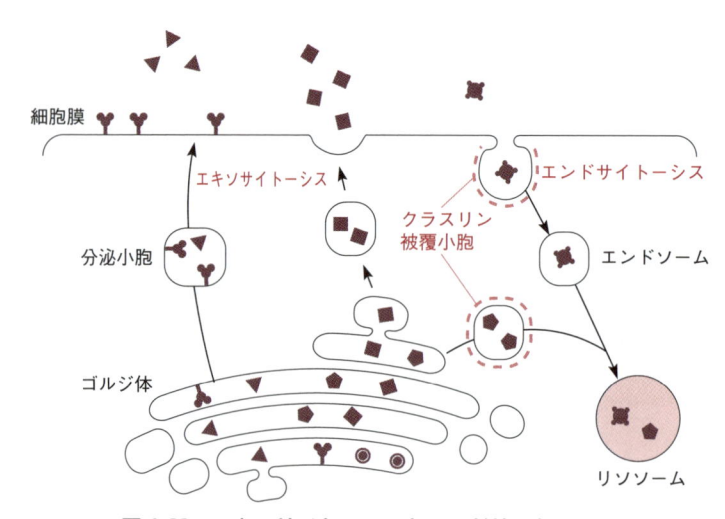

図4.11 エキソサイトーシスとエンドサイトーシス

章 末 問 題

4-1. ミセルとリポソームの違いは何か．

4-2. 細胞膜脂質の水平方向の移動は容易であるが，フリップ-フロップ拡散は起こりにくい．その理由を述べよ．

4-3. リポソームは細胞のモデルとされる．脂質によってリポソームが形成される機構を説明せよ．

4-4. コレステロールが細胞膜の流動性を低下させるのはなぜか説明せよ．

4-5. 赤血球に存在するタンパク質Xを解析している．タンパク質Xは，赤血球を壊さずにタンパク質分解酵素で処理すると分解されないが，赤血球を破壊して細胞膜画分を取りだしたところ，Xはそこに含まれており，タンパク質分解酵素で完全に分解された．それを濃い塩濃度の液で処理して得られた溶液(膜画分は含まない)にXが存在した．以上のことからXはどのようなタンパク質であると予想されるか考察せよ．

4-6. グルコースのような親水性の物質は，細胞膜をそのままでは透過しにくいが，ステロイドホルモンのような疎水性の物質は透過しやすい．その理由を述べよ．

第5章

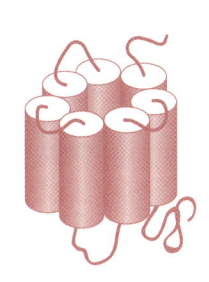

機能性タンパク質

タンパク質にはそれぞれの機能があると考えられるので，すべて機能性であるということができるかもしれないが，本章ではおもに細胞の動的機能を担うタンパク質を取りあげる．細胞分裂や細胞運動，細胞内輸送にかかわる細胞骨格タンパク質，細胞膜内外の物質移動にかかわる輸送タンパク質とチャネルタンパク質，細胞外からの情報を受け取る受容体タンパク質について述べる．

5.1 細胞骨格タンパク質

真核細胞において，細胞の形状を維持したり，構成成分を細胞内に秩序正しく配置するには細胞骨格が必要である．細胞骨格の成分である細胞骨格繊維には三種あり，それぞれ中間径フィラメント，微小管，アクチンフィラメントとよばれる．各細胞骨格はそれぞれ単一なタンパク質のサブユニットからなり，それらが重合してフィラメントを形成している．

5.1.1 中間径フィラメント

中間径フィラメント(intermediate filament)は，アクチンフィラメントと微小管の中間の直径をもち[*1]，三種類の細胞骨格繊維のなかでは，もっとも耐久性が強い．ほとんどの動物細胞に存在するが，とくに外力にさらされる細胞の細胞質に多い．

細胞質に存在する中間径フィラメントは細胞によって構成タンパク質が異なり，上皮細胞のケラチンフィラメント，結合組織細胞や筋細胞，神経系グリア細胞のビメンチンおよびビメンチン類縁フィラメント，神経細胞のニューロフィラメントの三種類に分類される．中間径フィラメントの構成タンパク質は，中央部がαヘリックス構造で長く伸びている．このタンパク質がコイル状の二量体を形成し，さらに二量体どうしがよじれるように集まって，強固な繊維状の構造を形成している（図5.1）．中間径フィラメントは核の周囲から細胞の周辺部まで網目状に広がり，デスモゾームを介して隣の細胞と間接的につながっている．たとえば，皮膚のケラチンフィラメントは細胞の形を維持し，機械的な力によって細胞が破壊されないようにしている．

また，核膜を裏打ちして強化している編み目構造の核ラミナも中間径フィラメントの一種であり，その構成タンパク質は核ラミンである．

[*1] 名前の「中間径」は，平滑筋で最初に発見されたときに，その直径が，細いアクチンフィラメントと太いミオシンフィラメントの中間だったことに由来する．

デスモゾーム
接着斑ともいう．中間径フィラメントが裏打ちする細胞間接着装置で，上皮細胞や心筋細胞などに存在する．その構造は，接着分子である膜貫通型糖タンパク質と，それを細胞質側から支えるタンパク質群からなる．

核ラミナ
核膜の内膜を裏打ちする繊維状のネットワーク構造で，主成分はラミンというタンパク質である．核膜の内側とクロマチン(DNA)を結合することによって，核の構造を維持している．動物細胞では，細胞分裂にともなう核膜の崩壊と再構成において重要な役割を担う．

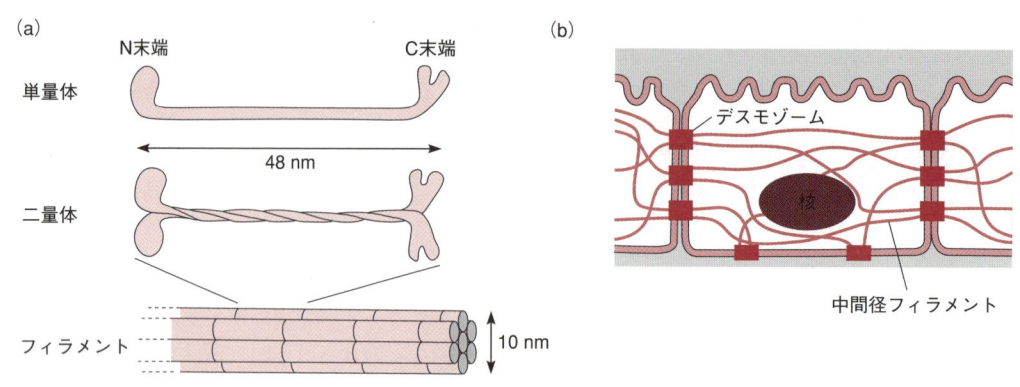

図5.1　中間径フィラメントの構造と機能
(a)サブユニット構成，(b)細胞内での分布．中間径フィラメントは，外力のかかる細胞に多く存在する．また，核(中央の楕円)の内側にも存在する．

5.1.2　微小管

　微小管(microtubule)の構成単位は，球状タンパク質**チューブリン**(tubulin)である．チューブリンにはよく似た構造のα-チューブリンとβ-チューブリンが存在し，これらがヘテロ二量体を形成する．この二量体が積み重なって繊維状の構造(原繊維)を形成し，それが13本寄り集まって，直径約25 nmの中腔の管状構造を形成したものが微小管である(図5.2)．図のように，微小管は形成中心から伸長する形態をとる．形成中心構造には，間期の細胞では中心体，分裂中の細胞では紡錘体極(微小管は紡錘体となる)，繊毛や鞭毛の基底小体などがあたる．中心体上にはγ-チューブリンが基底となり，そこからα, β-チューブリンの二量体が伸びていく．原繊維のα-チューブリン側をマイナス端，β-チューブリン側をプラス端とよぶ．伸長端

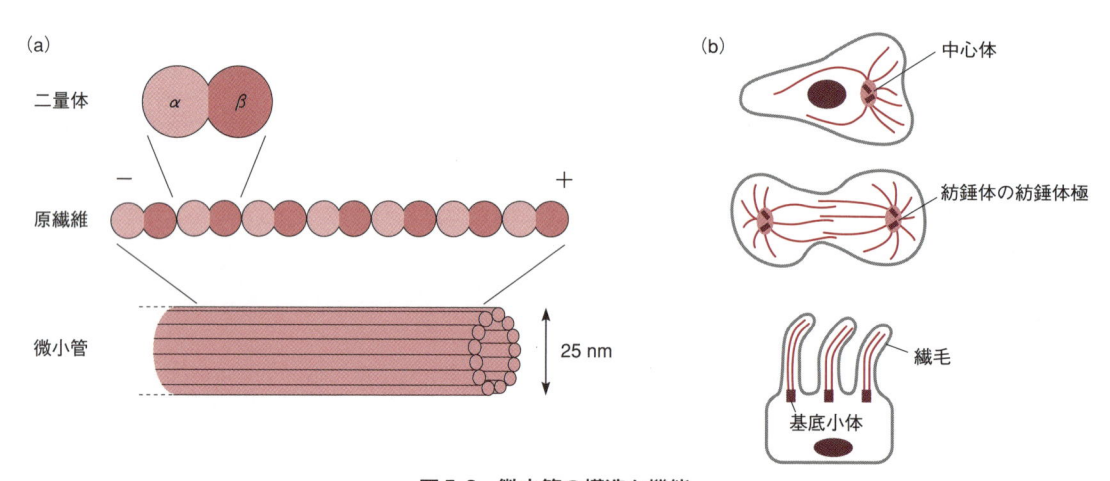

図5.2　微小管の構造と機能
(a)サブユニット構成．(b)細胞内での分布と機能．微小管(赤色)は通常，形成中心から伸長する．細胞の状態によって，中心体，紡錘体極，基底小体などが形成中心となる．

の方向がプラス端である．

　微小管は，細胞小器官の位置や細胞内輸送の方向を決め，真核細胞の内部構造の秩序を保つ役目をしている．微小管に沿って動くモータータンパク質（キネシンやダイニン）によって，小胞や細胞小器官が輸送網に沿って運ばれる．モータータンパク質はATPの加水分解エネルギーを利用して移動するが，一般的にはキネシンが微小管のプラス方向へ，ダイニンがマイナス方向へ移動する（図5.3）．細胞分裂時には，微小管が紡錘体につくりかえられ，細胞の分裂に先立って，染色体を分離する．繊毛と鞭毛もまた，形成中心から伸びた微小管が束になった構造である．微小管を形成するチューブリンは，つねに結合と解離を繰り返す動的状態にある．

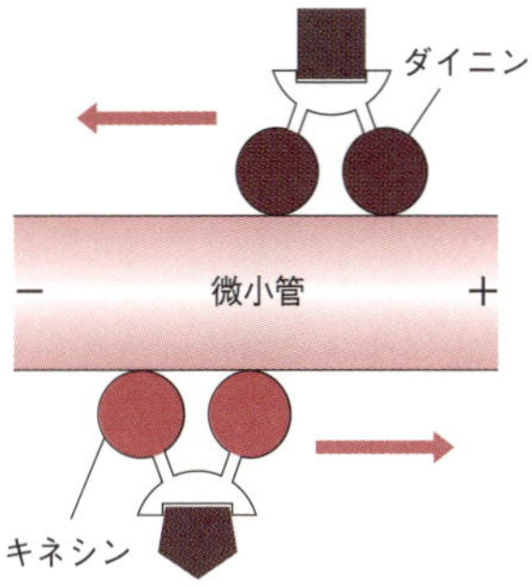

図5.3　モータータンパク質

5.1.3　アクチンフィラメント

　アクチンフィラメント（actin filament）は，すべての真核細胞に存在する細胞骨格である（図5.4）．これを構成するアクチンタンパク質は動物細胞における全タンパク質の約5％を占める．微小管とアクチンフィラメントは構成タンパク質がまったく異なるものの，細胞構造の制御や運動などの機能はよく似ている．アクチンフィラメントは微小管に比べて細く（直径は約7 nm），一般に長さも短い．また，アクチンフィラメントは微小管と同様に動的状態にあり，細胞はATPの加水分解のエネルギーを利用して細胞の状況に合わせてアクチンを重合・解離させている．

　アクチンフィラメントはさまざまな機能を担っているが，そのなかでも細胞運動，とくに細胞表面が動くような運動に関与している．細胞の収縮においては，アクチンフィラメントとミオシンが機能する．アクチンフィラメントの機能例を図5.4(b)に示した．微絨毛はアクチンフィラメントが細い束

ミオシン

分子量約480,000の筋タンパク質．ATPase活性をもち，アクチンとの間に力を発生させる．分子量約220,000のミオシン重鎖2本と，二種類のミオシン軽鎖各2本からなる．ミオシンは筋細胞のみならず，一般の細胞にも存在し，さまざまな細胞運動にかかわっている．

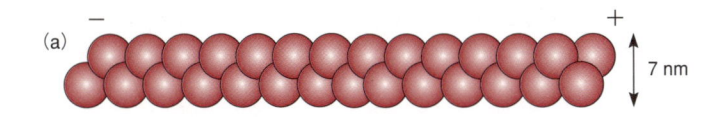

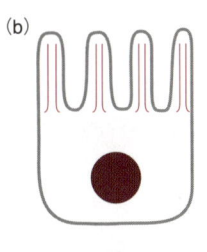

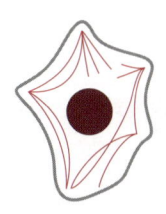

図5.4　アクチンフィラメントの構造と機能
(a)サブユニット構成．(b)細胞内での分布と機能．

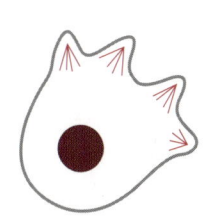

微絨毛　　収縮束（細胞質）　　仮足（葉状仮足と糸状仮足）　　収縮環（細胞分裂時）

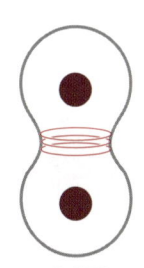

になった構造で，小腸の上皮細胞や腎臓の近位尿細管細胞などに存在し，細胞表面積を広げて物質の吸収効率を上げると考えられている．収縮束は，細胞が収縮するときに現れる構造体である．仮足は細胞（好中球や発生途中の神経細胞など）がアメーバ運動で移動するために必要で，その形状によって葉状仮足，糸状仮足とよばれる．収縮環は動物細胞の分裂時に現れる構造体で，細胞膜を引き込んで，細胞を二分する．

　アクチンの働きは，アクチンに結合するタンパク質によって制御されている．動物細胞中のアクチンタンパク質は，約50％がフィラメントを形成して，残りは単量体で存在しているが，すべてのアクチンが重合しないように阻止しているのはチモシンなどのアクチン単量体結合タンパク質である．アクチンフィラメントはほとんどの細胞で，細胞皮層とよばれる細胞膜直下の層に集中しているが，スペクトリンやアンキリンといったタンパク質がアクチンフィラメントと結合し，網目構造を形成して細胞の形状を保っている．さらに，アクチンフィラメントは細胞膜を貫通しているインテグリンと細胞内で結合している．インテグリンは隣接する細胞や細胞外のマトリックスと結合しており，ここを足場にして細胞が収縮すると細胞は移動することができる．

● 筋細胞のアクチンとミオシン

　骨格筋や心筋において，筋細胞の筋原繊維には規則正しい横紋が見られる．これは，アクチンフィラメントとミオシンフィラメントが並列して束になっているためである．図のように，筋原繊維はZ線とよばれる仕切りで区切られており，この基本単位をサルコメア（筋節）という．このサルコメアの一つ一つが短くなることで，筋原繊維が収縮する．サルコメアの間のA帯（暗く見える部分）はアクチンフィラメントとミオシンフィラメントが重なり合っている部分であり，I帯（明るく見える部分）は細いアクチンフィラメントのみからなる部分である．筋収縮時には，アクチンフィラメントがミオシンフィラメントの間に滑り込みサルコメアが短くなるが，A帯の長さは一定である．

　このとき，ミオシン分子の頭部がアクチンフィラメントと相互作用して，ATP依存的に頭部を動かす（首を振る）ことによって，アクチンフィラメントをたぐり寄せる．アクチンとミオシンが相互作用するためにはCa^{2+}が必要で，このためのCa^{2+}は筋小胞体に蓄えられている．筋肉を弛緩させる際にはCa^{2+}がすばやく回収されて，アクチンとミオシンの相互作用が失われる．

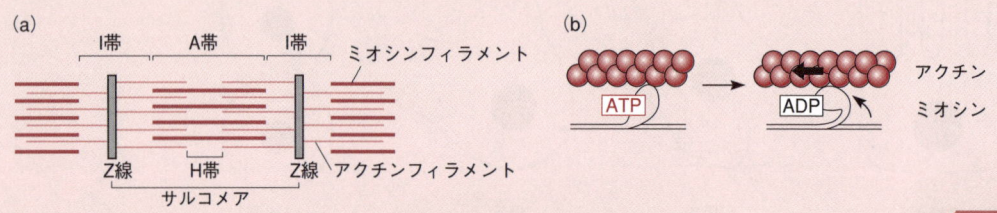

図　筋収縮のしくみ
(a)サルコメア（筋節）の構造，(b)ミオシンの首振り運動．

5.2 輸送タンパク質

細胞は，生体膜を通して物質を選択的に出し入れしている．この機能は，トランスポータータンパク質とチャネルタンパク質という二つのタイプのタンパク質によって行われている．

5.2.1 トランスポーター

トランスポーター(transporter)には，物質の濃度勾配を利用して輸送する受動輸送型と濃度にさからって輸送する能動輸送型がある．赤血球膜に存在する**グルコーストランスポーター1(GLUT1)**は，典型的な濃度依存性の輸送体であり，12個のαヘリックスが膜を貫通し，それらが組み合わさって，グルコースを通過させる通路(ポア)が形成されると考えられている(図5.5a)．このタンパク質は酵素が基質を認識するように細胞外(血液中)のグルコースを結合して細胞内に取り込む．取り込み速度は，濃度依存性を示し，飽和に達する(図5.5b)．グルコーストランスポーターは赤血球のみならずさまざまな細胞に見られるが，現在12種類(GLUT1～12)が明らかにされており，それぞれ組織特異的な働きをしている．

グルコーストランスポーター

細胞膜にあってグルコースを細胞内に取り込む機能をもつ膜タンパク質群．GLUT1, GLUT3, GLUT5は広くほとんどの組織，GLUT2は肝臓や膵臓β細胞，GLUT4は筋肉や脂肪組織でおもに発現しており，GLUT7はミクロソームに存在する．これらはすべてグルコースの濃度差を利用して輸送する促進拡散型輸送体である．濃度勾配に逆らってグルコースを輸送するトランスポーター(Na^+-グルコーストランスポーター，SGLT1)も存在し，小腸や腎臓でのグルコース輸送で働いている．

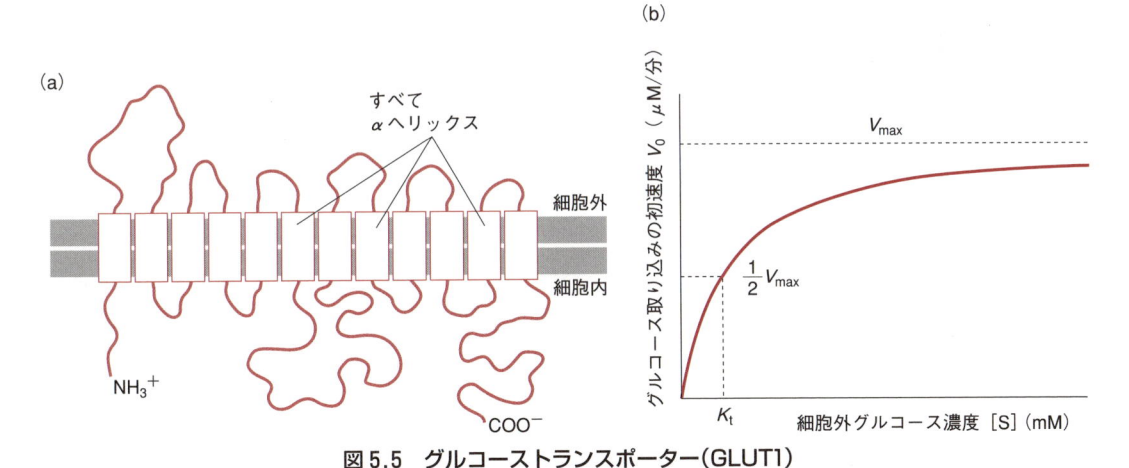

図5.5 グルコーストランスポーター(GLUT1)
(a)構造の予測図．□はαヘリックスを示す．(b)GLUT1のグルコース取り込み速度とグルコース濃度の関係．最大取り込み速度をV_{max}とすると$1/2V_{max}$のグルコース濃度K_tが約1.5 mMであり，血中のグルコース濃度を5 mMと考えると，GLUT1はつねにグルコースをほぼ最大速度でとりこんでいる．

動物細胞では，一般的に細胞内はK^+，細胞外はNa^+の濃度が高い．このようなイオンの濃度勾配は能動輸送，すなわちATPのエネルギーを利用した輸送によって形成される．この輸送を行うトランスポーターはNa^+-K^+ポンプとよばれ，1分子のATPを加水分解することによって，2個のK^+を細胞内へ，3個のNa^+を細胞外へと輸送する(図5.6)．このトランスポー

Na⁺-K⁺ ポンプ

Na⁺, K⁺-ATPase ともいう．神経や筋肉などの興奮の際に，細胞内に流入した Na⁺ と細胞外に流出した K⁺ を元の濃度に戻すために働いている能動的トランスポーター．また，消化管や腎臓におけるアミノ酸や糖の共役輸送（第4章を参照）によって流入した Na⁺ の排出にも重要な働きをしている．

ターの発見後，真核細胞だけでなく細菌や古細菌からもよく似たタンパク質が多数見いだされた．

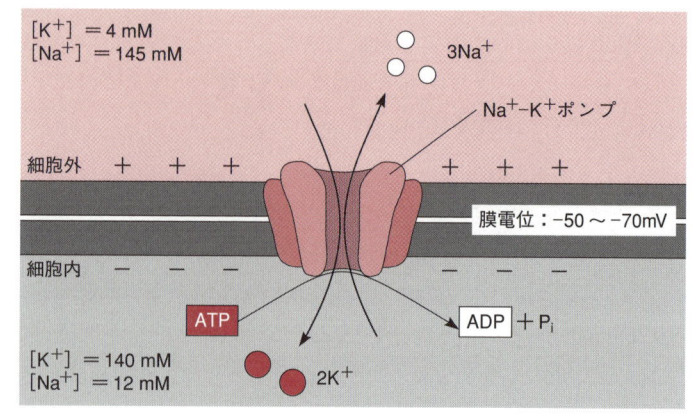

図5.6 Na⁺-K⁺ポンプ

5.2.2 チャネルタンパク質

チャネル（channel）タンパク質は，最初にニューロンにおいて発見され，現在では全細胞の細胞膜と真核細胞のオルガネラ膜に存在することが知られている．トランスポーターとチャネルとの違いは，前者が分子やイオンを認識・結合して運ぶのに対して，チャネルはいわゆるゲート（門）をもった通路であり，ゲートが開くとトランスポーターの千倍以上の分子数を通過させることである．

ゲートの開閉は細胞内外からのシグナル（刺激）によって制御されており，刺激の種類によって**リガンド依存性チャネル**（ligand-dependent channel）と**電位依存性チャネル**（voltage-dependent channel）に分けられる．前者は特異的な化合物の結合によって，後者はチャネルが存在している膜の膜電位に応答してゲートを開閉する[*2]．一般的にこの応答はミリ秒単位で起こり，開口時間もミリ秒単位で非常に速い反応である．さらに，イオンチャネルはトランスポーターと違って基質の濃度が高くなっても飽和性を示さない．

[*2] ただし，リガンド依存性チャネルは情報伝達の機能を担っており，受容体としての機能もある．

● ABCトランスポーター

ABCトランスポーターとよばれる一群のタンパク質がある．これはもともと抗がん剤が効かなくなる，いわゆる多剤耐性のがん細胞から分離されてきたもので，ATPのエネルギーを利用して，細胞から抗がん剤を排出していることが明らかにされた．ABCとは，ATPと結合する部分（ATP-binding cassette）をもつことに由来する．その後，このトランスポーターが正常細胞でもさまざまな重要な働きをしていることが明らかにされた．たとえば，膜脂質の外側と内側を入れ替えるフリッパーゼ（第4章を参照）もこのタンパク質の仲間であると考えられている．ヒトではこの遺伝子の仲間が48個，大腸菌においても80個の遺伝子が存在することが明らかにされている．

● K⁺チャネルタンパク質

1998年，細菌 *Streptomyces lividans* の K⁺ チャネルの結晶構造が決定され，チャネルタンパク質の機構の解析が一気に進んだ．K⁺ チャネルは膜貫通型の同一サブユニットが集まった四量体を形成し，円錐型の構造をしており，内部にさらに円錐型の空間がある．円錐孔の広いほうが細胞内に向いており，直径 100 nm から 80 nm にしだいに狭まる（図 a）．この大きさであれば，K⁺ は水和したまま入ることができる．さらに，膜の外側に向かって進むと孔の直径は 30 nm と小さくなり，K⁺ は水分子から解離して，チャネルタンパク質のアミノ酸残基のペプチド結合のカルボニル基と直接相互作用する．このチャネルの K⁺ の透過性は Na⁺ のそれに比べて 100 倍高い．Na⁺（イオン半径 9.5 nm）は K⁺（イオン半径 13.3 nm）に比べて十分小さくチャネルの小孔を通過できるにもかかわらず，K⁺ の選択性が高いのは，K⁺ のほうが水分子から解離した後のカルボニル基との距離が近く，相互作用が Na⁺ よりはるかに大きいことによる．また，この K⁺ 結合部位は二つ存在していることも明らかになっている．結合部位が二つ存在することで，先に入った K⁺ が後で入った K⁺ に電気的な反発で押し出される結果となり，K⁺ の流出のスピードが増す．

図　細菌の K⁺ チャネル
(a) チャネルの断面図．(b) K⁺ とアミノ酸側鎖の相互作用．(a) の赤い丸が (b) の赤い丸（カルボニル基）に対応する．

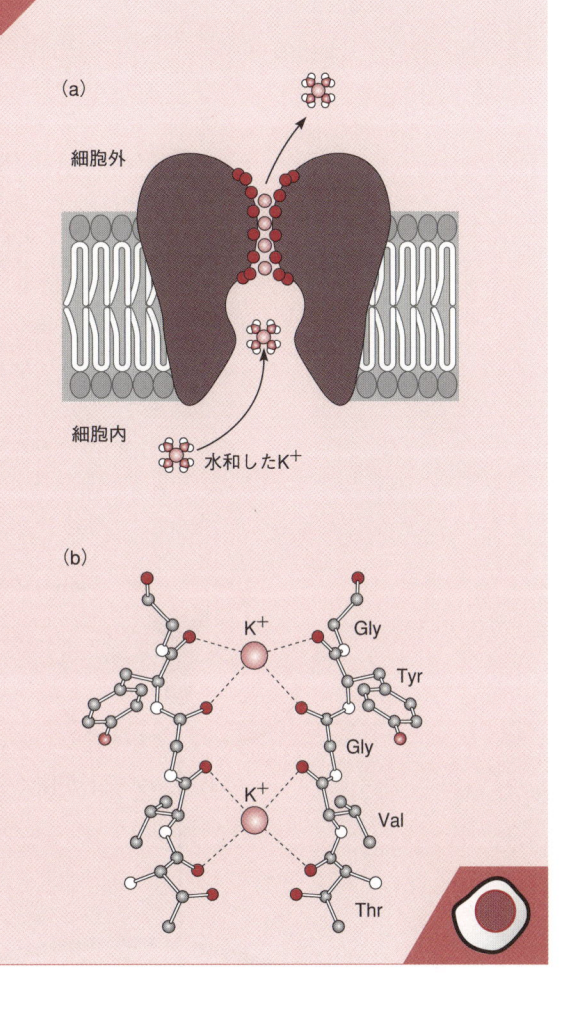

5.3　受容体タンパク質

　受容体（receptor）タンパク質は，細胞が細胞内外の環境変化や刺激に対して応答するために機能するタンパク質で，その作用は多岐にわたる．ここでは受容体タンパク質の概要について述べるにとどめ，詳細は第 18 章を参照してほしい．受容体の基本的な機能は，特異的な**リガンド**（ligand）と結合して，その情報を細胞内へ伝達することである．

　受容体にはさまざまな分類方法があるが，真核細胞の場合には，細胞膜上にあるものと，細胞質内あるいは核内に存在するものに分けられる（図 5.7）．細胞膜に存在する受容体は，アミノ酸誘導体やペプチドなどの水溶性リガンドを認識する．細胞膜上に存在する受容体にリガンドが結合すると，下流の細胞内シグナル伝達系が活性化され，さまざまな生体反応が引き起こされる

(図5.7a). それに対して，ステロイドホルモンや脂溶性ビタミンなどの疎水性リガンドは，細胞膜や核膜を通過して細胞内受容体と結合し，それによって活性化された受容体が遺伝子の発現を誘導する(図5.7b).

　細胞内に存在する受容体はさらに二種類に分けられる．ステロイドホルモンや活性化ビタミン D_3 の受容体に代表される受容体と，ダイオキシンなどの外来異物に応答する薬物受容体である（この二種類の受容体群はオーバーラップしている）．ヒトにおいては，細胞膜受容体が多種類あるのに対して，核内受容体は48種類しかない．核内受容体はリガンド誘導性でDNA結合性転写制御因子であり，受容体の構造は互いによく似ている．この分類にあてはまらないのが，プロスタグランジンなどのエイコサノイドの受容体である．エイコサノイドは，アラキドン酸から生合成され脂溶性であるが，その受容体は細胞膜に存在する．これは，おそらくエイコサノイドが細胞膜上でつくられることと，その応答がきわめて速いことに起因するのかもしれない．

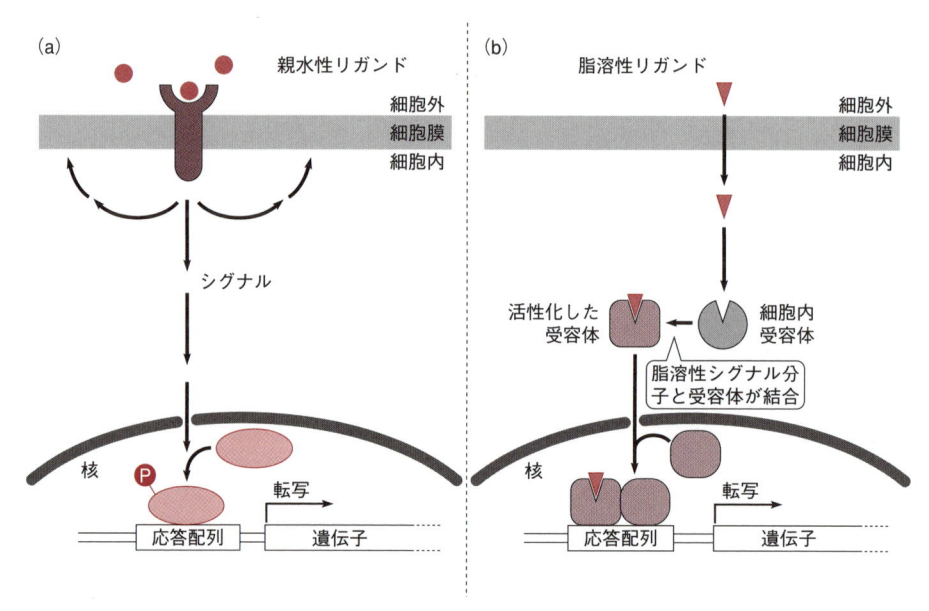

図5.7　受容体の局在と機能の関係
(a)細胞膜受容体，(b)細胞内受容体．

章 末 問 題

5-1. 微小管について，構成タンパク質と構造，機能について述べよ．

5-2. アクチンフィラメントの機能を簡潔に説明せよ．

5-3. 中間径フィラメントの特徴とその機能について簡潔に述べよ．

5-4. トランスポーターとチャネルの機能の違いについて説明せよ．

5-5. 細胞膜に存在する受容体と，細胞内に存在する受容体について，それぞれの特徴を述べよ．

第6章

核 酸

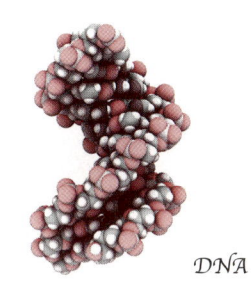

DNA

ヌクレオチドはエネルギーの転移，酵素触媒，同化および異化過程，シグナル伝達など多くの細胞機能に関与するとともに，ヌクレオチドのポリマーである DNA や RNA の構成成分として遺伝情報の貯蔵と発現にかかわっている．

6.1 塩基，ヌクレオシドとヌクレオチド

核酸に含まれる**塩基**(base)は，窒素含有のヘテロ環化合物である**プリン**(purine)と**ピリミジン**(pyrimidine)の誘導体である(図6.1)．DNA と RNA に含まれるプリン塩基はアデニンとグアニン，ピリミジン塩基はシトシン，ウラシル，チミンである[*1].

ヌクレオシド(nucleoside)は，五炭糖の D-リボースあるいは 2-デオキシ-D-リボースが，プリンまたはピリミジン塩基に β-N-グリコシド結合したものであり，リボースが結合したものをリボヌクレオシド，デオキシリボース

＊1 アデニンとグアニンは脱アミノ化されて，それぞれヒポキサンチンとキサンチンに変化する．

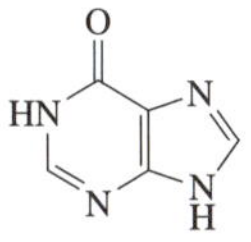

ヒポキサンチン

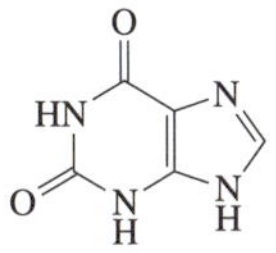

キサンチン

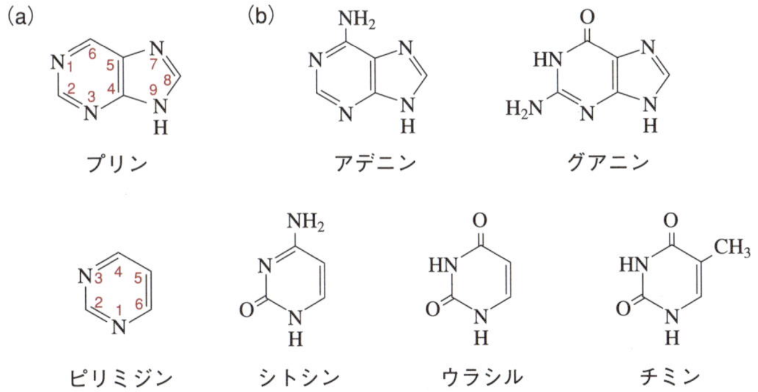

(a) プリン (b) アデニン グアニン

ピリミジン シトシン ウラシル チミン

図 6.1 核酸塩基
(a)プリン，ピリミジン．(b)核酸塩基．

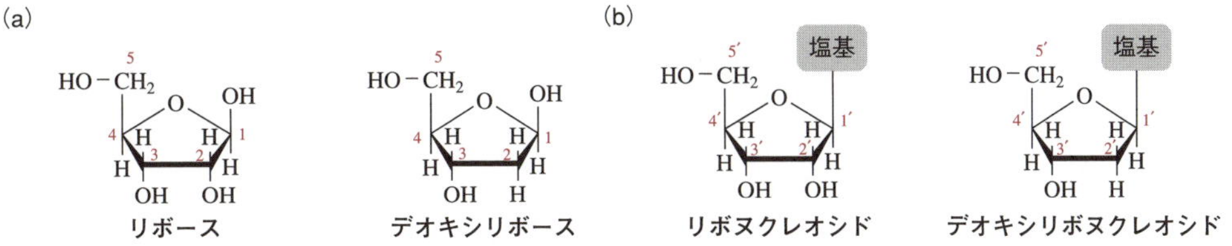

(a) リボース デオキシリボース (b) リボヌクレオシド デオキシリボヌクレオシド

図 6.2 五炭糖とヌクレオシド
(a)核酸の構成糖．(b)ヌクレオシド．

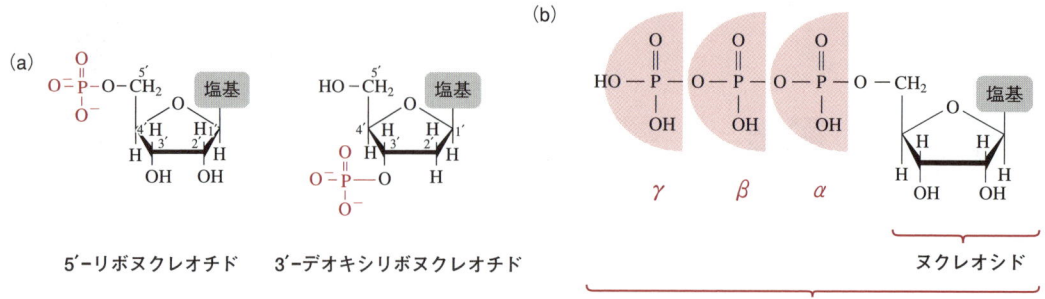

図6.3 ヌクレオチドの構造
(a)リボヌクレオチドとデオキシリボヌクレオチド．(b)ヌクレオシド5′-三リン酸．

*2 ヌクレオシド中の塩基と糖の炭素原子は，糖の炭素原子の番号に1′や2′のようにプライム（ダッシュ）記号をつけて区別する．

が結合したものをデオキシリボヌクレオシドという（図6.2）*2．

ヌクレオチド（nucleotide）は，ヌクレオシドの糖にリン酸がエステル結合したものであり，通常は糖の5′あるいは3′位にリン酸が結合している（図6.3a）．それぞれ5′-ヌクレオチド，あるいは3′-ヌクレオチドとよぶが，大部分のヌクレオチドは5′-ヌクレオチドであるため，ヌクレオシド5′-一リン酸，ヌクレオシド5′-二リン酸およびヌクレオシド5′-三リン酸の「5′」は省略される場合が多い．図6.3（b）にヌクレオシド5′-三リン酸の構造を示すが，ヌクレオチドのリン酸基は糖に近いほうからα, β, γと区別する．αとβ, βとγの間のリン酸の結合は酸無水物結合で，高エネルギーを蓄えている．

表6.1に，おもなヌクレオシドとヌクレオチドの一覧を示す．リボヌクレオシドはRNAの構成成分であり，デオキシリボヌクレオシドはDNAの構成成分である．RNAにはアデニン，グアニン，シトシン，ウラシルが，DNAにはアデニン，グアニン，シトシン，チミンが含まれる．

ヌクレオチドは，核酸合成やタンパク質合成，糖や脂質合成などに関与するとともに多様な生理機能を果たしている．**ATP**（adenosine triphosphate）

表6.1 塩基，ヌクレオシド，ヌクレオチドの分類

塩基	リボヌクレオシド	リボヌクレオチド（5′-一リン酸）	デオキシリボヌクレオシド	デオキシリボヌクレオチド（5′-一リン酸）
アデニン（A）	アデノシン	アデノシン5′-一リン酸（AMP）	デオキシアデノシン	デオキシアデノシン5′-一リン酸（dAMP）
グアニン（G）	グアノシン	グアノシン5′-一リン酸（GMP）	デオキシグアノシン	デオキシグアノシン5′-一リン酸（dGMP）
シトシン（C）	シチジン	シチジン5′-一リン酸（CMP）	デオキシシチジン	デオキシシチジン5′-一リン酸（dCMP）
ウラシル（U）	ウリジン	ウリジン5′-一リン酸（UMP）		
チミン（T）			（デオキシ）チミジン	（デオキシ）チミジン5′-一リン酸（(d)TMP）

は細胞の主要なエネルギー運搬体であり，食物の酸化で得られるエネルギーの大部分が，代謝の結果ATPとして捕捉される．UDPグルコース，UDPガラクトース，UDPグルクロン酸は，それぞれグリコーゲン合成，ガラクトース合成，ウロン酸代謝に用いられる．CDPコリン，CDPジアシルグリセロールは，リン脂質やエーテル脂質の生合成に用いられる．一方，植物ではADPグルコースがデンプン合成に用いられる．また，サイクリックAMP(cAMP)やサイクリックGMP(cGMP)などのヌクレオチドは，セカンドメッセンジャーとしてホルモンの情報を伝達する役割を担っている（第18章を参照）．さらに，核酸塩基や糖の構造を変えた合成ヌクレオシドやヌクレオチドは治療薬として用いられる．図6.4に，重要なヌクレオチド誘導体の一部を示した．

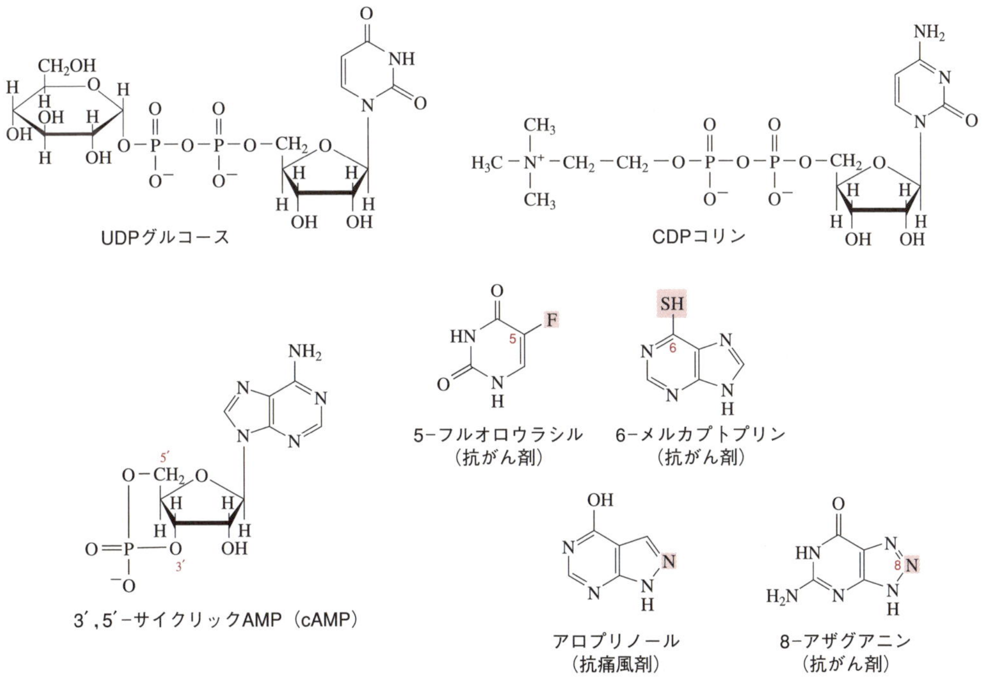

図6.4 重要なヌクレオチド誘導体と合成塩基誘導体

6.2 DNAとRNA

2分子のヌクレオチドが脱水縮合されるとジヌクレオチドが生成する（図6.5）．ジヌクレオチドは，それぞれのリボースあるいはデオキシリボースの3'ヒドロキシ基と5'ヒドロキシ基が，リン酸基を介してつながったものである．この結合を**ホスホジエステル結合**(phosphodiester bond)とよぶ．さらに多くのヌクレオチドが連結するとポリヌクレオチドができる．ポリヌクレ

図6.5 ジヌクレオチドとホスホジエステル結合

*3 一般的に，ポリヌクレオチド鎖は5'末端を左側に，3'末端を右側にして表す．

オチドは，リン酸と糖の繰り返し構造を骨格とし，その骨格の糖の部分から核酸塩基が突きだしている（図6.6）．ポリヌクレオチドには方向性があり，一方の端が5'末端，その反対側の端は3'末端となる[*3]．

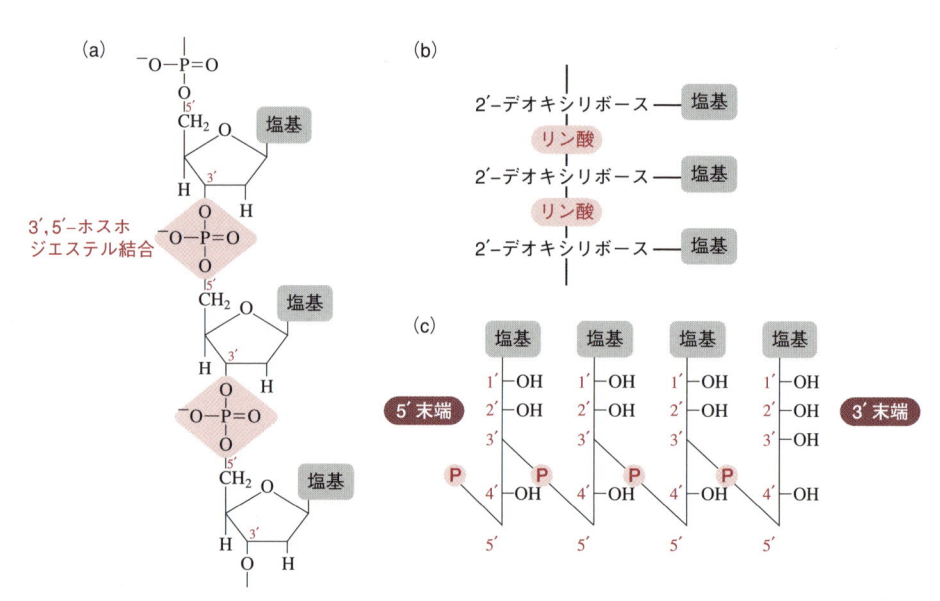

図6.6 ポリヌクレオチドの構造
(a) 3',5'-ホスホジエステル結合によってヌクレオチドが結合される．(b) 骨格はデオキシリボースとリン酸の繰り返し構造である．(c) ポリヌクレオチドの模式図．Ⓟはリン酸を示す．

6.2.1 DNAの構造

DNA（deoxyribonucleic acid）は，デオキシリボヌクレオチドの2本のポリヌクレオチド鎖からなる．この2本のポリヌクレオチド鎖は逆平行に対合し，親水性のデオキシリボースとリン酸からなる骨格は外側に，疎水性の塩基は内側を向く（図6.7）．対合するポリヌクレオチド鎖の塩基は，アデニンとチミンが2本の水素結合，グアニンとシトシンが3本の水素結合を介して相補的塩基対を形成している．相補的塩基対を形成した塩基のペアは，らせ

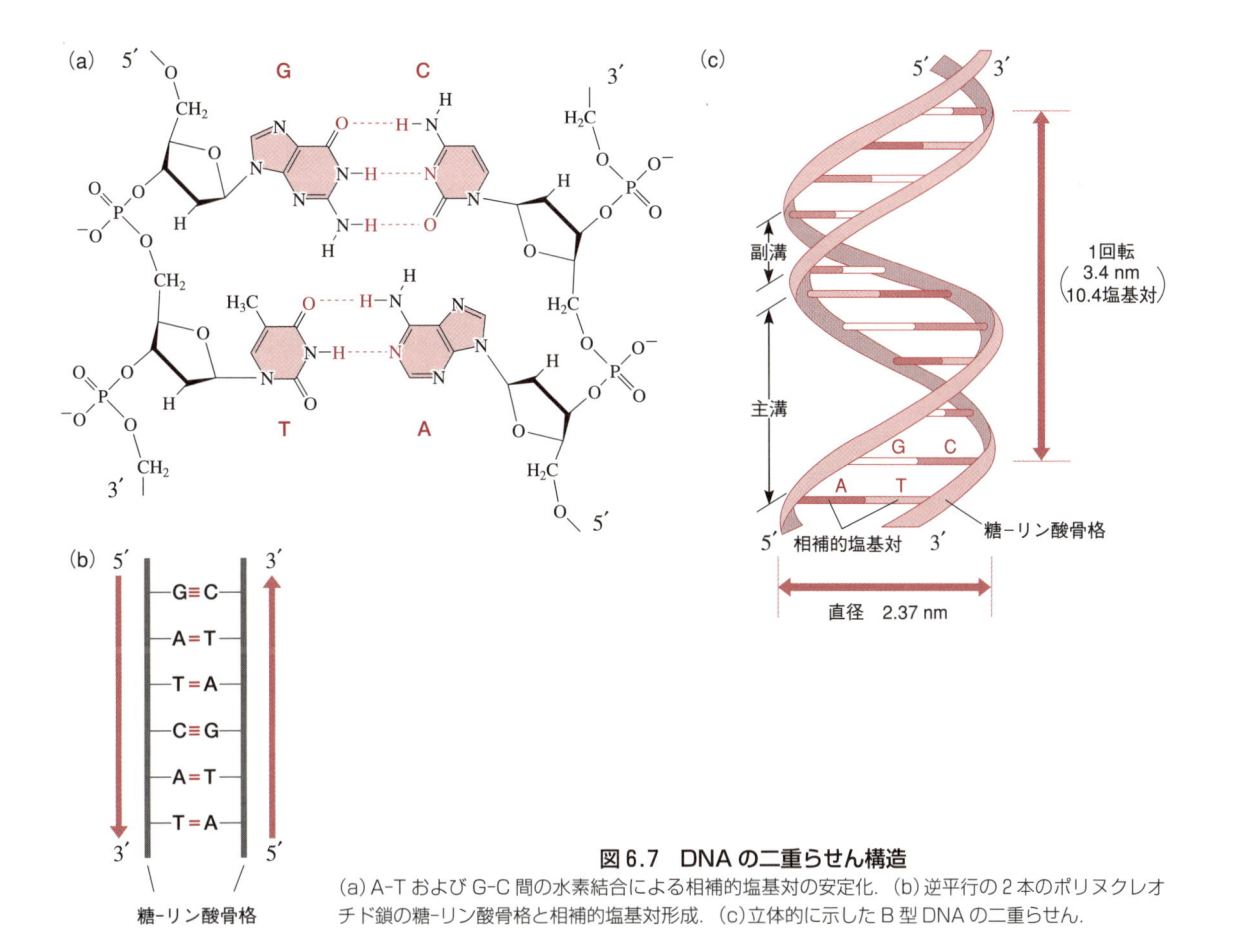

図 6.7　DNA の二重らせん構造
(a) A-T および G-C 間の水素結合による相補的塩基対の安定化．(b) 逆平行の 2 本のポリヌクレオチド鎖の糖-リン酸骨格と相補的塩基対形成．(c) 立体的に示した B 型 DNA の二重らせん．

ん軸に対してほぼ直角に位置するが，隣接する塩基間がそのデオキシリボース間の長さより短いこと，また疎水性の塩基が疎水性相互作用で互いに重なり合う（スタッキング）ことから，2 本のポリヌクレオチド鎖は傾いて，らせん構造をとる．図 6.7(c) に B 型 DNA の立体構造を示す．B 型 DNA は右巻きの二重らせんで，直径は 2.37 nm，10.4 塩基対でらせんが 1 回転し，その距離は 3.4 nm である．また，二重らせんには二つの溝，主溝と副溝があり，これらの溝で DNA の塩基配列が認識される．

生理的な条件下では DNA は B 型の立体構造をとるが，湿度が低い場合には A 型 DNA が見られる．A 型 DNA は，B 型 DNA よりも，らせんが強く巻いたものであり，主溝と副溝の差が少なくなっている．また，左巻きの二重らせん構造をとる Z 型 DNA も存在し，糖-リン酸骨格がジグザグ状で，A 型や B 型 DNA に比べてらせんの直径が細い．

二重らせん DNA は，さらにねじれた**超らせん**（superhelix）構造をとる．細菌染色体の環状 2 本鎖 DNA は細胞内で超らせん構造になっており，弛緩した 2 本鎖 DNA よりコンパクトである．また，真核細胞の染色体 DNA も

超らせん
スーパーコイルともいう．超らせん DNA は，同じ長さの弛緩した DNA よりもコンパクトである．もとのらせんと同じ方向にさらにねじれたものを正の超らせんといい，らせんが強く巻かれた状態になる．逆の方向にねじれたものは負の超らせんといい，らせんが緩んだ状態になる．正の超らせんでは，一定の長さあたりの DNA の回転数が増し，1 回転あたりの塩基数は減少する．

超らせん構造をとる*4.

6.2.2　RNAの構造

　RNA(ribonucleic acid)は，リボヌクレオチドからなる1本鎖のポリヌクレオチドである．RNAに含まれる塩基はアデニン，グアニン，シトシン，およびウラシルであり，DNAに含まれるチミンは含まれない．RNAに含まれる糖はリボースであり，DNAに含まれるデオキシリボースと異なる．この糖の違いから，RNAはDNAに比べて化学的に不安定である．また，RNAは1本鎖であり，DNAのように二重らせん構造をとらないが，RNAは1本鎖内で相補的塩基対を形成し複雑な高次構造をとっている．

6.2.3　DNAの変性と再生

　2本鎖DNA溶液を加熱すると，二重らせんが解離して1本鎖になる（図6.8a）．これは熱により相補的塩基対の水素結合が切れるためで，これをDNAの**変性**(denaturation)とよぶ．疎水性の塩基は二重らせんDNAでは2本鎖の内側に向いているが，1本鎖に解離されると塩基が露出するため，塩基特有の波長260 nm付近の紫外線吸収が増加する．この現象を**ハイパークロミシティー**(hyperchromicity，濃色効果)という．260 nmの吸収を測定

*4　DNA複製やRNA転写の際には，超らせんを緩めて二重らせんを1本鎖に分離しなければならない．DNAの超らせんを変化させるためにはトポイソメラーゼという酵素が必要である．

トポイソメラーゼ
DNAの超らせんの程度を変化させる酵素の総称．I型トポイソメラーゼは二重らせんの1本の鎖に切れ目を入れて超らせんを弛緩させる．I型トポイソメラーゼではDNA鎖の再結合が可逆的におこる．一方，II型トポイソメラーゼは二重らせんの2本のDNA鎖を切断し，その断片をつなぎ直す（ATP依存的）．大腸菌のII型トポイソメラーゼはジャイレースとよばれ，負の超らせんをDNAに導入する．

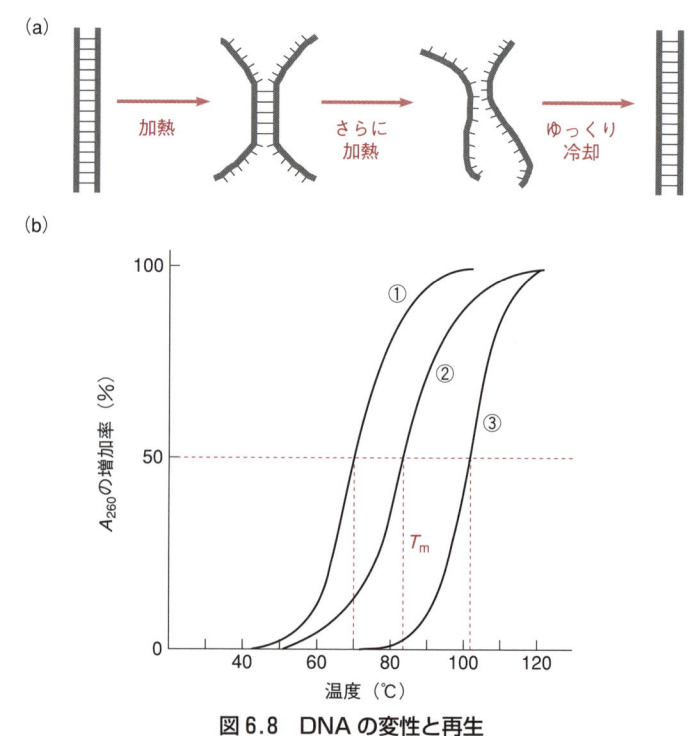

図6.8　DNAの変性と再生
(a) DNAの熱変性とアニーリング．(b) DNAの融解曲線と T_m．①ATに富むDNA，②標準的なDNA，③GCに富むDNA．

しながら DNA 溶液の温度を徐々に上げていくと，ある狭い温度範囲で吸光度が急激に変化する．この変化を示したのが融解曲線（図 6.8b）で，その中点の温度を DNA の**融解温度**（T_m）という．T_m は DNA 安定性の指標であり，溶液の種類やイオン濃度，pH，DNA の GC 含量などに依存する．

熱変性した DNA を徐々に冷却すると正確な相補的塩基対の形成がおこり，もとの二重らせんが再生される．この再生を**アニーリング**（annealing）とよ

● DNA と RNA の化学的安定性

生物進化において，地球上には，まず自己触媒作用をもつ RNA が出現し，ついで DNA が出現したと考えられている．しかし現在では，多くの生物において，DNA は遺伝情報の保存に，RNA は遺伝情報の発現に利用されている．これは DNA と RNA の化合物としての安定性に起因すると考えられている．

DNA と RNA を弱アルカリ溶液に置くと，RNA は室温で分解されてしまうが，DNA は分解されない．これは RNA のリボースの 2′ ヒドロキシ基が隣接するリン酸基を攻撃し，RNA 鎖を切断するためである．その結果，2′,3′-環状ヌクレオシドーリン酸から 2′-と 3′-ヌクレオシドーリン酸の等量の混合物が得られる．DNA のデオキシリボースには 2′ ヒドロキシ基が ないため，このような加水分解反応は起こらない．この化学的安定性のために，生物は進化を通して DNA を遺伝情報の保存のために選択したと考えられる．

また，DNA は塩基としてアデニン（A），グアニン（G），シトシン（C），およびチミン（T）を含み，RNA はチミンの代わりにウラシル（U）を含んでいる．DNA に存在するシトシンが自然に脱アミノされるとウラシルになる．もし DNA にウラシルが含まれていたなら，もともとのウラシルと，シトシンの脱アミノ化産物のウラシルとを区別できないという問題が生じる．このために，DNA の塩基にはウラシルではなく，チミンが含まれると考えられている．

RNA のアルカリ分解

*5 ハイブリダイゼーションは，特定のプローブ（標識をつけたDNAやRNAなどのポリヌクレオチド）を用いてプローブに相補的な塩基配列をもつDNAやRNAを検出する実験に用いられる．

ゲノム
ある生物がもつすべての遺伝子情報．生物種によって，大きさと塩基配列は異なる．ヒトのゲノムDNAは一倍体あたり32億塩基対ある．
ヒトゲノムの全塩基配列の解明により，約3万の遺伝子とともに多くの反復配列が存在することが明らかになった．

ぶ．DNAどうしだけではなくDNAとRNAの相補鎖も塩基対を形成し，ハイブリッド鎖になる．このような相補的な塩基対形成を**ハイブリダイゼーション**（hybridization）という*5．

6.2.4 セントラルドグマ

DNAは細胞における遺伝情報の担い手であり，遺伝情報はゲノムDNAの塩基配列に保存されている．DNAは相補的塩基対を形成した二重らせんであることから，DNAの複製では親DNAの各DNA鎖を鋳型として相補鎖が合成される．ゲノムDNAの遺伝情報は，相補的な塩基配列のRNAに転写され，情報はさらにRNAからタンパク質に翻訳されて発現する．ある種のウイルスの遺伝物質はRNAであり，RNAがDNAに逆転写された後，DNAからRNA，RNAからタンパク質へと情報が流れる．このような生物における遺伝情報の保存と発現の流れを，分子生物学の**セントラルドグマ**（central dogma）とよぶ（図6.9）．

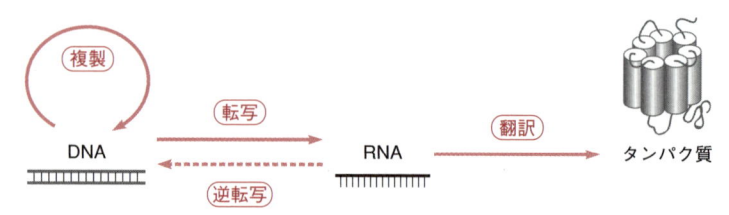

図6.9 分子生物学のセントラルドグマ
おもな生物における遺伝情報の流れを実線で，レトロウイルスにおける遺伝情報の流れの一部を破線で示す．

6.2.5 さまざまなRNAとその機能

RNAはDNAから転写されて合成される．細胞には数種類の機能の異なったRNAが存在するが，一般にRNAは遺伝情報の発現に関与している．一部のRNAは酵素としての触媒作用をもつ．

（a）メッセンジャーRNA

メッセンジャーRNA（messenger RNA, mRNA）はDNA上の遺伝子から転写され，タンパク質に翻訳されるRNAである（図6.10）．原核細胞では，mRNAは転写と同時に翻訳され，すみやかに分解される．一方，真核細胞では，転写された**一次転写産物**（primary transcript）が核内で5'キャップ構造と3'ポリ(A)テールの付加，さらにイントロンのスプライシングなどのプロセシングを受けて成熟mRNAとなり，成熟mRNAは細胞質に輸送されて翻訳される（詳しくは第21章を参照）．mRNAは一般に細胞内全RNAの3〜5%を占めるが，その種類や細胞内量は，細胞の種類や分化，発育，代

謝状態によって異なり，非常に多様で不均一である．

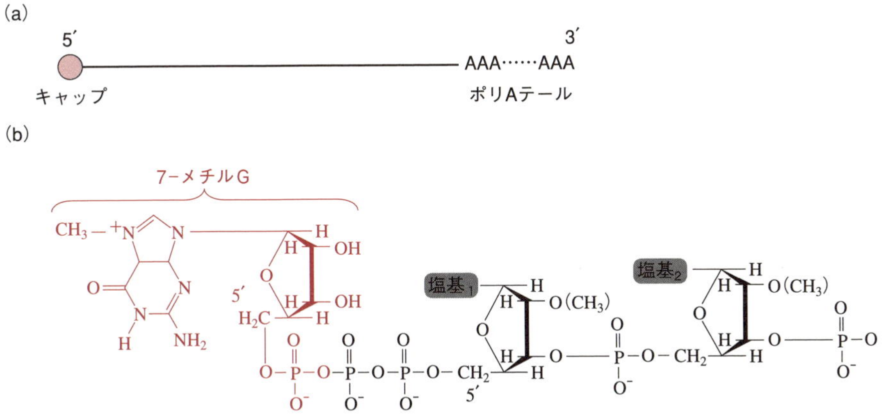

(a)

5′ キャップ ——————————————— AAA……AAA 3′ ポリAテール

(b)

図6.10 真核細胞の mRNA の構造
(a)成熟 mRNA．(b)5′キャップの構造．

（b）リボソーム RNA

リボソーム RNA（ribosomal RNA, rRNA）はリボソームタンパク質とともに，タンパク質合成の場であるリボソームの主要な構成成分であり，細胞内全 RNA の約80％を占める．表6.2に示すように，リボソームには数種類のrRNA が含まれる．rRNA は構造上重要であるとともに，大サブユニットの23S（原核生物）および 28S rRNA（真核生物）は，ペプチド転移反応の触媒活性を担う．

表6.2 リボソームの構成成分

大腸菌（原核生物）

	リボソーム	大サブユニット	小サブユニット
沈降係数	70S	50S	30S
rRNA		23S（2904 nt）	16S（1542 nt）
		5S（120 nt）	
タンパク質		31種類	21種類

ラット（真核生物）

	リボソーム	大サブユニット	小サブユニット
沈降係数	80S	60S	40S
rRNA		28S（4718 nt）	18S（1874 nt）
		5.8S（160 nt）	
		5S（120 nt）	
タンパク質		49種類	33種類

（nt：ヌクレオチド）

(c) トランスファー RNA

トランスファー RNA（transfer RNA, **tRNA**）は，mRNA のコドンに対応するアミノ酸をリボソームに運ぶ 75〜90 ヌクレオチドからなるアダプター分子である．20 種類のアミノ酸に対応する tRNA 分子が存在し，細胞内全 RNA の約 15% を占める．どの tRNA も多くの修飾塩基を含み，アミノ酸を結合するアクセプターステムと，コドンに対応するアンチコドンアーム，ジヒドロキシウリジンを含む D アーム，TΨC アーム，および tRNA 種によって長さの異なるエクストラアームの四つのアームをもつ（図 6.11）．共通しているのは，クローバーリーフ状の二次構造と，逆 L 字形の三次構造である．

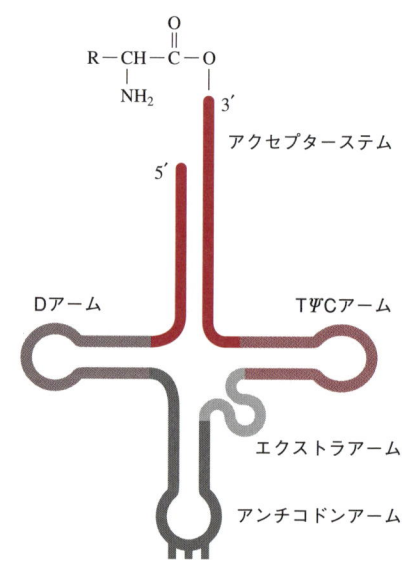

図 6.11 アミノアシル tRNA の二次構造

修飾塩基

転写後の修飾によって生成される塩基．tRNA に含まれる塩基の 25% を占め，シュードウラシル，ジヒドロウラシル，3-メチルシトシン，1-メチルアデニン，N^7-メチルグアニン，N^2，N^2-ジメチルグアニン，ヒポキサンチンなどがある．rRNA の塩基も修飾されるが，その 80% は 2′-O-メチルリボース残基であり，残りは N^6，N^6-ジメチルアデニンと 2-メチルグアニンである．

(d) 低分子 RNA

真核細胞には，20〜300 ヌクレオチド長の**低分子 RNA**（small RNA, **sRNA**）が多量に存在する．核に存在する U1，U2，U4，U5，U6 などの **snRNA**（small nuclear RNA）はいくつかのタンパク質と結合して低分子リボ核タンパク質（snRNP）を形成し，mRNA のスプライシングに働いている．

近年，細胞には**マイクロ RNA**（micro RNA, **miRNA**）とよばれる小さな非翻訳 RNA が多数存在すること，またこれらの RNA をコードする遺伝子が DNA 上に多数存在することが明らかになってきた．まだ不明な点も多いが，一部の miRNA は遺伝子の発現調節に関与している．このような小さな RNA が mRNA の切断や翻訳阻害によって遺伝子発現を抑制する現象を，**RNA 干渉**（RNA interference, **RNAi**）とよぶ．現在，RNAi を引き起こす **siRNA**（small interference RNA）を合成して，細胞の特定の遺伝子の発現を抑える研究が注目されている．

RNA 干渉

外因性の RNA によって特定の遺伝子の発現が抑制される現象．発現を抑制したい遺伝子の mRNA に相補的な短い 2 本鎖 RNA を細胞に導入すると，ダイサーとよばれる RNase によって 3′ 末端に 2 塩基の突出末端をもつ約 21 塩基長の 2 本鎖 RNA（siRNA）が生成される．この siRNA は RISC（RNA-inducing complex）とよばれる複合体に組み込まれ，RISC が siRNA を 1 本鎖にして mRNA と結合させ，mRNA を分解するか，翻訳を阻害する．

6.3 染色体の構造

6.3.1 クロマチンとクロモソーム

真核細胞のDNAは，核内において**クロマチン**(chromatin，染色質)として存在する．クロマチンには，塩基性タンパク質である**ヒストン**(histone)がDNAとほぼ等しい重量含まれ，DNAがヒストンに巻きついて凝集している．クロマチンのなかでも転写の盛んな領域は，凝集したクロマチン構造が変化して比較的緩んだ状態にあり，ヌクレアーゼに高感受性であり，活性クロマチン(ユークロマチン)とよばれる．一方，転写が不活性な凝集した領域を不活性クロマチン(ヘテロクロマチン)とよぶ．**クロモソーム**(chromosome，染色体)は分裂中期にのみ見られる凝集したクロマチンで，ヒト細胞には22対の常染色体と1対の性染色体(XYあるいはXX)からなる46本の染色体がある．一方，原核細胞には核膜がなく，2本鎖環状DNAが塩基性のタンパク質と結合した核様体として存在する．

6.3.2 ヌクレオソームとクロマチンの高次構造

ヒストンは進化を通して非常に保存された塩基性タンパク質で，アルギニンとリシンに富む．ヒストンには，分子量20,000〜25,000のH1ヒストンと，分子量10,000〜16,000の四種類の**コアヒストン**(H2A，H2B，H3，H4)がある．**ヌクレオソーム**(nucleosome)はクロマチンの基本構造であり，四種類のコアヒストン各2個からなる八量体に146塩基対の2本鎖DNAが巻きつい

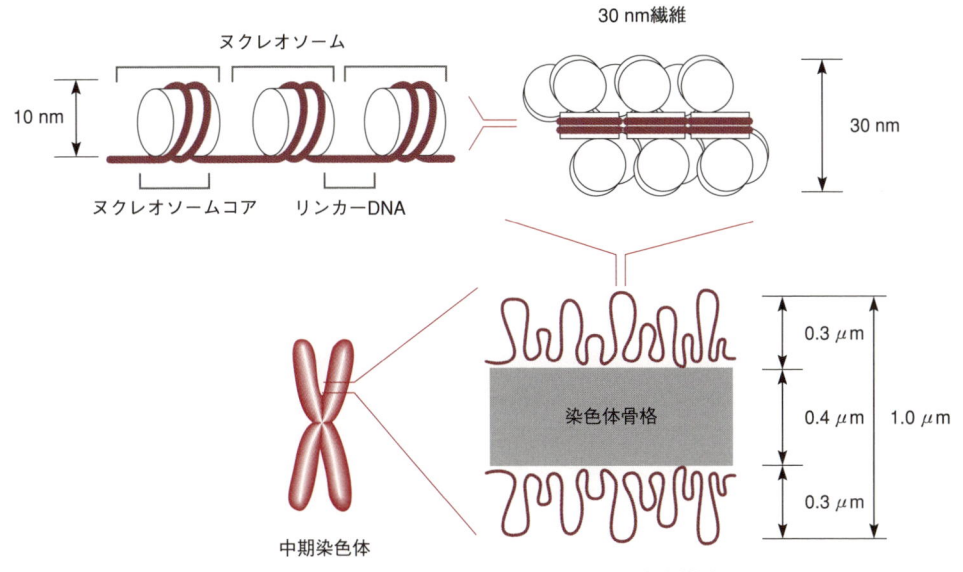

図6.12 ヌクレオソームとクロマチンの高次構造

たコアと，コア間をつなぐリンカーDNAから構成される（図6.12）．平均的には，一つのヌクレオソームに約200塩基対のDNAが含まれる．ヌクレオソームのリンカーDNAにはH1ヒストンが結合している．ヌクレオソームにおいて，DNA二重らせんの外側に存在するリン酸基の負電荷はヒストンのアルギニンやリシンの正電荷によって打ち消されている．

ヌクレオソームの直径は約10 nmで，10 nm繊維とよばれている．さらにヌクレオソームはらせん構造やジグザグ構造に折りたたまれ，30 nm繊維を形成し，さらに，30 nm繊維は染色体骨格（スカッホード）に結合して大きなループ構造を形成する（図6.12）．染色体骨格のまわりにループが結合すると直径1 μmの構造体となり，これは中期染色体の直径と一致する．こうして二重らせんDNAは約1万倍[*6]に凝縮されるのである．

*6 ヒトの核は約 6×10^9 塩基対のDNAを含み，その全長は約2 mになる．一方，高度に凝縮されている中期染色体46本の長さの合計は 200 μm 程度であることから，ヒトの分裂中期染色体におけるDNAの詰込みの割合は約 1×10^4 である．

章末問題

6-1. ヌクレオシドとヌクレオチドのおもな共通点と相違点について説明せよ．

6-2. DNAとRNAのおもな共通点と相違点について説明せよ．

6-3. DNAの二重らせん構造の一般に存在する型は何か．また，その二重らせんの特徴について説明せよ．

6-4. DNA溶液を加熱したり，アルカリ性溶液を加えると，260 nmの紫外線吸収が増加するのはなぜか．また，このときATに富んだDNAとGCに富んだDNAではどのような違いが認められるのか説明せよ．

6-5. 細胞に存在するRNAを四種類あげ，それぞれについて説明せよ．

6-6. ヌクレオソームとクロマチンの高次構造について説明せよ．

6-7. 地球上には，RNAとDNAの二種類の核酸が存在するが，地球上に最初に出現し機能した核酸はRNAとDNAのいずれと考えられるか考察せよ．

6-8. 核酸の方向性とは何を意味するのか．例として，$5' \rightarrow 3'$ について説明せよ．

Part II

酵 素

第7章
酵素触媒

第8章
ビタミン

第7章

酵素触媒

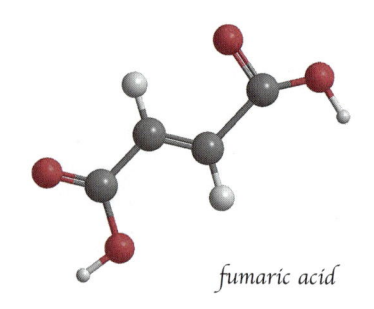

fumaric acid

　生物はその生命維持のために，エネルギー産生や生体成分の合成・分解などのおびただしい種類の化学反応を整然かつ効率的に営んでいるが，それらの大部分は酵素とよばれる生体内触媒によってコントロールされている．つまり，酵素なくして生命体の存在はありえない．酵素の研究の変遷は，そのまま生化学の発展の歴史でもある．1897年，E. Buchner(ブフナー)はそれまで生命力のなせるわざと考えられていた「アルコール発酵」という酵素反応が無細胞系においても起こることを証明し，近代生化学・酵素学発展の礎を築いた．今日では，単細胞生物から高等生物に至るまでさまざまな生物から数多くの酵素が確認されている．
　本章では，酵素反応の特性と反応様式，酵素反応速度論，酵素活性調節機構などについて述べる．

7.1　酵素の一般的性質

活性化エネルギー
反応の出発物質を基底状態から遷移状態に励起するのに必要なエネルギー．アレニウスパラメータともよばれる．出発物質と生成物のエネルギーに差がある場合，最低限そのエネルギー差に相当するエネルギーを外部から受け取らなければならないが，実際の反応ではそれ以上のエネルギーを必要とする場合がほとんどである．それは，出発物質が生成物のエネルギーよりも大きなエネルギーをもった遷移状態になった後，エネルギーを放出しながら生成物へと変換するためで，そのエネルギーの障壁が活性化エネルギーである．

　化学反応は，反応物から生成物を生じる過程で，不安定な高エネルギー状態(遷移状態)を経て進行する．この遷移状態になるまでに必要なエネルギーは反応が進行する際の障壁となっており，**活性化エネルギー**(activation energy)とよばれている．**酵素**(enzyme)を含めた触媒は「遷移状態を安定化する」，つまり活性化エネルギーを低下させることにより反応の進行を容易にする．しかしながら，酵素反応は一般的な化学触媒とは異なり，以下に述べるようないくつかの特徴がある．
　まず，酵素は一部の例外を除いておもにタンパク質で構成されている．そのため，タンパク質が変性する条件ではその触媒機能を失う．この現象を**失活**(inactivation)という．
　第二の特徴は，触媒する反応に対して酵素の特異性が非常に高いということである．生体内で副産物を生じることなく，目的の物質をすばやく整然と生合成するので，特定の酵素が触媒する反応や基質はきわめて限定的なものとなっている．
　第三の特徴は，生体がさらされるさまざまな環境の変化に応じて，酵素の触媒活性が量的にも質的にも調節されることである．これらの調節機構により，生体は多種多様な状況に応じた調和のとれた代謝を行える．
　最後に，酵素はきわめて高性能の触媒である．一般に化学反応では，遷移状態をつくりだすために加温や加圧などが必要である．しかしながら，酵素

は常温，常圧などきわめて温和な環境下でも反応を進行させることができる．

7.2 酵素反応の特性と反応様式

7.2.1 基質特異性と反応特異性

酵素反応は，基質が酵素に結合することで始まるが，この結合はきわめて限定的なものとなっている．このような酵素の特性を**基質特異性**（substrate specificity）とよび，多くの酵素は基質の光学異性体まで識別できる．

1894年，E. Fischer（フィッシャー）は酵素の基質特異性を「**鍵と鍵穴モデル**（lock and key model）」で説明した．この説では，酵素と基質の関係を「鍵と鍵穴」の関係に似たものとして表現している．すなわち，酵素には特定の基質のみと結合する鍵穴のような構造があり，他の基質とは結合できないと考えたのである（図7.1a）．一方，その後の研究で「鍵と鍵穴モデル」だけでは説明しきれない例も認められるようになり，D. Koshland（コシュランド）が**誘導適合モデル**（induced fit model）を提唱した．このモデルは，酵素が最初から基質にぴったりと結合するのではなく，基質と弱く結合した後，基質との結合状態を保ちながらその立体構造が変化し，基質との結合や触媒作用，またはその両方に都合がよい状態になるというものである（図7.1b）．しかしながら，いずれの説にしても酵素の基質特異性は基質の分子の形状と酵素の特定部位の状態によって決定されていることに変わりはなく，酵素と基質の親和性が反応の進行に大きな影響を与えている．酵素のなかで，基質との結合および触媒反応にかかわる部位を，酵素の**活性部位**（active site）または**活性中心**（active center）とよぶ．

酵素反応の特性を述べるうえで基質特異性と並んで重要なものに，**反応特異性**（reaction specificity）があげられる．化学触媒と異なり，酵素はある特定の反応だけを触媒し，原則として他の反応は触媒しない．したがって，必

> **活性部位**
> 酵素タンパク質分子中において，基質が特異的に結合して触媒反応を行う部位．活性中心（active center）ともいう．活性部位は酵素タンパク質の分子表面のごく限られた領域に局在しており，一般的には数個のアミノ酸残基から構成されている．

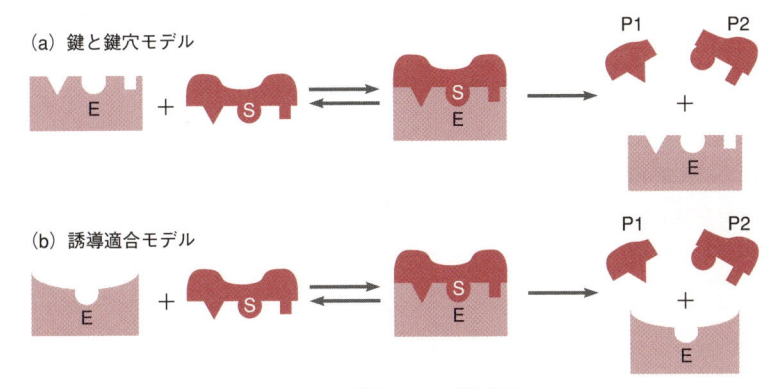

図7.1 酵素反応の模式図
(a)鍵と鍵穴モデルと，(b)誘導適合モデル．E：酵素，S：基質，P1, P2：生成物．

然的に生体には多くの種類の酵素が必要となる．しかし，この酵素の基質特異性と反応特異性が，生体内で副産物を生じることなく目的の物質をすばやく生合成することを可能にしている．

7.2.2 酵素の触媒機構

　酵素反応の第一段階は，非共有結合による**酵素-基質複合体**（enzyme-substrate complex）の形成である．このような複合体の形成は，基質分子が反応しやすいように整列させ，酵素の活性部位のアミノ酸残基と相互作用して非触媒反応の場合よりはるかに反応の確率を高くする効果がある．また，酵素と基質の結合は，その遷移状態を安定化し，結果として反応の活性化エネルギーが低下し，常温・常圧といった温和な条件でも反応できる基質分子の数が増加する（図 7.2）．このように，酵素は反応の活性化エネルギーを低下させることにより反応速度を高めるが，反応の化学平衡そのものに変化を与えるものではない．

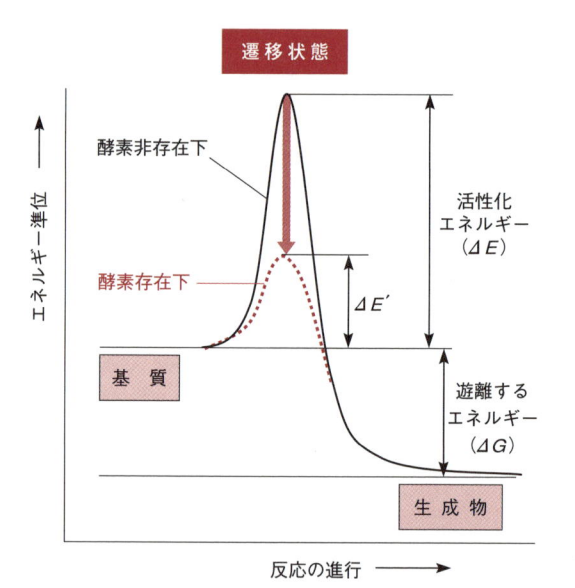

図 7.2　化学反応のエネルギー変化における酵素の役割

7.2.3 酵素反応に影響を及ぼす因子

　酵素反応は一般の化学触媒反応と同様，反応時間や基質濃度などの物理的条件に影響を受けるだけでなく，生体内触媒である酵素の構造を変化させる因子（温度，pH，イオン強度など）に大きく影響される．また，酵素反応は酵素と結合しうる物質や酵素の構造に変化を与える物質によっても影響を受ける．

(a) 至適温度

一般に化学反応の速度は温度の上昇とともに増加するが，タンパク質を本体とする酵素は，温度の上昇により変性すると活性を失う．このように，酵素反応は反応温度の上昇による反応速度の促進と酵素タンパク質の変性という二つの相反する影響を受けるため，反応にもっとも適した**至適温度**(optimum temperature)が存在する(図 7.3a)．多くの酵素の至適温度は 30〜40 ℃で，60〜70 ℃になると失活する．

(b) 至適 pH

タンパク質は両性イオンであり，反応系の pH によって荷電状態が規定される．とくに，活性部位や補酵素の結合部位での荷電状態の変化は，酵素タンパク質における基質や補酵素の結合に大きな影響を与える．また，このような荷電状態の変化は酵素タンパク質自体の安定性にも影響する．その結果，酵素反応にとってもっとも適した**至適 pH**(optimum pH)が存在する(図 7.3b)．

(c) 阻害剤と活性化剤

酵素タンパク質に結合，もしくはその構造を変化させることによって酵素の触媒活性を低下させる物質を**阻害剤**(inhibitor)，逆に触媒活性を増加させる物質を**活性化剤**(activator)という．阻害剤や活性化剤は酵素の活性部位に作用して酵素活性に影響を及ぼすものが多いが，活性部位以外の部位に作用して酵素活性に影響を及ぼすものもある．

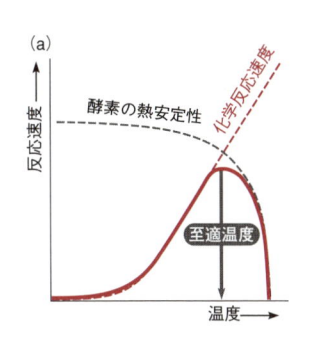

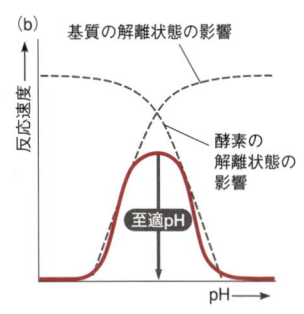

図 7.3 酵素反応における温度(a)と pH(b)の影響

7.2.4 酵素の反応様式による分類

酵素は一般に，基質の名前や触媒する反応を示す言葉の語尾に"アーゼ(-ase)"をつけて命名される．たとえば，タンパク質を加水分解する酵素はプロテアーゼ(protease)，乳酸から水素を除去する(つまり乳酸を酸化する)反応を触媒する酵素は乳酸デヒドロゲナーゼである．しかし，多くの酵素が発見されるにつれ，酵素の命名法にはあいまいさが避けられなくなってきた．そこで現在では，国際生化学分子生物学連合(International Union of Biochemistry and Molecular Biology, IUBMB)が提唱した，反応機構に基づいた系統的な命名法により酵素の名称が決められている(表 7.1)．その命名体系の骨格を以下に示す．

(1) 触媒する反応の種類に基づき，6 群(酸化還元，転移，加水分解，脱離，異性化，合成)に分類される．さらに，それぞれの群は 4〜13 の小群に分けられる．

(2) 酵素の名称は二つの部分からなり，はじめの部分は基質または変化を受ける官能基名であり，第 2 の部分は触媒する反応形式を表し，"アーゼ

表7.1　IUBMBの提唱にもとづく酵素の分類

群	分類名	特　徴
1群	酸化還元酵素 (oxidoreductase)	基質Aから水素または電子を奪って他の基質Bに移す酵素 例）alcohol-NAD⁺ oxidoredactase（EC 1.1.1.1）　　推奨名：アルコールデヒドロゲナーゼ
2群	転移酵素 (transferase)	基質A-XからXを奪って他の基質Bに移し、B-Xをつくる酵素 例）ATP：D-hexose 6-phospho-transferase（EC 2.7.1.1）　　推奨名：ヘキソキナーゼ
3群	加水分解酵素 (hydrolase)	基質A-BをH₂OでA-OHとB-Hに加水分解する酵素 例）α-1,4-glucan maltohydrolase（EC 3.2.1.2）　　推奨名：βアミラーゼ
4群	脱離酵素 (lyase)	加水分解や酸化によらず、ある官能基を離脱させ二重結合を残す反応を触媒する酵素 合成反応を重視する場合はシンターゼとも呼ぶ．脱炭酸酵素、脱水酵素、アルドラーゼなどが含まれる
5群	異性化酵素 (isomerase)	ある基質分子の分子内原子配置を変化させる酵素 イソメラーゼ、ラセマーゼ、エピメラーゼなどが含まれる
6群	合成酵素 (ligase, synthetase)	ATP依存的に縮合反応を触媒する酵素（一般にはシンテターゼという） 例）L-glutamate：ammonia ligase（ADP）（EC 6.3.1.2）　　推奨名：グルタミン合成酵素

(-ase)"で終わる．

（3）個々の酵素は系統番号（EC番号）をもつ．この番号は、反応の種類の群（最初の数字）、小群（2番目の数字）、組（3番目の数字）、登録番号（4番目の数字）からなっており、その前にECをつけて表される．

たとえば、ヘキソキナーゼは、系統名をATP：D-ヘキソース6-ホスホトランスフェラーゼといい、その分類番号は、EC 2.7.1.1である．この場合の系統番号は、第2群（転移）、第7小群（リン酸基の転移）、第1組（アルコールがリン酸を受容）であることを示している．

7.3　補酵素・微量金属の役割

補酵素
酵素と結合して酵素作用の発現に寄与する有機化合物．水溶性ビタミンとして知られているビタミンB群を構成成分とするもののほか、ATPやS-アデノシルメチオニン、UDPグルコースなど代謝中間体由来のものが知られている．

すでに述べたように、酵素はおもにタンパク質からなる生体触媒であるが、ポリペプチド鎖のみからなる単純タンパク質のものだけでなく、酵素触媒活性の発現に**補酵素**（coenzyme）とよばれる有機化合物やMg^{2+}、Mn^{2+}、Cu^{2+}、Zn^{2+}、Co^{2+}などの金属イオンを必要とするものがある．これらの有機化合物や金属イオンを総称して**補因子**（cofactor）という．補因子には、酵素タンパク質と強く結合している場合と比較的緩く結合している場合があり、酵素タンパク質と強く結合している補酵素を**補欠分子族**（prosthetic group）とよぶ．また、補因子が結合していない酵素タンパク質本体を**アポ酵素**（apoenzyme）、補因子と複合体を形成した酵素を**ホロ酵素**（holoenzyme）という．

7.3.1　補酵素とビタミン

補酵素は、**補助基質**（cosubstrate）として酵素タンパク質に非共有結合で比較的緩く結合して働く場合と、補欠分子族として酵素タンパク質に強く結合して働く場合がある．補助基質の場合、反応後に変化した補酵素は酵素から

解離し，酵素は新たに元の構造の補酵素と結合して活性を保ち続ける．変化した補酵素は，別の酵素が触媒する反応によって元の構造に戻される．一方，補欠分子族は酵素反応の後でも酵素タンパク質に結合したままであるが，変化した補酵素は別の酵素によって復元される．このように補酵素は，細胞のなかで繰り返し再利用される．補酵素を必要とする酵素は，酸化還元，化学基の転移，異性化および共有結合の形成を触媒する酵素である（IUBMB 酵素分類の第 1, 2, 5, 6 群）．これに対して，消化酵素が触媒する加水分解反応などの分解反応には補酵素は必要とされない．

多くの補酵素は，代謝中間体や水溶性ビタミンとして知られているビタミン B 群を構成成分としている．表 7.2 に，おもな補酵素とビタミンとの関連，およびそれらが関与するおもな反応をまとめた．ビタミンのなかには高等動物が自ら合成できないものも多く，ビタミンの不足によって関与する酵素反応の進行が妨げられ，多くの疾患の原因となっている（第 8 章を参照）．一方，代謝中間体由来の補酵素には ATP や S-アデノシルメチオニン，UDP グルコースなどがある．ATP はリン酸基，ピロリン酸基，アデニリル基およびアデノシル基を供給できる用途の広い補酵素である．

表 7.2　補酵素とビタミン，および補酵素が関与する代表的な酵素反応

補酵素	構成ビタミン	おもな反応
アデノシン三リン酸	—	リン酸とヌクレオチド基の転移
S-アデノシルメチオニン	—	メチル基転移
ニコチンアミドアデニンジヌクレオチド（NAD^+）	ナイアシン	2 電子が転移する酸化還元反応
ニコチンアミドアデニンジヌクレオチドリン酸（$NADP^+$）	ナイアシン	2 電子が転移する酸化還元反応
フラビンモノヌクレオチド（FMN）	リボフラビン（B_2）	1 または 2 電子が転移する酸化還元反応
フラビンアデニンジヌクレオチド（FAD）	リボフラビン（B_2）	1 または 2 電子が転移する酸化還元反応
補酵素 A	パントテン酸	アシル基転移
チアミンピロリン酸（TPP）	チアミン（B_1）	カルボニル基を含む炭素鎖の転移
ピリドキサールリン酸（PLP）	ピリドキシン（B_6）	アミノ基転移など
ビオチン	ビオチン	ATP 依存性の基質のカルボキシ化および基質間のカルボニル基の転移
テトラヒドロ葉酸	葉酸	1 炭素単位の転移
アデノシルコバラミン	コバラミン（B_{12}）	分子内転移
メチルコバラミン	コバラミン（B_{12}）	メチル基転移
リポアミド	—	TPP のヒドロキシアルキル基を酸化してアシル基として転移

7.3.2 微量金属イオン

これまでに知られている酵素のうち，完全な触媒活性を発揮するために金属イオンを必要とするものが4分の1以上を占める．酵素と金属イオンの結合には，補酵素の場合と同様に強弱があり，酵素を精製していく過程で容易に遊離するものとしないものがある．アルギナーゼやアスコルビン酸酸化酵素は，それぞれ Mn^{2+} および Cu^{2+} と強く結合しており，これらの金属イオンは，酵素の活性部位における基質との結合や活性部位の形成に重要である．このような酵素は**金属酵素**(metalloenzyme)とよばれる．一方，酵素の活性発現に金属イオンを必要とするか，Mg^{2+} や Ca^{2+} などの金属イオンの存在により活性化されるような酵素を**金属活性化酵素**(metal-activated enzyme)という．たとえば，キナーゼは Mg^{2+} を必要とする．これは，この酵素が Mg^{2+}-ATP複合体をリン酸基の供与基質にするからである．

7.4　酵素活性の測定

酵素の基質特異性を利用すれば，特定の酵素のみによって変化を受ける基質を用いることにより，生体試料のように多数の酵素が混在している条件下でも特定の酵素の活性を測定することができる．方法としては，(1)基質の減少量，(2)生成物の増加量，(3)同時に変化する補酵素の変化量のいずれかを測定する．たとえば，カタラーゼは過酸化水素(H_2O_2)を水と酸素に分解するが，基質 H_2O_2 の減少量を測定するか，生成物 O_2 の量を測定することによって容易に酵素活性を測定できる．

一方，NAD^+ または $NADP^+$ 依存性のデヒドロゲナーゼの活性は，基質や生成物の変化量を測定するよりも補酵素の NAD^+($NADP^+$)の変化量を測定するほうが一般的である．それは，還元型の NADH または NADPH と酸化型の NAD^+ または $NADP^+$ が吸収する光の波長が異なるため，これを利用して酵素活性を容易に測定できるからである(図7.4)．

酵素量を求めるためには，酵素量と酵素活性との相関を求めることが必要である．酵素反応は，適当な条件下で測定すれば時間とともに直線的に進行する(図7.5a)．この場合，反応の速度を規定する因子は，基質濃度と酵素濃度である．そこで，基質濃度を一定にして酵素量を変化させて活性を測定すれば，酵素量と酵素活性の相関性を表すグラフ，すなわち検量線が作成でき(図7.5b)，酵素量が測定できる．

酵素の触媒能力を示す活性単位は，単位時間あたりに単位量の基質を変換できる酵素量で表され，国際単位として**カタール**(kat)が用いられている[*1]．しかし，実際には1分間あたりの活性単位のほうが扱いやすいので，**ユニット**(unit)という単位がよく使われている．さらに活性の比較には単位タンパク質量あたりの酵素活性値である**比活性**(specific activity)が用いられる．

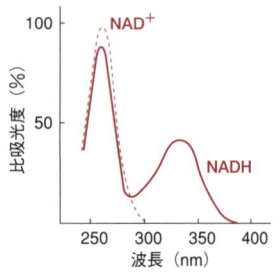

図7.4　NAD^+ と NADH の吸収スペクトル

[*1] 1 kat は1秒間に1 mol の基質を変換できる活性量．1 unit は1分間に1 μmol の基質を変換できる活性量．

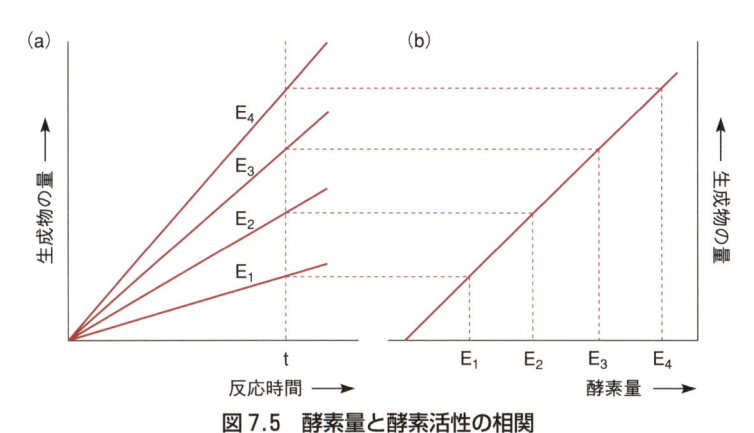

図7.5　酵素量と酵素活性の相関
(a)時間とともに直線的に進行する酵素反応，(b)酵素量と酵素活性の相関性を表す検量線．

7.5　酵素反応速度論

　酵素反応速度論とは，酵素が触媒する化学反応の速度を調べることである．この速度論の研究は酵素の特異性と触媒機構に関して間接的な知見を与える．

　酵素反応は，温度，pH，反応時間，基質濃度などさまざまな要因により影響を受ける．これらのうち，基質濃度以外を一定にして種々の基質濃度条件下で酵素活性を測定すると，図7.6(a)に示すような反応曲線（直角双曲線）が得られる．すなわち，低い基質濃度条件下では反応速度と基質濃度の間に比例関係（1次反応）があるが，基質濃度の増加にともない反応速度の増加は徐々に小さくなり，ある濃度以上の基質濃度では一定の反応速度を示すようになる（0次反応）．このような反応速度の最大値のことを**最大反応速度**（maximum reaction velocity, V_{max}）という．

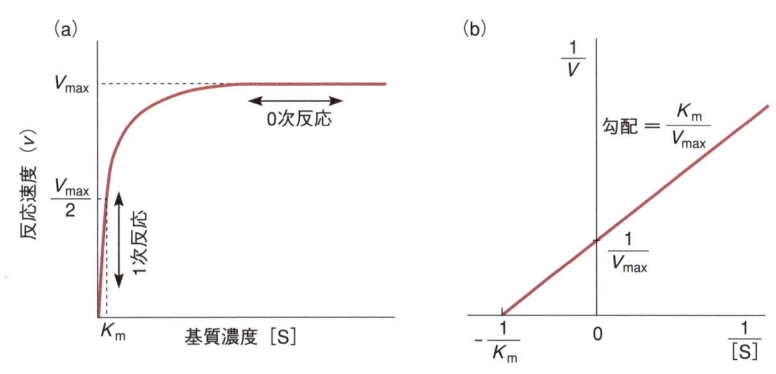

図7.6　酵素の反応速度
(a)酵素反応における反応速度と基質濃度の関係，(b)ラインウィーバー–バークプロット．

7.5.1 ミカエリス-メンテンの式

酵素反応も他の化学反応と同様に，反応式によって表すことができる．一般に化学反応の速度 v は基質濃度に比例し，A→B という反応では，$v = k[A]$ となる．また，A＋B→C という反応では，v は二つの基質の濃度の積に比例し，$v = k[A][B]$ となる．k は反応の速度定数である．

酵素反応の進行は，酵素(E)が基質(S)とすみやかに複合体(ES)を形成した後，そこから生成物(P)が遊離する，というものである．よって，その化学反応は式(7.1)のように表される．

$$S + E \underset{k_{-1}}{\overset{k_1}{\rightleftarrows}} ES \underset{k_{-2}}{\overset{k_2}{\rightleftarrows}} P + E \tag{7.1}$$

酵素反応では一般的に，定常状態における反応速度を解析する．定常状態では反応の中間体である ES の濃度が一定であるが，基質と生成物の濃度は刻々と変化している．すなわち，ES の生成速度と分解速度が等しくなったときに ES の濃度が一定になるのである．

$$ESの生成速度 = k_1[E][S] + k_{-2}[P][E]$$
$$ESの分解速度 = k_{-1}[ES] + k_2[ES]$$

また，酵素反応の初期の時点では生成物の量が少なく，P＋E→ES の反応はほとんど起こらない．よって，

$$k_1[E][S] = k_{-1}[ES] + k_2[ES]$$

となり，$(k_{-1}+k_2)/k_1$ を K_m とすると

$$\frac{[E][S]}{[ES]} = K_m \tag{7.2}$$

という式が求められる．この定数 K_m は**ミカエリス定数**（Michaelis constant）とよばれている．

つぎに，反応系に加えられた全酵素濃度を $[E_{total}]$ とする．反応の瞬間において酵素は遊離か酵素-基質複合体のいずれかの状態で存在しているので，

$$[E_{total}] = [E] + [ES] \tag{7.3}$$

となり，これを式(7.2)に代入して整理すると，

$$[ES] = \frac{[E_{total}] \cdot [S]}{K_m + [S]} \tag{7.4}$$

となる．

さて，酵素反応の進行を表す式(7.1)において，後半の酵素-基質複合体か

ミカエリス定数
酵素反応における初速度の基質濃度依存性から得られる動力学パラメーターの一つであり，初速度が最大反応速度の2分の1になるときの基質濃度と定義される．ミカエリス定数は各酵素と基質に特有の定数であり，基質への酵素の親和性を表す尺度となる．

ら生成物が遊離する反応は前半の複合体形成に比べて比較的緩やかに起こるため，酵素反応の速度は生成物が遊離することによって規定される．すなわち，酵素反応の速度 v_0 は，

$$v_0 = k_2[\text{ES}] \tag{7.5}$$

で表される．また，酵素反応の最大反応速度 $V_{\max}$ は，反応系に加えられた酵素がすべて酵素-基質複合体を形成しているときの反応速度であるから，

$$V_{\max} = k_2[\text{E}_{\text{total}}] \tag{7.6}$$

である．式(7.5)と式(7.6)を式(7.4)に代入すると，

$$v_0 = \frac{V_{\max} \cdot [\text{S}]}{K_{\mathrm{m}} + [\text{S}]} \tag{7.7}$$

となる．これは図7.6(a)の基質濃度-反応速度の曲線を示す式であり，一般に**ミカエリス-メンテンの式**（Michaelis-Menten の式）という．また，K_{m} は，v_0 が $V_{\max}$ の2分の1となるような基質濃度，いい換えれば，基質で酵素が2分の1飽和される濃度と定義されている．実際に $K_{\mathrm{m}} = [\text{S}]$ を式(7.7)に代入してみると，

$$v_0 = \frac{V_{\max}}{2} \tag{7.8}$$

となり，K_{m} は v_0 が $V_{\max}$ の2分の1のときの基質濃度[S]に等しいことがわかる．さらに，k_2 が k_1 あるいは k_{-1} よりずっと小さければ（すなわち，酵素-基質複合体の形成反応が酵素-基質複合体から生成物が遊離する反応よりずっと速ければ）$K_{\mathrm{m}} = k_{-1}/k_1$ となり，これは ES が E と S に解離するときの平衡定数そのものである．したがって，K_{m} は酵素の基質に対する親和力を示す尺度となり，この値が小さいほど両者の親和力が大きく，低い基質濃度でも反応が進みうることを示す．反応温度や反応 pH などの反応条件を一定にすれば，酵素と基質の組合せによって K_{m} 値は固有の値をとり，酵素の性質を示す指標となる．

7.5.2 K_{m} と $V_{\max}$ の測定

酵素反応における K_{m} と $V_{\max}$ を求めるには，酵素濃度を一定にして基質濃度を変化させ，それぞれの反応速度を測定する．信頼できる反応速度定数を得るには，基質濃度を K_{m} 値の上下に広くとって，基質濃度-反応速度曲線を描く必要がある．そのため，反応速度に対して基質濃度をプロットしたグラフから K_{m} や $V_{\max}$ を求めるのは難しい．そこで，ミカエリス-メンテンの式(7.7)の逆数をとって直線式に変換された，**ラインウィーバー-バークの式**

ラインウィーバー-バークの式
H. Lineweaver と D. Burk によって導出された，酵素反応の反応速度論の基本となるミカエリス-メンテンの式の変形式の一つ．このプロットは酵素反応の阻害様式を解析する際によく用いられている．

(Lineweaver-Burk equation)がよく用いられる.

$$\frac{1}{v_0} = \frac{K_m}{V_{max}} \cdot \frac{1}{[S]} + \frac{1}{V_{max}} \tag{7.9}$$

この式において，$1/v_0$ および $1/[S]$ は変数であり，縦軸に $1/v_0$，横軸に $1/[S]$ をプロットして直線を描くと，縦軸との交点は $1/V_{max}$，横軸との交点は $-1/K_m$ となって，V_{max} および K_m を容易に求めることができる（図7.6b）.

7.5.3 多基質反応とその速度論

これまでに述べてきた酵素反応は，一つの基質が一つの生成物に変化する場合であるが，生体内の酵素反応は基質や生成物が複数であるものが多い．このような多基質反応における反応速度論は単基質の場合に比べてやや複雑になる．しかし，一方の基質を飽和状態にすることで，他方の基質に対する K_m を求めることができる．

多基質反応にはいくつかの様式が存在する．図7.7には2基質反応の概念を示しているが，この図では反応は左から右へと段階的に進み，基質分子（S_1, S_2）が酵素に取り込まれる経過と生成物（P_1, P_2）が酵素から解離する経過を垂直の矢印で示している．また，酵素の状態，すなわち遊離の酵素や酵

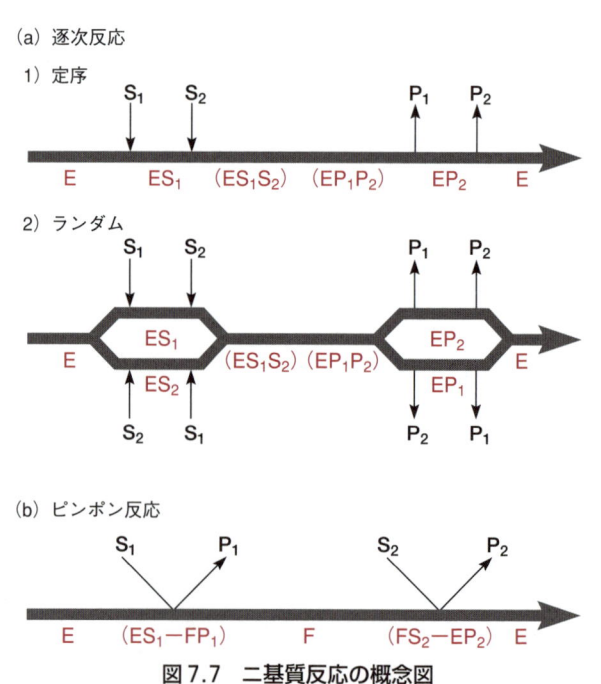

図7.7 二基質反応の概念図
(a)逐次反応ではすべての基質（S_1, S_2）が生成物（P_1, P_2）ができる前に酵素（E）に結合する順番が決まっている場合と決まっていない場合がある．(b)ピンポン反応では，一つの基質（S_1）が酵素（E）に結合して生成物（P_1）が解離した酵素は置換型（F）となる．これに，第二の基質（S_2）が結合して第二の生成物（P_2）ができるとともに，酵素は元のかたちに戻る．

素–基質複合体を水平の線の下に示している．図 7.7a に示した**逐次反応**（sequential reaction）は，生成物ができる前にすべての基質が必要になる反応である．逐次反応には，基質の付加と生成物の解離の順番が決まっている**定序**（ordered）**機構**と，決まっていない**ランダム**（random）**機構**がある．また，関与するすべての基質が同時に酵素に結合するのではなく，ある基質が結合する前に，他の基質の生成物が酵素から解離するような場合を**ピンポン反応**（ping-pong reaction）という（図 7.7b）．基質が二つあるピンポン反応では，第一の基質が結合すると酵素が構造変化を起こし，まず第一の生成物を解離する．その後，第二の基質が結合して酵素の構造が元に戻るとともに，第二の生成物が解離する．

7.6 酵素反応の阻害

酵素タンパク質と結合したり，酵素–基質複合体と結合して酵素の触媒活性を低下させる物質がある．このような現象を**阻害**（inhibition）といい，阻害作用をもつ物質を**阻害剤**（inhibitor）とよぶ．自然界に存在する阻害剤は代謝の調節因子として機能している．また，多くの阻害剤が医薬品や農薬などに利用されている．

阻害剤には，その作用が可逆的なものと不可逆的なものがあり，不可逆的な阻害剤は酵素と共有結合を形成する．一方，可逆的阻害剤は基質が酵素に結合するのと同様に，非共有結合的に酵素と結合するので，阻害剤を透析やゲルろ過などで取り除くことによってその阻害を解除できる．

7.6.1　可逆的阻害

可逆的阻害の様式には，**拮抗阻害**（competitive inhibition），**非拮抗阻害**（noncompetitive inhibition）および**不拮抗阻害**（uncompetitive inhibition）がある．これらは酵素の反応速度に与える影響の違いから，実験的に区別されたものである．

（a）拮抗阻害

拮抗阻害では，酵素の活性部位に阻害剤が可逆的に結合し，基質の酵素への結合を妨げることで酵素活性が抑制される．このような阻害様式を示す阻害剤は基質の構造類似体であることが多く，阻害剤が基質と競合して酵素に結合することにより酵素–基質複合体の形成が妨げられて酵素の触媒活性が抑制される（図 7.8a）．そのため，阻害剤が存在しても，基質濃度を高めることによって阻害効果は小さくなり，ついには酵素反応に対する阻害剤の影響がなくなる．つまり，基質濃度–反応速度曲線において V_{max} は影響を受けない．一方，拮抗阻害剤は酵素に対する基質の親和力を低下させるので K_m は

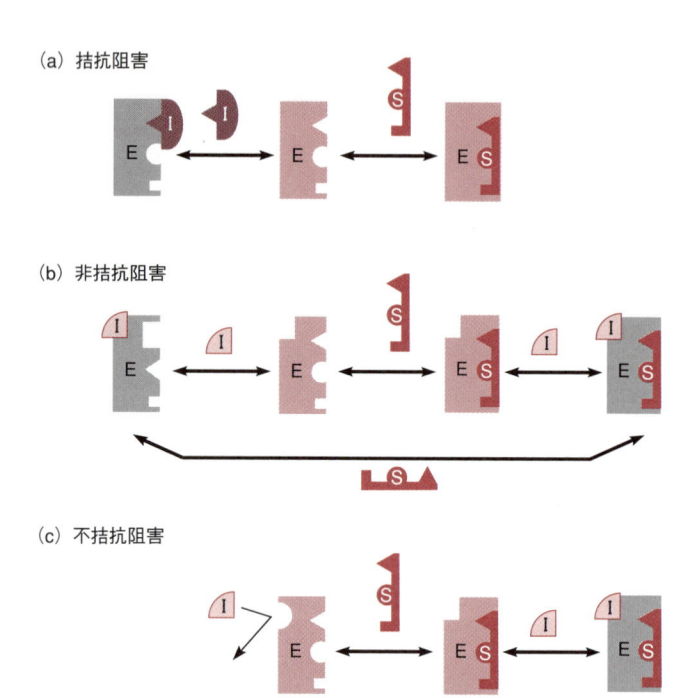

図7.8 酵素反応の可逆的阻害のモデル
(a)阻害物質(I)は，酵素(E)の活性部位に基質(S)と競合して結合する．(b)IはEおよびESの双方に活性部位と異なる部位で結合する．(c)IはESのみに結合する．

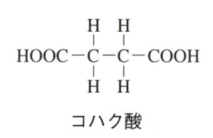

大きくなる．

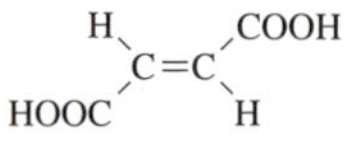

　拮抗阻害の例としては，コハク酸脱水素酵素に対するマロン酸による阻害があげられる．コハク酸脱水素酵素は，コハク酸をフマル酸に変換する酵素である．マロン酸はこの酵素の活性部位に結合するものの，そのα炭素原子から水素原子を引き抜くことができないため，酵素活性が阻害される．

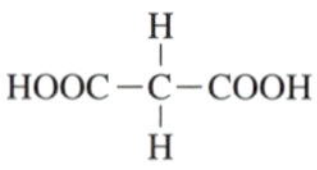

　拮抗阻害において，いったん酵素–阻害剤複合体が形成されると，この複合体が受ける反応は遊離酵素と基質に戻る反応，すなわち，

$$EI \underset{k_{-i}}{\overset{k_i}{\rightleftarrows}} E + I$$

のみであり，この可逆反応の平衡定数K_iは

$$K_i = \frac{k_i}{k_{-i}} = \frac{[E]\cdot[I]}{[EI]} \tag{7.10}$$

で表される．

　また，この場合に反応系に加えられた酵素の濃度を$[E_{total}]$とすると，反応の各瞬間において，酵素は遊離の状態，酵素–基質複合体，酵素–阻害剤複合体のいずれかの状態で存在しているので，

$$[\mathrm{E_{total}}] = [\mathrm{E}] + [\mathrm{ES}] + [\mathrm{EI}] \tag{7.11}$$

と表すことができる．これらを式(7.2)に代入してミカエリス-メンテンの式を求めると，

$$v_\mathrm{o} = \frac{V_{\max} \cdot [\mathrm{S}]}{K_\mathrm{m}\left(1 + \frac{[\mathrm{I}]}{K_i}\right) + [\mathrm{S}]} \tag{7.12}$$

となり，逆数をとると，

$$\frac{1}{v_o} = \frac{K_\mathrm{m}}{V_{\max}} \cdot \left(1 + \frac{[\mathrm{I}]}{K_i}\right) \cdot \frac{1}{[\mathrm{S}]} + \frac{1}{V_{\max}} \tag{7.13}$$

が得られる．この式からもわかるようにラインウィーバー-バークプロットで結果を表すと，直線の勾配は増加するが，縦軸と交わる点の値は阻害剤が存在しない場合と変わらない（図7.9a）．

(b) 非拮抗阻害

非拮抗阻害を示す阻害剤は，酵素の活性部位以外の部位に結合することによって酵素活性を抑制する．そのため，非拮抗阻害剤には基質との構造類似性はない．また，後述する不拮抗阻害とは異なり，遊離酵素および酵素-基質複合体と結合することができる（図7.8b）．

非拮抗阻害では，酵素-阻害剤複合体や酵素-基質-阻害剤複合体が形成されるが，この反応はこれらから阻害剤が遊離する反応と動的平衡状態になっている．すなわち，

$$\mathrm{EI} \underset{k_{-i}}{\overset{k_i}{\rightleftarrows}} \mathrm{E} + \mathrm{I} \qquad \mathrm{ESI} \underset{k_{-i}}{\overset{k_i}{\rightleftarrows}} \mathrm{ES} + \mathrm{I}$$

と表され，これらの可逆反応の平衡定数 K_i は，それぞれ

$$K_i = \frac{k_i}{k_{-i}} = \frac{[\mathrm{E}] \cdot [\mathrm{I}]}{[\mathrm{EI}]} \quad \text{および} \quad K_i = \frac{k_i}{k_{-i}} = \frac{[\mathrm{ES}] \cdot [\mathrm{I}]}{[\mathrm{ESI}]} \tag{7.14}$$

となる．

また，この場合に反応系に加えられた酵素は，濃度を $[\mathrm{E_{total}}]$ とすると，

$$[\mathrm{E_{total}}] = [\mathrm{E}] + [\mathrm{ES}] + [\mathrm{EI}] + [\mathrm{ESI}] \tag{7.15}$$

となり，これらを式(7.2)に代入してミカエリス-メンテンの式を求めると，

$$v_\mathrm{o} = \frac{V_{\max} \cdot [\mathrm{S}]}{K_\mathrm{m} \cdot \left(1 + \frac{[\mathrm{I}]}{K_i}\right) + [\mathrm{S}] \cdot \left(1 + \frac{[\mathrm{I}]}{K_i}\right)} \tag{7.16}$$

となる．逆数をとると，

$$\frac{1}{v_0} = \frac{K_m}{V_{max}} \cdot \left(1+\frac{[I]}{K_i}\right) \cdot \frac{1}{[S]} + \frac{1}{V_{max}} \cdot \left(1+\frac{[I]}{K_i}\right) \tag{7.17}$$

が得られる．

ラインウィーバー–バークプロットを描くと，阻害剤の濃度が増加するにつれて反応速度の勾配が大きくなり，横軸と交わる値は阻害剤が存在しない場合と変わらないことがわかるだろう（図7.9b）．すなわち，K_m は影響を受けないが，V_{max} は小さくなる．金属イオンを補因子として要求する酵素に対するキレート試薬の影響などが非拮抗阻害の例としてあげられる．

（c）不拮抗阻害

不拮抗阻害を示す阻害剤は非拮抗阻害剤と同様，酵素の活性部位以外の部位に結合する．しかし遊離酵素には結合せず，酵素–基質複合体にのみ結合する点が非拮抗阻害剤と異なる（図7.8c）．このとき，酵素–基質–阻害剤複合体が酵素–基質複合体と阻害剤に解離する反応は動的平衡状態になっている．すなわち，

$$\text{ESI} \underset{k_{-i}}{\overset{k_i}{\rightleftarrows}} \text{ES} + \text{I}$$

という可逆反応が起こっており，その平衡定数 K_i は

$$K_i = \frac{k_i}{k_{-i}} = \frac{[\text{ES}] \cdot [\text{I}]}{[\text{ESI}]} \tag{7.18}$$

で表される．

また，この場合に反応系に加えられた酵素の濃度を[E_{total}]とすると，

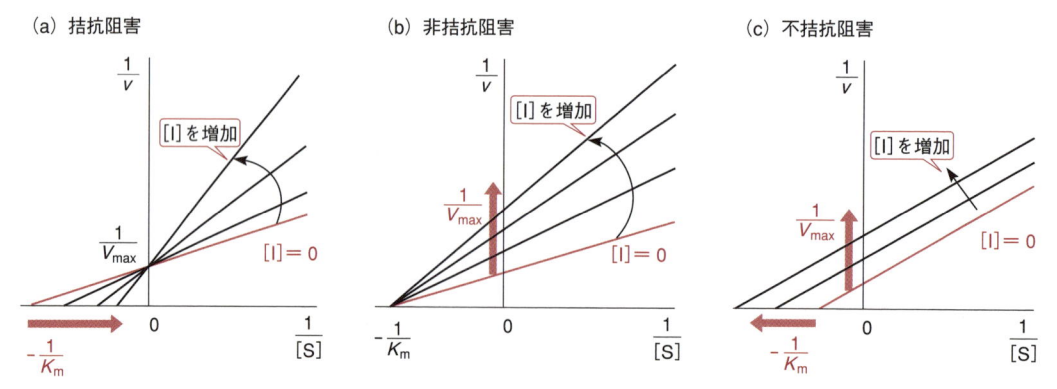

図7.9 酵素反応の可逆的阻害のラインウィーバー–バークプロット
(a)拮抗阻害，(b)非拮抗阻害，(c)不拮抗阻害．

$$[\mathrm{E_{total}}] = [\mathrm{E}] + [\mathrm{ES}] + [\mathrm{ESI}] \tag{7.19}$$

となり，これらを式(7.2)に代入してミカエリス–メンテンの式を求めると，

$$v_0 = \frac{V_{\max} \cdot [\mathrm{S}]}{K_\mathrm{m} + [\mathrm{S}] \cdot \left(1 + \dfrac{[\mathrm{I}]}{K_i}\right)} \tag{7.20}$$

となる．さらに逆数をとると，

$$\frac{1}{v_0} = \frac{K_\mathrm{m}}{V_{\max}} \cdot \frac{1}{[\mathrm{S}]} + \frac{1}{V_{\max}} \cdot \left(1 + \frac{[\mathrm{I}]}{K_i}\right) \tag{7.21}$$

が得られる．

この阻害様式では，阻害剤を添加してもラインウィーバー–バークプロットにおける反応速度の勾配は変化しない．しかし，縦軸や横軸と交差する絶対値は，阻害剤の濃度が増加するにつれ大きくなる(図7.9c)．すなわち，K_m，$V_{\max}$ ともに，阻害剤の濃度が増すにつれて小さくなる．不拮抗阻害の例としては，トリアゾールによるカタラーゼ阻害があげられる．

7.6.2 不可逆的阻害

不可逆的阻害は，酵素の活性部位を構成しているアミノ酸の側鎖がアルキル化やアシル化などの修飾を受けて，共有結合が形成された場合に起こる．そのため，特定のアミノ酸残基のみと反応する不可逆的阻害剤を利用すれば，酵素の活性部位を形成しているアミノ酸を同定することが可能である．たとえば，トリプシンとキモトリプシンは特定のペプチド結合を加水分解するエンドペプチダーゼである．これらの酵素を有機リン系化合物であるジイソプロピルフルオロリン酸 (diisopropyl fluorophosphate, DIFP) で処理すると酵素が失活することから，これらの酵素の活性部位にセリン残基が存在することがわかった(図7.10)．詳細には，トリプシンの183番目のセリン，およびキモトリプシンの195番目のセリンにジイソプロピルホスホリル基が結合し，酵素活性が阻害された．このような活性部位への特異的結合によって酵素活性を阻害する不可逆的阻害剤はアフィニティラベル試薬とよばれており，

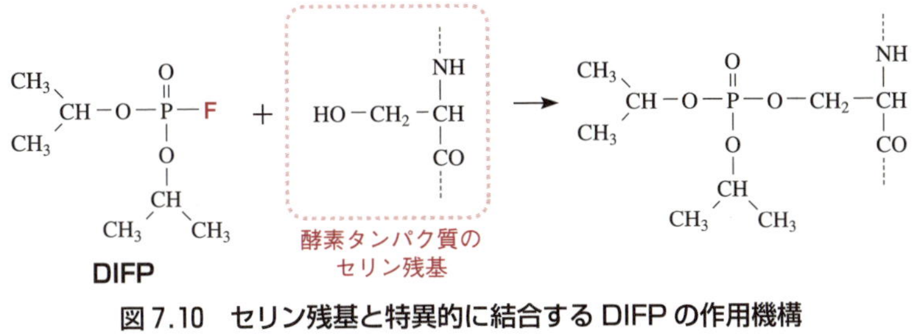

図7.10 セリン残基と特異的に結合するDIFPの作用機構

DIFPのほか，SH基に対する4-アミノフェニル水銀酢酸，ヒスチジン残基に対するジアゾベンゼンスルホン酸，チロシン残基に対する*N*-ブロモスクシンイミドなどが開発されている．

7.7 酵素活性の調節機構

生体は，発生過程やさまざまな環境の変化に応じて酵素活性を調節し，調和のとれた代謝を行っている．細胞は，酵素量を増減させるか，酵素の活性を増減させて酵素活性を調節することにより多種多様の状況に応じた精巧な代謝調節を行っている．

酵素の量的変化は，酵素タンパク質の合成と分解の速度を調節することによってもたらされる．つまり，後述する遺伝子発現（第21章を参照），タンパク質の合成（第22章を参照）および細胞内のタンパク質分解（第16章を参照）を制御することにより調節されている．一方，酵素の質的変化は，プロペプチドの除去やリン酸化修飾などによってもたらされ，酵素の量的変化による調節に比べると，より短時間で可逆的な酵素活性の増減を可能にしている．ここでは酵素の質的変化による調節機構について述べる．

7.7.1 アロステリック酵素

ある種の酵素は，基質が結合する活性部位とは別に，他の物質が結合することで触媒活性を変化させる調節部位をもっている．このような酵素を**アロステリック酵素**（allosteric enzyme）といい，この酵素に結合する物質を**アロステリックエフェクター**（allosteric effector）とよぶ（図7.11）．たとえば解糖系のホスホフルクトキナーゼ1は，フルクトース6-リン酸をさらにリン酸化してフルクトース1,6-ビスリン酸に変換する酵素であるが，調節部位にクエン酸やATPが結合することにより活性が阻害され，フルクトース2,6-ビスリン酸やAMPが結合することにより活性化される．

また，一連の酵素反応が進行する代謝経路では，その経路の最終産物がその代謝経路の最初の段階や分岐後の最初の段階の酵素をアロステリックに阻害することにより，無駄な中間代謝物の産生を抑制していることが少なくな

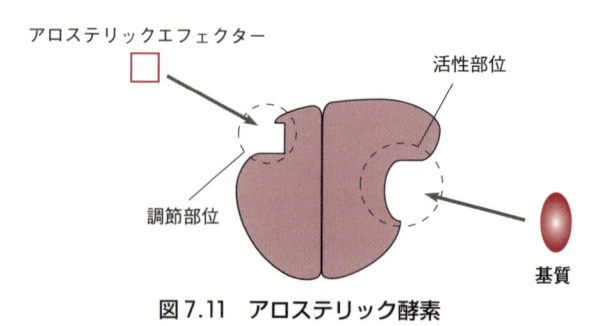

アロステリック酵素
基質が結合する活性部位とは異なる調節部位に低分子の化合物が結合することによって，酵素の活性が変化する現象をアロステリック効果〔（allosteric effect）"allo"は「他」，"steric"は「形の」の意〕という．アロステリック酵素とは，アロステリック効果を示す酵素を指す．

アロステリックエフェクター
酵素の調節部位に可逆的に結合し，酵素活性を促進または阻害するような化合物．それらが活性化剤として作用する場合にはアロステリック活性化剤，阻害剤として作用する場合にはアロステリック阻害剤と区別してよぶこともある．

図7.11 アロステリック酵素

い．このようなタイプの阻害を**フィードバック阻害**（feedback inhibition）という（図 7.12）．

アロステリック酵素の多くは二つ以上のサブユニットからなり，活性部位を含む触媒サブユニットと調節部位を含む調節サブユニットから構成されている．アロステリック酵素の反応はミカエリス–メンテンの式には従わず，基質濃度と反応速度の関係を示すグラフは S 字状となる．

7.7.2 チモーゲン（プロエンザイム）

ある種の酵素は，触媒活性をもたない酵素前駆体として合成され，必要に応じて活性化される．このような酵素前駆体を**チモーゲン**（zymogen），あるいは**プロエンザイム**（proenzyme）とよぶ．活性化の方法はいくつか存在する．たとえば，前駆体タンパク質であるトリプシノーゲンからトリプシンが生成される際には，トリプシノーゲンが限定的に加水分解され，分子内の特定のペプチド結合が切断されて高次構造が変化する．また，パパインの例のように，ジスルフィド結合の交換によって活性化するものもある．チモーゲンは，消化酵素などのプロテアーゼにおいてよく知られている．消化酵素は食物を消化するときにのみ必要である．これらの酵素が常時活性をもつことは，その産生組織が自己消化される危険をともなう．それゆえ，これらの酵素が酵素前駆体として産生されることは，生体を自己消化から守るうえで重要である．

7.7.3 リン酸化・脱リン酸化による酵素活性の調節

真核生物において普遍的に存在する酵素活性調節機構として，酵素のリン酸化修飾がある．タンパク質のセリン，トレオニン，チロシン残基のヒドロキシ基がリン酸化されると，その強い負電荷によって酵素の立体構造に変化が生じ，結果として酵素活性が変化する．このようなリン酸化は**プロテインキナーゼ**（protein kinase）と総称される酵素によって触媒される．また，リン酸化を受けた酵素タンパク質は，**プロテインホスファターゼ**（protein phosphatase）と総称される別の酵素によって脱リン酸化されて元の構造に戻る（図 7.13）．このようなリン酸化修飾による酵素活性の調節は，ホルモン，

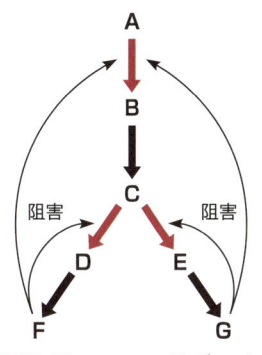

図 7.12 フィードバック阻害

チモーゲン
活性をもたない酵素前駆体のこと．加水分解や構造変化などの生化学的変化によって活性をもつ酵素に変換される．

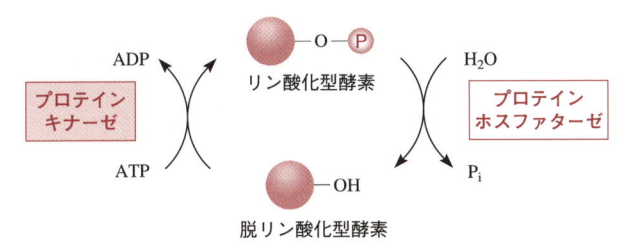

図 7.13 酵素活性のリン酸化による調節

サイトカイン，成長因子などの作用や外部環境に応じた細胞応答の過程において，一般的に見られる（詳細は第18章を参照）．

7.8 酵素の細胞内分布

真核細胞に存在する酵素は細胞全体に均一に分布しているのではなく，細胞質や核，ミトコンドリア，小胞体といった細胞小器官に局在している．このような酵素の分布は代謝過程の区画化に寄与しており，代謝調節を容易にしている．

また，酵素のなかには，触媒する反応は同じだが，化学的および物理的性状が異なるものがある．これらの酵素は**アイソザイム**（isozyme）とよばれ，同一生物の異なる組織や細胞，さらには細胞内の異なる部位に存在する．たとえば，乳酸デヒドロゲナーゼ（LDH）は四つのサブユニットからなる四量体であるが，心臓型（H）と骨格筋型（M）の二種類のサブユニットの組合せによって，LDH_1～LDH_5の五種類のアイソザイムが存在する．これらは電気泳動によって分離することができる．これらのうち，H型のサブユニットのみからなるLDH_1は心筋に多く分布し，肝臓や骨格筋にはM型サブユニットのみからなるLDH_5が多く存在する（表7.3）．LDH_1は低濃度のピルビン酸により活性が強く阻害されるが，LDH_5は高濃度のピルビン酸存在下でも阻害を受けない．このため骨格筋では，嫌気的な条件下においても，解糖によって生じたピルビン酸をLDH_5が乳酸に変換し，この過程で生じるNAD^+を利用してさらに解糖を行うというサイクルが成立する．一方，心臓では，解糖により生じたピルビン酸が，LDH_1を阻害して乳酸産生を抑制し，好気的なクエン酸サイクルによって効率よくエネルギーを得ることができる．

アイソザイム
同一生物に存在して同一の反応を触媒するが，アミノ酸組成をはじめ分子量や等電点などの化学的および物理的性状が異なる酵素のこと．アイソザイムのなかには疾病によって量比が変化するものもあり，そのようなアイソザイムの定量が臨床検査に用いられている．

各アイソザイムは異なる遺伝子にコードされており，アミノ酸配列もわずかに異なるため，基質に対する親和性や阻害剤に対する感受性にも差がある．また各アイソザイムは組織特異的に発現していることが多く，それぞれ生理的役割をもっている．

表7.3 ヒト正常組織における乳酸デヒドロゲナーゼのアイソザイムの分布

	サブユニット構成	アイソザイムの分布			
		血清	心筋	骨格筋	肝臓
LDH_1	HHHH	++	+++		
LDH_2	HHHM	+++	+++	+	
LDH_3	HHMM	+		+	
LDH_4	HMMM			+	+
LDH_5	MMMM			+++	++++

（各アイソザイムが占める割合　＋：10～20％，＋＋：20～30％，＋＋＋：30～50％，＋＋＋＋：＞50％）

● RNA ワールド

かつて生体反応にかかわる酵素はすべて，タンパク質からなると考えられていた．しかし1980年代初頭，"酵素のような"RNAが発見された．そのRNAは他のRNA分子へ働きかけてRNA分子を切断し連結するという，まさに酵素活性をもっていた．かくしてこのようなRNA分子は，RNA(ribonucleotide)＋酵素(enzyme)にちなんで，リボザイム(ribozyme)と命名されたのである．

RNAは，一部のウイルスにおいては遺伝情報の担い手として機能しているが，さらに，酵素活性をもつRNAが存在するという発見は，RNAが他の分子の助けを借りることなく自らを複製できる可能性を示唆していた．

このリボザイムの発見に触発されて，生命進化のある段階においてはRNAだけからなる世界，すなわち，「RNAワールド」が存在したという学説が注目されてきた．この説では，RNA分子は不安定な分子であるため，その後の進化過程で遺伝暗号としての機能は化学的により安定なDNAが担うようになり，酵素活性は構造的に柔軟で多様性に富むタンパク質へと移行していったものと考えられている．このRNAワールド仮説を生命の起源説として主張する研究者もいるのだが，自己複製能力をもつRNA分子が見つかっていないなどの問題点が指摘されており，まだ広くは受け入れられていない．しかし，他のRNAを鋳型にしてある程度の長さのRNAを合成するRNAはすでに合成されており，もし自己複製を行うRNAが発見された暁には，この仮説はより確信をもって議論されるに違いない．――君は，どう考えるだろうか？

章末問題

7-1. 酵素反応の特性を一般の化学反応と対比して説明せよ．

7-2. 酵素と基質の結合に関する「鍵と鍵穴説」と「誘導適応説」の違いについて説明せよ．

7-3. 国際生化学分子生物学連合(IUBMB)が提唱した命名法に基づいて酵素を6群に分類し，それぞれがどのような反応を触媒するか述べよ．

7-4. 金属酵素とは何か説明せよ．

7-5. 拮抗阻害において V_{max} が変化しないのはなぜか．

7-6. 可逆的阻害を阻害様式により分類し，それぞれで K_m および V_{max} がどのように影響を受けるか説明せよ．

7-7. チモーゲンとは何か．また，なぜチモーゲンが生体に必要か説明せよ．

7-8. アロステリック酵素について説明せよ．

7-9. ミカエリス-メンテンの式に従うある酵素反応について，阻害剤非存在下および存在下で反応速度を求めた結果，下記の表に示すような結果を得た．

(1) 阻害剤非存在下および存在下における最大反応速度(V_{max})およびミカエリス定数(K_m)を求めよ．

(2) この阻害剤の阻害様式は何か．

(3) 阻害剤の濃度を増加させると，V_{max} および K_m はどのように変化するか．

基質濃度(μM)	反応速度(nmol/min)	
	阻害剤なし	阻害剤あり
0.25	0.4	0.2
0.5	0.67	0.33
1.0	1.0	0.5
2.0	1.33	0.67
4.0	1.6	0.8

7-10. 乳酸デヒドロゲナーゼ(LDH)は二種類のサブユニットの組合せにより LDH_1 ～ LDH_5 の五種類のアイソザイムが存在する．心筋には LDH_1 がとくに多く分布し，肝臓や骨格筋には LDH_5 が多く存在するのはなぜか説明せよ．

第8章

ビタミン

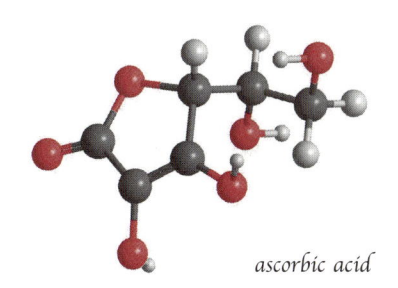

ascorbic acid

ビタミンは生体内の代謝が正常に機能するために必要な微量物質で，生体内では合成できないか，できても量が不十分であるために食餌から摂取しなければならない有機化合物の総称である．ビタミンは，水に溶けやすい水溶性ビタミンと，水に溶けにくい脂溶性ビタミンに大別され，不足するとそのビタミンに特有の欠乏症状をきたす．

本章では，それぞれのビタミンの構造，基本的性質および生理機能と，ビタミンの欠乏と過剰による症状について述べる．

8.1 脂溶性ビタミン

脂溶性ビタミン(lipid-soluble vitamin)は非極性かつ疎水性の分子であり，すべてが**イソプレン**(isoprene)誘導体である．これらの物質は脂肪とともに小腸で吸収され，おもに肝臓や脂肪組織に蓄積されるため，摂りすぎによる過剰症状を起こすことがある．ホルモン様作用のあるビタミン A および D，抗酸化作用のあるビタミン E，血液凝固作用をもつビタミン K の四種類が知られている．

8.1.1 ビタミン A

ビタミン A〔別名：**レチノール**(retinol)〕は，ラット成長促進因子としてバターや肝油中から見出されたイソプレン誘導体であり，同様の生物活性をもつ一連の化合物を総称して**レチノイド**(retinoid)とよぶ．レチノイドにはアルコール型のレチノールのほか，アルデヒド型の**レチナール**(retinal)，酸の**レチノイン酸**(retinoic acid)，植物や植物プランクトンで合成される**カロテン**(carotene)が含まれる(図 8.1)．カロテンは代表的なプロビタミン(ビタミンに変換される物質)で，α, β, γ の三種類があり，α-, γ-カロテンから 1 分子，β-カロテンから 2 分子のビタミン A が生じる．レチノイドは小腸から吸収された後，肝臓に貯蔵され，必要に応じてアポレチノール結合タンパク質と結合して各組織に運搬される．

肝臓から眼の網膜へと運ばれたレチノールは全 *trans*-レチナールに酸化されたあと，11-*cis*-レチナール(11-*cis*-retinal)に変換され，さらに**オプシン**(opsin)と結合して**ロドプシン**(rhodopsin)を形成する．これに光が当たる

イソプレン

2-メチル-1,3-ブタジエン．天然ゴムやテレビン油などを熱分解すると得られる．無色で揮発性の液体．

テルペン類はすべてこのイソプレンが頭部と尾部で結合した型を基本としている．

オプシンとロドプシン

網膜の視細胞中に存在する感光色素タンパク質であるオプシンは，そのリシン残基と発色団の 11-*cis*-レチナールがシッフ塩基を形成してロドプシンとなる．ロドプシンは，視覚の初期過程で光を吸収する受容タンパク質として機能し，暗所における物体の識別が行われる．

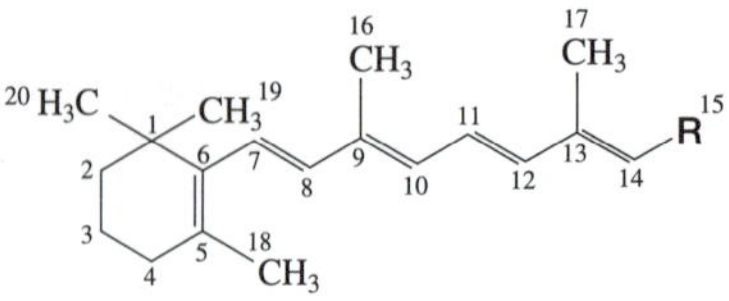

図8.1 代表的なレチノイド

R	化合物名
–CH₂OH	レチノール（retinol）
–CHO	レチナール（retinal）
–COOH	レチノイン酸（retinoic acid）

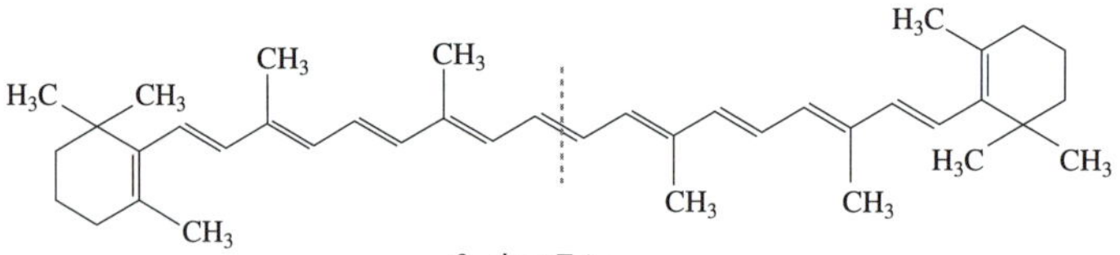

β-カロテン

と，11-*cis*-レチナールは**全-*trans*-レチナール**（all-*trans*-retinal）へと異性化してオプシンから解離する．この変化が視神経への刺激として伝達される（図8.2）．また，各組織の細胞中で生合成されたレチノイン酸は，核内レセプターを介して遺伝子の発現を制御することにより，細胞分化，成長促進，上皮細胞の機能維持などさまざまな生理作用を示す．

　ビタミンAの欠乏は夜間の視力障害を引き起こし，夜盲症（鳥目）を発病させる．さらに欠乏すると，上皮組織細胞のケラチン化と，それに付随する粘液分泌の低下を生じる．一方，必要適量を超えて長期間摂取すると，**催奇形性**（teratogenesis），肝障害などの症状が現れる．

催奇形性
先天異常のうち，体表または身体内部での形態の異常を引き起こす性質をいう．

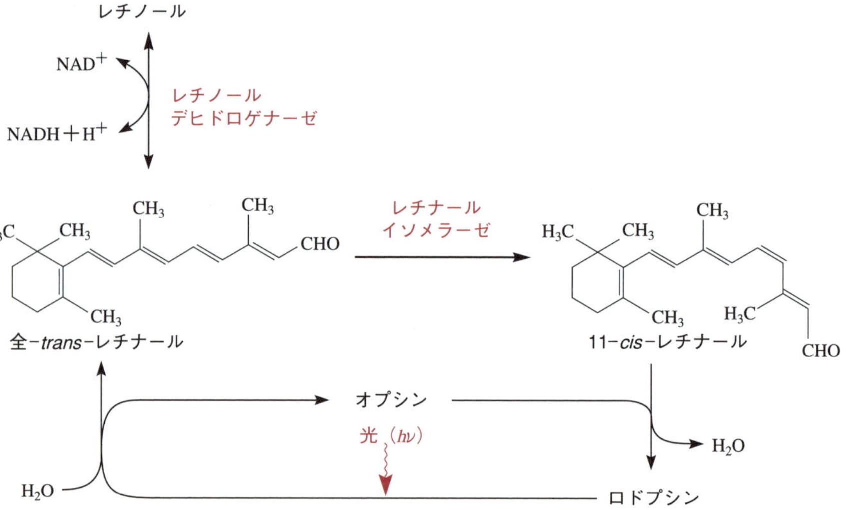

図8.2 視覚におけるビタミンAの役割

8.1.2 ビタミンD

ビタミンDは骨の形成，石灰化に関与するアルコールとして**カルシフェロール**（carciferol）と命名された化合物で，側鎖構造の違いにより数種類が知られている．これらは，いずれも紫外線の照射により前駆体のプロビタミンDから合成される．そのなかでも，植物由来のエルゴステロールから生じるビタミンD_2〔別名：エルゴカルシフェロール〕と，7-デヒドロコレステロールからできるビタミンD_3〔別名：コレカルシフェロール〕が自然界に広く分布している．

ビタミンDは，小腸粘膜上皮細胞におけるカルシウムおよびリン酸の吸収の促進，腎臓でのカルシウムの再吸収，骨からのカルシウムの放出などに関与し，生体内でのカルシウムおよびリンの代謝平衡の維持を行っている．しかし，これらの生理活性はビタミンDそのものにはほとんどなく，生体内で25位がヒドロキシ化された25-ヒドロキシビタミンDや，1位および25位がヒドロキシ化された1α, 25-ヒドロキシビタミンDに変換されることにより発揮される（図15.18を参照）．

ヒトは皮膚細胞において，日光によってプロビタミンDからビタミンDを産生するが，日照量が足りない場合には食物からの摂取が必要になる．ビタミンDの欠乏は，小児ではくる病を，成人では骨軟化症を引き起こす．一方，過剰摂取を続けると，心臓や腎臓で石灰沈着が起こり，結石，循環器障害などが引き起こされる．

エルゴステロール
（植物，酵母）

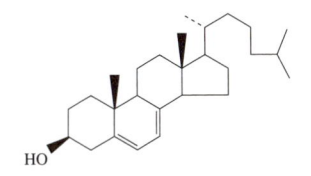

7-デヒドロコレステロール
（動物）

8.1.3 ビタミンE

ビタミンEはラットの抗不妊因子として発見され，分娩（toco-）に力を与える（phero-）アルコールとして，トコフェロールとよばれている．さまざまなトコフェロールが天然に存在しているが，そのなかでも**α-トコフェロール**（α-tocopherol）は広く自然界に存在し，もっとも強力な抗不妊因子としての生理活性をもっている（図8.3）．ビタミンEは生体内において抗酸化作用および膜安定化作用を示すが，ビタミンE発見の端緒となった抗不妊作用の本態は抗酸化作用であることが明らかにされている．ビタミンEの抗酸化の作用部位は一般に生体膜であり，生体膜のリン脂質に存在する多価不飽

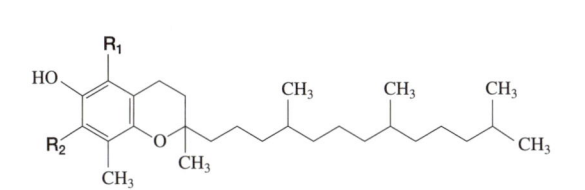

R_1	R_2	化合物名
$-CH_3$	$-CH_3$	α-トコフェロール
$-CH_3$	$-H$	β-トコフェロール
$-H$	$-CH_3$	γ-トコフェロール
$-H$	$-H$	δ-トコフェロール

図8.3　ビタミンE（トコフェロール）

和脂肪酸の酸化を防いでいると考えられている．

新生児では，ビタミンEの欠乏によって貧血を引き起こす可能性がある．これは，ヘモグロビン産生の減少と赤血球の寿命の短縮が原因と考えられる．一方，過剰症は知られていない．

8.1.4 ビタミンK

ビタミンKは抗出血作用を示す数種類のナフトキノン誘導体で，血液凝固（ドイツ語でKoagulation）に関与することにちなんで命名された．自然界には，緑色野菜に多く含まれるK_1〔別名：**フィロキノン**(phylloquinone)〕と，微生物が産生するK_2〔別名：**メナキノン**(menaquinone)〕が存在するが，ビタミンKとしての活性がもっとも強いK_3〔別名：**メナジオン**(menadione)〕は合成品である．ビタミンKはポリペプチド鎖のグルタミン酸残基をカルボキシ化する反応の補酵素として働き，プロトロンビンをはじめ，いくつかの血液凝固因子にγ-カルボキシグルタミン酸残基を導入する（図1.3を参照）．

フィロキノン
（ビタミンK_1）

メナキノン
（ビタミンK_2）

メナジオン
（ビタミンK_3）

ビタミンKは植物や動物組織に広く分布し，また腸内細菌によっても合成されるため，成人における欠乏はまれであるが，抗生物質による大腸の無菌化と食事制限が重なることで欠乏し，血液凝固障害が引き起こされることがある．

8.2 水溶性ビタミン

水溶性ビタミンには，おもに代謝酵素の補酵素として機能するものが多いビタミンB群と，抗酸化作用をもつビタミンCがあるが，水溶性の特徴を除けば化学的な意味での共通点はない．これらのビタミンは大量に摂取しても過剰分が尿中に排泄される．そのため過剰症は見られないが，これらのビタミンは毎日摂取する必要がある．

8.2.1 ビタミンB_1

ビタミンB_1〔別名：**チアミン**(thiamin)〕は，ピリミジン環とチアゾリウム環がメチレン基で結合したものである．穀類や豆類，とくにその皮部に多く，体内に吸収された後でリン酸化されて**チアミンピロリン酸**(thiamin pyro-

R＝H：チアミン
R＝ピロリン酸：
　　チアミンピロリン酸

phosphate, TPP）となり，2-オキソ酸（α-ケト酸）の酸化的脱炭酸反応やペントースリン酸経路のトランスケトラーゼ反応などに関与している．

ビタミンB_1が欠乏すると，エネルギー需要の高い神経や心臓の機能不全が引き起こされる．末梢神経の異常で発症する脚気は，知覚鈍麻，腱反射消失などを特徴とするが，浮腫や循環器障害などの症状も現れる．

8.2.2 ビタミンB_2

ビタミンB_2〔別名：**リボフラビン**（riboflavin）〕は，イソアロキサジン環の窒素原子に糖アルコールのリビトールが結合した化合物である（図8.4a）．生体内ではリン酸エステル化された**フラビンモノヌクレオチド**（flavin mononucleotide, FMN）またはAMPとピロリン酸結合で結ばれた**フラビンアデニンジヌクレオチド**（flavin adenine dinucleotide, FAD）となり，酸化還元反応

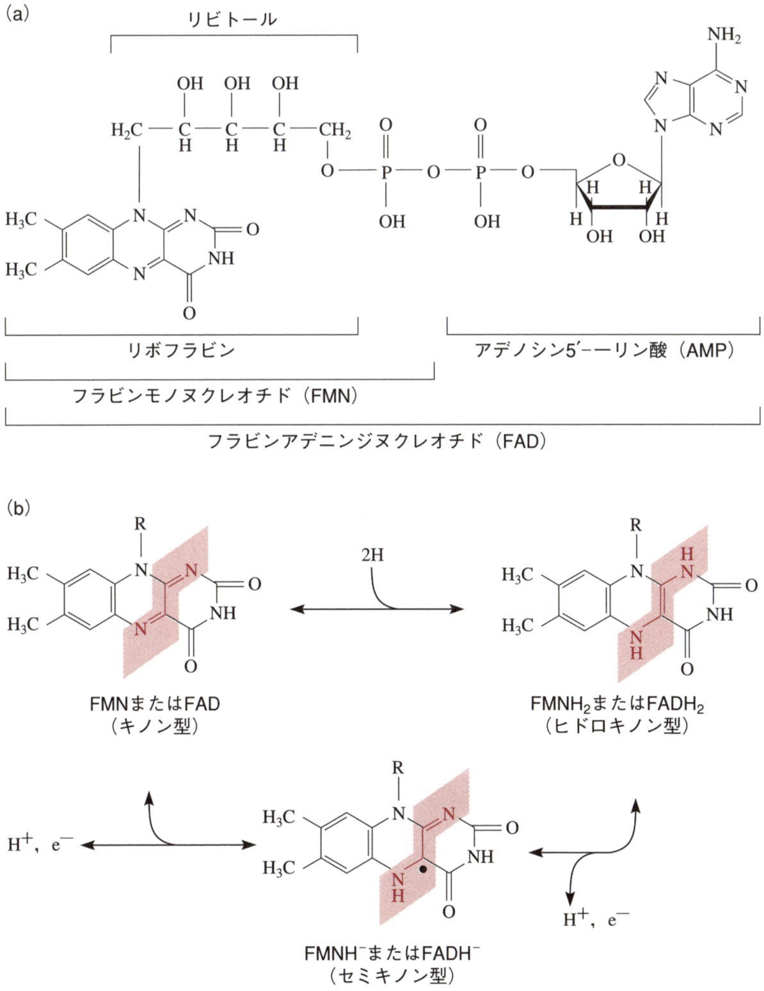

図8.4 フラビン補酵素の構造と，その還元および再酸化

を触媒する酵素に結合して補酵素として機能する．このように FMN や FAD を補欠分子族として酸化還元反応を触媒する酵素を**フラビン酵素**(flavin enzyme)とよび，それらの酵素は，FMN または FAD のイソアロキサジン環の N-1 と N-5 にまたがる共役二重結合部分で水素原子と電子の受け渡しを行う．

後述する NADH や NADPH は 2 電子転移反応に関与するが，還元型のフラビン補酵素(FNMH$_2$ および FADH$_2$)は一度に 1 個または 2 個の電子を供与することができる．1 電子が供与されると，フラビン補酵素は部分的に酸化された比較的安定なセミキノン型のラジカルとなり，さらに電子とプロトンを 1 個ずつ供与して完全に酸化される(図 8.4b)．

植物や微生物はリボフラビンを生合成できるが，ほ乳類は合成できない．そのため欠乏すると，口角炎，舌炎，皮膚炎など多彩な症状が現れる．しかし，広範な代謝過程に関与するビタミンであるにもかかわらず，生命を脅かすような症状を引き起こすことはない．

8.2.3 ナイアシン

ニコチン酸(nicotinic acid)と**ニコチンアミド**(nicotinamide)を総称して**ナイアシン**(niacin)とよぶ．生体内では，**ニコチンアミドアデニンジヌクレオチド**(nicotinamide adenine dinucleotide, NAD)および**ニコチンアミドアデニンジヌクレオチドリン酸**(nicotinamide adenine dinucleotide phosphate, NADP)に変換されて酸化還元酵素の補酵素として，糖質や脂質，アミノ酸の代謝などの多くの代謝に関与している．NAD または NADP 依存性の酸化還元酵素では，水素化物イオン(H$^-$)として 2 個の電子と 1 個の水素原子が NAD$^+$，NADP$^+$ のニコチンアミド基に転移されて水素イオン(H$^+$)と還元型の NADH，NADPH が生じる．逆に，還元型の NADH，NADPH の酸化では，一度に 2 個の電子と 1 個の水素原子が基質に供与される(図 8.5)．

ナイアシンは動植物由来の食品に広く含まれている．また，生体内でトリプトファンから NAD$^+$ が生合成されるため，利用できるナイアシンとトリプトファンがともに欠乏した場合に欠乏症が生じる．トウモロコシには，補酵素合成に利用できないナイアシンとして存在するので，動物性タンパク質を摂取せずにトウモロコシを主食とする地域では，ナイアシン欠乏のため皮膚炎の一種である**ペラグラ**(pellagra)が頻発することが知られている．また，トリプトファンからの NAD$^+$ 生合成にピリドキサールリン酸が補酵素として関与するため，ビタミン B$_6$ 欠乏によってナイアシン欠乏も促進されうる．重度のナイアシン欠乏は致死的である．

ペラグラ
ナイアシンの欠乏によって引き起こされる疾患．ペラグラは，"ザラザラした皮膚"という意味で，皮膚炎，下痢，知能低下がおもな特徴である．

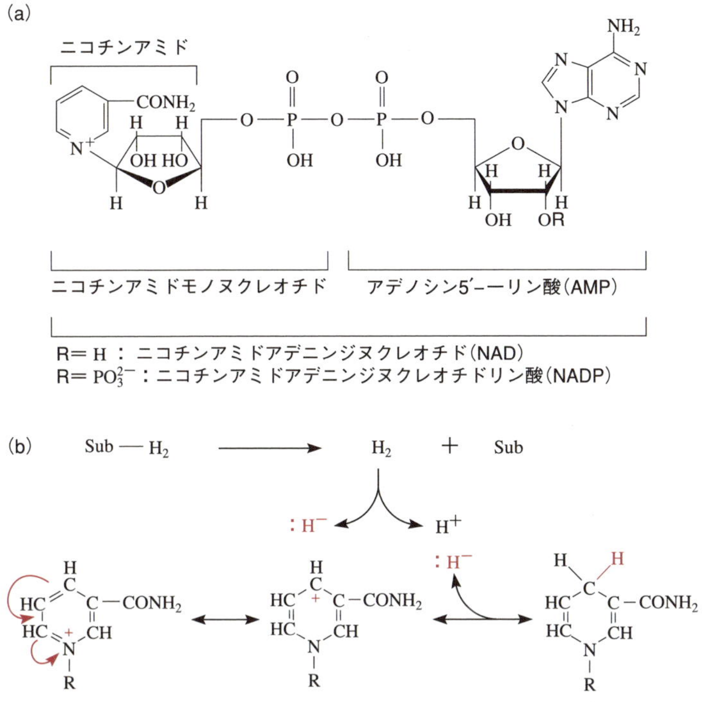

図 8.5　ニコチンアミド補酵素の構造(a)と，その還元および再酸化(b)

8.2.4　パントテン酸

　パントテン酸はパントイン酸に β-アラニンが結合したもので，抗皮膚炎因子として単離された．動物，植物，微生物の生育に必須であるが，多くの食品に含まれ，ほ乳類では腸内細菌によって生合成される．欠乏すると，皮膚の角化，口唇炎，倦怠感などが現れるが，基本的に欠乏症にはなりにくい．

　パントテン酸は，生体内で複雑な経路を経て**補酵素 A** (coenzyme A, CoA) となり，糖質，脂質，アミノ酸の中間代謝においてアシル基の運搬体

補酵素A

脂肪酸酸化，脂肪酸合成，ピルビン酸酸化，アミノ酸代謝などの過程において，アシル基の運搬体として働く補酵素．発見当時はアセチル化に重要な補酵素として認められ命名されたが，その後，スクシニル基や脂肪酸残基の転移にも必要なことが明らかになった．

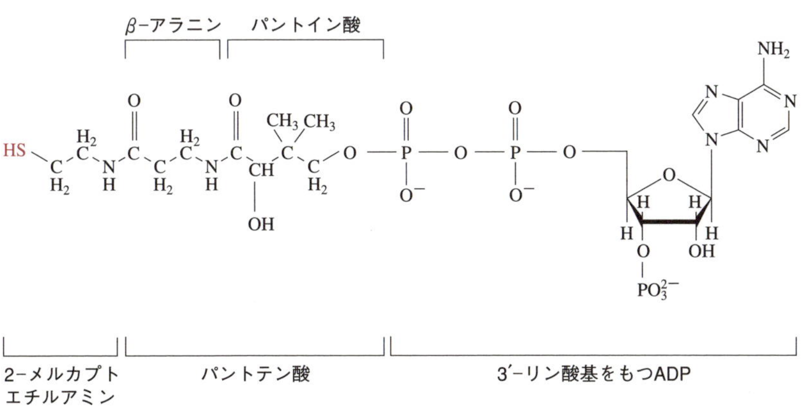

図 8.6　補酵素Aの構造

として機能する（図 8.6）．補酵素 A の反応中心はチオール基（-SH）基であり，これにアシル基が結合してチオエステルとなる．

8.2.5 ビタミン B_6

ビタミン B_6 は構造が類似した三つのピリジン誘導体である**ピリドキシン**（pyridoxine），**ピリドキサール**（pyridoxal），**ピリドキサミン**（pyridoxamine）と，それらのリン酸エステルの総称である．これらは生体内で相互に変換可能であり，同等のビタミン活性がある．ビタミン B_6 は動植物に広く存在し，また腸内細菌により生合成されるので欠乏症はまれだが，欠乏すると，口唇炎，皮膚炎，貧血などになる．

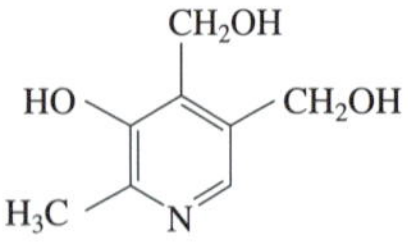

ピリドキシン 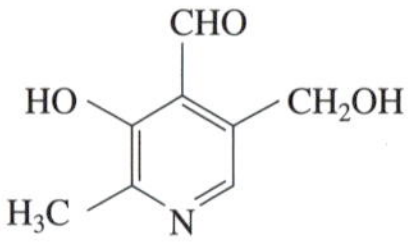　　　　ピリドキサール 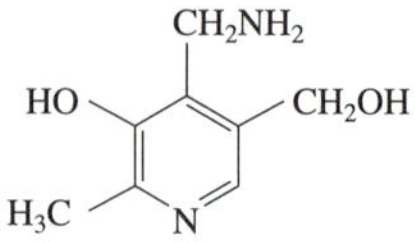　　　　ピリドキサミン 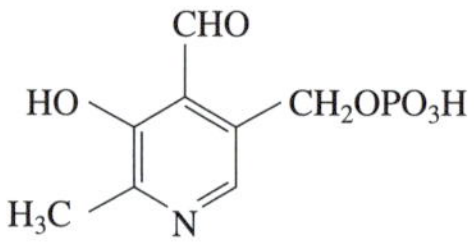　　　　ピリドキサールリン酸

ピリドキサールのリン酸体である**ピリドキサールリン酸**（pyridoxalphosphate, PLP）はアミノ酸代謝におけるさまざまな反応を触媒する酵素の補酵素として，アミノ基転移，異性化，脱炭酸，側鎖の脱離などの反応を引き起こす．

8.2.6 葉酸

抗貧血作用のあるビタミンとして肝臓やホウレンソウから抽出された**葉酸**（folic acid）は，プテリジン塩基に p-アミノ安息香酸とグルタミン酸が結合したものである（図 8.7）．葉酸は植物界に広く分布しており，微生物も生合成できるが，動物は合成できない．

食物中の葉酸誘導体は小腸でモノグルタミル葉酸に分解されて吸収された

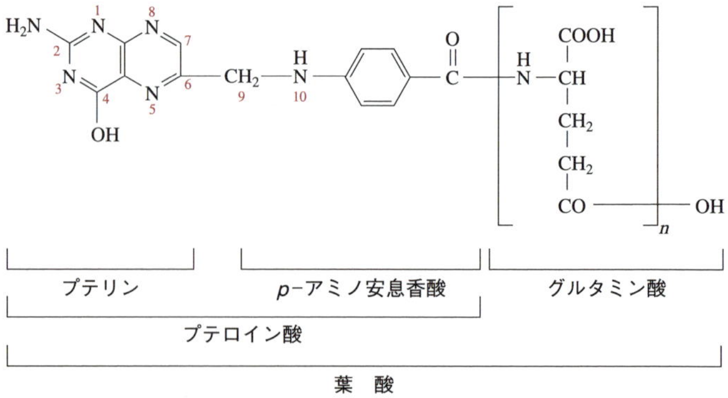

図 8.7　葉酸の構造

後，ジヒドロ葉酸レダクターゼ (dihydrofolate reductase) により 7,8-ジヒドロ葉酸を経て 5,6,7,8-テトラヒドロ葉酸 (5,6,7,8-tetrahydrofolate, THF) に還元される．これが活性型の葉酸であり，ホルミル基やメチル基など1炭素単位の転移反応に補酵素として関与する（図8.8）．セリンは，メチレン基のかたちで1炭素単位を供給するおもな源であり，メチレン基を THF に転移してグリシンと N^5, N^{10}-メチレン THF を生成する．この反応が1炭素単位代謝において中心的な役割を担っている．N^5, N^{10}-メチレン THF は，N^5-メチル THF へ還元されてホモシステインからのメチオニンの生合成に関与するほか，N^5, N^{10}-メテニル THF を経て N^{10}-ホルミル THF となりプリン塩基の生合成にも関与する．また，N^5, N^{10}-メチレン THF は DNA 合成に必要なチミジル酸の合成にも関与し，デオキシウリジル酸にメチル基を供与する．

葉酸の欠乏は，DNA 合成の阻害に起因する赤血球の形成障害によって巨

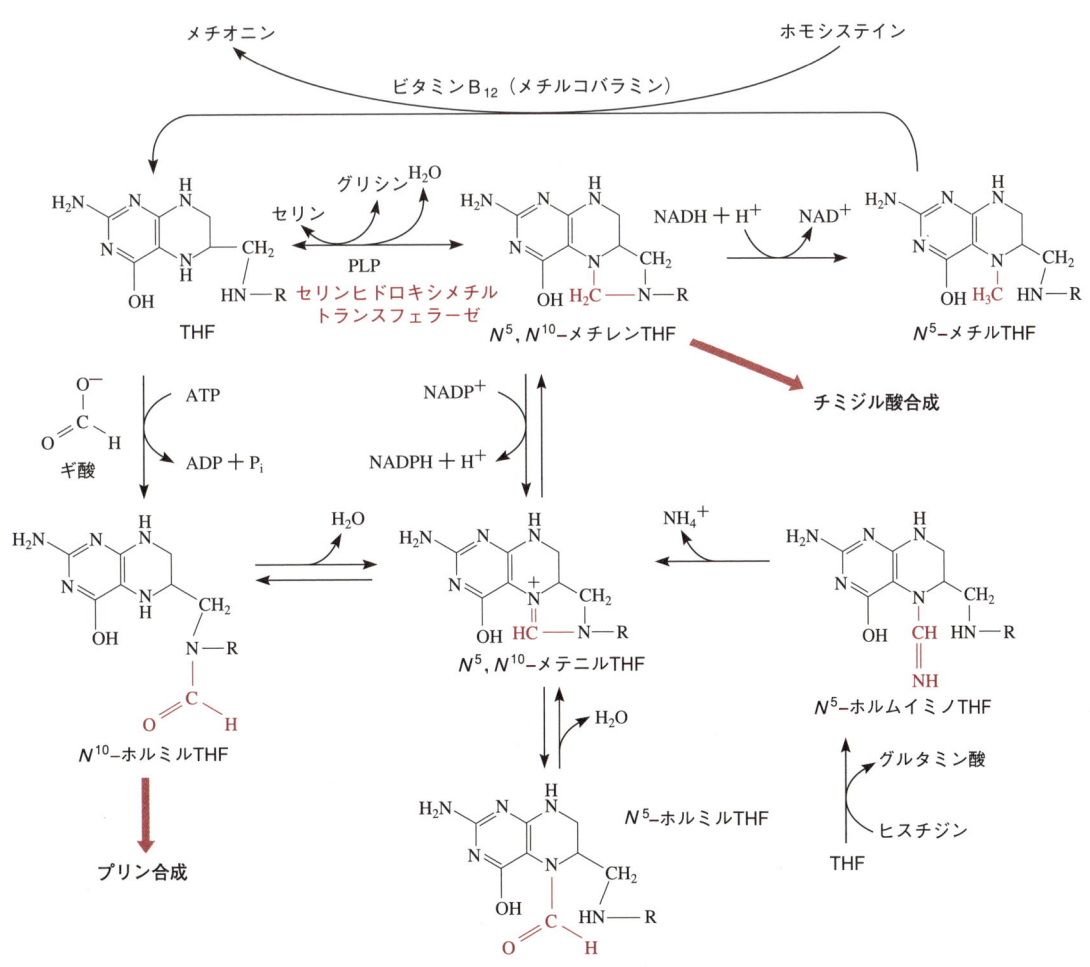

図 8.8 テトラヒドロ葉酸の1炭素誘導体とそれらの相互変換

巨赤芽球性貧血
赤血球への分化過程において，DNA合成障害により細胞分裂が遅れ，赤芽球が巨大化することにより引き起こされる貧血．核酸合成に関与する葉酸やビタミン B_{12} の欠乏がおもな原因である．巨赤芽球性貧血のうち，ビタミン B_{12} の欠乏による貧血を，とくに悪性貧血という．

＊1　1分子のアビジンは，4分子のビオチンと強力に結合する．この結合を利用したシグナルの増強が生化学・分子生物学の研究用試薬や，がんなどの検査試薬などに応用されている．

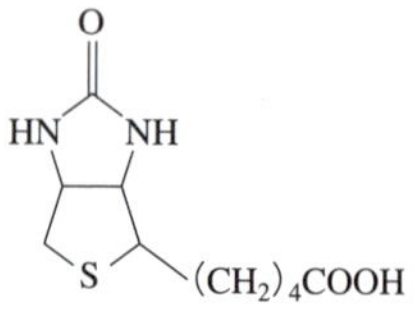

ビオチン

＊2　水溶性ビタミンとしては例外的である．

赤芽球性貧血（megaloblastic anemia）を引き起こす．また，胎児は母体から葉酸を得るが，受胎期に葉酸が欠乏すると，二分脊椎などの胎児の神経管形成異常を誘発する．

8.2.7　ビオチン

　ビオチンは食品中に広く分布するイミダゾール誘導体であり，炭酸固定反応の補酵素として糖新生や脂肪酸合成に関与する．ヒトではビオチンの必要量の大部分が腸内細菌により合成されるので，欠乏症はまれである．しかしながら，長期間，非経口的に栄養を補給している場合には欠乏症になることもあり，皮膚炎や脱毛などの症状が現れる．また，卵白に含まれるアビジンがビオチンと強力に結合して＊1 ビオチンの活性を低下させるので，生卵を多く摂取することにより相対的にビオチン欠乏状態になる．

8.2.8　ビタミン B_{12}

　ポルフィリン環に似た複雑な環状構造（コリン環）をもち，その中心にコバルトイオンが配位しているため，コバラミンとよばれる．コバラミンは数種の微生物でしか生合成されないため，そのような微生物が混在しない限り植物には存在しない化合物である．動物では肝臓に貯蔵され＊2，**メチルコバラミン**（methylcobalamin），**デオキシアデノシルコバラミン**（deoxyadenosylcobalamin），**ヒドロキソコバラミン**（hydroxocobalamin）として存在する（図8.9）．

　デオキシアデノシルコバラミンは，さまざまな分子内転移反応の補酵素として機能する．分子内転移では，基質の水素原子を，その隣の炭素原子に結合している第二の基と交換する．たとえばメチルマロニルCoAは，デオキ

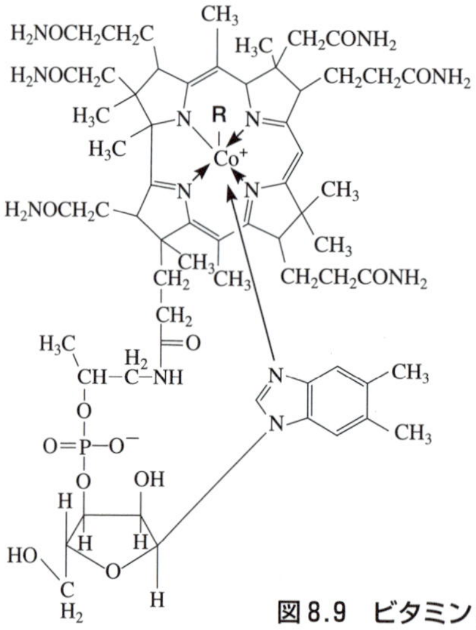

R	化合物名
$-CN$	シアノコバラミン
$-OH$	ヒドロキソコバラミン
$-CH_3$	メチルコバラミン
5'-デオキシアデノシル基	デオキシアデノシルコバラミン

図8.9　ビタミン B_{12} とその補酵素型の構造

シアデノシルコバラミンを補酵素とするメチルマロニル CoA ムターゼが触媒する反応によりスクシニル CoA に変換される（図 8.10）．一方，メチルコバラミンはホモシステインからのメチオニンの合成など，メチル基転移に関与する（図 8.8 を参照）．

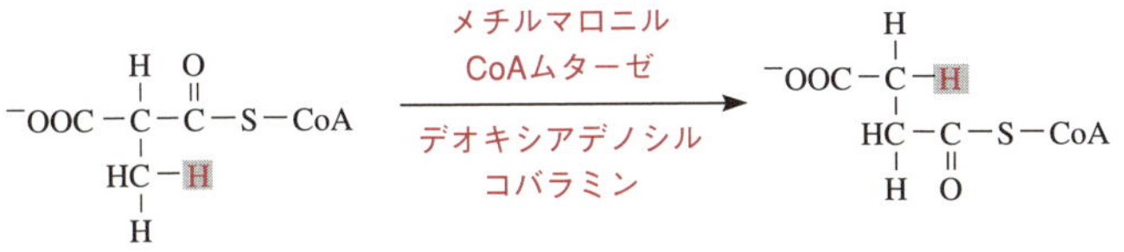

図 8.10 デオキシアデノシルコバラミン依存性酵素による分子内転移反応

ビタミン B_{12} の吸収には，胃の壁細胞から分泌される特異的な糖タンパク質である**内因子**（intrinsic factor）が必要なため，欠乏の原因は摂取不足というよりも，内因子の欠乏による吸収障害のほうが多い．欠乏すると**悪性貧血**（pernicious anemia）とよばれる状態になる．

8.2.9 ビタミン C

抗壊血病因子として発見されたビタミン C〔別名：**アスコルビン酸**（ascorbic acid）〕は，大多数の動植物ではグルコースから生合成される．しかしながら，ヒトを含む霊長類やモルモット，コウモリなどの動物は，アスコルビン酸の生合成に関与する L-グロノラクトンオキシダーゼを欠損しており，アスコルビン酸を生合成できない（第 10 章も参照）．アスコルビン酸は強い

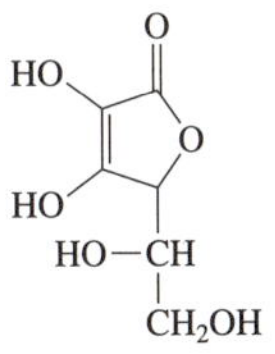

アスコルビン酸

● ビタミン発見物語

軍隊の隊員が集団で壊血病や脚気にかかることは少なくなく，当時の軍医らはこれらの病気の撲滅をめざして日々研究を進めていた．

1734 年，J. G. H. Kramer（クラマー）は，ほとんど単調な食事しか与えられない下級の兵卒は壊血病にかかるが，頻繁に果物や野菜を食べている士官らはこの病気にかからないことに気づいた．その頃日本でも海軍水兵に脚気が蔓延し，その治療に悩まされていた．軍医大監だった高木兼寛は単調な食事をしている水兵だけが脚気にかかることに気づき，白米に大麦を加えるなど食事を工夫することで脚気の発症抑制に成功した．しかしながら，これらの事象は単に栄養不足が解消したためだと考えられ，化合物としてのビタミンの発見には至らなかった．

ビタミンの存在に気づいたのは，C. Eijkman（エイクマン）である．彼は，脚気に効く有効成分が米ヌカに含まれているのだと考えた．そして，1911 年，C. Funk（フンク）がこの有効成分を抽出することに成功し，抽出した成分のなかにアミンの性質があったため，"生命のアミン"という意味で"Vitamine"と名づけたのである．

ところで Funk のこの発表の 1 年前，日本では鈴木梅太郎が同じ成分の抽出に成功していた．彼はこれをオリザニンと命名したが，日本語で発表したため広まらなかったという．現在知られているビタミンの多くがその後 30 年間に続々と発見されたが，アミン以外のものが多いため，現在では英語の語尾の e を除いて vitamin と綴る．

壊血病
アスコルビン酸の欠乏により引き起こされる出血性疾患．皮膚が膨れてひび割れを起こし出血する様子から命名された．症状は，歯肉部が紫青色に変色し，出血をともなう炎症が全身に広がって歩行困難となり，さらに進行すると高度の貧血により死亡する．

抗酸化作用をもつとともに，重要なヒドロキシ化反応に関与する．とくにコラーゲン合成の際のプロリンやリジン残基のヒドロキシ化反応に必要であるため，ビタミンCが欠乏するとコラーゲンの生成が障害を受けて組織の結合力が弱まり，易出血性，骨や筋肉の脆弱化などの症状が現れる**壊血病**（scurvy）を発症する．

章末問題

8-1. 腸内細菌により合成されるビタミンをあげよ．

8-2. ビタミンAが欠乏すると，どのような症状が現れるか．また，長期間過剰に摂取するとどのような症状が現れるか説明せよ．

8-3. ビタミンKが血液凝固にどのように関与しているか説明せよ．

8-4. 酸化還元反応を触媒する酵素の補酵素を構成するビタミンを二つあげよ．

8-5. なぜ葉酸の欠乏が貧血を引き起こすか説明せよ．

8-6. 次のビタミンの代表的な欠乏症を述べよ．
(a) ビタミンB_1，(b) ナイアシン，(c) ビタミンC，(d) ビタミンD，(e) ビタミンB_{12}

8-7. 次の生体内反応に関与するビタミンは何か．
(a) アミノ基転移反応，(b) プロリンのヒドロキシ化反応，(c) 炭酸固定反応，(d) アシル基転移反応

Part III

代謝と生体エネルギー

第 **9** 章
代　謝

第 **10** 章
糖質の代謝

第 **11** 章
グリコーゲン代謝と糖新生

第 **12** 章
クエン酸サイクル

第 **13** 章
電子伝達系と酸化的リン酸化

第 **14** 章
光合成

第 **15** 章
脂質代謝

第 **16** 章
アミノ酸代謝

第 **17** 章
代謝の統合

第 **18** 章
シグナル伝達

第 **19** 章
ヌクレオチド代謝

Basic Biochemistry

第 9 章

代 謝

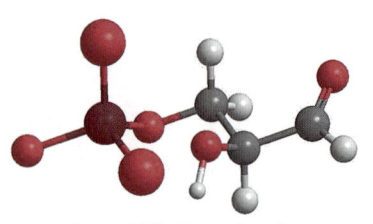

glyceraldehyde-3-phosphate

　動物は，生きていくために絶えず外界から食物を取り入れなければならない．これらの生物では，食物を消化して小分子にして吸収し，自分の体を構築するための素材にするとともに，それらの分子をさらに分解していく過程で放出されるエネルギーを使って，さまざまな生命活動に役立てている．たとえば，炭水化物は分解されてグルコースなどの単糖となり，それが酸化される過程で放出されるエネルギーを使って ATP が合成され，それが筋肉運動や物質の輸送，生体分子の合成などのさまざまな生命活動に使われる．また，タンパク質は消化されてアミノ酸となり，吸収されてそれ自身のタンパク質を合成するのに使われるとともに，エネルギー源にもなる．脂質はエネルギーと生体膜の構成成分を供給する．したがって，食物分子は生物にとって燃料であり，また材料でもある．

　本章では，異化と同化，ATP などの高エネルギー化合物，酸化還元反応について学ぶ．

9.1　異化と同化

　食物分子を酸化的に分解していく過程を**異化**（catabolism）といい，その過程で放出されるエネルギーはいったん ATP や還元型の補酵素（NADH など）に蓄えられる．逆に，小さな分子からタンパク質や DNA など大きな高分子を還元的に合成していく過程を**同化**（anabolism）といい，ATP のエネルギーや還元力を消費する．これらの過程全体を**代謝**（metabolism）とよぶ．（図 9.1）

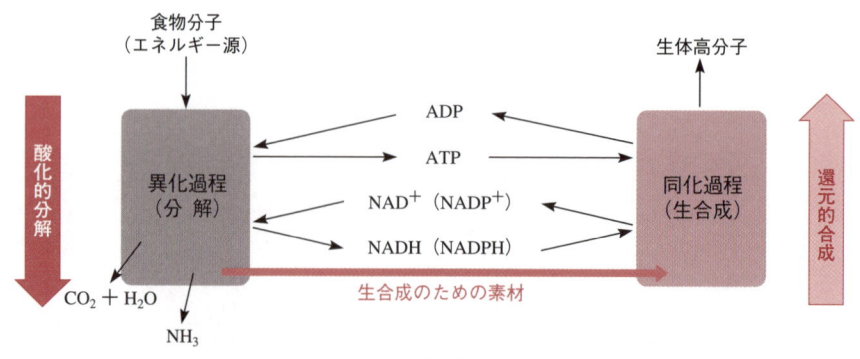

図 9.1　代謝の概略
異化過程では，食物分子を酸化的に分解することで得られるエネルギーを ATP や還元型補酵素（NADH など）に蓄える．同化過程では，エネルギーと還元力を用いて，素材となる小さな分子から生体高分子を合成する．

9.2 生化学的反応における自由エネルギー

細胞内では，実にさまざまな化学反応が起こっている．それらの化学反応について**熱力学**(thermodynamics)の観点から考察してみる．たとえば次の化学反応

$$A + B \rightleftharpoons C + D \tag{9.1}$$

を考える．熱力学では，「この反応が自発的に起こりうるかどうか」は反応物(A + B)と生成物(C + D)の**自由エネルギー**(free energy)の差(ΔG)に依存する．自発的に起こる反応というのは，エネルギーレベルの高い状態から低い状態に変化する反応である．つまり，生成物(C + D)のエネルギーレベルが反応物(A + B)のそれよりも低ければ，反応は自然に進む．

まとめると，

$\Delta G = G_{生成物} - G_{反応物} < 0$：自発的

$\Delta G = G_{生成物} - G_{反応物} > 0$：外からエネルギーを供給する必要がある

自由エネルギー
ある系のもつ内部エネルギーのうち，仕事として利用可能な部分．生物学では一般的にギブズ(Gibbs)の自由エネルギー G を用いる．

ΔG が負の場合，その反応はエネルギーを放出したことになり，**発エルゴン的**(exergonic)反応とよばれる．逆に，反応の ΔG が正なら，それは自発的には起こらない反応で，**吸エルゴン的**(endergonic)反応とよばれる．ただし，生化学的な代謝過程においては，発エルゴン的反応と吸エルゴン的反応を組み合わせて**共役反応**(coupling reaction)にすることによって，自発的には起こりにくい反応を進めている．

● 共役反応

ある反応が吸エルゴン的でそれ単独では起こりにくい場合でも，別の発エルゴン反応と組み合わせることで反応を進められる．これを共役反応(coupling reaction)という．

たとえば，次の二つの反応を考える．
反応1：
　グルコース + P_i ⟶ グルコース-6リン酸 + H_2O
　$\Delta G^{o'}_{反応1} = +13.8$ kJ/mol
反応2：
　ATP + H_2O ⟶ ADP + P_i
　$\Delta G^{o'}_{反応2} = -30.5$ kJ/mol

反応1は，$\Delta G^{o'} > 0$ なので自発的には起こらないが，反応2と組み合わせると，

反応全体：
　ATP + グルコース ⇌ グルコース-6リン酸 + ADP
　$\Delta G^{o'}_{反応全体} = -16.7$ kJ/mol

となる．このように，細胞のなかでは，エネルギー的に起こりにくい反応を，ATPなどの高エネルギー化合物からのエネルギーの供給を受けて共役反応として行っている例が数多くある．

化合物のもつ自由エネルギーは濃度にも依存する．したがって，式(9.1)の反応の自由エネルギー変化は次のように表せる[*1]．

$$\Delta G = \Delta G^{0'} + RT\ln\left(\frac{[C][D]}{[A][B]}\right) \tag{9.2}$$

この式によれば，反応物(AとB)の濃度が生成物(CとD)の濃度よりも高ければ$[C][D]/[A][B] < 1$となり，$RT\ln([C][D]/[A][B])$の項が負になるのでΔGはより小さな値となる．つまり$\Delta G^{0'}$が正の値であっても右向きの反応が自発的に起こりやすくなる．逆に$\Delta G^{0'}$が負の値でも，$[C][D]/[A][B] \gg 1$であれば右向きの反応は起こりにくくなる．

式(9.1)の反応で右向きと左向きの反応速度が等しくなり，見かけ上は反応が進まなくなった状態が平衡状態である．そのときには$\Delta G = G_{生成物} - G_{反応物} = 0$となる．また，平衡状態での反応物と生成物の濃度比が平衡定数(K_{eq})である．

$$K_{eq} = \frac{[C][D]}{[A][B]} \tag{9.3}$$

これらを上の式に代入して式を変形すると，

$$\Delta G^{0'} = -RT\ln K_{eq} \tag{9.4}$$

この式は，標準自由エネルギー変化と平衡定数のどちらか一方がわかれば，他方を求められることを意味している．

ここで注意したいのは，<u>自由エネルギー変化(ΔG)が意味するのは反応の方向だけであって，反応の速度は示していない</u>ことである．また，発エルゴン反応で自発的に起こりうるといっても，試験管のなかにただグルコースを入れただけでは酸化的分解は起こらない．酵素などの適当なしかけがあってはじめて反応が進行するのである．

[*1] ここで，$\Delta G^{0'}$は標準自由エネルギー変化であり，標準状態での各反応に固有値をもつ．単位はJ/molである．Rは気体定数8.315 J/mol·K，Tは絶対温度，[A]や[B]などは，それぞれAやBの濃度を表す．

ΔGの意味

ある系のなかで反応が起きたとき，全体のエネルギー変化（エンタルピー変化，ΔH）は，仕事として利用可能なエネルギー変化（ΔG）と，仕事としては利用できないエネルギー変化（$T\Delta S$）の和であると定義する．

$$\Delta H = \Delta G + T\Delta S$$

Tは絶対温度であり，ΔSはその系のエントロピー（無秩序さ）の差を表す（Δ＝デルタはdifferenceのDのギリシア文字で，反応の前後でのエネルギーやエントロピーの差を意味する）．ここでいう「自由(free)」というのは，「束縛されていない」，「利用可能な」という意味である．上の式を変形すると

$$\Delta G = \Delta H - T\Delta S$$

となる．自発的に起こる反応では，エネルギーレベルが反応前よりも後のほうが低い．つまり

$$\Delta G = G_{反応後} - G_{反応前} < 0$$

である．

9.3　ATPと高エネルギー化合物

生物は，取り込んだ燃料分子を細胞のなかで酸素作用によって燃やしているともいえる．たとえばグルコースの分解は，

$$C_6H_{12}O_6 + 6O_2 \longrightarrow 6CO_2 + 6H_2O$$

と表すことができる．このとき，1 molのグルコースから2850 kJもの自由エネルギーが放出される．この過程が一気に起こると，そのエネルギーはすべて熱エネルギーとなって生物にはほとんど利用できない[*2]．

解糖系やクエン酸サイクルなどの異化過程は，酵素の働きによって燃料分

[*2] ただ体温を上げるのには使えるかもしれないが，急激な熱発生は生物にとって危険であるし，実際にはこのような反応は生体中では起こらない．

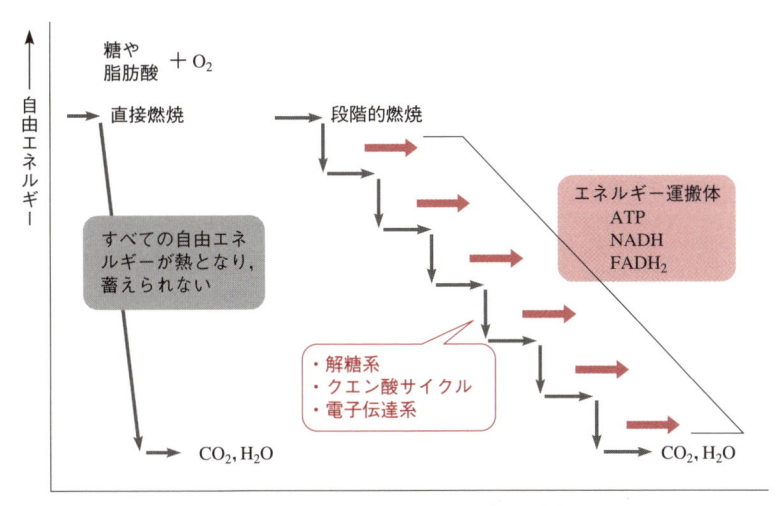

図 9.2 燃料分子の酸化的分解の過程
燃料分子の直接燃焼（左）では，短時間で大量のエネルギーが取りだせるが，ほとんどが熱となり，生体に利用できるエネルギーに変換できない．一方，生体内では代謝系により，燃料分子のもつエネルギーを段階的に燃焼させる（右）．

子のもつエネルギーを小分けにして取りだし，そのエネルギーをいったんエネルギー運搬体である ATP や還元型の補酵素（NADH など）に蓄える過程，ということができる[*3]（図 9.2）．

9.3.1 ATP

ATP（adenosine triphosphate，アデノシン三リン酸）はすべての生物に存在する高エネルギー中間体で，"細胞内のエネルギー通貨"ともよばれている．ATP の構造を見ると，アデノシンに 3 個のリン酸基が結合している（図 9.3）．そのうち 1 個はリン酸エステル結合で，あとの 2 個はリン酸無水物結合で結合している．ATP が生物にとって重要なのは，リン酸無水物結合が切れるときに大きな自由エネルギーが放出されるからである（発エルゴン反応）[*4]．

ATP のように，加水分解にともなって大きな自由エネルギーを放出する（$-25\,\mathrm{kJ/mol}$ 以上の負の $\Delta G^{0'}$ をもつ）リン酸化合物を，**高エネルギーリン酸化合物**（high-energy phosphate compound）とよぶ．これより放出エネルギーが少ないものは低エネルギーリン酸化合物とよばれ，表 9.1 に示すように ATP は両者のほぼ中間に位置し，高エネルギーリン酸化合物（ホスホエノールピルビン酸やクレアチンリン酸）からリン酸基を受け取り，グルコースやフルクトースにそれを渡す仲介役として働くのに都合がよい．

ATP 以外のリボヌクレオシド三リン酸も，ある特定の代謝経路ではエネルギー運搬体として働いている．グリコーゲン合成では UTP，グリセロリン脂質の合成には CTP，タンパク質合成における各種因子の活性化には

[*3] 好気呼吸をする生物では，還元型の補酵素のもつエネルギーも，その電子や水素イオンが電子伝達系を経て最終的には ATP になる．

[*4] ATP の加水分解によって大きな自由エネルギーが放出されるのは，以下の三つの理由によって，ATP に比べて生成物（ADP とリン酸）の安定性が大きいためである．① ATP の静電反発が大きいため，②生成物のほうが溶媒和されやすいため，③生成物のほうがより効果的に共鳴安定化されるため．

表9.1 生体内の代表的なリン酸化合物の加水分解における標準自由エネルギー変化

リン酸化物[*5]	$\Delta G^{0\prime}$ (kJ/mol)
グルコース 6-リン酸	−13.8
フルクトース 6-リン酸	−15.9
グルコース 1-リン酸	−20.9
ATP ⟶ ADP + P$_i$	−30.5
ATP ⟶ AMP + PP$_i$	−45.6
PP$_i$	−19.2
クレアチンリン酸	−43.1
1,3-ビスホスホグリセリン酸	−49.4
カルバモイルリン酸	−51.5
ホスホエノールピルビン酸	−61.9

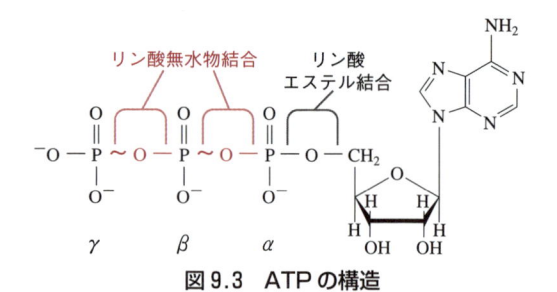

図9.3 ATPの構造

[*5] P$_i$は無機リン酸を表し，iはinorganicの意．

GTPが利用されている．

　リン酸化合物以外に，アセチルCoAやスクシニルCoAがもつチオエステル結合も高エネルギー結合であり，加水分解によって大きな自由エネルギーを放出する．

9.4　酸化還元電位と自由エネルギー変化

9.4.1　酸化と還元

　これまで述べてきた自由エネルギーの放出や吸収といった過程は，ほとんどの場合，酸化還元反応によって行われている．もう一度グルコースの酸化的分解を考えてみる．

$$C_6H_{12}O_6 + 6O_2 \longrightarrow 6CO_2 + 6H_2O \tag{9.5}$$

この反応は二つの段階に分けて考えることができる．まずグルコースの炭素原子を酸化する．

$$C_6H_{12}O_6 + 6H_2O \longrightarrow 6CO_2 + 24H^+ + 24e^- \tag{9.6}$$

ここで放出された水素イオン（H$^+$，プロトン）と電子が，次の段階で酸素分子を還元する．

$$6O_2 + 24H^+ + 24e^- \longrightarrow 12H_2O \tag{9.7}$$

つまり，グルコースや脂質などの燃料分子は多くの電子をもっていて還元された状態にあり，大きな自由エネルギーをもっているといえる．電子が移動するということは酸化還元反応が起こるということである．電子の放出が**酸化**（oxidation）であり，電子の受容が**還元**（reduction）である[*6]．

[*6] たとえば，物質Aが電子を放出してBに電子を渡したとする．Aは電子供与体であり，還元剤（reducing agent）でもある．一方，Bは電子受容体であり，酸化剤（oxidizing agent）でもある．つまり，還元剤は相手を還元して自分は酸化され，酸化剤は相手を酸化して自分は還元される．

グルコースから放出されたプロトンや電子は，図 9.2 に示したように，いったん還元型の補酵素（NADH など）に受け渡され，最終的にはミトコンドリアの電子伝達系に流れていき，そのときに放出される自由エネルギーを利用して大量の ATP が合成されることになる．したがって，還元型の補酵素は大量の化学的エネルギーを保持していることになり，エネルギー運搬体である．電子が移動するといっても，細胞のなかでは電子が単独で移動することは少なく，実際には，水素原子（プロトンに電子が 1 個ついている）や水素化物イオン（プロトンに 2 個の電子がついたもの，hydride ion，H^- と表す）のかたちで移動する場合が多い．酸化還元反応を触媒する酵素の多くは，○○デヒドロゲナーゼ（○○ dehydrogenase）とよばれるが，水素イオンが移動するときには電子も一緒に移動していることになる．

9.4.2 酸化還元電位

酸化還元電位（還元電位ともいう）とは，還元剤の電子の放出のしやすさ（または酸化剤の電子の受け取りやすさ）を表しており，還元剤や酸化剤の強さの目安でもある．生化学的に起こる還元半反応の標準状態での還元電位（標準還元電位，$E^{0'}$）は，表 9.2 のように各半反応ごとに求められている．

たとえば，水素イオンの還元半反応は，

$$2H^+ + 2e^- \rightleftarrows H_2 \qquad E^{0'} = -0.42 \text{ V} \tag{9.8}$$

であり，H^+ が酸化型，H_2 が還元型である．標準還元電位が負の場合，電子親和力が低いことを意味している．つまり水素分子は電子を放出しやすい傾向にある．一方，酸素分子の還元半反応は，

$$\frac{1}{2}O_2 + 2H^+ + 2e^- \rightleftarrows H_2O \qquad E^{0'} = 0.82 \text{ V} \tag{9.9}$$

である．標準還元電位が正の値なので，電子親和力が高いことを表している．つまり酸素分子は電子を受け取りやすい傾向にある．

生化学的な反応においては，二つの半反応が組み合わさり，標準還元電位がより低い半反応の還元型分子から電子が放出（供給）され，標準還元電位がより高い半反応の酸化型分子がそれを受け取る．この場合の電子の流れは自発的な反応であり，自由エネルギーが放出されることになる．

標準還元電位と酸化還元反応の標準自由エネルギー変化との間には，次のような関係式が成り立つ．

$$\Delta G^{0'} = -nF\Delta E^{0'} \tag{9.10}^{*7}$$

例として，ミトコンドリアの電子伝達系（詳細は第 13 章を参照）における NADH から酸素へ電子が流れる反応を考えてみる．

*7 ここで，n は移動する電子の数，F はファラデー定数（96.48 kJ/mol·V），$\Delta E^{0'}$ は電子受容体と電子供与体との間の標準還元電位の差を表していて，

$$\Delta E^{0'} = E^{0'}_{電子受容体} - E^{0'}_{電子供与体}$$

である．

表 9.2　標準酸化還元電位

酸化還元半反応	標準酸化還元電位 $E^{0'}$ (V)
$2H^+ + 2e^- \longrightarrow H_2$	−0.42
2-オキソグルタル酸 + CO_2 + $2H^+$ + $2e^-$ ⟶ イソクエン酸	−0.38
$NAD^+ + H^+ + 2e^- \longrightarrow NADH$	−0.32
$S + 2H^+ + 2e^- \longrightarrow H_2S$	−0.23
$FAD + 2H^+ + 2e^- \longrightarrow FADH_2$	−0.22
アセトアルデヒド + $2H^+$ + $2e^-$ ⟶ エタノール	−0.20
ピルビン酸 + $2H^+$ + $2e^-$ ⟶ 乳酸	−0.19
オキサロ酢酸 + $2H^+$ + $2e^-$ ⟶ リンゴ酸	−0.166
$Cu^{2+} + e^- \longrightarrow Cu^+$	+0.16
フマル酸 + $2H^+$ + $2e^-$ ⟶ コハク酸	+0.031
シトクロム b(Fe^{3+}) + e^- ⟶ シトクロム b(Fe^{2+})	+0.075
シトクロム c_1(Fe^{3+}) + e^- ⟶ シトクロム c_1(Fe^{2+})	+0.22
シトクロム c(Fe^{3+}) + e^- ⟶ シトクロム c(Fe^{2+})	+0.235
シトクロム a(Fe^{3+}) + e^- ⟶ シトクロム a(Fe^{2+})	+0.29
$NO_3^- + 2H^+ + 2e^- \longrightarrow NO_2^- + H_2O$	+0.42
$NO_2^- + 8H^+ + 6e^- \longrightarrow HN_4^+ + 2H_2O$	+0.44
$Fe^{3+} + e^- \longrightarrow Fe^{2+}$	+0.77
$\frac{1}{2}O_2 + 2H^+ + 2e^- \longrightarrow H_2O$	+0.82

＊慣例により，酸化還元半反応では，左辺に酸化型と電子を書き，右辺に還元型を書く．この表では標準酸化還元電位が小さな値から大きな値に順になるように並べてある．

$$NAD^+ + 2H^+ + 2e^- \rightleftharpoons NADH + H^+ \qquad E^{0'} = -0.32\,\text{V} \quad (9.11)$$

$$\frac{1}{2}O_2 + 2H^+ + 2e^- \rightleftharpoons H_2O \qquad E^{0'} = 0.82\,\text{V} \quad (9.12)$$

NAD^+ の半反応の標準還元電位がより低いので，NADH が電子供与体となり，酸素分子が電子受容体になる．全体の反応は次のようになる．

$$NADH + \frac{1}{2}O_2 + H^+ \longrightarrow NAD^+ + H_2O \qquad (9.13)$$

$$\begin{aligned}\Delta E^{0'} &= E^{0'}{}_{O_2} - E^{0'}{}_{NADH} \\ &= 0.82\,\text{V} - (-0.32\,\text{V}) = 1.14\,\text{V}\end{aligned} \qquad (9.14)$$

これを式(9.10)に代入して標準自由エネルギー変化を求めると，

$$\begin{aligned}\Delta G^{0'} &= -(2)(96.48\,\text{kJ/mol·V})(1.14\,\text{V}) \\ &= -220\,\text{kJ/mol}\end{aligned} \qquad (9.15)$$

となる．ADP と P_i から ATP を合成するときの標準自由エネルギー変化は 30.5 kJ/mol である．したがって細胞内の条件下では，1 mol の NADH 由来の電子が酸素分子に流れていくときに放出されるエネルギーは，数モルの ATP 分子を合成するのに十分であることがわかる．つまり「還元型補酵素に蓄えられた電子が電子伝達系を"流れ落ちていく"ときに放出されるエネルギーを利用して ATP を合成している」と見ることができる．この過程の比

喩には，ダムに蓄えられた水が流れ落ちるときにタービンを回して電気エネルギーに変換する様子がよく用いられる．

章 末 問 題

9-1. ギブズの自由エネルギーについて簡潔に述べよ．

9-2. 37℃におけるクレアチンリン酸の加水分解の平衡定数を求めよ．この反応の標準自由エネルギー変化($\Delta G^{0'}$)は，-43.1 kJ/mol である．気体定数 R を 8.31 J/mol・K とする．ヒント：式(9.4)を用いよ．

9-3. アルコール発酵($C_6H_{12}O_6 \longrightarrow 2CH_3CH_2OH + 2CO_2$)の標準自由エネルギー変化($\Delta G^{0'}$)はグルコース 1 mol あたり -167 kJ である．37℃で，グルコース，エタノール，二酸化炭素の濃度がそれぞれ，50 mM, 30 mM, 2 mM であった．この場合の自由エネルギー変化(ΔG)を計算せよ．気体定数 R を 8.31 J/mol・K とする．

9-4. ATP の加水分解反応における自由エネルギー変化を計算せよ．表9.1の値を用い，各物質の細胞内での濃度を[ATP] = 5 mM, [ADP] = 1 mM, [P_i] = 4 mM とする．

9-5. ATP は"高エネルギー"化合物といわれている．その理由を三つ述べよ．

9-6. 電子の移動が自発的に起こる簡単な反応として，次の鉄イオンと銅イオンの間の反応を考える(反応は右向きに起こるとする)．

$$Fe^{3+} + Cu^+ \longrightarrow Fe^{2+} + Cu^{2+}$$

1) 電子はどちらからどちらへ移動したか．
2) どちらが酸化剤でどちらが還元剤か．
3) 酸化剤は相手を酸化するが，自分はどうなるか．

9-7. 表9.2にある酸化還元半反応を下に示した．

$$NAD^+ + 2H^+ + 2e^- \longrightarrow NADH + H^+$$
$$E^{0'} = -0.32\,(V)$$
ピルビン酸 $+ 2H^+ + 2e^- \longrightarrow$ 乳酸
$$E^{0'} = -0.19\,(V)$$

標準状態でこの二つの半反応を組み合わせると，自発的な電子の動きはどのようになるか．また，そのときの標準自由エネルギー変化はいくらか．

第10章

糖質の代謝

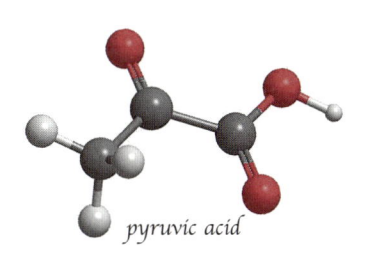

pyruvic acid

人類は何世紀にもわたって，酵母による発酵作用を利用してパンや酒づくりを営んできた．発酵では，グルコースがエタノールと二酸化炭素に変換される．この過程の化学的な研究は19世紀後半から始まり，多くの研究者の努力によって全過程（解糖系）が明らかになったのは1940年のことである．

本章では，糖質の消化・吸収，解糖系や発酵過程，また，ペントースリン酸経路やグルクロン酸経路などについて述べる．

10.1 糖質の消化・吸収，体内運搬

糖質（炭水化物）は，生物の活動に必要なエネルギーを供給する．動物が利用するおもな糖質は，植物由来のデンプンや動物由来のグリコーゲンである．動物はそれらを食べた後，消化酵素によって単糖であるグルコースまで分解し，小腸において吸収する．血中のグルコースは全身の細胞に取り込まれるが，必要に応じて分解されてATP合成に利用される．余分なグルコースは，肝臓や筋肉でグリコーゲンとして蓄えられる．解糖系を含む主要な糖代謝経路の概要を図10.1に示した．

消化できない糖
植物の細胞壁を構成するセルロースもまたグルコースの重合体であるが，その結合が$\beta(1\to 4)$結合であるために動物の消化酵素（α-アミラーゼ）では分解できない．したがって食べても消化されず，食物繊維として排出される．

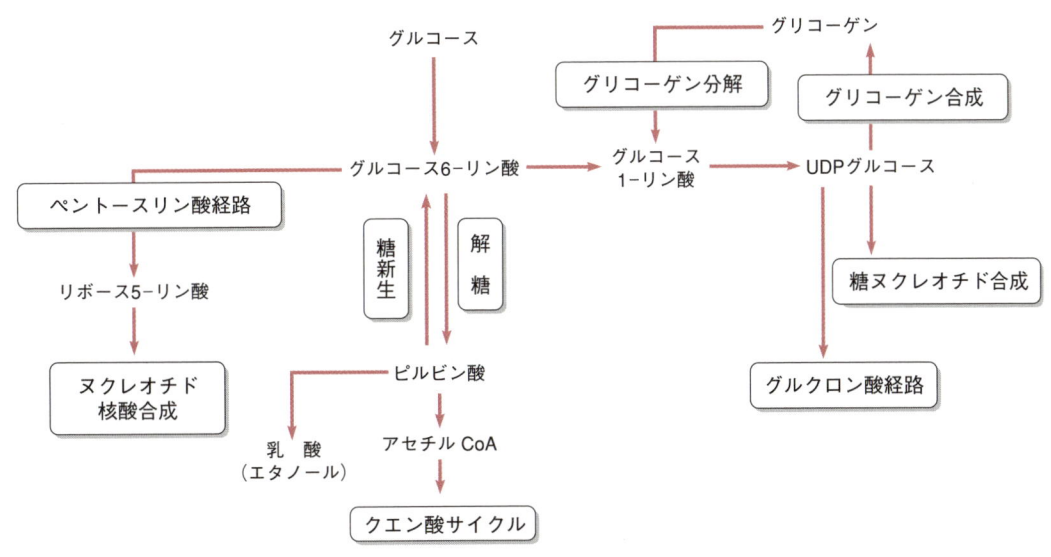

図10.1 解糖系を含む主要な糖代謝経路

10.1.1 消化と吸収

食餌中のデンプンやグリコーゲンの一部は，まず唾液に含まれるα-アミラーゼ（α-amylase）によって，マルトース，マルトトリオース（グルコース3個），α-限界デキストリン*1（グルコース4～9個）などのオリゴ糖に分解される．さらに小腸では，膵臓から分泌された高活性のα-アミラーゼによって，未消化のデンプンやグリコーゲンがすみやかにオリゴ糖へ分解される．これらのオリゴ糖は次に，小腸上皮細胞の微絨毛細胞膜上にあるマルターゼやオリゴ-1,6-グルコシダーゼなどの消化酵素によって単糖にまで分解される．二糖類のスクロースやラクトースも，微絨毛細胞膜上にあるスクラーゼとラクターゼによってそれぞれ単糖に分解される．これらの消化酵素を表10.1にまとめた．

*1 α-アミラーゼは（α1→6）結合を切ることができないので，アミロペクチンやグリコーゲンからは，枝分かれした限界デキストリンが生成する．

表10.1 糖質の消化

	基質となる糖質	消化酵素	分解生成物
多 糖	アミロース	α-アミラーゼ	マルトース，マルトトリオース，グルコース（少量）
	アミロペクチン	α-アミラーゼ	マルトース，マルトトリオース，限界デキストリン，グルコース（少量）
	グリコーゲン	α-アミラーゼ	マルトース，マルトトリオース，限界デキストリン，グルコース（少量）
二糖・オリゴ糖	限界デキストリン	オリゴ-1,6-グルコシダーゼ	マルトース，グルコース
	マルトトリオース	マルターゼ	グルコース
	マルトース	マルターゼ	グルコース
	スクロース	スクラーゼ	グルコース，フルクトース
	ラクトース	ラクターゼ	グルコース，ガラクトース

10.1.2 細胞への取り込み

小腸管腔内で単糖にまで分解された糖質のうち，グルコースとガラクトースはいずれもNa^+-グルコーストランスポーター1（sodium-glucose transport protein 1, SGLT1）によって小腸上皮細胞に取り込まれる．SGLT1はNa^+イオン2個とグルコースまたはガラクトース1分子を結合させて細胞内に共役輸送（等方輸送）する．フルクトースは，Na^+の結合を必要としない別のトランスポーター（GLUT5）によって細胞内に輸送される．上皮細胞内に吸収されたグルコース，ガラクトースおよびフルクトースは，基底膜側の細胞膜上にあるGLUT2によって血管側に輸送される．血液中のグルコースは血流に乗って全身に運ばれ，細胞に取り込まれてエネルギー源となるとともに，余分な糖質はグリコーゲンや脂質に変換されて蓄えられる．

10.2 解糖系

地球上のほとんどの生物は**解糖系**[*2](glycolysis)の代謝経路をもっている．この経路の特徴は，酸素のない嫌気的条件下で起こる点である．また，解糖系は細胞質で進行する．

図 10.2 に示すように，解糖系には全部で 10 段階の酵素反応があり，グルコース (C_6) 1 分子からピルビン酸 (C_3) が 2 分子生成する．前半の 5 段階は"エネルギー投資"の段階で，2 分子の ATP を使ってグルコースをリン酸化し，2 分子のグリセルアルデヒド 3-リン酸を得る．後半の 5 段階では，これを 2 分子のピルビン酸にまで変換するが，その過程で 4 分子の ATP が合成される．つまり正味 2 分子の ATP のもうけとなり，エネルギーを回収したことになる．後半の段階では 2NADH が生じる[*3]．

グルコース + 2NAD$^+$ + 2ADP + 2P$_i$
$\longrightarrow$ 2ピルビン酸 + 2NADH + 2ATP + 2H$_2$O + 2H$^+$

以下に，各段階の反応の詳細を述べる．

① **ヘキソキナーゼ**(hexokinase)：ATP によるリン酸化

ATP のリン酸基がグルコースに転移され[*4]，グルコース 6-リン酸ができる．グルコース以外のヘキソースのリン酸化もこの酵素が触媒する．グルコースはリン酸化されると負電荷をもつために細胞膜を通りにくくなり，細胞外に漏れださなくなる．グルコース 6-リン酸は解糖系だけでなく，他の代謝系の分岐点となる化合物でもある（図 10.1 を参照）[*5]．

② **グルコース-6-リン酸イソメラーゼ**(glucose-6-phosphate isomerase)

グルコース 6-リン酸がその構造異性体であるフルクトース 6-リン酸に変換される．これによりフルクトース 6-リン酸の 1 位の炭素が次の段階でリン酸化を受けやすくなる．

③ **ホスホフルクトキナーゼ 1**(phosphofructokinase-1)：ATP による第二のリン酸化

フルクトース 6-リン酸の 1 位の炭素に ATP からのリン酸基が転移し，フルクトース 1,6-ビスリン酸を生じる[*6]．この酵素は解糖系の調節における中心的役割を担っており，アロステリックに活性が促進されたり，阻害されたりする．

*2 このグルコースからピルビン酸までの経路の解明にとくに貢献した研究者の名前をとって，「エムデン・マイヤーホフ・パルナスの経路」ともいう．

*3 嫌気的な条件下で解糖系が持続するためには，これを酸化して NAD$^+$ を再生しなければならない．それが，後述するピルビン酸の乳酸への還元の過程である．

*4 ATP のリン酸基の転移を触媒する酵素はキナーゼと総称され，通常 Mg^{2+} が必須である．Mg^{2+} は ATP のリン酸基のもつ負電荷をある程度遮蔽し，γ-リン酸基の転移を促進する．ヘキソキナーゼの活性部位のくぼみにグルコースが結合すると酵素の構造が大きく変化し，もう一つの基質である ATP と近接して反応が起こりやすくなる．

*5 肝臓にはヘキソキナーゼのアイソザイムであるグルコキナーゼが存在する．この酵素のグルコースへの親和性は低く（$K_M \fallingdotseq 5\,\text{mM}$），おもに血糖の調節に働いている（17.2.4 を参照）．

*6 リン酸基が別べつの場所に結合しているので，二リン酸ではなく，ビスリン酸という．

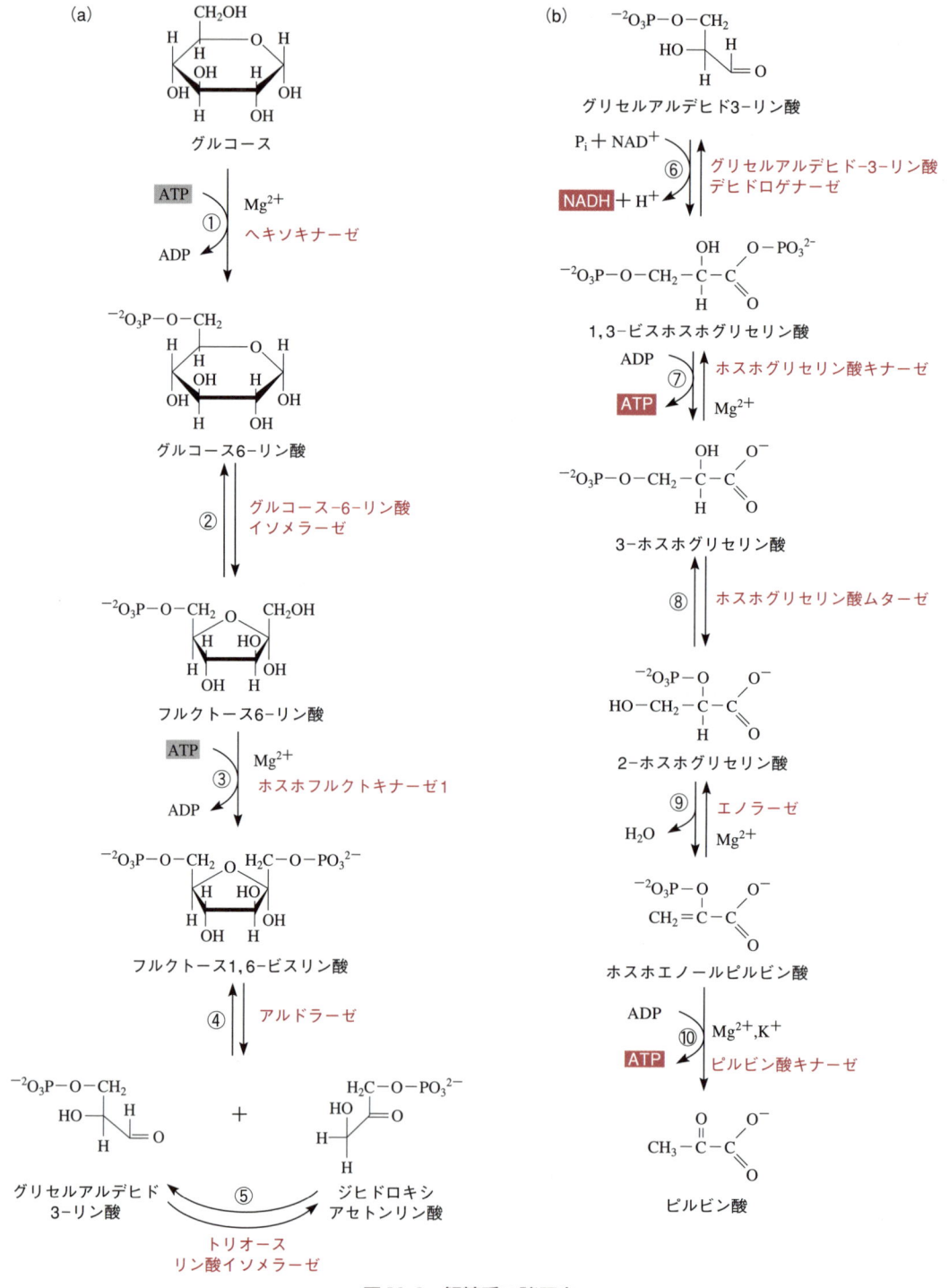

図 10.2　解糖系の諸反応
(a) グルコースからの 2 分子のグリセルアルデヒド 3-リン酸の産生, (b) グリセルアルデヒド 3-リン酸からのピルビン酸の産生.

④　アルドラーゼ(aldorase)：六炭糖の開裂

　　フルクトース 1,6-ビスリン酸が開裂してグリセルアルデヒド 3-リン酸 (C_3)，とジヒドロキシアセトンリン酸 (C_3) ができる．この反応は，アルデヒドとケトンの二つの三炭糖が生成するアルドール開裂反応である．このためには，フルクトース 1,6-ビスリン酸の 2 位がカルボニル基で，4 位にヒドロキシ基がついていることが必要であり，解糖系の 2 段階めの反応でグルコース 6-リン酸がフルクトース 6-リン酸に異性化するのはこのためである．

⑤　トリオースリン酸イソメラーゼ(triose phosphate isomerase)

　　前段階の反応で生成した二つの三炭糖のうち，グリセルアルデヒド 3-リン酸のみが次の段階に進むことができる．ジヒドロキシアセトンリン酸もトリオースリン酸イソメラーゼによってすみやかにグリセルアルデヒド 3-リン酸へ異性化されるため，結局はグルコース 1 分子あたり 2 分子のグリセルアルデヒド 3-リン酸が生成する．これ以降はグルコース 1 分子あたり 2 分子ずつの反応が起こることになる．

⑥　グリセルアルデヒド-3-リン酸デヒドロゲナーゼ(glyceraldehyde-3-phosphate dehydrogenase)：NAD^+ による酸化

　　次の段階では，グリセルアルデヒド 3-リン酸が NAD^+ による酸化と，P_i によるリン酸化を受けて，高エネルギーのアシルリン酸である 1,3-ビスホスホグリセリン酸が生成する．

⑦　ホスホグリセリン酸キナーゼ(phosphoglycerate kinase)：ATP 生成

　　1,3-ビスホスホグリセリン酸の 1 位のリン酸基が ADP に転移し，ATP と 3-ホスホグリセリン酸が生じる．高エネルギーリン酸化合物である 1,3-ビスホスホグリセリン酸のもつリン酸基が直接 ADP に転移するので，この反応を**基質レベルのリン酸化**(substrate-level phosphorylation)という．

⑧　ホスホグリセリン酸ムターゼ(phosphoglycerate mutase)

　　3-ホスホグリセリン酸のリン酸基は転移ポテンシャルが低い．そこで高エネルギーリン酸化合物にするための準備段階として，ホスホグリセリン酸ムターゼによってリン酸基を 3 位から 2 位に移し，2-ホスホグリセリン酸へ変換する[*7]．

⑨　エノラーゼ(enolase)

　　2-ホスホグリセリン酸が脱水されて，高エネルギーリン酸化合物である

アルドラーゼ

アルドール縮合とアルドール開裂の両方向の反応を触媒する酵素．アルドール縮合とは，二種類のカルボニル化合物（アルデヒドとケトンなど）を組み合わせてアルドール（アルデヒド基とヒドロキシ基をもつ化合物）を形成する反応であり，その逆反応がアルドール開裂である．

[*7] ムターゼとは，官能基を同じ分子内で別の部位に移す酵素である．

*8 ホスホエノールピルビン酸(表9.1を参照)が高エネルギーリン酸化合物である理由は，リン酸基が転移したあとに生成するエノール型ピルビン酸がケト型ピルビン酸に変換するからである．このエノール−ケトン変換(互変異性)は大きな自由エネルギー変化をもっている(約 $-40\,\mathrm{kJ/mol}$).

ホスホエノールピルビン酸(PEP)に変換される*8．

⑩ **ピルビン酸キナーゼ**(pyruvate kinase)：第二の ATP 生成

ホスホエノールピルビン酸のリン酸基が ADP に転移して ATP が合成され，ピルビン酸が生成する．

以上のように解糖系全体では，グルコース1分子あたり2分子の ATP を消費して，4分子の ATP を得ることになる．

10.3 ピルビン酸の嫌気的代謝

これまでに述べてきた解糖系は，酸素がなくても(嫌気的に)グルコース1分子が2分子のピルビン酸に酸化されるとともに，差し引き2分子の ATP を得て，2分子の $\mathrm{NAD^+}$ が NADH に還元される．しかし，酸素がないと細胞内の $\mathrm{NAD^+}$ が消費されてしまい，解糖系が停止する．嫌気的な条件で解糖を持続するためには，生成した NADH を再酸化しなければならない．図10.3に示すように，嫌気的な条件下でもヒトではピルビン酸の乳酸への還元によって，また酵母などではアルコール発酵によって $\mathrm{NAD^+}$ が再生される．一方，酸素が十分に利用できる場合(好気的条件下)では，ピルビン酸がアセチル CoA に変換され，クエン酸サイクルと電子伝達系を経て酸化される．

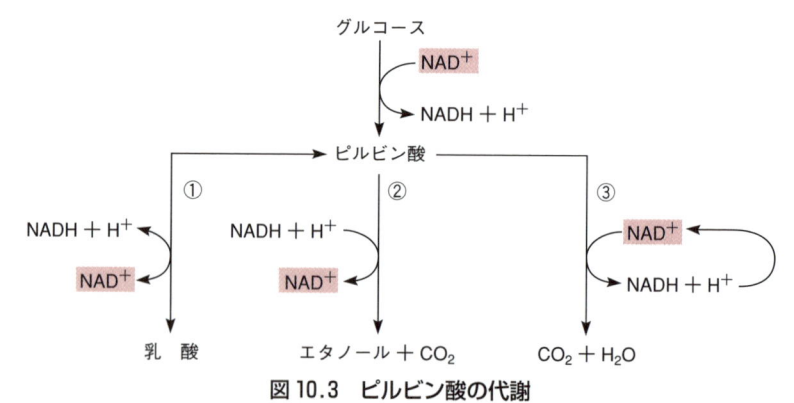

図10.3 ピルビン酸の代謝
①ピルビン酸の乳酸への還元，②アルコール発酵，③クエン酸サイクルおよび電子伝達系(好気的条件下)．

10.3.1 ピルビン酸の乳酸への還元

激しく運動している筋肉では，血液からの酸素の供給が追いつかないため，**乳酸デヒドロゲナーゼ**(lactate dehydrogenase, LDH)によりピルビン酸から乳酸が生成する．この反応によって $\mathrm{NAD^+}$ が再生され，それが解糖系を持

$\mathrm{NADH+H^+}$ 　　$\mathrm{NAD^+}$
　　＋　　　⇌　　　＋
ピルビン酸　　　　乳酸

続させてグルコースがある限り ATP を産出できる．しかし筋肉中の乳酸濃度が高くなると pH が低下し，これが疲労の原因となり，嫌気的な代謝は長続きしない[*9]．

*9 筋肉細胞で生成した乳酸の多くは細胞外に送りだされて血流にのって肝臓に運ばれ，そこでピルビン酸に戻されて，糖新生によるグルコース合成などに利用される．

10.3.2 アルコール発酵

ある種の酵母などでは，嫌気的条件下で解糖を持続するために，ピルビン酸をエタノールに変換して NAD^+ を再生する．これが**アルコール発酵**（alcoholic fermentation）であり，2段階の酵素反応が行われる．まず，**ピルビン酸デカルボキシラーゼ**によりピルビン酸が脱炭酸されてアセトアルデヒドと CO_2 が生成する．ついで**アルコールデヒドロゲナーゼ**の触媒によってアセトアルデヒドが NADH で還元されてエタノールが生成すると同時に NAD^+ が再生される．

ピルビン酸
ピルビン酸デカルボキシラーゼ ⇅
アセトアルデヒド ＋ CO_2

アセトアルデヒド
＋
$NADH+H^+$
アルコールデヒドロゲナーゼ ⇅
エタノール ＋ NAD^+

● お酒の代謝

ヒトの体内では，幸か不幸かアルコール発酵は起こらない．酒として体内に取り入れられたアルコールは，肝臓において2段階の酵素反応を経て"解毒"される．まずアルコールデヒドロゲナーゼによってエタノールからアセトアルデヒドに，ついでアルデヒドデヒドロゲナーゼによって酢酸に変換される．

いわゆる「酒臭い」においの素はアセトアルデヒドと酢酸であり，アセトアルデヒドには毒性があるので悪酔いの原因となる．この二つの酵素反応ではいずれも NAD^+ から NADH が生成する．酒に酔っているときには，大量に生成した NADH がピルビン酸の還元を促進するため，血液中に乳酸が増えることになる．また，アルデヒドデヒドロゲナーゼの酵素活性は個人間や人種間でかなりの差があり，この酵素活性が高い人ほどアセトアルデヒドをすみやかに代謝できるので酒を飲める（酒に強い）のだが，一方でアルコール中毒になりやすいといわれている．

$$NAD^+ \quad NADH+H^+ \qquad NAD^+ \quad NADH+H^+$$
エタノール → アセトアルデヒド → 酢酸
アルコールデヒドロゲナーゼ　アルデヒドデヒドロゲナーゼ

10.4　解糖の調節

解糖系の反応は必要に応じて巧妙に調節されており，無駄にグルコースが分解されることはない．

10段階のうちで自由エネルギー変化の大きいのは，ヘキソキナーゼ，ホスホフルクトキナーゼ1，およびピルビン酸キナーゼの三つの酵素が触媒する反応であり，これらの反応は実質的に不可逆的である．これらの三つの酵素活性はいずれもアロステリックに調節されている（表10.2参照）．

たとえば，細胞内の AMP 濃度が高いということは ATP が不足していることの指標であり，AMP はホスホフルクトキナーゼ1とピルビン酸キナーゼを活性化し，逆に ATP はこれらの酵素を不活性化する．また，フルク

表 10.2　解糖のアロステリック制御

酵素	活性化因子	阻害因子
ヘキソキナーゼ	—	グルコース 6-リン酸, ATP
ホスホフルクトキナーゼ 1	フルクトース 2,6-ビスリン酸, AMP	クエン酸, ATP
ピルビン酸キナーゼ	フルクトース 1,6-ビスリン酸, AMP	アセチル CoA, ATP

*10　フルクトース 2,6-ビスリン酸は，ホスホフルクトキナーゼ 1 を活性化して解糖を促進するとともに，フルクトース-1,6-ビスホスファターゼを阻害して糖新生を抑制する．逆にフルクトース 2,6-ビスリン酸が減少すると解糖が阻害され，糖新生が促進される．

*11　肝臓にあるホスホフルクトキナーゼ 2 とフルクトースビスホスファターゼ 2 は同一タンパク質であり，リン酸化されるとホスファターゼ活性をもち，脱リン酸化されるとキナーゼ活性をもつようになる二機能酵素である．

トース 1,6-ビスリン酸はピルビン酸キナーゼを活性化する．

　肝臓にはホスホフルクトキナーゼ 1（PFK 1）のほかに**ホスホフルクトキナーゼ 2**（PFK 2）という酵素も存在する．この酵素はフルクトース 6-リン酸をリン酸化してフルクトース 2,6-ビスリン酸（FBP）*10 を生成する．フルクトース 2,6-ビスリン酸は，PFK 1 を活性化して解糖を盛んにする（図 10.4）．細胞がグルカゴンの情報を受け取ると，この PFK 2 がリン酸化されて**フルクトース-2,6-ビスホスファターゼ**という別の酵素活性をもつようになる（**二機能酵素**）*11．この酵素はフルクトース 2,6-ビスリン酸の 2 位のリン酸基を脱リン酸化し，フルクトース 6-リン酸を生じる．そのためフルクトース 2,6-ビスリン酸の濃度が減少し，PFK 1 の促進効果がなくなって，解糖系の流量が低下する．つまりグルカゴンは，結果としてグルコースの分解を抑制して血糖値の低下を防ぐ．インスリンは逆にフルクトース 2,6-ビスリン酸の濃度を上げて解糖系を促進し（グルコース消費を盛んにし），血糖値を低下させる．

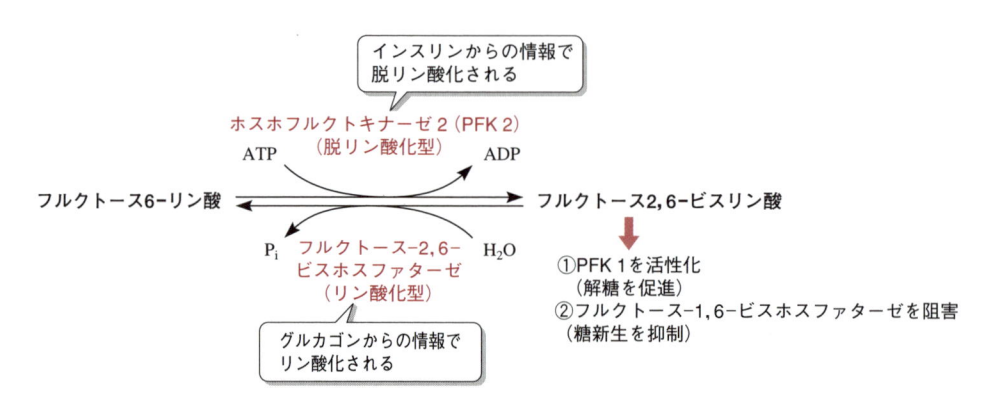

図 10.4　ホスホフルクトキナーゼ 2/ フルクトース-2,6-ビスホスファターゼによる解糖の調節

10.5　グルコース以外のヘキソースの代謝

　グルコース以外のヘキソースである，フルクトースやガラクトース，マンノースなどもすべて解糖系に入っていく（図 10.5）．

　フルクトースは二種類の経路で解糖系に入る．肝臓では，**フルクトキナーゼ**によって ATP からリン酸基が転移されてフルクトース 1-リン酸となり，

ついで**フルクトース 1-リン酸アルドラーゼ**によってジヒドロキシアセトンリン酸（DHAP）とグリセルアルデヒドに分解される．このジヒドロキシアセトンリン酸は解糖系の中間体であり，トリオースリン酸イソメラーゼによりグリセルアルデヒド 3-リン酸に変換される．もう一方のグリセルアルデヒドは**グリセルアルデヒドキナーゼ**によって ATP からリン酸基が転移されてグリセルアルデヒド 3-リン酸となる．また筋肉と脂肪組織では，フルクトースは**ヘキソキナーゼ**によってフルクトース 6-リン酸に変換されて解糖

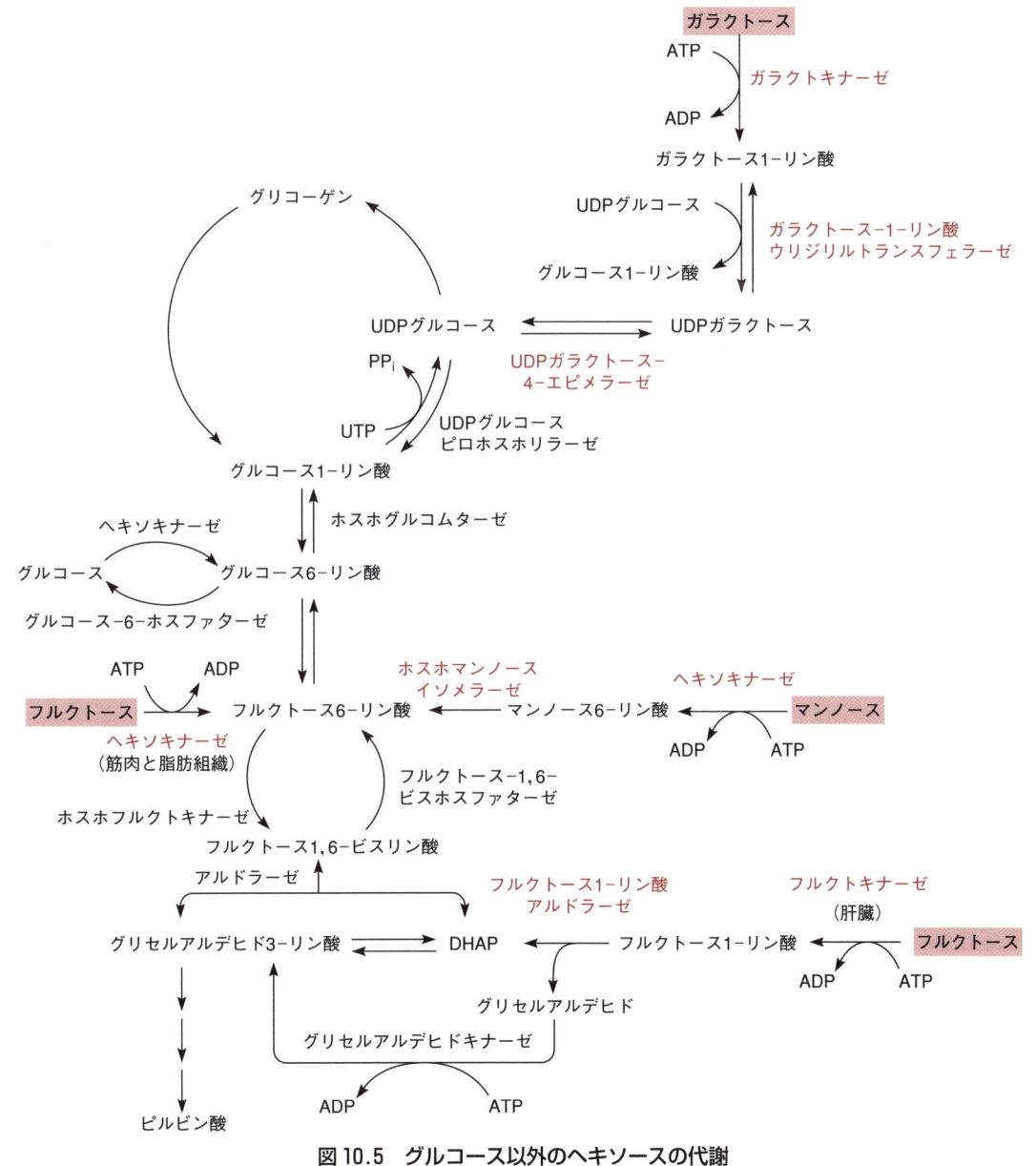

図 10.5　グルコース以外のヘキソースの代謝
グルコース以外のヘキソース代謝に必要な酵素を赤色，グルコース代謝と共通な酵素を黒色で示した．

系に入る．ただし，このヘキソキナーゼはフルクトースに対する親和性が低いため，エネルギー源としてはあまり重要ではない．

ガラクトースの変換はもう少し複雑である．まず**ガラクトキナーゼ**がATPのリン酸基を転移してガラクトース1-リン酸を生成する．ついで**ガラクトース-1-リン酸ウリジリルトランスフェラーゼ**によって，UDPグルコースのUDP部分が転移されてUDPガラクトースが生成するとともに，グルコース1-リン酸ができる．このグルコース1-リン酸は**ホスホグルコムターゼ**によってグルコース6-リン酸に変換されて解糖系に入る．一方，UDPガラクトースは，**UDPガラクトース-4-エピメラーゼ**の異性化反応によってUDPグルコースに戻される．

マンノースはオリゴ糖や糖タンパク質中にも存在しているが，微量の成分なのでエネルギー源としての役割は小さい．マンノースはやはり**ヘキソキナーゼ**によってリン酸化されたあと，**ホスホマンノースイソメラーゼ**によってフルクトース6-リン酸に変換されて解糖系に入る．

ガラクトース血症
ガラクトースをグルコースに変換できない遺伝病．図10.5のガラクトース-1-リン酸ウリジリルトランスフェラーゼを欠損する場合がほとんどである．血中ガラクトース濃度が異常に高くなり，発育不全，白内障，肝機能障害，精神障害などを呈する．ガラクトキナーゼやUDP-ガラクトース-4-エピメラーゼの欠損によっても同様の症状が起こる．

10.6 ペントースリン酸経路

グルコースの酸化的分解の経路には，解糖系の他に，**ペントースリン酸経路**[*12]（pentose phosphate pathway）がある．この経路ではATPは合成されず，そのかわりNADPH（NADHではない）が生成するとともに，核酸合成の出発物質であるリボース5-リン酸ができる．この経路の中間体は最終的には解糖系に合流する．

ペントースリン酸経路は，前半の酸化的段階（不可逆的過程）と後半の非酸化的段階（可逆的過程）に分けられる（図10.6）．酸化的段階（反応①〜③）では，解糖系の中間体であるグルコース6-リン酸が**グルコース-6-リン酸デヒドロゲナーゼ**によって酸化されて，6-ホスホグルコノ-δ-ラクトンとNADPHが生成する．ついで**6-ホスホグルコノラクトナーゼ**の作用で6-ホスホグルコン酸となり，さらに**6-ホスホグルコン酸デヒドロゲナーゼ**によって酸化的に脱炭酸されて，リブロース5-リン酸（五炭糖）とNADPHが生成する．

後半の非酸化的段階の反応経路では，リブロース5-リン酸がリボース5-リン酸になるか（反応④），キシルロース5-リン酸になる（反応⑤）．

キシルロース5-リン酸とリボース5-リン酸はいずれも五炭糖（C_5）である．この後の過程では，ケトースのC_2単位をアルドースに転移する**トランスケトラーゼ**[*13]（⑥，⑧）と，ケトースのC_3単位をアルドースに転移する**トランスアルドラーゼ**（⑦）が働いている．

NADPHが必要とされる組織，たとえば脂肪の還元的合成が盛んな肝臓や乳腺，脂肪組織，副腎皮質などではペントースリン酸経路が盛んであり[*14]，

*12 この経路はフッ素イオン（F^-）を加えて解糖系のエノラーゼを阻害してもグルコースが分解される，ということから見つかった．

$NADP^+$とNAD^+
NADHはそのエネルギーを電子伝達系における酸化的リン酸化でATPを合成するのに用いられ，NADPHのもつエネルギーは脂肪酸やコレステロールの還元的合成に使われる．細胞内の[NAD^+]/[NADH]比は約1000と酸化型が圧倒的に多く，基質を酸化的に分解するのに向いている．一方，[$NADP^+$]/[NADPH]比は0.01ほどで還元型が多く，還元的合成に有効である．

*13 トランスケトラーゼは補酵素としてチアミンピロリン酸を要求する（8.2.1参照）．

*14 肝臓で行われるグルコース分解の約30%はペントースリン酸経路によるといわれている．

10.6 ◆ ペントースリン酸経路

(a) 酸化的段階

(b) 非酸化的段階

図 10.6　ペントースリン酸経路

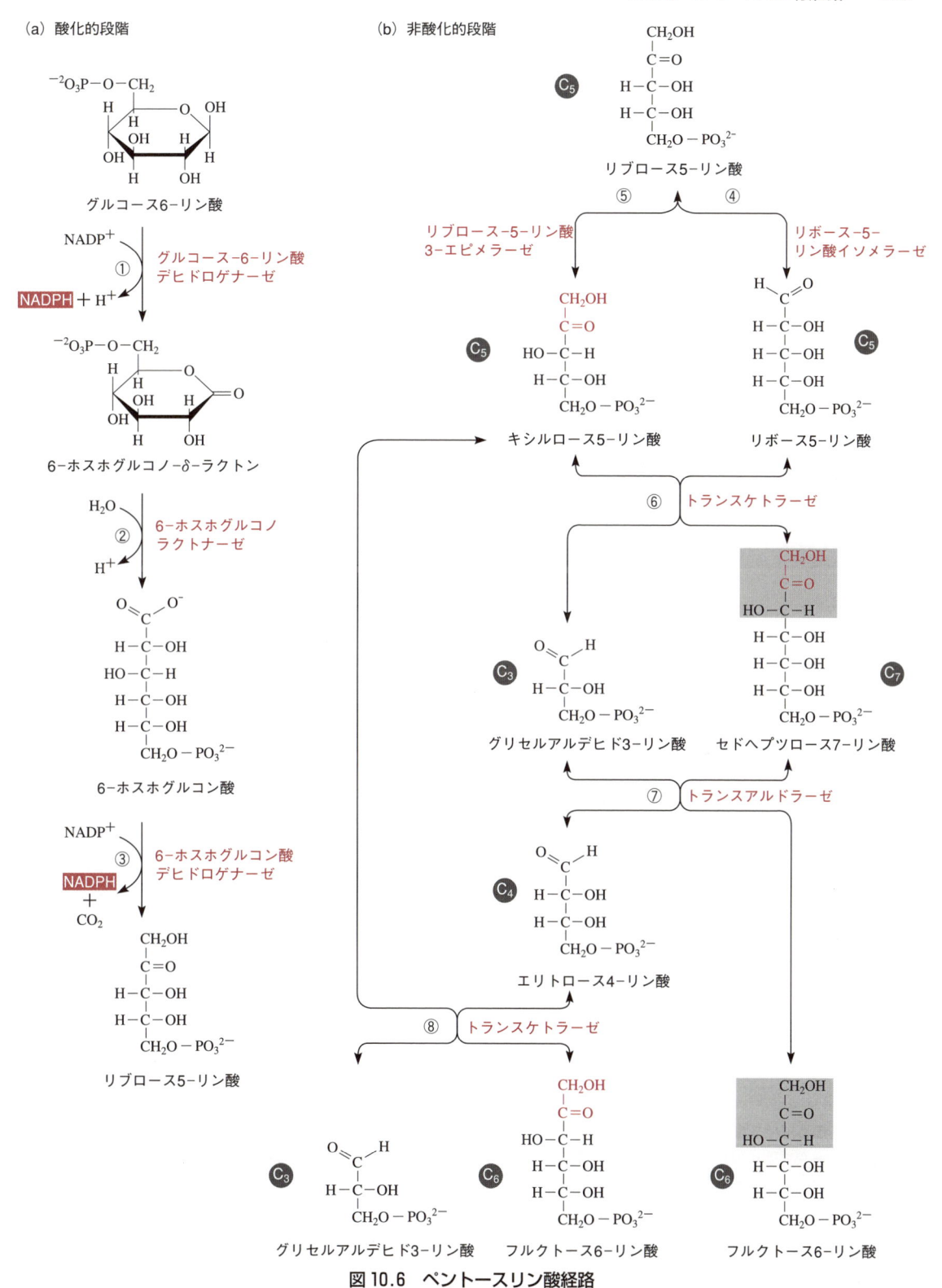

酸化的段階（反応①〜③）では，1分子のグルコース6-リン酸から2分子のNADPHが生成するとともに，リブロース5-リン酸とCO_2ができる．ついで非酸化的段階（反応④〜⑧）では，反応④でリボース5-リン酸が，反応⑤でキシルロース5-リン酸ができる．以下，反応⑥：$C_5 + C_5 \rightleftarrows C_7 + C_3$（$C_2$単位の転移，トランスケトラーゼ）．反応⑦：$C_7 + C_3 \rightleftarrows C_6 + C_4$（$C_3$単位の転移，トランスアルドラーゼ）．反応⑧：$C_5 + C_4 \rightleftarrows C_6 + C_3$（$C_2$単位の転移，トランスケトラーゼ）．最終的にフルクトース6-リン酸とグリセルアルデヒド3-リン酸が生成する．

グルコース-6-リン酸デヒドロゲナーゼ欠損症

ペントースリン酸経路の最初のステップを触媒するグルコース-6-リン酸デヒドロゲナーゼを欠損する遺伝病。ヒトでの臨床症状はあまりないが，還元型の補酵素 NADPH が生成されないために酸化的ストレスに過敏である．この遺伝子の欠損症は，マラリア発生地域に多いという．この遺伝子が欠損した赤血球ではマラリア原虫が増殖しにくいためと考えられている．

酸化的段階の反応により NADPH が産生される．リボース 5-リン酸は核酸合成の原材料であり，細胞分裂が進行して DNA 合成が盛んな細胞では多く合成されるが，この場合，酸化的段階で NADPH とともにリブロース 5-リン酸から産生されるか，あるいはフルクトース 6-リン酸とグリセルアルデヒド 3-リン酸から非酸化的段階を逆行して NADPH の産生なしにリボース 5-リン酸がつくられる．

ペントースリン酸経路全体の反応式は次のようになる．

$$3 \text{グルコース}6\text{-リン酸}(C_6) + 6NADP^+ + 3H_2O$$
$$\longrightarrow 6 NADPH + 6H^+ + 3CO_2 + 2 \text{フルクトース}6\text{-リン酸}(C_6)$$
$$+ \text{グリセルアルデヒド}3\text{-リン酸}(C_3)$$

この反応で生成したフルクトース 6-リン酸とグリセルアルデヒド 3-リン酸は解糖系の中間体であり，この後はエネルギー源として利用される．

● NADPH の抗酸化作用

　NADPH は還元的合成に必要なだけでなく，抗酸化物質としての役割もある．赤血球は酸素の運搬という役割があるために，不可避的に反応性に富む H_2O_2 や有機過酸化物がよく発生する．

　ヘモグロビンは，ヘムのもつ鉄イオンが Fe^{2+}〔鉄(II)〕の場合のみ，可逆的に O_2 を結合解離できる．しかしわずかながら生じる活性酸素種によって鉄イオンが Fe^{3+}〔鉄(III)〕になってしまうと（これをメトヘモグロビンという）O_2 を結合できなくなる．メトヘモグロビンが増えるとメトヘモグロビン血症となり，チアノーゼになってしまう．赤血球にはこれらの酸化物を還元するために多量のグルタチオン（GSH，還元型）が存在する．グルタチオンは，グルタミン酸，システイン，グリシンの三つのアミノ酸からなるトリペプチドである．グルタチオンはグルタチオンペルオキシダーゼの触媒によって有機過酸化物を還元して無毒化するが，グルタチオン自身は酸化型グルタチオン（GSSG）に変換される．これを再還元して GSH を再生するのがグルタチオンレダクターゼであり，NADPH を必要とする．

　したがって赤血球を正常に保つためには絶えず NADPH を供給しなければならないので，赤血球ではペントースリン酸経路が活発に働いている．

10.7　グルクロン酸経路

新生児黄疸

新生児の肌が黄みを帯びる現象．胎児型ヘモグロビンが壊されて成人型に代わる際，大量のヘムが代謝される．しかし新生児ではグルクロノシルトランスフェラーゼ活性がまだ低いために血中ビリルビン濃度が高くなり，黄疸が現れる．しばらくするとこの酵素活性が高くなるため，黄疸は自然に消失する．

　グルコースのもう一つの代謝経路として**グルクロン酸経路**（glucuronic acid pathway）がある．ペントースリン酸経路と同様に，この経路でも ATP の合成はともなわない．この経路の役割は，中間体の UDP-グルクロン酸が代謝物や生体異物抱合体形成に，また，細胞外マトリックスを構成する複合多糖の合成に用いられることである．ヒトとモルモットを除く多くのほ乳類において，この経路がアスコルビン酸の合成経路になっている．

　図 10.7 にグルクロン酸経路の概略を示した．最初の 2 段階はグリコーゲン合成経路と共通である．まず，**グルコース-6-リン酸ホスホグルコムターゼ**によってグルコースはグルコース 1-リン酸となり，ついで**ウリジン二リ**

ン酸グルコースピロホスホリラーゼの作用によってUTPと反応して，UDPグルコースが生成する．これに**UDPGデヒドロゲナーゼ**が作用し，グルコース残基の6位の炭素を酸化してUDPグルクロン酸ができる．そのあと，グルクロン酸，グロン酸などを経てキシルロース5-リン酸となり，最終的にはペントースリン酸経路に入る．

生体内で不要になった代謝産物や体外から入ってきた薬物などは，グルクロン酸，硫酸，グルタチオンなどの分子と抱合体を形成することで水溶性を増して体外に排出される．なかでもグルクロン酸抱合はもっとも重要である．**グルクロノシルトランスフェラーゼ**が触媒するその反応では，UDPグルクロン酸を用い，分子中にヒドロキシ基，カルボキシ基，アミノ基，チオール基などをもつ化合物をグルクロン酸抱合体に変える．その結果，その化合物の極性が高くなり，尿中や胆汁中に排出されやすくなる．この代謝系は肝臓でもっとも盛んで，腎臓，腸，皮膚の細胞などにも見られる．

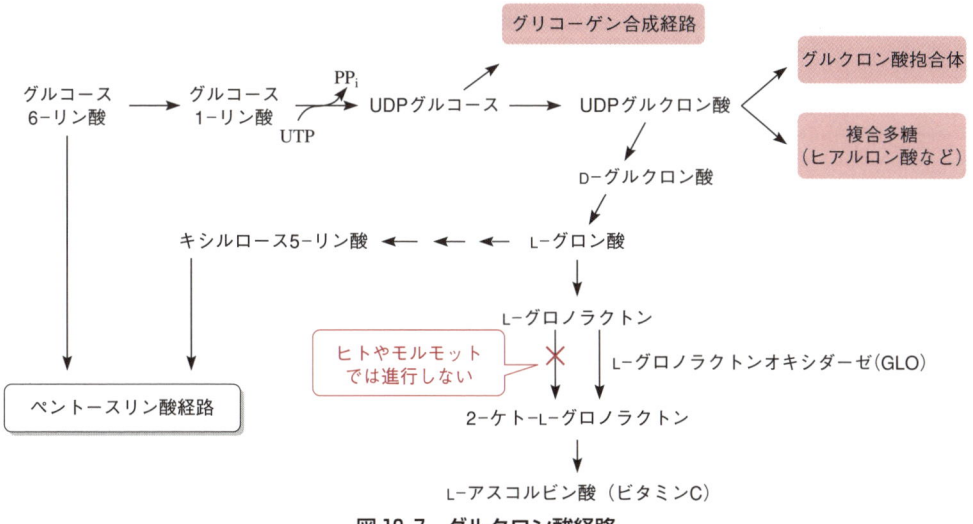

図 10.7　グルクロン酸経路

● ヒトはなぜビタミン C を合成できないのか

多くのほ乳類は，L-グロン酸から3段階の酵素反応を経てアスコルビン酸(ビタミンC)を合成することができる．しかし，ヒトを含む霊長類やモルモットなどではこの2段階目の酵素，L-グロノ-γ-ラクトンオキシダーゼ(GLO)が欠損しているためにアスコルビン酸を合成できない．したがってこれらの動物は食餌からアスコルビン酸を摂る必要がある．

ヒトやモルモットを調べたところ，この酵素に対応する遺伝子は存在するものの，塩基の変異(エキソン部分に終止コドンが出現するなど)が数多く見られた．われわれのGLO遺伝子は機能しない遺伝子，つまり偽遺伝子(pseudogene)となっていることがわかったのである．塩基の変異の数からGLO遺伝子が機能を失ったのは，約5,000万年前頃であると推定されている．

章末問題

10-1. グルコースは細胞に取り込まれるとすぐにリン酸化される．その生物学的意味は何か．

10-2. 解糖系では10段階の酵素反応を経て1分子のグルコースから2分子のピルビン酸が生成する．
 (1) ATPを消費する反応を触媒する酵素は何か．
 (2) ATPを生成する反応を触媒する酵素は何か．
 (3) 解糖系において，グルコース1分子あたり何分子のATPが合成されるか．
 (4) NADHを生成する反応を触媒する酵素は何か．
 (5) 10段階の酵素のうち，大きな負の自由エネルギー変化をともなう酵素反応が三つある．これらの反応を触媒する酵素は何か．

10-3. 二リン酸（−diphosphate）と，ビスリン酸（−bisphosphate）の違いを説明せよ．

10-4. 解糖系で生じたピルビン酸はその後どのように代謝されるか．酸素がある場合とない場合に分け，図を用いて説明せよ．

10-5. ピルビン酸の乳酸への還元やアルコール発酵が起こる本質的な理由を説明せよ．

10-6. 酒を飲むと，アルコールは代謝され，アセトアルデヒドを経て酢酸になる．さて，酔っぱらっているときに血液中の乳酸濃度が高くなるのはなぜか．

10-7. ペントースリン酸経路の役割は何か．

10-8. NAD^+/NADH と $NADP^+$/NADPH の生体での役割の違いについて述べよ．

10-9. 脊椎動物の糖質代謝に重要な単糖を，グルコース以外に三つあげよ．

10-10. グルクロン酸経路の役割は何か．

第11章

グリコーゲン代謝と糖新生

　動物では摂食後，余分なグルコースはグリコーゲンとして蓄えられる．グリコーゲンは動物における貯蔵多糖で，グルコースが鎖状につながったポリマーであり枝分かれ構造をもっている．おもな貯蔵場所は肝臓と筋肉である．筋肉内のグリコーゲンは筋肉細胞のエネルギー源としてのみ使われる．一方，肝臓に貯蔵されたグリコーゲンは，血糖値が低下してくると分解されてグルコースとなり，肝臓細胞から血液中に放出されて血糖値を維持する．このグルコースは全身の組織で利用される．また，貯蔵していたグリコーゲンを使い果たし全身のグルコースが不足してくると，アミノ酸など糖以外の物質からグルコースを新規に合成する．これを糖新生という．

　本章では，グリコーゲンの分解と合成，および糖新生について学ぶ．

11.1　グリコーゲンの分解

　グリコーゲンはグルコースのポリマーであり，8〜12残基ごとに分枝している（第2章を参照）．グリコーゲン分解には二つの酵素が必要である．その概略を図11.1に示した．グリコーゲン分解の主役は**グリコーゲンホスホリラーゼ**（glycogen phosphorylase，たんに**ホスホリラーゼ**ともいう）であり，グリコーゲンの非還元末端から（α1→4）結合を加リン酸分解し，グルコース1-リン酸を放出する．

　しかしホスホリラーゼによる分解は，分枝部分のグルコース4残基を残して停止する．これはホスホリラーゼの活性部位の構造[*1]のためである．そこで次に働くのが，その分枝構造を解消する**グリコーゲン脱分枝酵素**（glycogen debranching enzyme）である．この酵素はまず，残った4残基のうちの3残基を隣の枝の非還元末端に転移させる．これは（α1→4）グルコシル転移活性である．つづいて，分枝部分に残ったグルコース1分子の（α1→6）結合を，（α1→6）グルコシダーゼ活性によって切断する．この反応は加水分解であり，生成するのはリン酸化されていない遊離グルコースである．グリコーゲン脱分枝酵素は，分子内にこれら二種類の酵素活性部位をもつ．転移して長くなった枝は再びホスホリラーゼによって分解され，これらの過程が繰り返されてグリコーゲンは分解されていく[*2]．

　グリコーゲン分解で生成するのはグルコース1-リン酸が約90％，残りが遊離グルコースである．生成するグルコースの大部分がリン酸化されている

[*1]　ホスホリラーゼは，直鎖状のグリコーゲンを活性部位のポケットに挟んで，端のグルコースを1分子ずつ切り離していくのだが，4残基までになると分枝部が立体構造的な障害となって活性部位に挟めなくなる．なお，ホスホリラーゼは補酵素としてピリドキサールリン酸（ビタミンB_6）を必要とする．

[*2]　この過程で生成したグルコース1-リン酸はホスホグルコムターゼの作用によってグルコース6-リン酸に変換され，遊離グルコースはヘキソキナーゼによってリン酸化されてグルコース6-リン酸となり，いずれも解糖系やペントースリン酸経路などに入っていく．

図11.1 グリコーゲンの分解

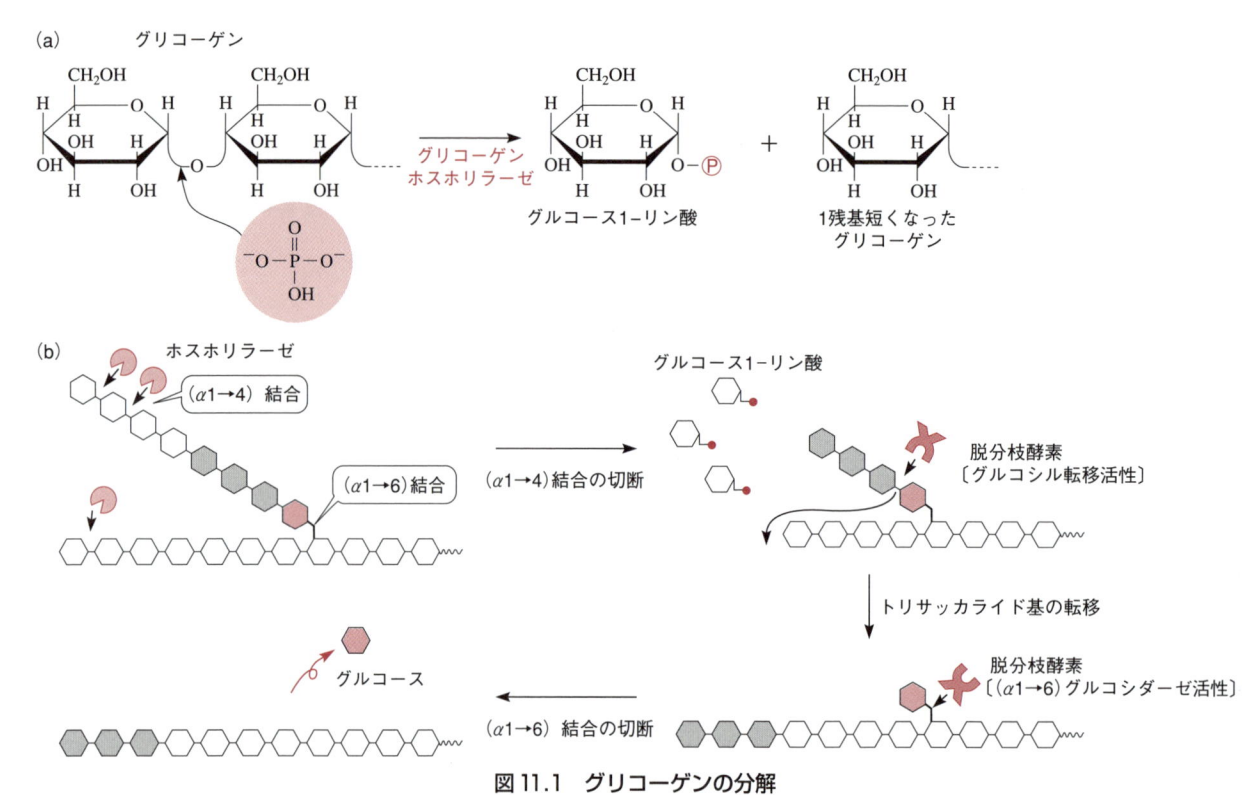

(a) グリコーゲンホスホリラーゼの反応. (b) 脱分枝酵素の反応. 枝に残ったグルコース4残基のうち3残基を隣の枝に転移し（グルコシル転移活性），残りの1残基を切りだす（グルコシダーゼ活性）.

ことは細胞にとって都合がよい．つまりヘキソキナーゼよるグルコースのリン酸化の段階をスキップできる．解糖系に入れば3分子のATPが合成される．また，グルコース1-リン酸またはグルコース6-リン酸は細胞膜を通りにくくなるため，細胞から漏れださなくなる．これはエネルギーを大量に消費する筋肉などではとくに重要である．

その一方，肝臓にはグルコース-6-ホスファターゼがあるため，他の臓器にグルコースを供給することができる．

$$\text{グルコース6-リン酸} + H_2O \longrightarrow \text{グルコース} + P_i$$

グルコース-6-ホスファターゼは小胞体に局在するが，肝細胞でまずグルコース6-リン酸を細胞質から小胞体に輸送し，小胞体内でグルコースに変換して細胞質に戻し，その後，特異的な輸送体（GLUT2）によってグルコースを細胞外へ輸送する[*3]．これらグルコース6-リン酸の加水分解系にかかわるタンパク質のどれか一つにでも異常が起きると**糖原病**（glycogen storage desease, glycogenosis）を発症する．

[*3] グルコース-6-ホスファターゼは筋肉や脳では発現していないので，グルコース6-リン酸は細胞内に保持される．

糖原病
グリコーゲンの合成や分解などの代謝にかかわる酵素の欠損によって起こる遺伝病で，グリコーゲンの量または構造に異常をきたす．現在では10種類の病気がわかっており，原因遺伝子も特定されている．

11.2 グリコーゲン合成

食餌摂取により血中グルコース濃度が増加すると,肝臓や筋肉細胞ではインスリンの作用でグルコース輸送体(GLUT4)が細胞膜表面に増加し(17.3.3参照),グルコースはすみやかに細胞内に取り込まれ,ヘキソキナーゼによってリン酸化されてグルコース6-リン酸となる.そして,その細胞でエネルギーの需要がないときには,グルコース6-リン酸からグリコーゲンを合成する.グリコーゲン合成の概略を図11.2に示した.

まず,**ホスホグルコムターゼ**(phosphoglucomutase)によってグルコース6-リン酸はグルコース1-リン酸に変換され,次に**UDP-グルコースピロホ**

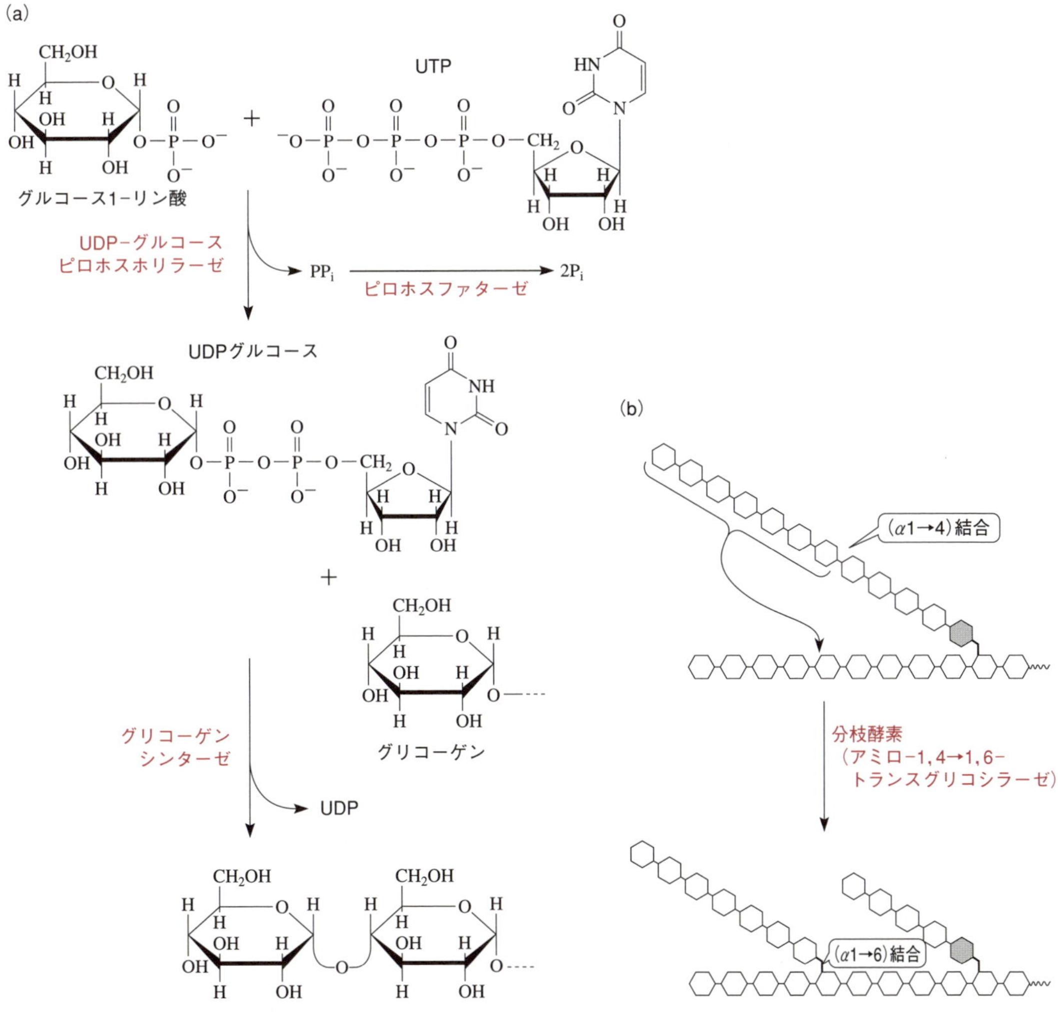

図11.2 グリコーゲンの合成
(a)UDP-グルコースピロホスホリラーゼとグリコーゲンシンターゼの反応.(b)分枝酵素の機能.

スホリラーゼ（UDP-glucose pyrophosphorylase）の作用によって，グルコース1-リン酸とウリジン三リン酸からウリジン二リン酸グルコース（UDPグルコース）とピロリン酸（PP_i）ができる．

この反応は可逆的であるが，生成したPP_iが**ピロホスファターゼ**（pyrophosphatase）によってリン酸へと加水分解されるので，この反応は右向きに進む．反応生成物（PP_i）が取り除かれると，平衡が式の右側に傾くからである．

つづいて，**グリコーゲンシンターゼ**（glycogen synthase）によってUDPグルコースのグルコース部分が，グリコーゲンの非還元末端の4位のヒドロキシ基に（α1→4）結合で連結されていく．ここで生じたUDPは，ヌクレオシド二リン酸キナーゼによってUTPに戻される．

$$UDP + ATP \rightleftharpoons UTP + ADP$$

つまり，グルコース1残基を結合するたびに1分子のATPを消費することになる．

このグリコーゲンシンターゼは，グリコーゲンの合成に最低でも7〜8個のグルコースがつながったプライマーを必要とする．プライマーの合成には**グリコゲニン**（glycogenin）というタンパク質（分子量約37 kD）が必要である．

次の段階で働くのは枝分かれ構造をつくる**分枝酵素**（branching enzyme）である．この酵素はアミロ-α（1,4→1,6）-グリコシルトランスフェラーゼ活性をもち，グリコーゲン分子中の（α1→4）結合を切って，（α1→6）結合をつくる酵素である．切りだされる側の枝には少なくとも11残基以上の長さが必要で，その末端7残基を切りだして，同じ鎖かまたは別の鎖に転移させて新たな枝をつくっていく．この新たな分枝点は元の枝の分岐点から少なくとも4残基以上はなれたところに形成される．グリコーゲンは枝分かれ構造によって，少ない容積のなかに多くのグルコースをコンパクトに詰め込んで貯蔵し，緊急時のエネルギーが必要なときには多くのグルコースを短時間に動員できる（非還元末端が多い）構造になっている．

グリコゲニン
この酵素はグリコシルトランスフェラーゼ活性をもっており，UDPグルコースからグルコースを受け取り，自身の194番目のチロシンのヒドロキシ基に結合させる．これが還元末端となる．引き続きUDPグルコースのグルコースを次つぎに連結し，プライマーを合成する．7〜8個の長さになるとグリコーゲンシンターゼが働きだす．このためグリコーゲン顆粒にはグリコゲニンとグリコーゲンシンターゼが1：1のモル比で存在している．

11.3　グリコーゲン代謝の制御

グリコーゲンはその分解と合成では，それぞれグリコーゲンホスホリラーゼとグリコーゲンシンターゼが律速酵素であり，いずれもアロステリック制御とリン酸化による共有結合修飾という二つの方法で活性が制御されている．

11.3.1　グリコーゲン代謝のアロステリック制御

グリコーゲンの分解にかかわるホスホリラーゼは，97 kDのサブユニット二つからなる二量体である．それぞれのサブユニットには，触媒活性部位と

は別にアロステリックエフェクターの結合部位やリン酸化部位がある．アロステリックエフェクターとして，活性化に作用するのはAMP，阻害的に作用するのがATPとグルコース6-リン酸である．AMPが結合するとホスホリラーゼがわずかながら構造変化を起こし，活性化型（R状態）となる（図11.3）．一方，ATPやグルコース6-リン酸が結合すると不活性型（T状態）となる[*4]．AMPの濃度上昇はATPが不足していることの指標であり，ホスホリラーゼを活性化してグリコーゲン分解を促進し，グルコースを供給する．ATPやグルコース6-リン酸はその逆であり，ホスホリラーゼを不活性化して無駄なグルコース消費を抑える．

　グリコーゲンシンターゼも同様にアロステリック制御を受けているが，エフェクターによる作用はホスホリラーゼの場合とまったく逆である．グリコーゲンシンターゼはグルコース6-リン酸によって活性化されることが知られている．つまり，ATPが十分にあるとき（ATPとグルコース6-リン酸が高濃度で，AMPが低濃度のとき）は，グリコーゲン合成が促進され，分解は抑制される．

[*4] Rはrelaxの意，少し緩んだような構造を意味する．Tはtense：緊張した，またはtaut：張りつめたの意，がっしり固まった構造を意味する．

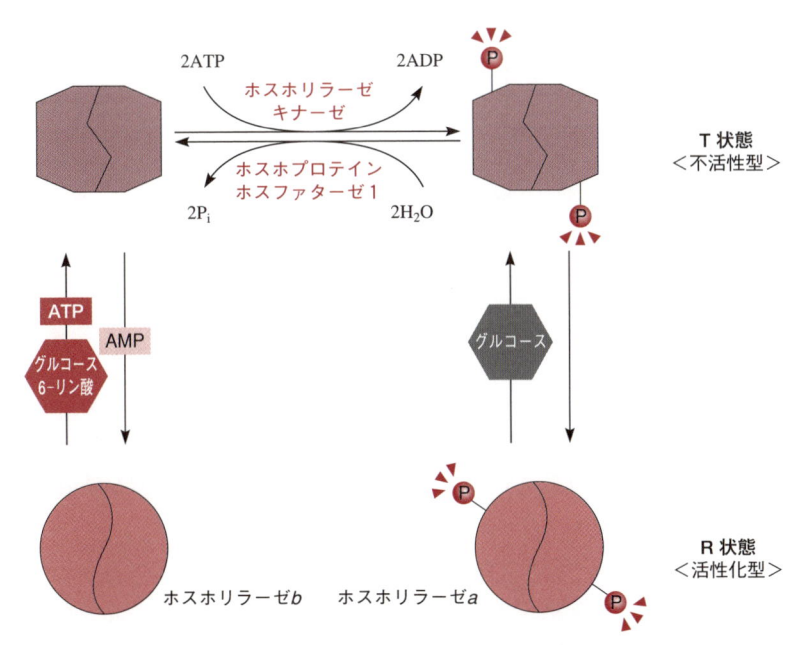

図11.3　グリコーゲンホスホリラーゼの活性調節
左側はアロステリック調節，右側はリン酸化による調節を示している．

11.3.2　グリコーゲン代謝のリン酸化による制御

　グリコーゲンホスホリラーゼ（ホスホリラーゼ）は，リン酸化によって酵素活性が調節されていることがわかった最初の酵素である[*5]．リン酸化されている活性型をホスホリラーゼa，脱リン酸化された不活性型をホスホリラー

[*5] E.FischerとE.Krebsらの研究による．

*6 ホスホリラーゼキナーゼは四種類のサブユニット（α, β, γ, δ 各1個ずつ）からなるタンパク質複合体である．γサブユニットに触媒活性（キナーゼ活性）があり，他の三つのサブユニットは調節機能をもつ．αとβサブユニットにはリン酸化部位があり，δサブユニット〔別名**カルモジュリン**(calmodulin)〕は Ca^{2+} 結合部位をもつ．それぞれリン酸化および Ca^{2+} 結合によってγサブユニットのキナーゼ活性が活性化される．筋肉が収縮するときには，神経からの刺激で筋小胞体から Ca^{2+} が放出され，これが筋収縮の引き金となる．つまり，筋肉では Ca^{2+} を介してグリコーゲンの分解も連動して起こり，筋収縮に必要な ATP を生産するために解糖系にグルコースを供給している．

ゼ b とよぶ．ホスホリラーゼのリン酸化を触媒する酵素が**ホスホリラーゼキナーゼ**[*6]（phosphorylase kinase）であり，ATP の γ リン酸基をホスホリラーゼ b の Ser14 に転移する．リン酸化されたホスホリラーゼ a は，構造的に R 状態（活性型）に固定され，アロステリックエフェクターに影響されることなく活性型を維持することになる．グルコースを分解する必要がなくなれば，このリン酸基はホスホプロテインホスファターゼ1によって脱リン酸化され，不活性型のホスホリラーゼ b になる（図11.4）．

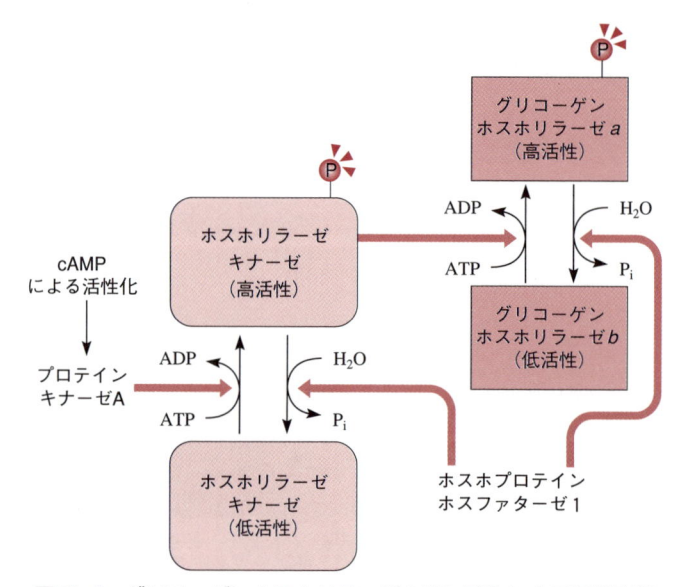

図11.4 グリコーゲンホスホリラーゼのリン酸化による活性調節

それでは，ホスホリラーゼキナーゼの活性はどのように調節されているのだろうか．じつはこの酵素もリン酸化と脱リン酸化によって活性が調節されており，そのリン酸化を触媒する酵素が**プロテインキナーゼ A**（PKA）である．PKA の活性化には cAMP（図6.4を参照）が必要であり，**cAMP 依存プロテインキナーゼ**ともよばれる[*7]．

グリコーゲン分解の脱リン酸化による調節は，さらに複雑である．その一つがホスホプロテインホスファターゼ1の活性調節である．この酵素の活性を阻害するホスホプロテインホスファターゼ阻害タンパク質（インヒビター1）はプロテインキナーゼ A によってリン酸化されると活性化されてホスファターゼ1と結合して，その活性を阻害する．つまりプロテインキナーゼ A からのリン酸化カスケードによってリン酸化されたホスホリラーゼキナーゼやホスホリラーゼは脱リン酸化されなくなり，グリコーゲン分解が促進される．グリコーゲンシンターゼはリン酸化されると逆に不活性型となり，グリコーゲン合成は阻害される．これはアロステリック調節と同様に，グリ

*7 生体が空腹のときには膵臓からグルカゴンが，また緊急時には副腎髄質からアドレナリンが分泌される．これらのホルモンはそれぞれの細胞膜上の受容体に結合すると細胞膜内側にあるアデニル酸シクラーゼを活性化して ATP から cAMP を合成する．それがプロテインキナーゼ A を活性化し，ホスホリラーゼキナーゼの活性化，ホスホリラーゼの活性化，最終的にはグリコーゲンの分解へと続いていくことになる（第18章を参照）．

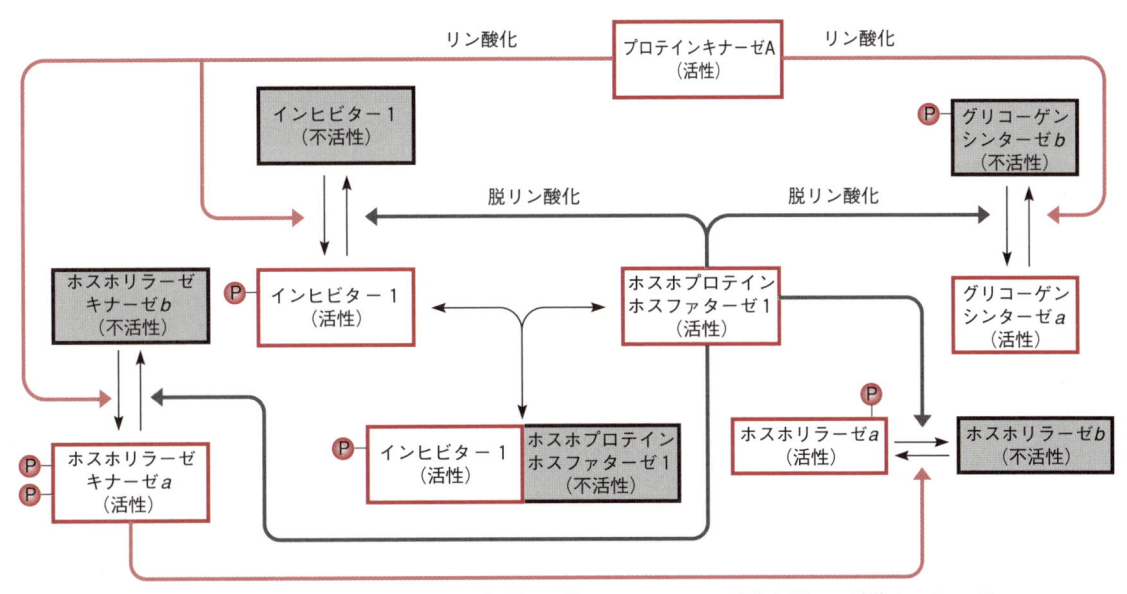

図 11.5 筋肉におけるグリコーゲン代謝の調節にかかわるリン酸化と脱リン酸化カスケード
活性化型酵素は□, 不活性化型は■で示す.

コーゲンの分解が必要なときには合成が抑制されるということである（図11.5）．

血糖値が上昇すると，グルカゴンやアドレナリンなどのホルモン分泌が抑えられ，細胞内の cAMP 濃度が減少する．すると先の反応とは逆に，グリコーゲン分解系の酵素活性は抑制される．

糖代謝にかかわるもう一つのホルモンであるインスリンは，どのようにグリコーゲン代謝を調節しているのだろうか．インスリンが筋肉細胞の受容体に結合するとインスリン依存プロテインキナーゼが活性化され，リン酸化カスケードを介してホスホプロテインホスファターゼ 1 が活性化されてグリコーゲンの分解合成に関与する酵素の脱リン酸化反応が促進される．その結果，グリコーゲン分解系の酵素は不活性化され，合成系の酵素が活性化されて，グリコーゲン合成が進む[*8]．

*8 ここで登場した cAMP や Ca^{2+} は，細胞外のホルモンや神経からの情報を細胞内で別のかたちの情報（リン酸化やタンパク質の構造変化）に変換する仲立ちの役目をもつセカンドメッセンジャーである（18.3 を参照）．

11.4 糖新生

11.4.1 糖新生とコリ回路

体内に蓄えられたグリコーゲンは，絶食すると半日ほどで使いきられてしまう．そこで動物では，血糖値を維持するために，おもに肝臓（一部は腎臓）で糖質以外の化合物からグルコースを合成する．この過程を**糖新生**（gluconeogenesis）という．

動物の脳やミトコンドリアをもたない赤血球はエネルギー源のほとんどを

グルコースに依存している．とくに脳における糖の消費は激しく[*9]，絶えずグルコースを供給する必要がある．脳では，得られたエネルギー（ATP）の大部分はNa^+，K^+-ATPアーゼによって使われ，細胞内外のイオン濃度差の維持に役立っており，それがひいては神経活動の基盤となっている．

11.4.2 糖新生と解糖系

糖新生過程の大部分は解糖系の逆反応である（図11.6）．ただし解糖系で自由エネルギー変化の大きい段階（ヘキソキナーゼ，ホスホフルクトキナーゼ，ピルビン酸キナーゼ）は，熱力学的に可能な別の酵素反応に触媒される迂回路を通ることになる．ここでは，2分子のピルビン酸から1分子のグルコースを合成する過程，とくにこの三つの迂回路について詳しく見ていく．

①ピルビン酸からホスホエノールピルビン酸（PEP）への変換

ピルビン酸キナーゼによる大きな発エルゴン反応の逆反応なので，この過程を進めるためにはATPおよびGTPの加水分解のエネルギーが必要である．この反応は2段階の酵素反応で進む．まず，**ピルビン酸カルボキシラーゼ**（pyruvate carboxylase）の触媒作用により，ピルビン酸と炭酸水素イオンからオキサロ酢酸が生成する[*10]．

ピルビン酸 + HCO_3^- + ATP $\rightleftarrows$ オキサロ酢酸 + ADP + P_i

次の段階では，**PEPカルボキシキナーゼ**（PEP calboxykinase）の作用でオキサロ酢酸が脱炭酸されるとともに，GTPによるリン酸化が起こり，ホスホエノールピルビン酸が生じる．

オキサロ酢酸 + GTP $\rightleftarrows$ ホスホエノールピルビン酸（PEP） + GDP + CO_2

なお，最初の反応を触媒するピルビン酸カルボキシラーゼはミトコンドリア内にあり，生成したオキサロ酢酸はミトコンドリア内膜を通過できないので，クエン酸回路のリンゴ酸デヒドロゲナーゼによってオキサロ酢酸をリンゴ酸に変換し，細胞質に輸送する．

②フルクトース1,6-ビスリン酸からフルクトース6-リン酸への変換

フルクトース-1,6-ビスホスファターゼ（fructose-1,6-bisphosphatase）の作用でフルクトース1,6-ビスリン酸の1位のリン酸基が加水分解されて，フルクトース6-リン酸が生成する．

③グルコース6-リン酸からグルコースの生成

グルコース6-リン酸は**グルコース-6-ホスファターゼ**（glucose-6-phosphatase）によってグルコースに変換される．

糖新生の最初のステップであるピルビン酸からホスホエノールピルビン酸

[*9] とくに脳では正常血糖値の60％以下の低血糖になると機能低下が見られ，ひどいときには昏睡状態になるのでこの過程は重要である．ヒトの脳の重量は全体重の2％程度であるが，静止時のエネルギー消費量は体全体の20％にもなる．

[*10] ピルビン酸カルボキシラーゼには補欠分子族としてビオチンが結合しており，このビオチンはCO_2キャリアとして働く（8.2.7を参照）．

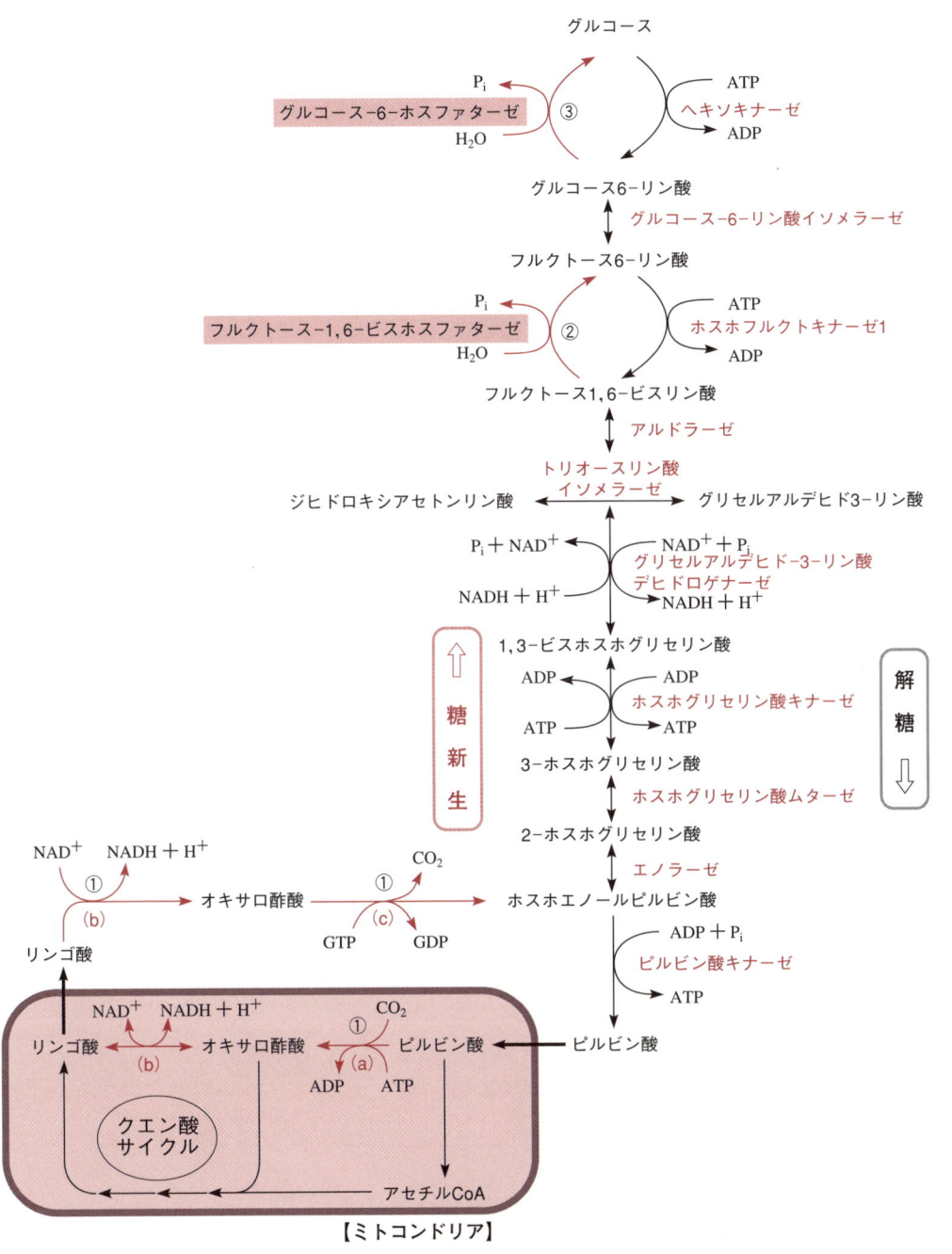

図 11.6　解糖と糖新生経路

解糖において自由エネルギー変化の大きい三つの酵素反応（ヘキソキナーゼ，ホスホフルクトキナーゼ，ピルビン酸キナーゼ）は，糖新生では別の酵素反応により進む．(a) ピルビン酸カルボキシラーゼ，(b) リンゴ酸デヒドロゲナーゼ，(c) PEP カルボキシキナーゼ．

への変換反応では，1分子のグルコースを生成するのに2分子のピルビン酸から2分子のホスホエノールピルビン酸の合成が必要であり，4分子の高エネルギー分子（2 ATP＋2 GTP）を消費する．ホスホエノールピルビン酸からフルクトース 1,6-ビスリン酸の生成までは解糖系の逆反応で進む．その途中，ホスホグリセリン酸キナーゼ反応では，ピルビン酸2分子あたり2分子のATPが消費される．結局，糖新生の過程では1分子のグルコースを新たに合成するために6分子相当のATPを使うことになる．またNADHも2分子消費する．つまり生体は，グリコーゲンの蓄えがなくなったときや飢餓時には，これほどまでにエネルギーを消費してまでも糖新生を行い，脳や赤血球にグルコースを供給する必要があるということである[*11]．

*11 なお，肝臓で行われている糖新生に必要なエネルギーは，脂肪酸の酸化によってまかなわれている．

糖新生全体の反応式は以下のようになる．

$$2\text{ピルビン酸} + 4\text{ATP} + 2\text{GTP} + 2\text{NADH} + 2\text{H}^+ + 6\text{H}_2\text{O}$$
$$\longrightarrow \text{グルコース} + 4\text{ADP} + 2\text{GDP} + 6\text{P}_i + 2\text{NAD}^+$$

11.5 糖新生の前駆体

糖新生の原材料となるのは，ピルビン酸，乳酸，グリセロール，糖原性アミノ酸（16.3.6を参照）などである．

活発に活動している筋肉では，O_2 の供給が追いつかず嫌気的な解糖によってATPを産生している．そのため，乳酸が大量に生成し，筋肉に蓄積する．この筋肉に蓄積された多量の乳酸は血中に徐々に放出されて，肝臓に運搬される．そこで乳酸は再びピルビン酸に酸化され，糖新生系によりグルコースに変換される．そのグルコースは再び血流を介して筋肉に運ばれてエネルギー源となる．このような筋肉と肝臓間の代謝産物の移動は**コリ回路**

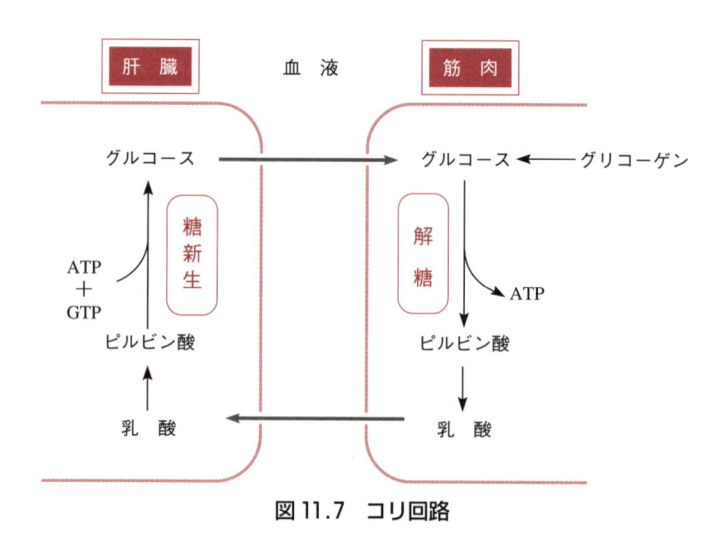

図11.7　コリ回路

(Cori cycle, Cori 夫妻の発見による)とよばれている(図11.7).

末梢組織でのアミノ酸代謝において,糖原性アミノ酸の炭素骨格はピルビン酸またはクエン酸サイクルの中間体に異化される.同時に生成したアミノ基はピルビン酸に転移されてアラニンが生じる.アラニンは血流にのって肝臓に運ばれ,再びアミノ基転移反応によってピルビン酸に変換され,そこから糖新生が始まる.生成したグルコースは血流で全身に運ばれる.この代謝産物の流れが**グルコース-アラニン回路**(glucose-alanine cycle)である(16.3.4 を参照).長期の飢餓状態になると糖新生のおもな炭素原は筋肉タンパク質の分解に由来する糖原性アミノ酸になる.

トリアシルグリセロールの異化によってグリセロールと脂肪酸が生じるが(15.3 を参照),このグリセロールも糖新生の前駆体となる.まずグリセロールは,肝臓で**グリセロールキナーゼ**(glycerol kinase)によりリン酸化されてグリセロール3-リン酸に変換される.次に**グリセロール-3-リン酸デヒドロゲナーゼ**(glycerol-3-phosphate dehydrogenase)によって,解糖系の中間体であるジヒドロキシアセトンリン酸が生成し,糖新生経路に入る.

11.6 糖新生の調節

解糖系と糖新生は,一方の過程が活性化するともう一方は抑制されるようにアロステリックに調節されている.たとえば,ホスホフルクトキナーゼ1はAMPによって活性化されるが,ATPやクエン酸によって阻害される.逆に,フルクトース-1,6-ビスホスファターゼはAMPにより阻害されクエン酸により活性化される.解糖系の調節の項(図10.4を参照)で述べたフルクトース 2,6-ビスリン酸は,ホスホフルクトキナーゼ1を活性化し,フルクトース-1,6-ビスホスファターゼを阻害する.第10章で述べたように,フルクトース 2,6-ビスリン酸の濃度は摂食時には高く飢餓時には低い.つまり摂食時にはホスホフルクトキナーゼ1が活性化されて解糖系が進み,飢餓時にはホスホフルクトキナーゼ1の活性が低下し,相対的に糖新生経路が優勢になる.

ホスホエノールピルビン酸とピルビン酸の変換もやはりアロステリックエフェクターによって逆向きに調節されている.

章 末 問 題

11-1. グリコーゲンの構造的特徴とその生物学的意味を述べよ.

11-2. グリコーゲンホスホリラーゼの酵素活性はアロステリックに調節されている.活性化因子と不活性化因子をそれぞれあげ,どのように活性を調節しているかを簡潔に述べよ.

11-3. グルカゴンやアドレナリンはグリコーゲン

代謝にどのような影響を及ぼすか説明せよ．

11-4. cAMPとは何か，またその機能は何か説明せよ．

11-5. 糖新生が盛んになるのは生体がどのような状態のときか．また糖新生の盛んな臓器は何か．

11-6. 糖新生において解糖系とは異なる酵素が使われるステップがあるが，その酵素名を四

つ述べよ．

11-7. 2分子のピルビン酸から1分子のグルコースを合成するときには何分子のATP (GTP) を消費するか．エネルギーを使ってでも糖新生を行う理由は何か．

11-8. 糖新生の基質となりうるのはどのような化合物か．

第12章 クエン酸サイクル

citric acid

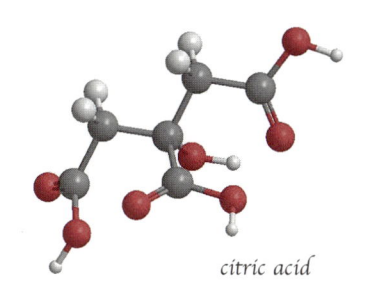

　解糖系で生成したピルビン酸は潜在的にはまだかなりの自由エネルギーをもっているが，さらに酸化してその自由エネルギーを取りだすためには酸素が必要である．解糖は細胞質で行われるが，ピルビン酸のさらなる酸化はミトコンドリアのマトリックスで行われる．ピルビン酸(C_3)はまずCO_2とアセチルCoAに酸化的に分解される．そして，そのアセチルCoAをさらに酸化していく過程がクエン酸サイクルである．このクエン酸サイクルには，エネルギー生産のための異化過程としての役割だけでなく，アミノ酸合成やコレステロール合成などの同化過程の材料を供給する役割もある．

12.1　クエン酸サイクルの概要

　図12.1は各種の栄養分が分解されてアセチルCoAを経てクエン酸サイクル(citric acid cycle)に入っていく様子を示している．脂肪酸やアミノ酸(タンパク質)もエネルギー源となるが，すべてアセチルCoAを通ってクエン酸

クエン酸サイクルの別名
クエン酸サイクルは，発見に重要な貢献をした H. Krebs の名前をとってクレブスサイクル(Krebs cycle)，またクエン酸がトリカルボン酸(tricarboxylic acid)であることから TCA サイクルともよばれる．

CO_2の由来
動物が呼吸で吐きだすCO_2の発生源は全身の細胞のミトコンドリアである．

図12.1　代謝の概略
グルコース，アミノ酸，脂肪酸の炭素原子はいずれもアセチルCoAに変換されてクエン酸サイクルに入り，酸化される．ただし，アセチルCoAから先のクエン酸サイクルや電子伝達系はO_2が存在するときにのみ進む過程である．

*1 グルコースの場合はO_2がなくても解糖系でATPが合成されるが，アミノ酸や脂肪酸の場合はO_2がないとATPは合成されない．なぜならこれらの分子がアセチルCoAまで分解される過程ではATPを合成するステップ（基質レベルでのリン酸化）がないからである．

サイクルに入り，最終的にはO_2によって酸化され，ATPが合成されることになる*1．

クエン酸サイクルは全体で8段階の酵素反応（図12.2）からなり，アセチルCoAのアセチル基がC_4化合物のオキサロ酢酸と縮合してC_6のクエン酸（トリカルボン酸）が生成する．さらにクエン酸が異性化されて酸化的に脱炭酸され，C_5の2-オキソグルタル酸，ついでC_4のコハク酸が生じる．コハク

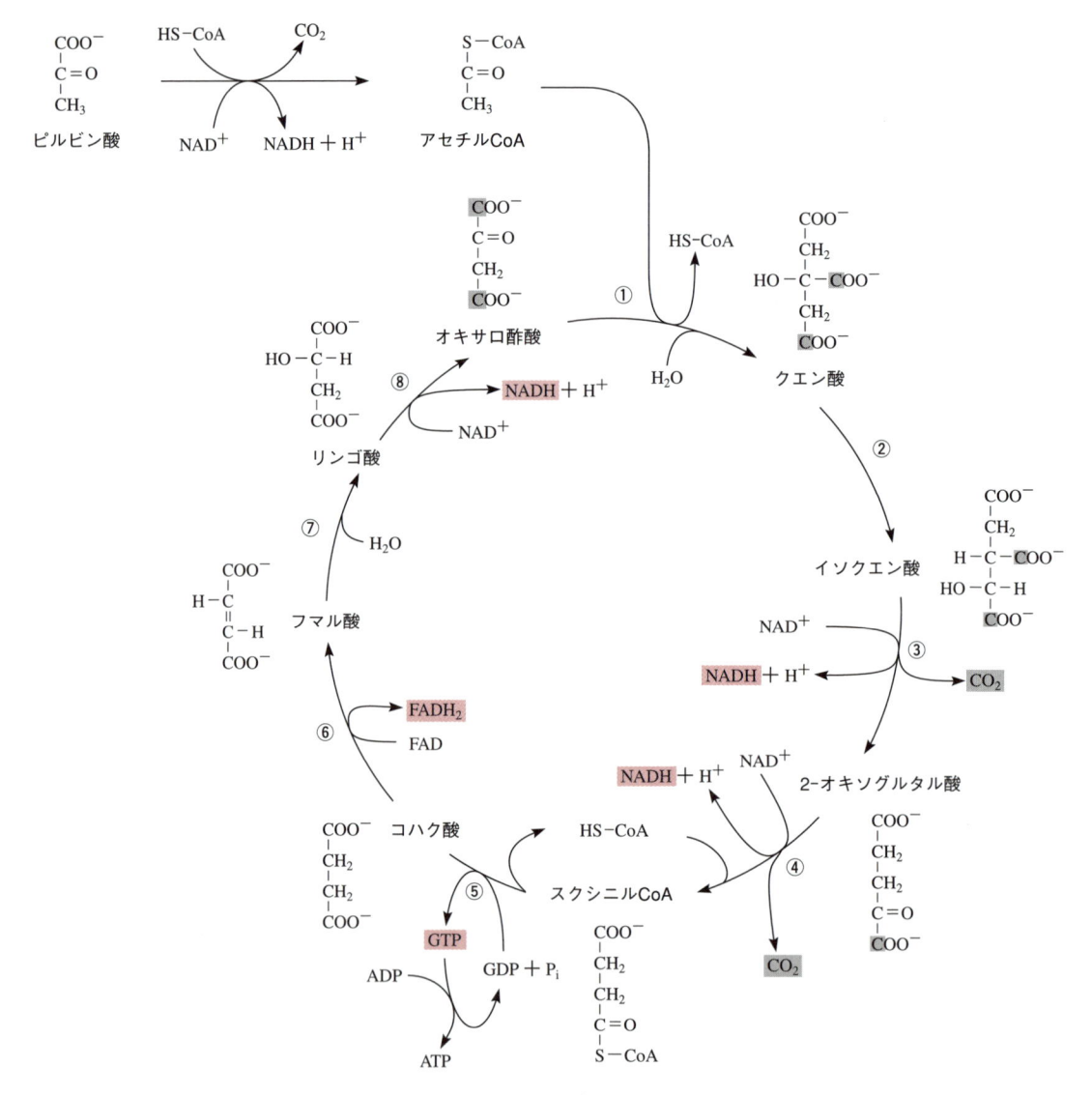

図12.2 クエン酸サイクル

このサイクルでアセチル基の2個の炭素原子は完全に酸化されて2分子のCO_2として放出されるが，そのCO_2の炭素原子はオキサロ酢酸由来（■）である．サイクルが一周するたびに，3分子のNAD^+と1分子のFADが還元され，基質レベルでのリン酸化により1分子のGTP（ATPと等価）が生成する．①クエン酸シンターゼ，②アコニターゼ，③イソクエン酸デヒドロゲナーゼ，④2-オキソグルタル酸デヒドロゲナーゼ複合体，⑤スクシニルCoAシンテターゼ，⑥コハク酸デヒドロゲナーゼ，⑦フマラーゼ，⑧リンゴ酸デヒドロゲナーゼ．

酸からは3段階の反応でオキサロ酢酸が再生され，サイクルが完結する．なお，クエン酸サイクルの酵素群はすべてミトコンドリアのマトリックスに存在する．

ピルビン酸からアセチルCoA，ついでクエン酸サイクルへと進む過程では酸化還元反応が起きており，そのとき放出される自由エネルギーのほとんどは還元型の補酵素に保存される．まずピルビン酸からアセチルCoAへの段階で電子2個がNAD^+へ移動して1分子のNADHが生成する．さらにクエン酸サイクルを1周するごとに，電子6個（3個のヒドリドイオン）がNAD^+へ移動して3分子のNADHが生じ，また電子2個（水素原子2個）がFADに転移して1分子の$FADH_2$が生じる．さらにクエン酸サイクル1周ごとに高エネルギーリン酸化合物（GTP）も1分子合成される．ここで生成した還元型補酵素のもつ電子は，ミトコンドリア内膜の電子伝達系に流れていく．

クエン酸サイクルだけの化学反応式は以下のようになる．

$$\text{アセチルCoA} + 3NAD^+ + FAD + GDP + P_i \longrightarrow CoA + 2CO_2 + 3NADH + 3H^+ + FADH_2 + GTP$$

クエン酸サイクルで反応に使われる各中間体はサイクルが回転することで再生されるので，この反応式には現れない．つまり各中間体は少量存在すればよく，このサイクルはアセチル基を何度でも酸化できる「触媒」として機能していると考えることができる．

12.2 ピルビン酸からアセチルCoAへ

ミトコンドリアは二重の膜（外膜と内膜）をもつ．細胞質における解糖で生じたピルビン酸は，外膜は自由に通ることができるが，内膜では特異的なピルビン酸トランスロカーゼという輸送タンパク質によってミトコンドリア内に輸送される．

ピルビン酸がクエン酸サイクルに入るためには，まず**補酵素A**（coenzyme A，CoA）によって活性化されなければならない．この反応を触媒するのがピルビン酸デヒドロゲナーゼ複合体であり，ピルビン酸の1個の炭素原子はCO_2として脱炭酸され，残りの2個はCoAと結合してアセチルCoAが生成する．

この酵素複合体は三種類の酵素，ピルビン酸デヒドロゲナーゼ（E_1），ジヒドロリポアミドS-アセチルトランスフェラーゼ（E_2），ジヒドロリポアミドデヒドロゲナーゼ（E_3）からなり，それぞれが多数[*2]集まって巨大なタンパク質複合体を形成している．また，五種類の補因子と補酵素がこの反応に関与している（表12.1）．この酵素複合体[*3]が5段階の連続した反応を触媒して

[*2] 大腸菌では，24，24，12個ずつ，全体で60個のサブユニットからなる．

[*3] この酵素複合体には，E_1酵素をリン酸化／脱リン酸化によって活性調節するためのキナーゼとホスファターゼがさらに数個ずつ含まれている．

表12.1 ピルビン酸デヒドロゲナーゼ複合体で働く補酵素と補欠分子族

補酵素	機能
チアミンピロリン酸(TPP)	脱炭酸とアルデヒド基転移
リポ酸	水素またはアセチル基のキャリア
NADH	電子伝達体
$FADH_2$	電子伝達体
補酵素A(CoA)	アセチル基のキャリア

ピルビン酸を酸化的に脱炭酸し,アセチルCoAとNADHを生成する.ピルビン酸からアセチルCoAへの酸化反応は不可逆的である.

ピルビン酸 + CoA + NAD^+ ⟶ アセチルCoA + CO_2 + NADH + H^+

5段階の反応を詳しく見てみる(図12.3).

① まず,補酵素チアミンピロリン酸(TPP)を結合したピルビン酸デヒドロゲナーゼ(E_1)がピルビン酸を脱炭酸し,1-ヒドロキシエチルTPP(HETPP)中間体が形成される.

② ついで,HETPP中間体のヒドロキシエチル基が,リポアミドを補因子とするジヒドロリポアミドS-アセチルトランスフェラーゼ(E_2)に転移する.リポアミドとはリポ酸がE_2酵素のリジン残基のε-アミノ基に共有結合したものであり,その作用中心に環状ジスルフィド構造がある.そこにヒドロキシエチル基が結合し,ジスルフィド(酸化型)は還元されてジヒドロリポアミドとなり,ヒドロキシエチル基は酸化されてアセチル基となる(S-アセチルジヒドロリポアミド-E_2の生成).

③ 次に,E_2酵素の触媒によってアセチル基がCoAに移され,アセチルCoAとジヒドロリポアミド-E_2が生成する.

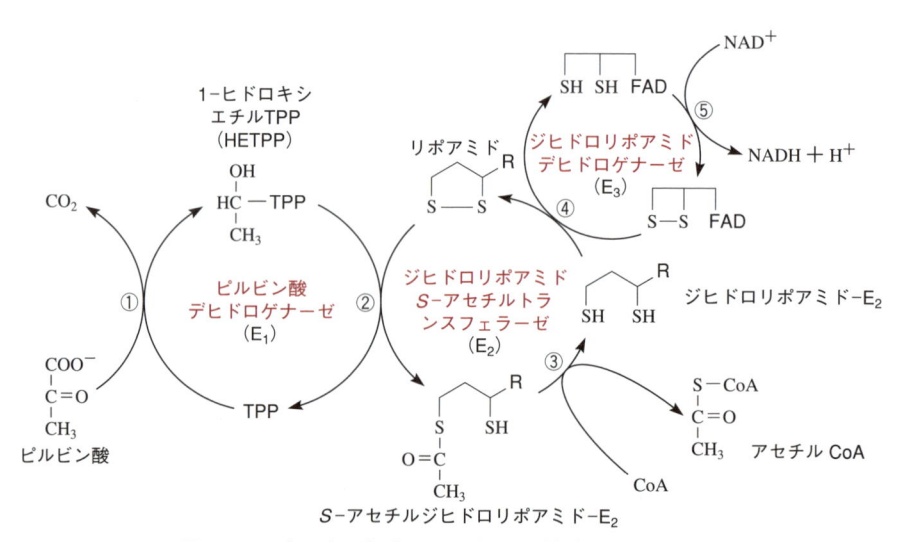

図12.3 ピルビン酸デヒドロゲナーゼ複合体の酵素反応

④ 還元状態のジヒドロリポアミド-E_2 を再酸化して酸化型リポアミド-E_2 に戻すのがジヒドロリポアミドデヒドロゲナーゼ(E_3)である.E_3 酵素はジスルフィド基とFADをもっており,ジスルフィド交換によりジヒドロリポアミドが酸化され,E_3 酵素のジスルフィド基は還元されてスルフヒドリル基となる.

⑤ 最終的にスルフヒドリル基の電子がFADを通ってNAD^+に渡されてNADHが生じる.

12.3 クエン酸サイクルの酵素反応

それでは,クエン酸サイクルの反応の詳細を見ていくことにする(図12.2を参照).

① **クエン酸シンターゼ**(citrate synthase)の触媒作用によって,アセチルCoAのアセチル基(C_2)がオキサロ酢酸(C_4)と縮合し,クエン酸(C_6)が生成する[*4].この段階は炉に燃料をくべる様子にたとえられる.この反応では1分子の水(H_2O)が必要であり,加水分解にともなうアルドール縮合反応である.

② **アコニターゼ**(aconitase,別名:アコニット酸ヒドラターゼ)はクエン酸とイソクエン酸の可逆的異性化を触媒する.このとき最初に,脱水反応により中間体として *cis*-アコニット酸ができ,ついで加水反応が起こり,結果的にHとOHが分子内で置き換わる.こうして第三級アルコールであるクエン酸が反応性の高い第二級アルコールであるイソクエン酸に異性化される.

③ **イソクエン酸デヒドロゲナーゼ**(isocitrate dehydrogenase)の作用でイソクエン酸が酸化的に脱炭酸されて2-オキソグルタル酸(C_5)が生成するとともに,CO_2とNADHが生じる.この反応ではまずイソクエン酸がNAD^+により酸化されて不安定な中間体であるオキサロコハク酸となり,引き続きただちに脱炭酸される.

④ **2-オキソグルタル酸デヒドロゲナーゼ複合体**(2-oxoglutarate dehydrogenase complex)もピルビン酸デヒドロゲナーゼ複合体と同様に三種類の酵素から構成される複合体であり,やはり五種類の補酵素(TPP,CoA,リポ酸,FAD,NAD^+)を必要とする.同様の反応機構で2-オキソグルタル酸が酸化的に脱炭酸されて,スクシニルCoA(スクシニル基はC_4化合物)とともにCO_2とNADHが生成する.

ここまでの反応で,ピルビン酸,つまりはグルコース由来の炭素原子は見かけ上すべてCO_2として遊離したことになる.しかし実際にはクエン酸サイクルの1周めで遊離するCO_2の炭素はオキサロ酢酸由来であり,アセチル基由来の炭素原子が酸化されて遊離するのは2周め以降

*4 クエン酸の名前はかんきつ類(citrus)に由来し,3個のカルボキシ基をもつので酸味の強い化合物である.

synthase と synthetase
シンターゼ(synthase)は合成酵素ともよばれ,EC4群のリアーゼに分類される.リアーゼとは反応基が取れて二重結合を残す反応を触媒する酵素の総称である.反応は可逆的で,逆反応では二重結合への付加反応となるので付加酵素ともいう.一方,シンテターゼ(synthetase)はATPやGTPなどの高エネルギーリン酸結合の加水分解反応と共役して二つの分子を結合させる酵素の通称である.EC6群のリガーゼに分類される.かつてシンターゼとシンテターゼは厳密に区別されていたが,1984年の酵素命名法の改訂からは区別なく「シンターゼ」を用いるようになり,EC6群のものに限り「シンテターゼ」に置き換えてもよいと勧告されている.

である．

⑤ **スクシニル CoA シンテターゼ**（succinyl CoA synthetase）の触媒作用で，スクシニル CoA の高エネルギーチオエステル結合が加水分解されてコハク酸が生成する．そのとき放出される大きな自由エネルギーは GDP と P_i からの GTP 合成に利用される[*5]．GTP の γ 位のリン酸基はヌクレオシド二リン酸キナーゼの作用によって容易に ADP に移って ATP が合成される．この段階は，クエン酸サイクルでは唯一の基質レベルでのリン酸化である．

⑥ クエン酸サイクルの最終の 3 段階は C_4 化合物の反応である．コハク酸は酸化，水付加，酸化，という 3 段階の反応を経てオキサロ酢酸へと再生し，次のサイクルに入る．まず，コハク酸は**コハク酸デヒドロゲナーゼ**（succinate dehydrogenase）によって酸化されてフマル酸になる．この酵素の水素受容体は FAD であり，コハク酸から水素原子 2 個（つまり電子も 2 個）を引き抜いて $FADH_2$ となる．FAD はコハク酸デヒドロゲナーゼに共有結合している．

⑦ **フマラーゼ**（fumarase，別名：フマル酸ヒドラターゼ）の触媒によって，フマル酸の二重結合に H_2O が付加されて，L-リンゴ酸が生成する．フマラーゼは立体特異性を示し，H と OH がトランスの位置に付加するので，生じるリンゴ酸は L 異性体のみである．

⑧ 最後に**リンゴ酸デヒドロゲナーゼ**（malate dehydrogenase）が，NAD^+ を酸化剤としてリンゴ酸をオキサロ酢酸に酸化し，同時にクエン酸サイクルでは三つめの NADH が生成する．

[*5] ほ乳類では GTP であるが，他の多くの生物では ATP が合成される．

コハク酸デヒドロゲナーゼ
クエン酸サイクルの他の酵素とは違ってミトコンドリアの内膜に組み込まれている酵素．ミトコンドリアの電子伝達系においてコハク酸デヒドロゲナーゼは複合体 II を構成し，$FADH_2$ からの電子は直接，補酵素 Q（co-enzyme Q, CoQ）に渡される（第 13 章を参照）．

12.4 クエン酸サイクルの調節

解糖系と同様に，クエン酸サイクルの代謝流量も細胞のエネルギー需要に応じて厳密に調節されている．代謝流量はエネルギーが満たされていれば抑制され，逆に不足していると促進される．つまり，[ATP]/[ADP] 比，[NADH]/[NAD^+] 比，[アセチル CoA]/[CoA] 比，[スクシニル CoA]/[CoA] 比によって影響を受ける．調節される重要な酵素は，ピルビン酸デヒドロゲナーゼ複合体，クエン酸シンターゼ，イソクエン酸デヒドロゲナーゼ，および 2-オキソグルタル酸デヒドロゲナーゼ複合体の四つである．これらの酵素活性はその反応の生成物によって直接阻害されたり，サイクルの後のステップで生成する中間体によって阻害されたりする（図 12.4）．

ピルビン酸デヒドロゲナーゼ複合体は，二種類の方法で調節される．一つは生成物による阻害で，NADH およびアセチル CoA は，酵素の基質結合部位で本来の基質（NAD^+ および CoA）と競合するため，濃度が高くなると図 12.3 の E_2 反応と E_3 反応を阻害する．もう一つは E_1 酵素（ピルビン酸デヒ

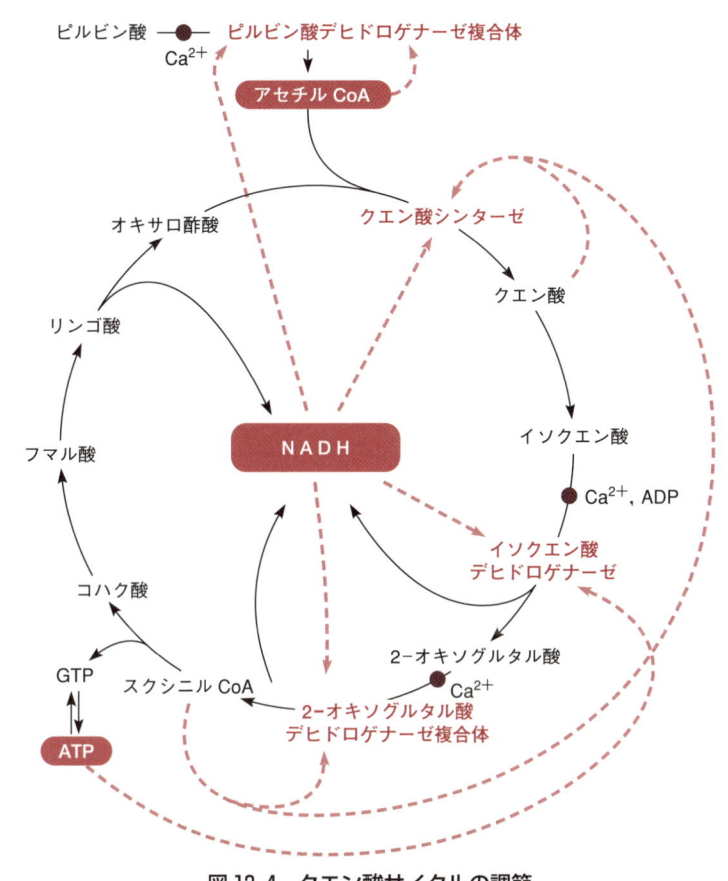

図12.4 クエン酸サイクルの調節
阻害剤として働く中間体と阻害を受ける酵素を破線の矢印で示した．一方，エネルギー需要が増えると，Ca^{2+}とADP（●）は酵素を活性化して流量を増大させ，ATP合成を盛んにする．

ドロゲナーゼ）のリン酸化／脱リン酸化による活性調節である．この複合体にはE_1酵素をリン酸化するキナーゼと脱リン酸化するホスファターゼが含まれており，NADHおよびアセチルCoAの濃度が高くなるとこのキナーゼが活性化されて，E_1酵素のセリン残基がリン酸化されて酵素活性が失われる．つまりいずれも[NADH]/[NAD^+]比および[アセチルCoA]/[CoA]比が高い（エネルギーが充足している）と活性が阻害され，逆にこれらの濃度比が低いとその阻害が解除される．インスリンは，シグナル伝達系を通してホスファターゼを活性化し，E_1酵素が脱リン酸化されて酵素活性が上昇する．インスリンはグリコーゲンシンターゼも活性化し，血糖値の上昇に応じてグリコーゲン合成（グルコースの貯蔵）とアセチルCoA合成（グルコース分解）の両方を促進し，結果として血糖値を低下させる．そのほかに，ピルビン酸とADPはE_1酵素キナーゼを阻害し，Ca^{2+}はE_1酵素ホスファターゼを活性化する[*6]．いずれも酵素複合体を活性化しアセチルCoA合成を促進する．

[*6] Ca^{2+}はピルビン酸デヒドロゲナーゼ複合体だけでなく，イソクエン酸デヒドロゲナーゼと2-オキソグルタル酸デヒドロゲナーゼ複合体も活性化することがわかっており，筋収縮のトリガーであるCa^{2+}がATP生産も促進する．筋肉ではCa^{2+}はホスホリラーゼキナーゼを活性化してグリコーゲン分解を促進するので，収縮に必要なエネルギーを供給するためにグルコース代謝系が連動して活性化される．

クエン酸サイクルの八つの酵素のうち，自由エネルギー変化の大きなステップを触媒する三つの酵素，クエン酸シンターゼ，イソクエン酸デヒドロゲナーゼ，および 2-オキソグルタル酸デヒドロゲナーゼ複合体がおもな活性調節部位である．図 12.4 に示すように，いずれも生成物や，その後の段階の中間体などによってその活性が阻害される．

12.5　クエン酸サイクルの関連反応

これまではクエン酸サイクルにおけるアセチル基の酸化過程（CO_2 と還元型補酵素の生成），つまり異化過程を見てきた．しかしクエン酸サイクルの中間体はさまざまな生合成経路の原材料として供給されており，同化過程としても重要な役割を担っている．つまりこのサイクルは，異化と同化の**両面性代謝経路**（amphibolic pathway）である（図 12.5）．このサイクルの中間体が同化過程で消費されて失われると異化過程でのエネルギー生産ができなくなるため，絶えず中間体は補充されなければならない．それが**アナプレロティック**（anaplerotic, 補充するとの意）**反応**である．

12.5.1　クエン酸サイクルの中間体を利用する代謝経路

a) 脂肪酸とコレステロールの合成は，アセチル CoA を出発材料とするが，ミトコンドリア内のアセチル CoA はミトコンドリア内膜を通れないため，クエン酸がトリカルボン酸輸送系によって細胞質に運ばれ，ATP-クエン

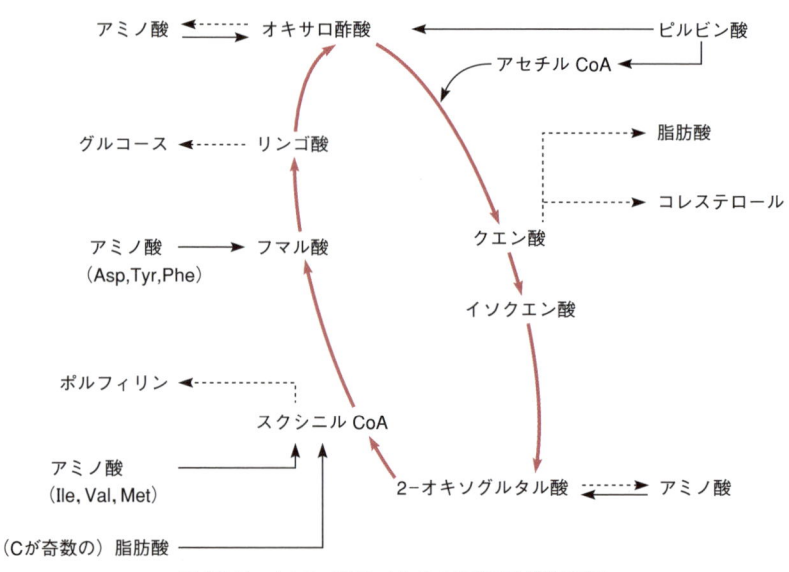

図 12.5　クエン酸サイクルの両面性代謝経路
クエン酸サイクルの中間体を補充する反応を実線（サイクルに入ってくる矢印），同化過程に使うために取りだす反応を破線（サイクルから外に向かう矢印）で示した．

酸リアーゼの作用でアセチルCoAに戻される．
b）糖新生の最初のステップは，ピルビン酸カルボキシラーゼの作用によるピルビン酸からオキサロ酢酸への変換である．ミトコンドリア内のオキサロ酢酸は，リンゴ酸に変えられて細胞質へと運ばれ，そこで再びオキサロ酢酸に戻されて糖新生に利用される．
c）アミノ酸生合成の出発材料は，2-オキソグルタル酸とオキサロ酢酸である．
d）ポルフィリン合成はスクシニルCoAを出発材料とする．

12.5.2 クエン酸サイクルの中間体を補充する反応

　もっとも重要な補充反応は，ピルビン酸カルボキシラーゼによるピルビン酸からオキサロ酢酸の生成である．これは糖新生の最初の反応でもある．クエン酸サイクルの中間体が少なくなってくると，アセチルCoAがサイクルに入ることができず，その濃度が高まる．高濃度のアセチルCoAはピルビン酸カルボキシラーゼを活性化し，ピルビン酸からオキサロ酢酸を生成する．その結果，アセチルCoAはサイクルに入っていくことができる．

　その他には，前述のアミノ酸生合成の逆反応で2-オキソグルタル酸やオキサロ酢酸が合成され，また数種類のアミノ酸からはスクシニルCoAやフマル酸が補充される．さらに奇数炭素の脂肪酸からはスクシニルCoAが生成する．

12.5.3 グリオキシル酸サイクル

　植物や細菌，カビなどでは，二炭素化合物（C_2，エタノールや酢酸）から糖新生の原材料を供給する代謝系がある．それが**グリオキシル酸サイクル**（glyoxylate cycle）であり，クエン酸サイクルの変形したものである．直接には2分子のアセチルCoAから1分子のコハク酸（C_4）が合成される．このサイクルは**グリオキシソーム**（glyoxysome）という特殊な細胞内小器官で行われる．グリオキシル酸サイクルは5段階の酵素反応からなるが，そのうちの

グリオキシソーム
植物特有の細胞内小器官でペルオキシソームの一種．グリオキシル酸サイクルの酵素群を含むことから名づけられた．この他には，ペルオキシソーム特有の脂肪酸β酸化を行う酵素群やカタラーゼなどを含む．グリオキシソームは植物の種子が発芽するときに発現し，脂肪酸の消費や糖新生を促進して必要なエネルギーを供給する．

●クエン酸サイクル補充反応の重要性

　飢餓状態や糖尿病になると，生体は燃料分子を糖質から脂質に切り替える（17.4を参照）．そのときにはグルコースを十分に利用できないのでピルビン酸からの補充反応が少なくなり，オキサロ酢酸が減少してくる．つまりクエン酸サイクルの中間体が枯渇してくる．その結果，脂肪酸のβ酸化で生成したアセチルCoAがクエン酸サイクルに入ることができず高濃度となり，ケトン体合成が盛んとなる．このことは脂質をエネルギー源として有効に使うには，補充反応のためのグルコースが必要であることを意味している．

　一般に，登山などで遭難したときにはあめ玉など甘いものをもっていれば，体内の脂肪をうまく燃焼させて生存期間を長くすることができるといわれている．

3段階はクエン酸サイクルと共通の酵素が働いている(図12.6).

まず,クエン酸シンターゼによりオキサロ酢酸がアセチルCoAと縮合してクエン酸が生じ(①),アコニターゼの作用により異性化されてイソクエン酸が生成する(②).ここまではクエン酸サイクルと同じである.次に,イソクエン酸リアーゼの触媒によってイソクエン酸(C_6)がコハク酸(C_4)とグリオキシル酸(C_2)に開裂する(③).グリオキシル酸はリンゴ酸シンターゼの作用でもう一つのアセチルCoAと縮合し,リンゴ酸(C_4)が生成する(④).最後にリンゴ酸デヒドロゲナーゼによりリンゴ酸からオキサロ酢酸ができてサイクルは完結する(⑤)[*7].一方,③の反応で生じたコハク酸はミトコンドリアに輸送され,クエン酸サイクルに入る(⑥,⑦).つまりグリオキシル酸サイクルは補充反応として働くことになる.さらに,その一部はリンゴ酸を経て糖新生へと向かう(⑧).

グリオキシル酸サイクルのイソクエン酸リアーゼとリンゴ酸シンターゼは

[*7] グリオキシル酸サイクルは,クエン酸サイクルの2段階の脱炭酸反応が迂回され,イソクエン酸から分かれてクエン酸サイクルの後半部分につながっている.グリオキシル酸サイクルで使われるアセチルCoAはおもに脂肪酸のβ酸化で生じたものであるが,エタノールや酢酸からも合成される.

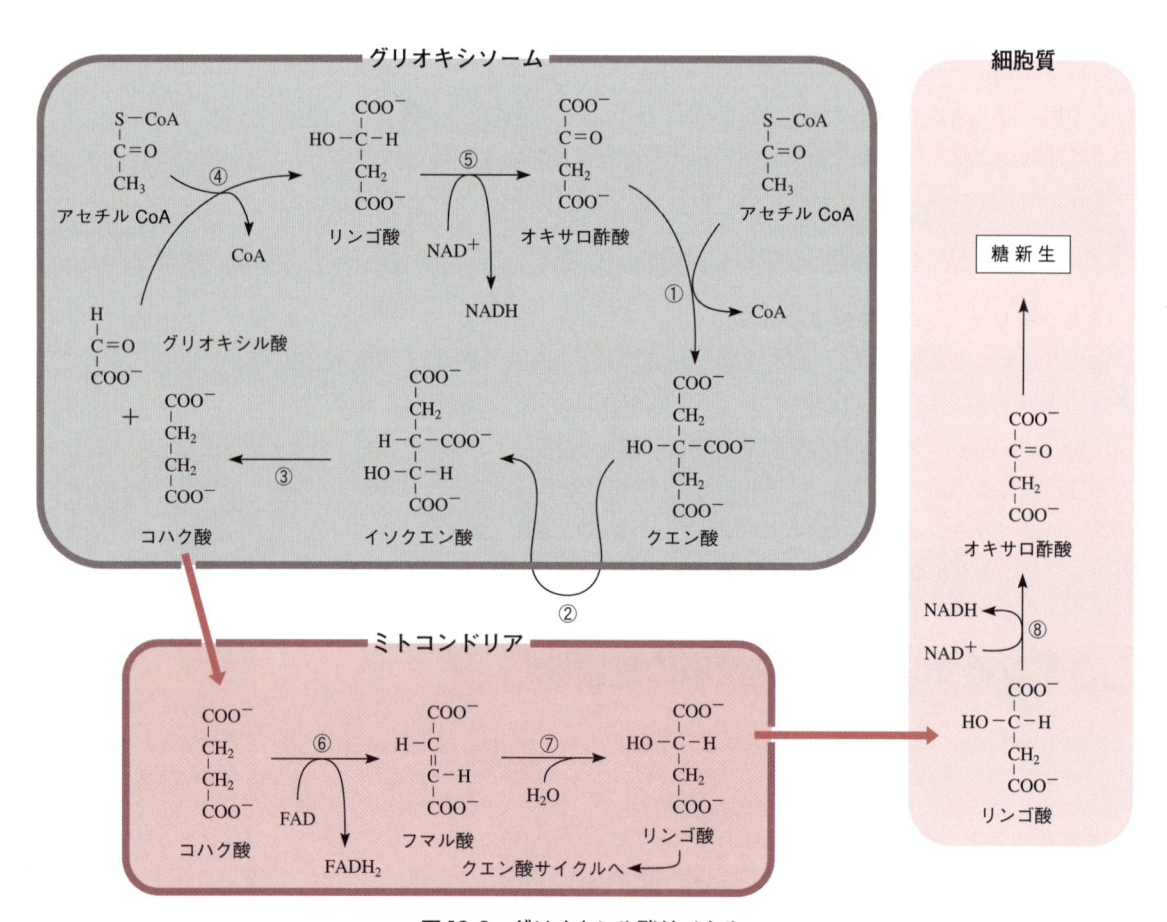

図12.6 グリオキシル酸サイクル
①クエン酸シンターゼ,②アコニターゼ,③イソクエン酸リアーゼ,④リンゴ酸シンターゼ,⑤リンゴ酸デヒドロゲナーゼ,⑥コハク酸デヒドロゲナーゼ,⑦フマラーゼ,⑧リンゴ酸デヒドロゲナーゼ

植物などに特有の酵素で，このサイクルをもつ生物は脂肪酸由来のアセチルCoAを使って糖新生を行うことができる．動物はこのサイクルをもたないため，脂肪酸からグルコースを合成することはできない．

章末問題

12-1. ピルビン酸をアセチルCoAに変換する酵素であるピルビン酸デヒドロゲナーゼは，大きな酵素複合体である．この複合体に必要な五種類の補酵素および補欠分子族の名前と働きを述べよ．

12-2. クエン酸サイクルにおいてCO_2を生成する反応を触媒する酵素を二つあげよ．

12-3. クエン酸サイクルにおいて基質レベルのリン酸化（GTP合成）を触媒する酵素は何か．

12-4. クエン酸サイクルの中間体は他の同化過程の原材料としても利用される．具体的にクエン酸サイクルの中間体からはどのような化合物が合成されるか．

12-5. クエン酸サイクルの中間体を補充する反応を何とよぶか．またその反応はなぜ必要なのか説明せよ．

12-6. 「クエン酸サイクルはO_2が存在しないと働かない」という記述は正しいか．その理由も含めて説明せよ．

12-7. 運動をすると，筋肉の収縮によって大量のATPが消費されるが，それがクエン酸サイクルに与える影響を説明せよ．

第13章

電子伝達系と酸化的リン酸化

ubiquinole

　解糖や脂肪酸の酸化，クエン酸回路で生成する NADH や $FADH_2$ は，ミトコンドリアにおいて O_2 を H_2O に還元するために必要な電子を供給する．O_2 の還元の際に放出されたエネルギーは，ATP の合成に利用される．この過程を酸化的リン酸化とよび，好気性生物のおもな ATP 供給源となっている．本章では，好気性生物のエネルギー代謝の主経路である電子伝達系と酸化的リン酸化の機構について述べる．

13.1　ミトコンドリア

　ミトコンドリアは高度に特殊化した 2 枚の膜(外膜と内膜)をもち，内膜の内側の大きな空間を**マトリックス**(matrix)，内膜と外膜の間の狭い空間を**膜間腔**(intermembrane space)とよぶ(図 13.1a)．図 13.1 (b) に，ミトコンドリアで行われる反応の概要を示した．内膜には，酸化的リン酸化に必要な電子伝達系のタンパク質や ATP 合成酵素が存在する．マトリックスでは，クエン酸回路の反応で生じた NADH や $FADH_2$ が，自身のもつ電子を内膜にある電子伝達系に渡す．電子はすみやかに受け渡されて酸素(O_2)に達し，水

ミトコンドリア
独自の DNA や RNA，リボソームを含む転写翻訳系をもつ．ミトコンドリアの数や細胞内局在は，細胞の ATP 要求度によって変わり，肝細胞では細胞あたり 1000〜2000 個も存在している．心筋細胞では収縮装置の近傍に，精子においては運動を行う鞭毛の周囲に局在する．

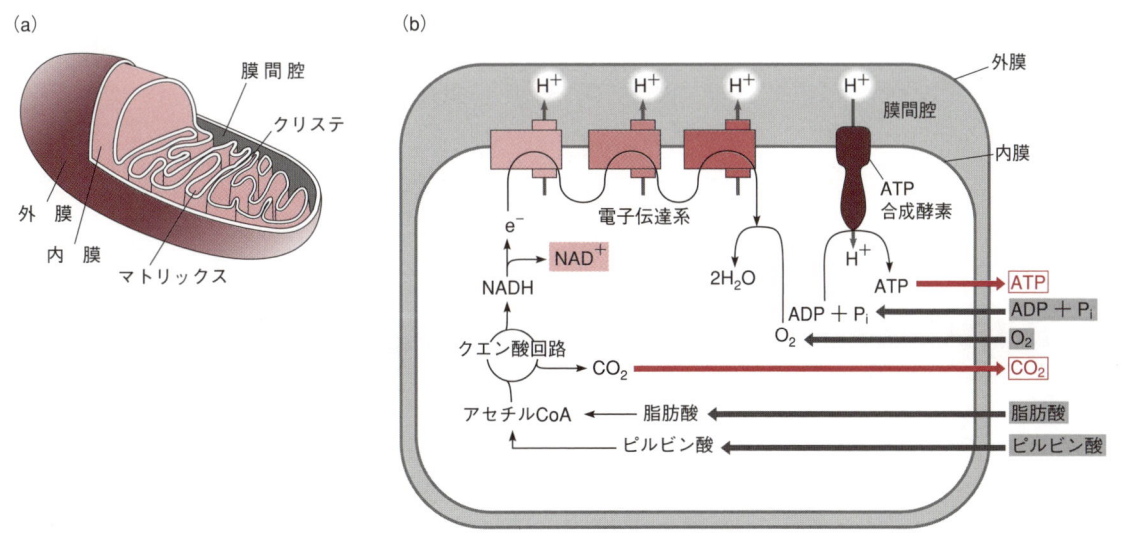

図 13.1　ミトコンドリアの構造(a)とミトコンドリア内の反応(b)

が形成される．一方，電子伝達系を通って電子が移動する間にマトリックスから内膜を越えて膜間腔にプロトン(H^+)が汲みだされ，このとき形成されたプロトン濃度勾配がATPの合成に利用される．この過程を**酸化的リン酸化**(oxidative phosphorylation)とよぶ．

13.2 電子伝達系

シトクロム
シトクロムはヘム補欠分子族を含む電子伝達タンパク質で，ヘム中の鉄イオンは電子伝達の間に還元型鉄(II)と酸化型鉄(III)の状態を交互にとる．

シトクロム c
シトクロム c はミトコンドリアの内膜外表面に存在する可溶性タンパク質である．c 型のヘムを有するヘムタンパク質で，ミトコンドリアにおける電子伝達以外に，アポトーシスにもかかわっていることが明らかになっている．

酸化的リン酸化には，まず複合体 I〜IV による**電子伝達系**(electron-transport chain)が必要である(図13.2)．**複合体 I**(complex I)は NADH からの電子をユビキノン(Q)に渡す．電子が複合体 I の内部を移動するのと共役して，1個の電子あたり2個のプロトンがマトリックス側から膜間腔へ汲みだされる．**複合体 II**(comlex II)は，コハク酸をフマル酸に変換し，その際に生成する $FADH_2$ の電子をユビキノンに渡す．しかし，複合体 I のようにプロトンが汲みだされることはない．**複合体 III**(complex III)はユビキノンから電子を受け取ってシトクロム c に渡す．電子が複合体 III のなかを通過する間に，電子1個あたりプロトン2個がマトリックスから膜間腔に汲みだされる．**複合体 IV**(complex IV)はシトクロム c から電子を受け取って，最終的に O_2 に電子を伝達し，これがプロトンと反応して水を生成する．複合体 IV のなかを電子が通過する間に電子1個あたり1個のプロトンがマトリックス

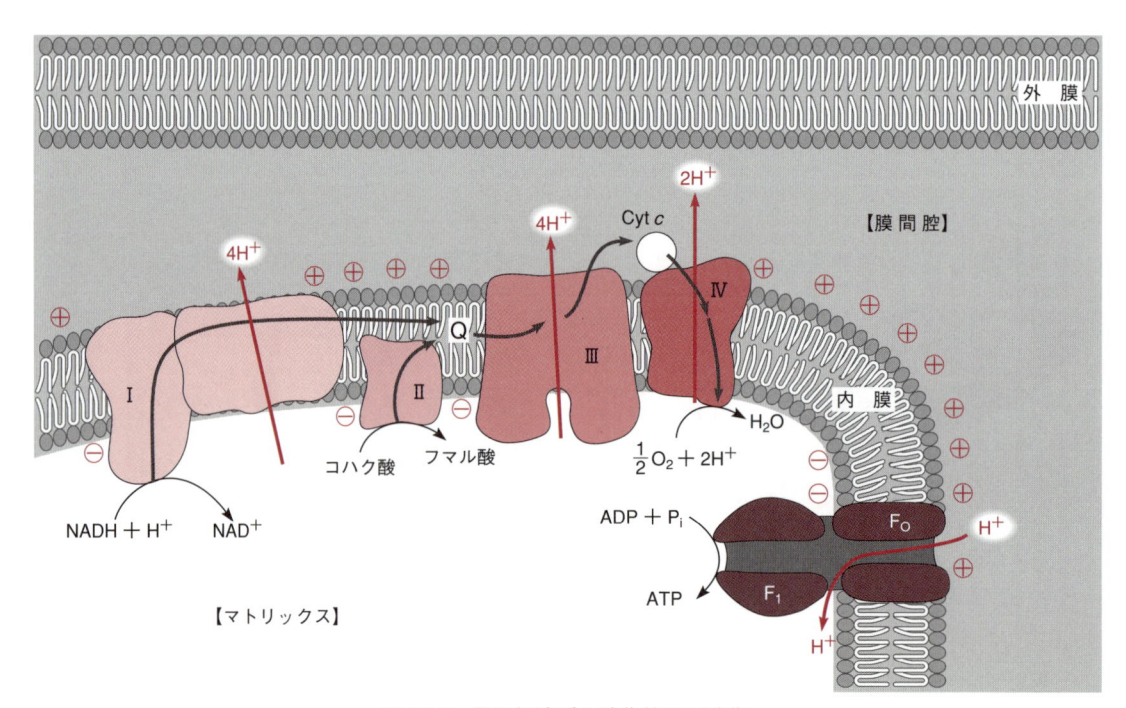

図13.2 電子伝達系と酸化的リン酸化
I, II, III, IV はそれぞれ電子伝達系の複合体を表す．Q：ユビキノン，Cyt c：シトクロム c．

から膜間腔側に汲みだされる．このように，電子伝達系を電子が流れると，ミトコンドリアの内膜を挟んで，プロトンの濃度勾配（電気化学ポテンシャル）が生じる．

13.2.1　複合体 I

複合体 I は NADH-ユビキノンオキシドレダクターゼ，または NADH デヒドロゲナーゼともよばれ，FMN（フラビンモノヌクレオチド）を含有するフラビンタンパク質と，少なくとも 6 個の鉄-硫黄中心を含んだ 42 個のポリペプチドからなる大きな複合体である（図 13.3）．複合体 I において，NADH から FMN へヒドリドイオン（H^-）が転移し，このとき生じる 2 個の電子が FMN から一連の Fe-S 中心を経て，この複合体のマトリックス側に存在する鉄-硫黄タンパク質（N-2）に移動する．さらに N-2 から電子がユビキノン（Q）へ伝達されると，ユビキノンは還元されてユビキノール（QH_2）に変化する（図 13.4）．複合体 I は電子伝達のエネルギーによって駆動するプロトンポンプであり，2 個の電子の移動によって 4 個のプロトンをマトリックスから膜間腔へ移動させる．

鉄-硫黄タンパク質

非ヘムタンパク質ともよばれ，生物の広範な還元反応に重要な役割を果たしている．鉄は無機硫黄原子またはタンパク質中の Cys 残基の硫黄原子と会合するか，あるいはその両方と会合する型で存在している．

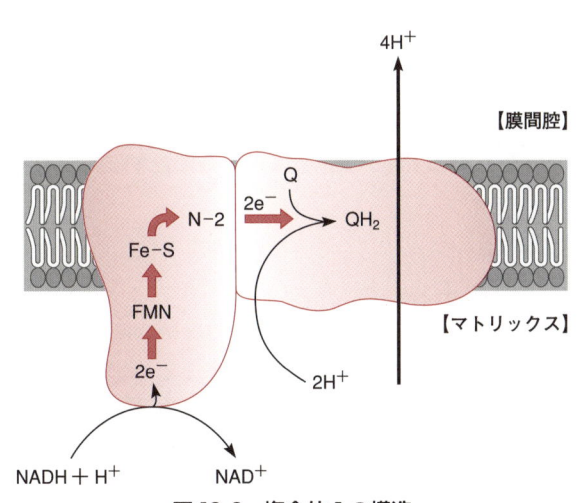

図 13.3　複合体 I の構造
N-2：鉄-硫黄タンパク質，Q：ユビキノン，QH_2：ユビキノール．

図 13.4　ユビキノンとユビキノールの変換
R=$(CH_2-CH=CCH_3-CH_2)_{10}-H$

13.2.2　複合体 II

複合体 II は，コハク酸デヒドロゲナーゼである．FAD はこの酵素の補欠分子族であり，コハク酸がこの酵素によってフマル酸に酸化されるときに $FADH_2$ に変えられる．$FADH_2$ の電子がこの酵素に含まれる 3 個の Fe-S 活性中心に順次渡され，ついでユビキノンを還元してユビキノールとする（図 13.5）．複合体 II のほかに，$FADH_2$ からユビキノンへ電子を渡す酵素は二つある．脂肪酸の β 酸化の過程で働いているアシル CoA デヒドロゲナーゼや，

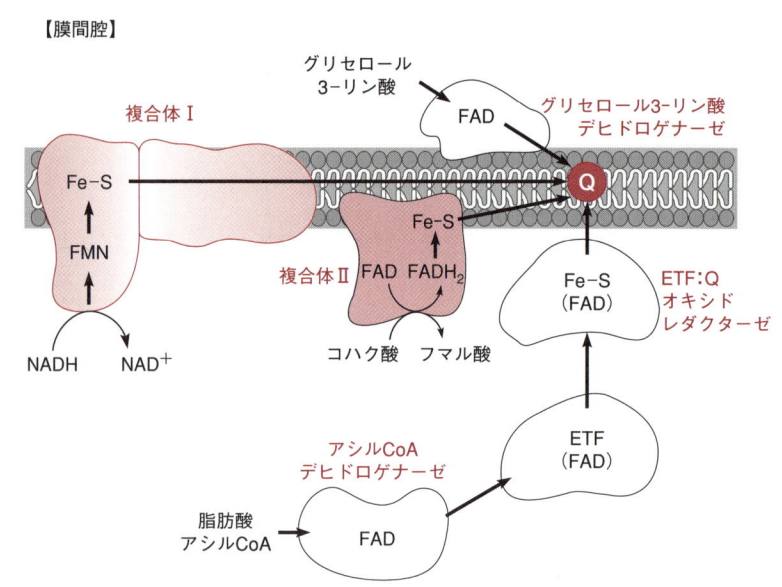

図13.5 複合体Ⅱや他の複合体によるユビキノン（Q）の還元
FAD：フラビンアデニンジヌクレオチド，ETF：電子伝達フラビンタンパク質，FMN：フラビンモノヌクレオチド．

解糖系酵素であるグリセロール3-リン酸デヒドロゲナーゼは，それぞれミトコンドリア内膜の内表面および外表面に局在するフラビンタンパク質を介してユビキノンを還元し，電子伝達系に電子を供給する．

13.2.3 複合体Ⅲ

複合体Ⅰや複合体Ⅱによって生成されたユビキノールは膜内を自由に拡散する．このユビキノールから**シトクロム c**（cytochrome c）に電子を伝達するのが複合体Ⅲである．この複合体は11個の異なるサブユニットからなるタンパク質が二つ会合して二量体を形成している（図13.6）．2個のシトクロムサブユニットは3個のヘムを含んでおり，シトクロム b のなかに2個のヘム，b_L（Lは低い親和性を示す）と b_H（Hは高い親和性を示す），もう一つはシトクロム c_1 のなかに c 型のヘム[*1]として存在する．さらに，複合体Ⅲはヘムに加えて，2Fe-2S中心をもった鉄-硫黄タンパク質を含んでおり，これをとくに**リスケ鉄-硫黄タンパク質**（Rieske iron-sulfur protein）とよぶ．

複合体Ⅲによるユビキノンからシトクロム c への電子伝達とプロトン輸送の共役機構は**Qサイクル**（Q cycle）として知られている（図13.7）．このサイクルは2電子伝達体のユビキノールから1電子伝達体のシトクロム c への切り替えを容易にしている．第一のユビキノール（QH_2）からの1個めの電子はリスケ［2Fe-2S］クラスターを通り，シトクロム c_1 を通過して酸化型シトクロム c に伝達され，これを還元型に変換する．このときユビキノールから2

*1　これらのヘムは鉄-プロトポルフィリンⅨであり，ミオグロビンやヘモグロビンと同じヘムである．

リスケ鉄-硫黄タンパク質
発見者 J. S. Rieske にちなんで命名された．このタンパク質は Cys 残基ではなく His 残基が鉄イオンに配位しているところが普通とは異なっている．

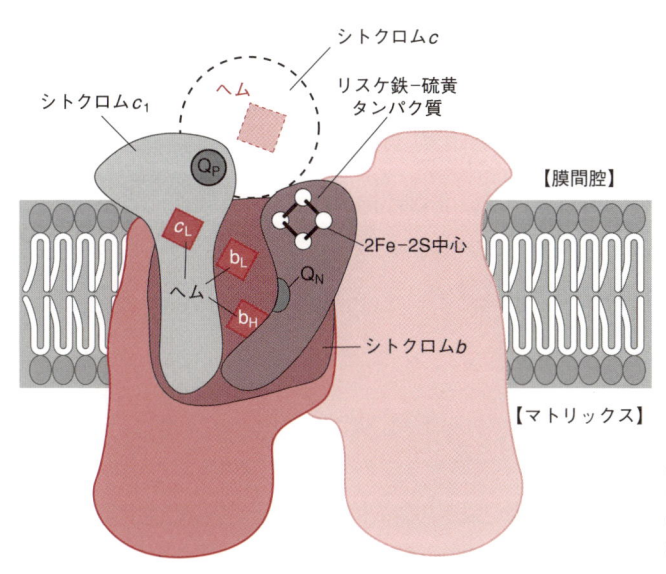

図13.6 複合体Ⅲの構造
二量体機能単位のうちの単量体を詳しく示す．シトクロム c はこの複合体には含めないので破線で示した．Q_P, Q_N はユビキノン結合部位（Q_P は電子を渡す側，Q_N は電子を受け取る側）．

個のプロトンが放出される．もう一つの電子はヘム b_L，ヘム b_H へと流れ，ついで酸化型ユビキノン（Q）へと伝達されて，ユビキノン（Q）がセミキノン陰イオン（$\cdot Q^-$）に還元される．第二のユビキノールからの1個めの電子は同様にシトクロム c に伝達され，2個のプロトンが放出される．もう一つの電子がセミキノン陰イオン（$\cdot Q^-$）をさらに還元し，マトリックス側から2個のプロトンを取り込んでユビキノール（QH_2）となる．この2個の電子が伝達される間に4個のプロトンがマトリックスから汲みだされることになる．

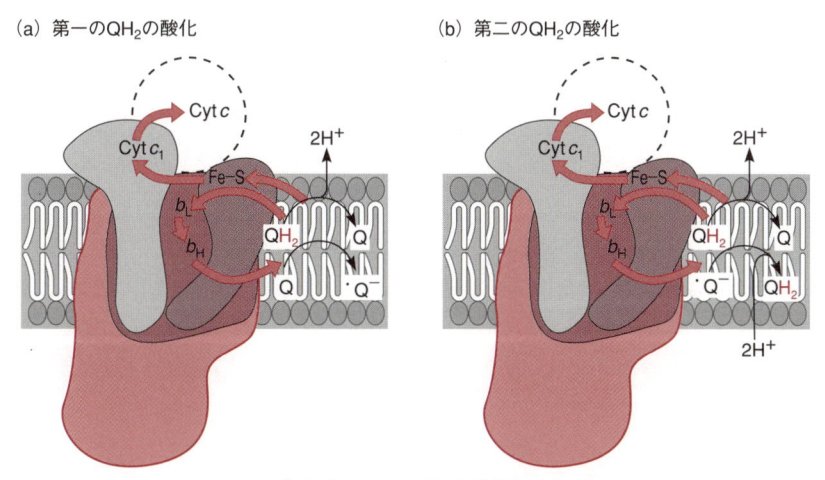

(a) 第一のQH_2の酸化　　(b) 第二のQH_2の酸化

図13.7　複合体Ⅲの電子伝達機構（Qサイクル）
二量体機能単位のうちの単量体を詳しく示す．シトクロム c はこの複合体Ⅲには含めないので破線で示した．Cyt c：シトクロム c，Q：ユビキノン，QH_2：ユビキノール，$\cdot Q^-$：セミキノン陰イオン．

13.2.4 複合体Ⅳ

複合体Ⅲから電子を受け取ったシトクロム c は電子伝達系の最終ステップである複合体Ⅳへ電子を伝達する．この複合体はシトクロム c オキシダーゼともよばれ，三つのサブユニット（Ⅰ，Ⅱ，Ⅲ）構造をもち，4分子のシトクロム c から電子を受け取って O_2 を H_2O に直接還元する（図13.8）．サブユニットⅠは2個のヘム a，a_3 と1個の銅イオン Cu_B を含み，サブユニットⅡは2個の銅イオン Cu_A/Cu_A を含む．

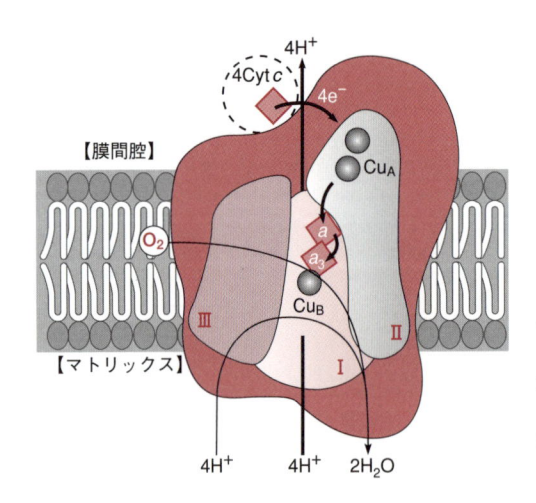

図 13.8 複合体Ⅳの構造と電子伝達機構
電子伝達の中心的役割をしているのが，サブユニットⅠ，Ⅱ，Ⅲである．酸素（O_2）はヘム a_3 に結合し，4個のシトクロム c から供給される電子によって還元され，マトリックスからの4個のプロトンと反応し，2分子の H_2O に変換される．機構は未解明であるが，さらに4個のプロトンがマトリックスから膜間腔に汲みだされる．

1個目の還元型シトクロム c から，電子はまず Cu_A/Cu_A に渡り，ヘム a，ヘム a_3 と移動して最終的には Cu_B に到達し，Cu_B の状態を Cu^{2+}［銅（Ⅱ）］から Cu^+［銅（Ⅰ）］に還元する．2個目のシトクロム c から供給された電子も同様に伝達され，ヘム a_3 の鉄イオンを Fe^{3+}［鉄（Ⅲ）］から Fe^{2+}［鉄（Ⅱ）］に還元する．これによってヘム a_3 に O_2 が結合できるようになり，O_2 は近接する Cu_B から電子を受け取って，Fe^{3+}-O_2^{2-}-Cu_B^{2+} の複合体を形成する．この複合体はさらに，3個目のシトクロム c から電子を受け取る．そこへプロトンが結合すると酸素原子間の結合が解離して，Cu_B^{2+}-OH と Fe^{4+}=O となる．そして，4個目のシトクロム c からも電子を受け取って，プロトンが結合すると Fe^{3+}-OH となる．最終的に2個のプロトンがそれぞれの Cu_B^{2+}-OH と Fe^{3+}-OH に結合することで，2分子の H_2O が生じる．ここで用いられた4個のプロトンはマトリックスから供給されたものであり，また，この過程で4個のプロトンがマトリックスから汲みだされる（詳しい機構は不明である）．以上の反応で，膜間腔とマトリックスとのプロトン濃度勾配はさらに大きくなる．

こうして電子伝達系でつくられたプロトン勾配が，酸化的リン酸化の過程でATP合成に用いられる．ミトコンドリアにおけるATP合成の詳細を次節で述べる．

13.3 酸化的リン酸化

酸化的リン酸化は，電子伝達系によってミトコンドリアの内膜の内外に生じたプロトン濃度勾配によって生じた電気化学ポテンシャルを利用してATPを合成する経路である．この電子伝達（プロトンの流れ）とリン酸化（ATPの合成）が共役する機構は，P. Mitchellによって提唱され，**化学浸透圧説**(chemiosmotic model)とよばれている．

13.3.1 ATP合成酵素

膜間腔からマトリックスへと内膜を通過するプロトンの流れを利用してATPを合成するのが，ATP合成酵素（別名：F_oF_1ATPase，複合体Ⅴ）である．ATP合成酵素はミトコンドリア内膜に埋め込まれたF_oとマトリックスにつきでたF_1部分からなる（図13.9）[*2]．

F_oは，三種類のサブユニットa，b，cからなり，cサブユニットが10〜14個相互作用して，内膜を貫通する環状構造を形成している．単一のサブユニットであるaはこの環の外側に結合している．F_1は五種類のサブユニットからなる$\alpha_3\beta_3\gamma\delta\varepsilon$複合体を形成し，ATPを合成する．$\alpha$サブユニットと$\beta$サブユニットは交互に配列し六量体を形成している．ATPの合成に直接かかわっているのはβサブユニットである．中心部の軸はγとεサブユニットからなり，γサブユニットは$\alpha_3\beta_3$六量体の中心部にまで伸びている．この$\gamma\varepsilon$構造はF_oとF_1をつなぎ，さらに外側で二つのbサブユニットが，aサブユニットとδサブユニットをつないでいる．

[*2] F_oのoは，オリゴマイシンに由来する．

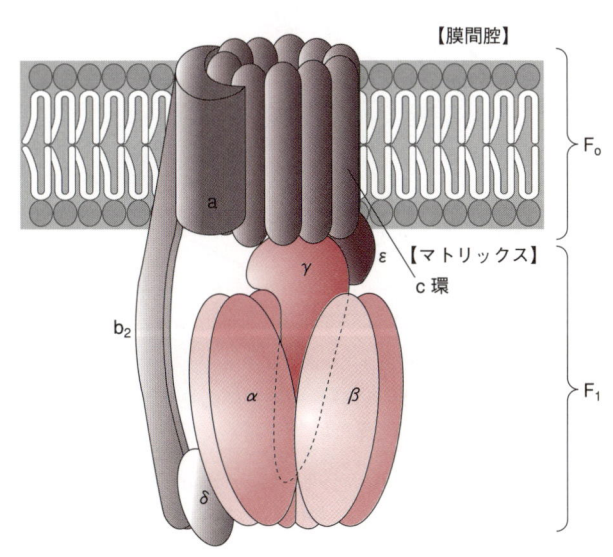

図13.9 ATP合成酵素の構造

13.3.2 ATP 合成酵素による ATP 合成機構

ATP 合成酵素は Mg^{2+} の存在下，ADP と P_i から ATP を合成する．この反応は F_1 の β サブユニット上で進行するが，この反応にはプロトン濃度勾配によるポテンシャルは必要ない．ポテンシャルが必要となるのは，生成した ATP が酵素から離れるときである．もしこのポテンシャルがなければ ATP は一度合成されて，そこで停止してしまう．ATP が次つぎに合成されるには，ATP が酵素から放出される必要がある．

F_1 は，対になった $\alpha\beta$ サブユニット 3 組と $\gamma\delta\epsilon$ サブユニットからなる．γ サブユニットは F_o へのプロトンの流れにともなって c 環とともに回転する．β サブユニットは，γ サブユニットとの位置関係によって構造変化を起こし，三種類の状態，すなわち ATP 結合，ADP 結合，空の状態をとる(図 13.10)．β サブユニットに結合していた ATP がマトリックス側に放出されると，ADP を結合している β サブユニット上で ATP が合成される．一方で，空になった β サブユニットには新たな ADP が結合する．この反応の繰り返しによって，3 個のプロトンが ATP 合成酵素を流れると，1 分子の ATP が合成される．

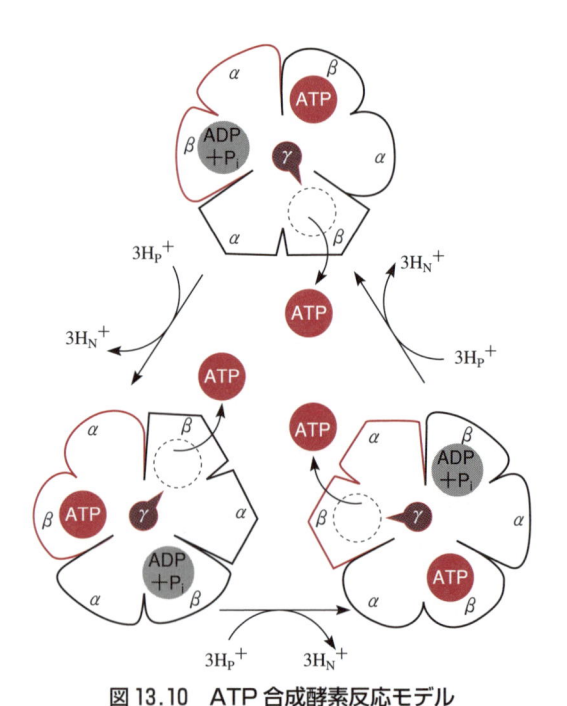

図 13.10 ATP 合成酵素反応モデル
3 個のプロトンが膜間腔からマトリックスへ運ばれるごとに，γ サブユニットが回転して $\alpha\beta$ サブユニットの構造が変化する(H_P^+：膜間腔にあるプロトン，H_N^+：マトリックスにあるプロトン)．

13.3.3 ミトコンドリア内膜を介した輸送

ミトコンドリアの内膜はほとんどの分子に対して非透過性であるが，ATPを産生するためには，膜を通して多くの物質をやりとりしなければならない．

ATPとADPは，**アデニンヌクレオチドトランスロカーゼ**（adenine nucleotide translocase）によって輸送される．これはアンチポーター（対向輸送体）の一種で，膜間スペースからADP^{3-}をマトリックス内に取り入れるとともに，ATP^{4-}を膜間腔に放出する．この輸送では3個の負電荷を運び入れる代わりに4個の負電荷を運びだすので，プロトンの濃度勾配（電気化学ポテンシャル）によって促進される．

酸化的リン酸化に必要なもう一つの因子はリン酸である．この輸送を担うのが**リン酸トランスロカーゼ**（phosphate translocase）で，$H_2PO_4^-$ 1分子とプロトン1個をマトリックス内へ等方輸送する．この輸送もまた，プロトン濃度勾配によって促進される．

解糖系によって生成した細胞質ゾルのNADHは，ミトコンドリアの膜内に進入することはできない．ミトコンドリアの電子伝達系がNADHを利用するために，NADHは特殊なシャトル系を利用してマトリックスに供給される．肝臓，腎臓および心臓のミトコンドリアには，**リンゴ酸-アスパラギン酸シャトル**（malate-aspartate shuttle）とよばれるNADH輸送系が存在する（図13.11）．このシャトルは，二つのトランスポーターと四つの酵素によって構成されている．細胞質ゾルのNADHは，リンゴ酸デヒドロゲナーゼによってオキサロ酢酸からリンゴ酸への変換に利用されてNAD^+となる．リンゴ酸はトランスポーターによってマトリックス内に運ばれ，ふたたびリンゴ酸デヒドロゲナーゼの作用を受けて，オキサロ酢酸とともにNADHが

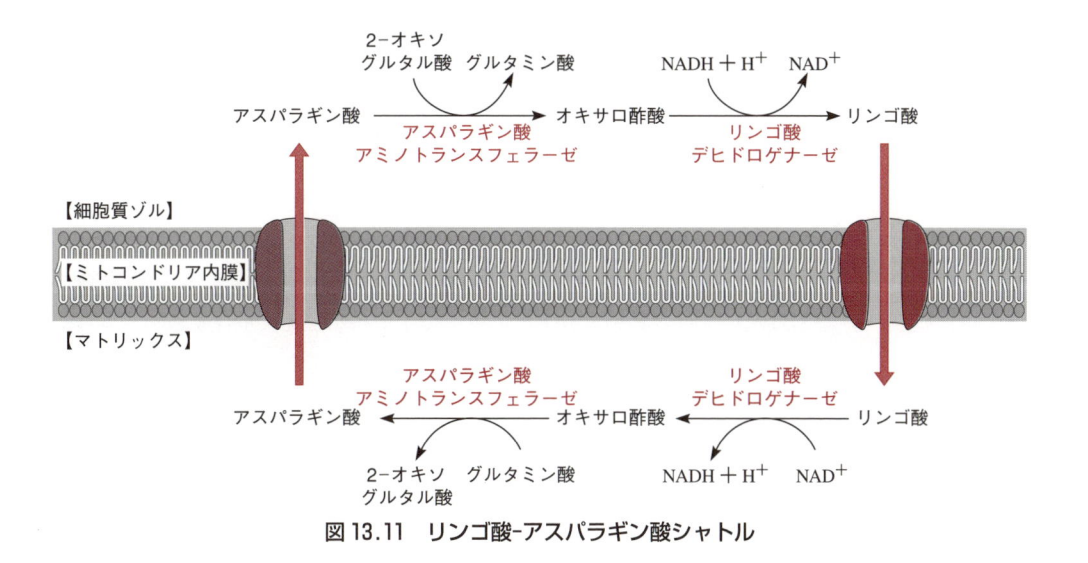

図13.11 リンゴ酸-アスパラギン酸シャトル

*3 なお，マトリックス内で生成したオキサロ酢酸は，アスパラギン酸アミノトランスフェラーゼによってアスパラギン酸に変換されて内膜から細胞質ゾルへ輸送され，そこでふたたびオキサロ酢酸に変換される．

再生する*3．

骨格筋や脳のミトコンドリアには，別のタイプのNADHシャトルが存在し，**グリセロール3-リン酸シャトル**（glycerol 3-phosphate shuttle）とよばれる（図13.12）．NADHは細胞質のグリセロール-3-リン酸デヒドロゲナーゼによって，ジヒドロキシアセトンリン酸をグリセロール3-リン酸に変換するのに利用され，NAD^+となる．生成したグリセロール3-リン酸はミトコンドリアの内膜に存在するグリセロール-3-リン酸デヒドロゲナーゼによってジヒドロキシアセトンリン酸に再酸化されるが，この酵素のFADが$FADH_2$に変換される．この$FADH_2$の電子がユビキノン（Q）に渡されて，電子伝達系に供給される．

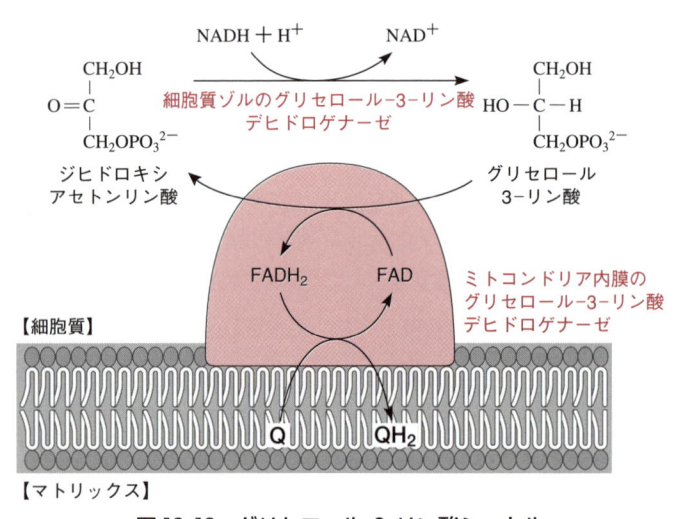

図13.12　グリセロール-3-リン酸シャトル

13.3.4　グルコースの酸化によるATPの産生量

酸化的リン酸化の過程で合成されるATPの数は化学反応のように化学量論的ではないが，次のように考えられている．1分子のNADHから一対の電子が酸素へ移行することによって，複合体Ⅰで4個，複合体Ⅲで4個，複合体Ⅳで2個の合計10個のプロトンがマトリックスから排出される．一方，1分子の$FADH_2$からは，1対の電子が酸素へ移行することによって複合体Ⅲで4個，複合体Ⅳで2個の合計6個のプロトンが排出される．ATP合成酵素においては3個のプロトンの流入で1分子のATPが合成され，さらに，ATP合成に必要なリン酸のマトリックスへの輸送のために1個のプロトンの流入が必要であるため，ATP1分子の合成には合計4個のプロトンの流入が必要である．したがって，1分子のNADHからは2.5分子のATPが，1分子の$FADH_2$からは1.5分子のATPが合成されることになる．

以上より，グルコース1分子の完全酸化によって生成するATPの量は以

下のように計算される．解糖系によって細胞質で2分子のATPと2分子のNADHが産生される．一方，ミトコンドリアマトリックスにおいて，ピルビン酸の酸化によって2分子のNADH，クエン酸回路によって6分子のNADH，2分子の$FADH_2$，さらに2分子のGTP(ATPと等価)が産生される．細胞質の2分子のNADHがリンゴ酸-アスパラギン酸シャトルによってマトリックスに輸送されると，グルコース1分子の完全酸化によって最大32分子のATPが，またグリセロールリン酸シャトルによっては，30分子のATPが合成されることになる．このように，グルコースの完全酸化によって得られるATP量は，嫌気的な解糖系によって得られるATP2分子に比べて膨大なものであることがわかる．

13.3.5 酸化的リン酸化の脱共役と熱の発生

酸化的リン酸化過程において，ATPを合成せずにプロトンをマトリックス内に流入させることを**脱共役**(uncoupling)という．**サーモゲニン**(thermogenin)とよばれる脱共役タンパク質がミトコンドリアの内膜に存在する．このタンパク質は褐色脂肪組織のミトコンドリアに多く含まれ，ほ乳類が体温を維持する手段として利用している．しかし，このタンパク質の仲間は植物にも見いだされており，ほ乳類に限った機構ではないようである．

13.4　電子伝達系および酸化的リン酸化の阻害剤

最後に，酸化的リン酸化のさまざまな過程を阻害する物質(阻害剤)を見ていこう．これらは電子伝達系の研究において重要な役割を果たしてきた．

アミタール(amytal)や**ロテノン**(rotenone)は，複合体ⅠにおけるFe-S中心からユビキノンへの電子伝達阻害剤であり，基質としてのNADHの利用を妨げる．**ミクソチアゾール**(myxothiazol)は複合体Ⅲのユビキノール結合部位(Q_P)に結合し，リスケクラスターへの電子伝達を阻害する．**アンチマイシンA**(antimycin A)は複合体Ⅲの2個目のユビキノン結合部位(Q_N)に結合して，ヘムb_Hからユビキノンへの電子伝達を阻害する．青酸カリに代表されるシアン化物イオン(CN^-)やアジ化物イオン(N_3^-)，一酸化炭素(CO)は，複合体Ⅳに結合して電子伝達系を阻害する．電子伝達系が阻害されると，プロトン駆動力が生みだされなくなるため，必然的にATP合成も停止する．

オリゴマイシン(oligomycin)や**ジシクロヘキシルカルボジイミド**(dicyclohexyl carbodiimide)は，ATP合成酵素を介したプロトンの流入を妨げる．電子伝達とATP合成は密接に共役しているため，ミトコンドリアのATP合成酵素が阻害されると電子伝達系も停止する．

一方，**2,4-ジニトロフェノール**(2,4-dinitrophenol, DNP)は脂溶性の酸性芳香族化合物でミトコンドリア内膜を通過できるため，プロトンを内膜を介

*4 脱共役が起こると，多量の代謝エネルギーが消費されるがATPとして保存されず，エネルギーは熱として放出される．

して運ぶことができる．そのためにプロトンポテンシャルが消失し，NADHからO_2への電子伝達が正常に行われても，ATP合成酵素によるATPの合成は停止する．このような化合物を**脱共役剤**[*4]とよぶ．

ミトコンドリア内膜のATP-ADPトランスロカーゼは，植物の配糖体である**アトラクチロシド**（atractyloside）や，カビ由来の抗生物質である**ボンクレキン酸**（bongkrekic acid）によって特異的に阻害される．アトラクチロシドはトランスロカーゼのヌクレオチド結合部位と細胞質側で結合するが，ボンクレキン酸はミトコンドリアマトリックス側でこの部位と結合する．この阻害によって酸化的リン酸化が停止するため，ADPが酸化的リン酸化に必要であることがわかった．

● スーパーオキシド

ミトコンドリアの電子伝達系や酸化酵素など，酸素に電子を渡す酵素はスーパーオキシド（O_2^-）を生成する．スーパーオキシドは反応性が高く，タンパク質や膜脂質，核酸などを損傷させ，結果としてがんや動脈硬化などの生活習慣病の原因ともなる．スーパーオキシド，過酸化水素，ヒドロキシラジカルなどを活性酸素とよび，過食や過度のストレスは活性酸素の産生を上昇させると考えられている．これを防御する機構として，生体にはスーパーオキシドジスムターゼ（SOD），グルタチオンペルオキシダーゼやカタラーゼなどの酵素が存在している．

章末問題

13-1. 電子伝達系の複合体Ⅰ～Ⅳについてその機能を簡潔に述べよ．

13-2. 次に示す物質を，分離したミトコンドリアにこの順番で添加した場合，酸素消費がどのように変化するか答えよ．
1）グルコース　2）ADP+P_i　3）クエン酸　4）ジニトロフェノール　5）シアン化物

13-3. ATP合成酵素において，プロトン濃度勾配によるエネルギーは何に利用されるか．ATP合成機構を説明したうえで簡潔に述べよ．

13-4. ミトコンドリアが産生するATPの数が30個と見積もられる場合と32個と見積もられる場合がある．その理由は何か．

13-5. 物質XはミトコンドリアにおけるATP産生を低下させることがわかっている．Xが電子伝達系を阻害しているのか，ATP合成酵素を阻害しているのかを明らかにするにはどのような実験をすればよいか説明せよ．

13-6. 酸化的リン酸化の脱共役とは何か．また，これは生体にとってどのような利点があるのか述べよ．

13-7. 解糖系で生じたNADHはミトコンドリアの内膜を通過することはできない．ミトコンドリアがNADHを利用するための機構を説明せよ．

第14章

光合成

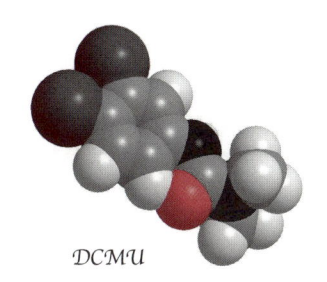

DCMU

地球上の有機化合物のほとんどは，独立栄養生物によって合成されたものである．そのうち光独立栄養生物とよばれる生物の一群は，太陽からの光エネルギーを使って CO_2 を有機化合物に変換している．この過程が光合成である．光独立栄養生物にはシアノバクテリア（藍藻）や紅色細菌などの原核生物，高等植物や多くの藻類などの真核生物が含まれる．

本章では葉緑体の構造や光合成の分子機構などについて学ぶ．

14.1 光合成の概略

光合成（photosynthesis）では，H_2O から引き抜かれた電子が**光化学系**（photosystem）とよばれる電子伝達系を通っていく過程で，還元力（NADPH）と ATP をつくりだし，それらを利用して CO_2 から有機化合物（CH_2O）が合成され，同時に O_2 が発生する．一見すると単純であるように見えるが，これは**葉緑体**（chloroplast）という特殊な細胞内小器官で行われる非常に複雑な過程である．

光合成の全体の反応は次式で表すことができる．

$$CO_2 + H_2O \xrightleftharpoons{\text{光エネルギー}} CH_2O + O_2$$

光合成は大きく二つの過程に分けられる．一つは**明反応**（light reaction）または**光依存反応**（light-dependent reaction）とよばれ，光エネルギーに依存する過程である．この過程では，まず色素に吸収された光エネルギーが色素のもつ電子を放出し（**段階1**），その電子が伝達系を通って最終的に $NADP^+$ を還元して NADPH を生成する（**段階2**）．つまり酸化還元反応が起こっている．段階1ではまた，電子を放出した色素に電子を補充するために H_2O 分子から電子を引き抜き（酸化し），その際に O_2 が発生する．その次には，色素から電子が伝達される過程で生じるプロトンの濃度勾配を利用して ATP が合成される（**段階3**，光リン酸化）．

もう一つの過程は光に依存しない**暗反応**（dark reaction），または**光非依存反応**（light-independent reaction）とよばれる過程[*1]で，明反応で生成された還元力と ATP を使って，CO_2 の固定と有機化合物の合成を行っている（**段階4**）．

光合成の反応のまとめ

【明反応】
段階1 光合成色素による光エネルギーの吸収と O_2 の発生
段階2 電子伝達と還元力の生成
段階3 プロトンの濃度勾配による ATP 合成（光リン酸化）

【暗反応】
段階4 CO_2 の固定と有機化合物の合成

光のエネルギー

光は電磁波の一種であり，波の性質と粒子としての性質の両方をもっている．個々の光の粒子は**光子**（photon）とよばれ，固有の波長をもち，短い波長の光ほどエネルギーが大きい．太陽から放射された電磁波のうち，波長が約 400〜700 nm の光は**可視光**（visible light）とよばれ，この範囲の波長の光が光合成に利用される．

[*1] 光に依存しないといっても実際には日中の明るいときに起こっており，夜になってから CO_2 が固定されるわけではない．

14.2 葉緑体とクロロフィル

14.2.1 葉緑体の構造

光合成は，植物などの細胞内にある葉緑体とよばれる特殊な細胞内小器官で行われる．葉緑体は，図14.1に示すように外膜と内膜をもつ．内膜に囲まれた**ストロマ**(stroma)とよばれる水溶性の空間には，暗反応やデンプン合成のための酵素系が存在する．

ストロマには，**チラコイド**(thylacoid)とよばれる膜系がある．チラコイドは平らな袋状の構造をしており，それらが重なり合っている部位は**グラナ**(grana)，グラナ間を結ぶチラコイド膜は**ストロマラメラ**(stroma lamellae)とよばれる．

チラコイド膜で囲まれた内部空間が**チラコイド内腔**(thylacoid lumen)で，1個の葉緑体のチラコイド内腔はすべてつながっている．このチラコイド内腔には明反応による電子伝達の過程でプロトンが輸送され，ストロマとの間にプロトン濃度勾配が形成される（チラコイド内腔はpH4以下の酸性）．このプロトン濃度勾配を利用してATPを合成する点はミトコンドリアと同様である．

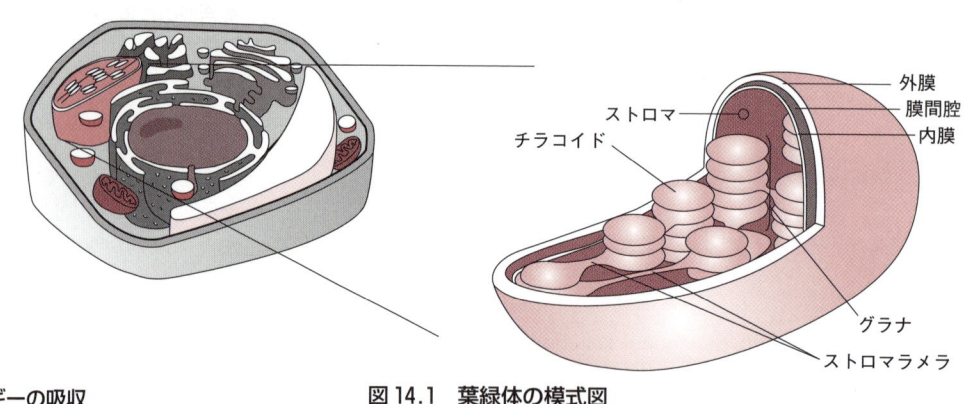

葉緑体
植物細胞などにある光合成を行う細胞内小器官．一般的な植物の1個の細胞には数十個の葉緑体が含まれている．光のエネルギーを吸収するための色素を多く含み，独自のDNAやリボソームをもっている．

図14.1 葉緑体の模式図

光エネルギーの吸収
ある分子に光のエネルギーが吸収されると，その分子内のある電子が内側の軌道（基底状態）から外側の軌道に励起される．励起された電子のもつエネルギーは，以下の四つの様式で放出されて，電子は基底状態に戻る．つまり，蛍光，内部転換（放射をともなわない崩壊），励起エネルギー移動（分子間でのエネルギーの移動），および酸化還元である．光合成で重要なのは励起エネルギー移動と酸化還元である．

14.2.2 光合成色素

光のエネルギーを吸収するのが**集光性色素**(light harvesting pigment)とよばれる分子である．高等植物のおもな色素はクロロフィル a とクロロフィル b であり，それらの基本構造を図14.2(a)に示した．クロロフィル分子に特徴的なことは，クロリン環とよばれる四つのテトラピロール環の窒素原子に Mg^{2+} が配位していることである．クロリン環のふちには一重結合と二重結合が交互に並んだ**共役二重結合**(conjugated double bond)があり，光をよく吸収するのに役立っている．これらの色素がチラコイド膜内のタンパク質と結合することによって，吸収される光の波長領域が広がる．図14.2(b)に

	R_1	R_2	R_3	化合物名
	$-CH_3$	—	—	クロロフィルa
	$-CHO$	—	—	クロロフィルb
	—	$-H$	$-H$	β-カロテン
	—	$-OH$	$-OH$	ルテイン

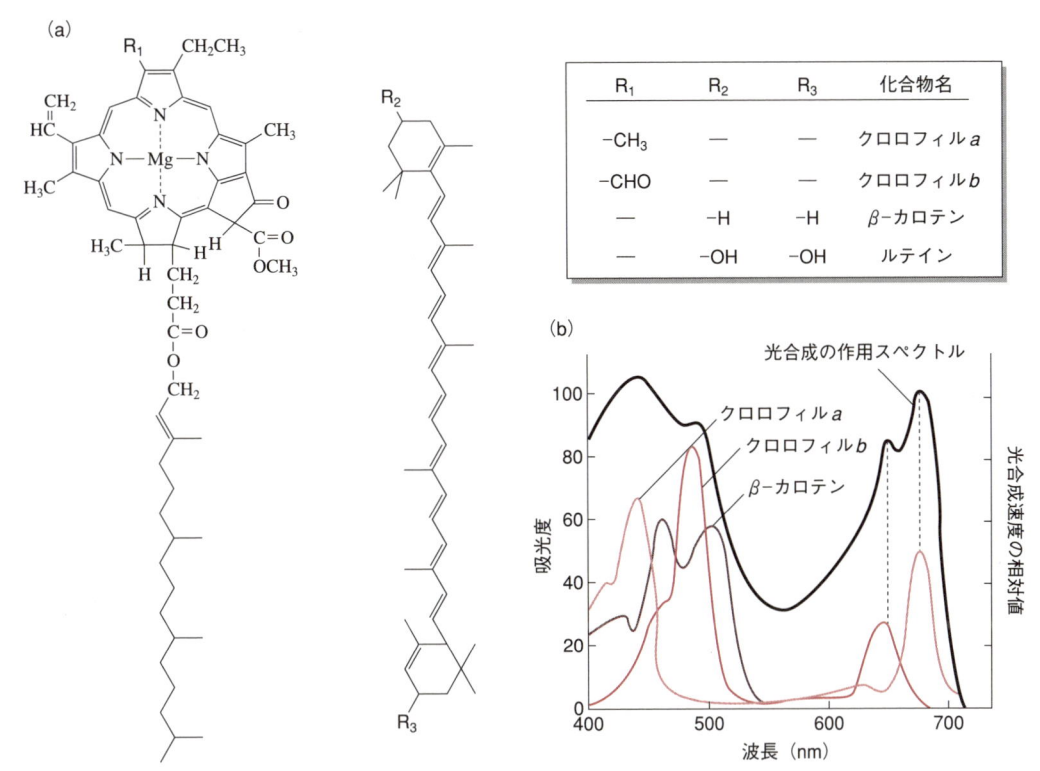

図 14.2 葉緑体に含まれる代表的な色素分子(a)と，各色素の吸収スペクトルと光合成の作用スペクトル(b)
(a) クロロフィル分子は二つの領域に分かれており，一方は光を吸収するクロリン環(Mg原子が配位)，もう一方は脂溶性のフィトール鎖である．クロロフィルは，このフィトール鎖でチラコイド膜内に固定される．(b) 光合成の作用スペクトルとは，各波長の光でどの程度の光合成が行われたかを示す値であり，相対値(右のバー)で表す．

いくつかの光合成色素の吸収スペクトルを示した．クロロフィル分子はおもに 400～450 nm の青い光と 650～700 nm の赤い光をよく吸収するが，クロロフィルaとクロロフィルbでは構造が少し違うために吸収ピークがずれている．このほかに植物はβ-カロテンなどのカロテノイドとよばれる**補助色素**(accessory pigment)をもっている．これらの色素全体の吸収スペクトルを見ると，かなり幅広い波長の光が吸収されていることがわかる．

14.2.3 光化学系と電子伝達系の構成成分

明反応は，チラコイド膜に埋め込まれたいくつかのタンパク質複合体とそれに結合している多数の色素，そして電子伝達体などによって行われる．葉緑体には二つの光合成単位(光化学系Ⅰと光化学系Ⅱ)があり，歴史的には光化学系Ⅰに続いて光化学系Ⅱが発見された．しかし，電子は光化学系Ⅱから光化学系Ⅰへと一方向に流れる(図14.3)．

（a）**光化学系Ⅱ**(photosystem II, PS II)

PS Ⅱは膜貫通型のタンパク質-色素複合体であり，20数種類の成分から

P680 と P700

P680 は光化学系Ⅱ，P700 は光化学系Ⅰに存在するクロロフィル a の二量体のこと（特別ペアともよぶ）．P は pigment，680 と 700 はそれぞれの波長をもっともよく吸収することを表す．いずれも反応中心とよばれ，光エネルギーを受け取ると電子が励起され放出される．

なる．そこに 2 分子のクロロフィル a からなる特別なペア (special pair) P680 と，いくつかの電子伝達体が結合している．P680 は**反応中心** (reaction center) ともよばれる．酸素発生装置は，PSⅡのチラコイド内腔側に結合している**マンガン安定化タンパク質** (manganese stabilizing protein, MSP) であり，4 個の Mn イオンからなるマンガンクラスターがある．PSⅡに含まれる他のタンパク質には多くの集光性色素が結合している．これとは別に，分離可能な**集光性色素タンパク質複合体Ⅱ** (light harvesting complex Ⅱ, LHC Ⅱ) という単位があり，膜貫通タンパク質に数多くの集光性色素が結合している．

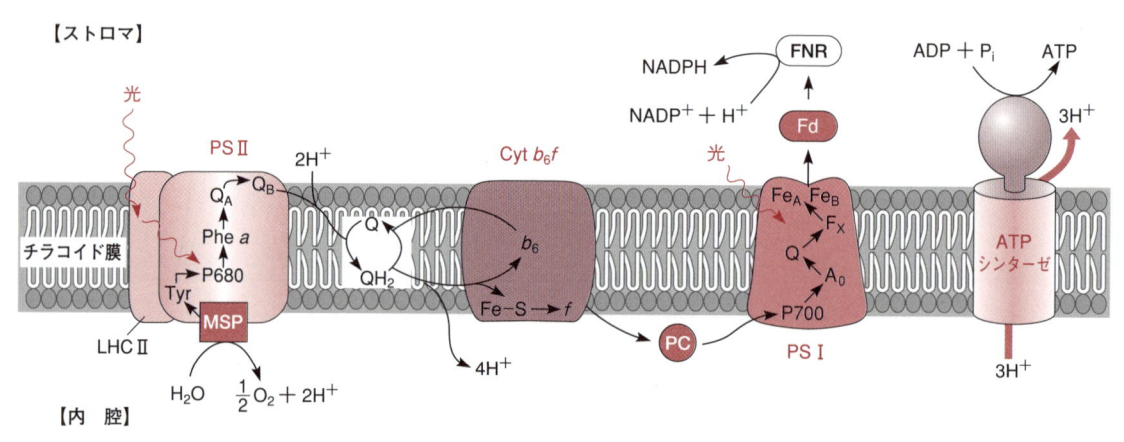

図 14.3　葉緑体の明反応における電子伝達系と ATP シンターゼ
LHCⅡ：集光性複合体Ⅱ，MSP：マンガン安定化タンパク質，Phe a：フェオフィチン a，Q_A と Q_B：プラストキノン Q_A とプラストキノン Q_B，Cyt b_6f：シトクロム b_6f 複合体，PC：プラストシアニン，A_0, Q, F_X, Fe_A, Fe_B：光化学系Ⅰにある一連の電子伝達体，Fd：フェレドキシン，FNR：フェレドキシン-NADP$^+$ レダクターゼ．

フェレドキシン

非ヘム鉄原子と無機硫黄原子をもつ鉄-硫黄タンパク質の一種で，各種の代謝系で電子伝達体として働く．光合成の電子伝達系では，フェレドキシンの電子は NADP$^+$ に渡される．

（b）**シトクロム b_6f 複合体** (Cyt b_6f)

Cyt b_6f は，チラコイド膜を貫通する複合体である．Cyt b_6f には鉄-硫黄部位 (Fe-S) があり，光化学系Ⅱから電子を受け取って，可動性のプラストシアニン (PC) にその電子を渡す．

（c）**光化学系Ⅰ** (photosystem Ⅰ, PS Ⅰ)

PSⅠは，数種の膜貫通タンパク質と多数の集光性色素からなる大きな複合体である．PSⅠでもやはり，特殊な 2 個のクロロフィル a 分子がペアになって反応中心を形成している．PSⅠでのこの特別なペアは 700 nm の光を吸収するので **P700** と記される．P700 からの電子は一連の電子伝達体を通ってストロマ側にある**フェレドキシン** (ferredoxin, Fd) に伝えられ，最終的には NADP$^+$ に渡されて NADPH が生成する．電子を失った P700 へは，プラストシアニンから電子が補充される．

（d）ATPシンターゼ（ATP synthase）

PSⅡやPSⅠを通って電子が伝達される過程で，プロトンがチラコイド内腔に蓄積し，チラコイド膜を隔ててプロトン濃度勾配が形成される．この濃度勾配のエネルギーを利用してATPを合成するのがATPシンターゼである．葉緑体ATPシンターゼは，CF_0CF_1ATPシンターゼともよばれる（Cはchloroplast）．

光合成装置の分布

明反応にかかわるほとんどのタンパク質複合体や色素，ATPシンターゼなどはチラコイド膜内に埋め込まれており，不均一に分布している．グラナのチラコイド膜は積み重なって押しつぶされた状態にあるが，ストロマラメラのチラコイド膜は積み重なりがないため押しつぶされていない．

まず光化学系Ⅰ（PSⅠ）はストロマラメラに多く存在し，光化学系Ⅱ（PSⅡ）は，グラナのストロマに面していない部分に多い．シトクロム b_6f 複合体（Cyt b_6f）は，ストロマラメラとグラナの両方に存在している．

PSⅡとPSⅠは物理的に隔離されているが，Cyt b_6f は膜全体にわたって存在し，また可動性のプラストシアニンが電子の受け渡しをするので電子の流れはスムースである．一方，ATPシンターゼはPSⅠと同様にストロマに直接面したチラコイド膜にのみ局在する．これは反応の基質となる $NADP^+$ や ADP とストロマ側で接触しやすく，また合成された NADPH や ATP がすみやかにストロマ内に拡散するために都合がよいと考えられている．

14.3 明反応（光依存反応）

14.3.1 光合成色素による光エネルギーの吸収

PSⅡまたはPSⅠのクロロフィル分子によって吸収された光エネルギーは，電子をより高い軌道に励起し，その励起エネルギーが隣接するクロロフィル分子に移されていき（励起エネルギー移動），最終的に励起エネルギーレベルの一番低い，反応中心にある一対のクロロフィル a 分子（PSⅡではP680，PSⅠではP700）に渡される．つまり，PSⅡやPSⅠ，さらにLHCⅡにある数多くの集光性色素は，光を集めるアンテナ分子として機能し，集めた光のエネルギーを最終的には，それぞれP680とP700に伝える[*2]．

14.3.2 光化学系Ⅱにおける電子伝達

光化学系Ⅱ（PSⅡ）において励起された P680* の電子はすみやかにフェオフィチン a（Phe a）に供与される．この過程でP680*は電子を放出するため，自身は酸化されて $P680^+$ となり，Phe a は還元されて Phe a^- となる．ついで電子は Phe a^- から Q_A（プラストキノン）に渡り，Q_A は一電子還元されたセミキノンラジカル Q_A^- となる．ついで電子が Q_A^- から Q_B に渡り，Q_B は一度，セミキノンラジカル Q_B^- となった後，同様の電子移動反応によって再び還元され，Q_BH_2 となる．還元型 Q_BH_2 はタンパク質から遊離し，チラコイ

[*2] P680やP700自身が直接光を受け取ることもあるが，ほとんどの場合は他の集光性色素からのエネルギーを受け取って励起される．

集光性色素タンパク質複合体（LHCⅡ）のリン酸化による調節
集光性複合体（LHCⅡ）はPSⅡに隣接して局在しており，集めた光エネルギーをPSⅡに供給している．しかし日中の明るいときにはPSⅡがより多くのエネルギーを吸収し，電子も多く流れていくのでPSⅠの光励起が追いつかず，還元型プラストキノンが蓄積する．還元型プラストキノンはプロテインキナーゼを活性化してLHCⅡをリン酸化し，リン酸化されたLHCⅡはPSⅠへと移動して光エネルギー吸収を助ける．こうして葉緑体は二つの光学系のエネルギー吸収のバランスを保っている．

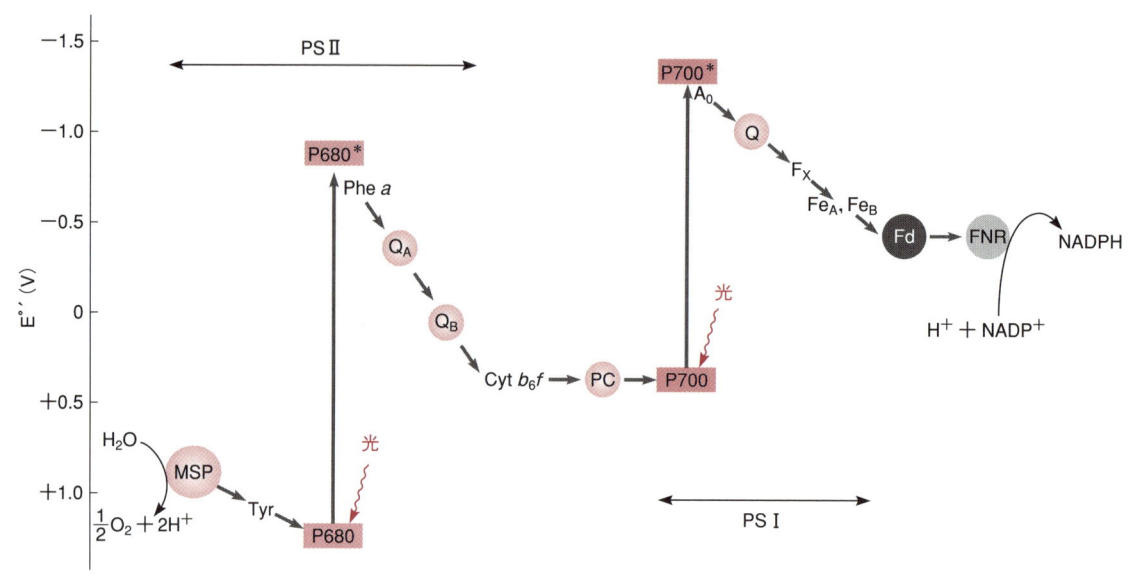

図14.4 明反応における電子の流れの全体像（Zスキーム）
この図は明反応における電子の流れを，各電子伝達体の酸化還元電位にもとづいて書いたものである．この図を横にするとZの形に似ているので，しばしばZスキーム（Z scheme）とよばれる．光エネルギーの吸収によって励起された状態のP680*（PS II）およびP700*（PS I）から電子が放出されると，酸化された状態になる（それぞれP680$^+$とP700$^+$と表されるがこの図では示していない）．H_2Oからの電子がPS IIにあるポリペプチドのチロシン残基（Tyr）を経てP680$^+$に渡される．P700$^+$へはプラストシアニンからの電子が渡される．各電子伝達体の略称は図14.3を参照．

ド膜内のQプールに移行する．さらにその電子はシトクロムb_6f複合体（Cyt b_6f）に渡される．

図14.4を見てもわかるように，電子は各電子伝達体の酸化還元電位の順に流れていく．また光化学系IIにおける電子伝達の過程で，プロトンがストロマからチラコイド内腔へ移行するため，プロトン濃度勾配の形成に寄与している（図14.3）．

14.3.3　H_2Oの分解とO_2の発生

光によって励起されたP680（P680*）から電子が放出されると，P680は電子が1個少ないP680$^+$に酸化される．この過程を**光酸化**（photooxidation）という．P680$^+$は他の分子から電子を引き抜く力が非常に強い[*3]．P680$^+$はH_2Oのもつ電子を引き抜き，O_2を発生させることができる．この過程は，PS IIのチラコイド内腔側に結合しているマンガン安定化タンパク質（MSP）によって推進される[*4]．MSPには，4個のMnイオンからなるマンガンクラスターがあって**酸素発生中心**（oxygen evolving center）を形成しており，1分子のH_2Oから2個の電子を引き抜く．それらの電子がP680$^+$に渡され，P680は基底状態に戻る．この過程でチラコイド内腔に2個のプロトンと1/2個のO_2が生成し，そのプロトンもプロトン濃度勾配の形成に寄与する．

[*3] P680$^+$の酸化還元電位は約+1.1Vほどであり，H_2Oの電位（+0.82V）よりも大きく，生体内でもっとも強い酸化剤であるといわれている．

[*4] MSPは，酸素発生複合体（oxygen evolving complex）ともよばれる．

14.3.4 光化学系Ⅰにおける電子伝達と還元力の生成

光化学系Ⅰ(PSⅠ)の反応中心にあるクロロフィルaのペア(P700)も，光のエネルギーを吸収すると電子が励起され(P700*)，電子を放出しやすい状態になる．P700*の酸化還元電位は-1.0 Vほどであり，非常に強い還元剤である(図14.4)．P700*から放出された電子は，順次電子伝達体に伝えられ，最終的にフェレドキシン(Fd，鉄-硫黄タンパク質)に渡される．その後，フェレドキシン-$NADP^+$レダクターゼ(FNR)によって電子とプロトンが$NADP^+$に渡されて，NADPHが生成する(図14.3)．

一方，電子を放出した酸化型のP700$^+$には，PSⅡからプラストシアニン(PC)まで伝達されてきた電子が渡され，P700は基底状態に戻る．PCはチラコイド内腔にあり，FNRはストロマ側にある．したがってPSⅠにおいて電子はチラコイド内腔からストロマ側に伝達されることになる．また，NADPHの生成はストロマ側で起こるが，そのときプロトンを取り込むためにストロマ側のプロトン濃度が低下し，この過程もまたプロトン濃度勾配の形成に貢献する．

14.3.5 光リン酸化

光合成の明反応における電子伝達過程でチラコイド内腔のプロトン濃度が増し，チラコイド膜を隔ててプロトン濃度勾配が形成される．その電気化学ポテンシャルを利用してADPとP_iからATPを合成する反応を，**光リン酸化**(photophosphorylation)とよぶ．

このATP合成は，ATPシンターゼ(CF_0CF_1ATPシンターゼ)によって触媒されている．構造的にはミトコンドリアのATPシンターゼとよく似たタンパク質複合体であり，同様の機構でATPが合成される．約3個のプロトンが流れると1分子のATPが合成される(図14.3)[*5]．

[*5] 図14.3に示すように，1分子のH_2Oが分解され，その電子が伝達されて1分子のNADPHが生成したとすると，6個のプロトンがチラコイド内腔に蓄積する．6個のプロトンがすべてATP合成に利用されると考えると，2分子のATPが合成されることになるが，実際には1.3分子程度のATPしか合成されないといわれている．

14.4 暗反応（光非依存反応）

明反応で生成されたATPとNADPHを利用して，CO_2を固定し有機化合物を合成する過程が，暗反応である．CO_2を取り込む(固定)反応から始まり，炭素原子の組換えを行う代謝経路はサイクルを形成しており，発見の中心人物の名を取って**カルビンサイクル**(Calvin cycle)とよばれている[*6]．カルビンサイクルの酵素系はストロマにある．

14.4.1 カルビンサイクル

カルビンサイクルは，3分子のCO_2を固定して1分子のグリセルアルデヒド3-リン酸(C_3化合物)を合成する過程である．このように，暗反応で最初に合成される安定な化合物がC_3化合物である植物を，C_3植物とよぶ．

[*6] このサイクルがペントースリン酸経路に似ていることから，還元的ペントースリン酸サイクル(reductive pentose phosphate cycle)や，光合成炭素還元サイクル(photosynthetic carbon reduction cycle)ともよばれる．

$$3CO_2 + 9ATP + 6NADPH$$
$$\longrightarrow \text{グリセルアルデヒド3-リン酸} + 9ADP + 8P_i + 6NADP^+$$

カルビンサイクルは，大きく三つの段階に分けられる（図14.5）．炭素固定過程（反応①），還元過程（反応②〜③），そして再生過程（反応④〜⑬）である．

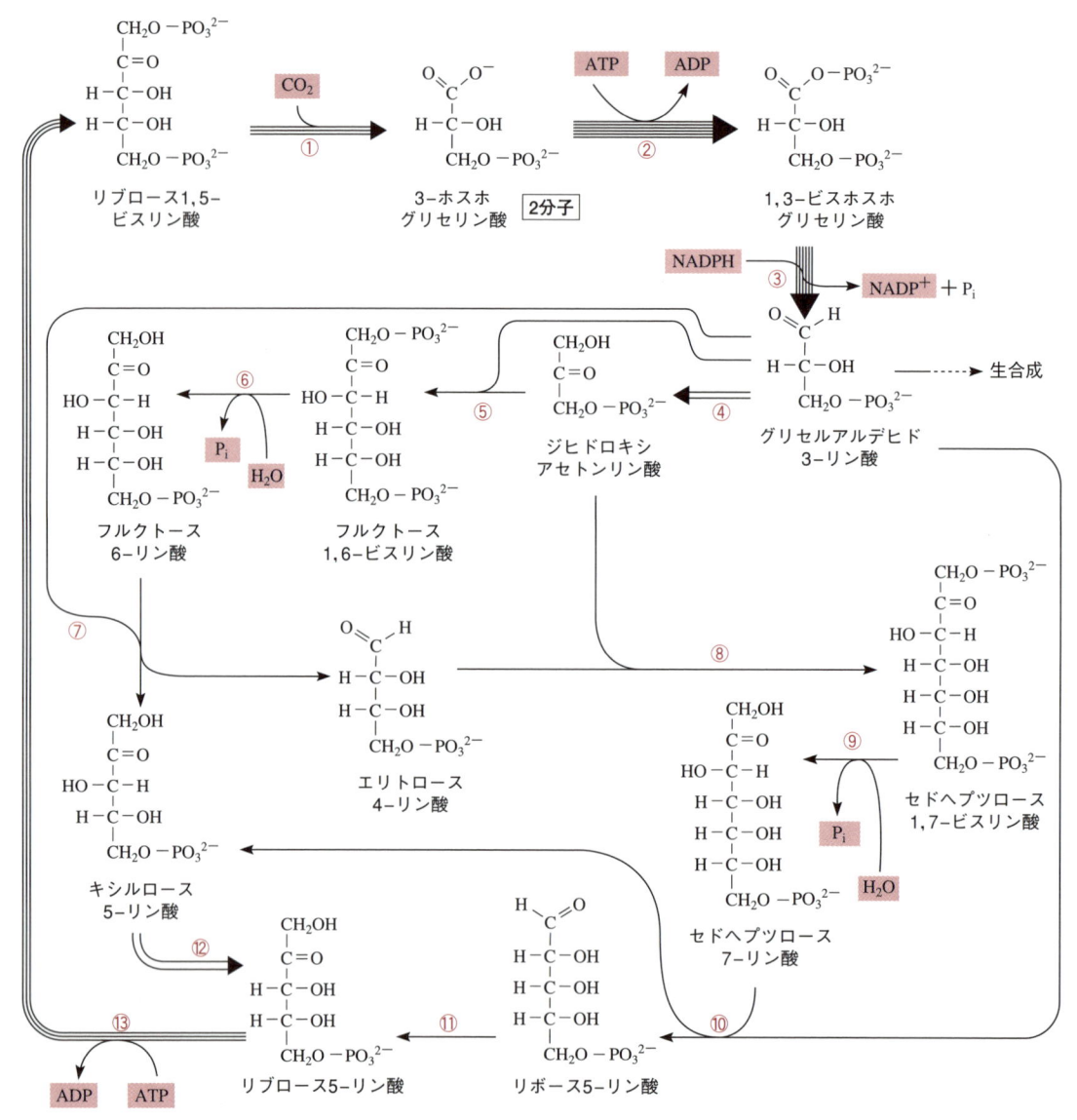

図14.5 カルビンサイクルの諸反応

各反応での矢印の数は，3分子の CO_2 がこのサイクルに取り込まれたときの，各反応を通っていく分子の数を表している．①リブロース-1,5-ビスリン酸カルボキシラーゼ-オキシゲナーゼ，②ホスホグリセリン酸キナーゼ，③ $NADP^+$-グリセルアルデヒド-3-リン酸デヒドロゲナーゼ，④トリオースリン酸イソメラーゼ，⑤フルクトースビスリン酸アルドラーゼ，⑥フルクトース-1,6-ビスホスファターゼ，⑦トランスケトラーゼ，⑧アルドラーゼ，⑨セドヘプツロース-1,7-ビスホスファターゼ，⑩トランスケトラーゼ，⑪リボース-5-リン酸イソメラーゼ，⑫リブロース-5-リン酸エピメラーゼ，⑬ホスホリブロキナーゼ．

炭素固定過程では，1分子のCO_2がリブロース-1,5-ビスリン酸(C_5)と結合して，2分子の3-ホスホグリセリン酸(C_3)が同時に生成する(①)．この反応を触媒するのは，**リブロース-1,5-ビスリン酸カルボキシラーゼ-オキシゲナーゼ(Rubisco，ルビスコ)**である．

還元過程では，つぎに，ホスホグリセリン酸キナーゼによって3-ホスホグリセリン酸とATPが反応して1,3-ビスホスホグリセリン酸が生成する(②)．引き続き，1,3-ビスホスホグリセリン酸は，$NADP^+$-グリセルアルデヒド-3-リン酸デヒドロゲナーゼによって還元されてグリセルアルデヒド3-リン酸となる(③)．

再生過程では，還元過程で生成した6分子のグリセルアルデヒド3-リン酸のうち，1分子がこのサイクルから抜け出してその他の有機物の合成に用いられる．これで見かけ上は3分子のCO_2が固定されて1分子のグリセルアルデヒド3-リン酸(C_3)が生成したことになる．残りの5分子($C_3 \times 5$)は，異性化，縮合，加水分解，炭素原子の組換えなどの反応を経て，3分子のリブロース1,5-ビスリン酸($C_5 \times 3$)に再生される(④〜⑬)．

14.4.2 糖の合成

カルビンサイクルで合成されたグリセルアルデヒド3-リン酸は，デンプンやスクロース，セルロースなどの合成に利用される．

デンプンは葉緑体のストロマ中で合成される．まずカルビンサイクルの酵素によってグリセルアルデヒド3-リン酸からフルクトース6-リン酸を合成し，それをグルコース1-リン酸に変換する．ついで，グリコーゲン合成(第11章を参照)と類似の機構でデンプンが合成される．ただし，葉緑体では活性化されたグルコースとしてADP-グルコースが生成され(グリコーゲン合成ではUDP-グルコース)，スターチシンターゼの作用でグルコース残基をアミロース(デンプンの主成分)の非還元末端に転移していく．

スクロースは，葉緑体から細胞質に輸送されたグリセルアルデヒド3-リン酸を出発材料として，いくつかの段階を経て合成される．このスクロースが光合成を行っていない他の細胞に輸送されてエネルギー源や構造体形成などに利用される．

植物細胞の細胞壁の主成分であるセルロースはUDPグルコースから合成される．細胞膜に埋め込まれているセルロース合成酵素が細胞膜直下に付着した微小管にそって移動して，細胞膜表面でグルコースを($\beta 1 \to 4$)結合させていく．

ルビスコ(Rubisco)
8個の大サブユニットL(56 kD)と8個の小サブユニットS(14 kD)からなる大きなタンパク質複合体である．この酵素の代謝回転は極端に遅く，1秒間に3個程度のCO_2しか固定できないため，酵素を大量に発現させる必要がある．その量は植物の葉の全タンパク質の半分近くを占め，しばしば「地球上でもっとも多いタンパク質」といわれる．また，この酵素はオキシゲナーゼとしての活性ももつ二機能酵素である．

14.4.3 光呼吸

光合成を行っていない植物細胞では，高分子合成や細胞分裂，物質の輸送などに必要なエネルギーを，動物細胞と同様にミトコンドリアにおける好気呼吸でまかなっている．

しかし，これとは別に葉緑体のストロマにおいて，O_2を使ってCO_2を放出する反応が起こることがある[*7]．これを**光呼吸**（photorespiration）という．この反応の最初の段階を触媒するのが，カルビンサイクルでも働くルビスコである．この酵素はカルボキシラーゼ活性だけでなくオキシゲナーゼ活性ももつ二機能酵素である．図14.6に示すように，ルビスコのオキシゲナーゼ活性が働くと，リブロース1,5-ビスリン酸がO_2と反応して，2-ホスホグリコール酸と3-ホスホグリセリン酸となる．2-ホスホグリコール酸は，葉緑体からペルオキシソーム，そしてミトコンドリアへと輸送される過程でO_2を固定してCO_2を放出し，また葉緑体へ戻ってくるときにATPとNADHを消費して，ふたたび3-ホスホグリセリン酸となってカルビンサイクルに入る．

光呼吸は細胞内のCO_2濃度が高くなると抑制されるが，逆にO_2濃度が高

[*7] この過程では明反応においてせっかく合成したATPとNADPHを浪費することになる．

光呼吸の意義
光が強い日中にCO_2量が不足すると，植物は吸収した光エネルギーを使い切れなくなる．そのうえO_2濃度も上昇してくると，光合成装置が酸化的損傷を受ける可能性がある．そこで植物は光呼吸によってO_2を消費することで酸化的損傷を軽減しているのではないかと考えられている．

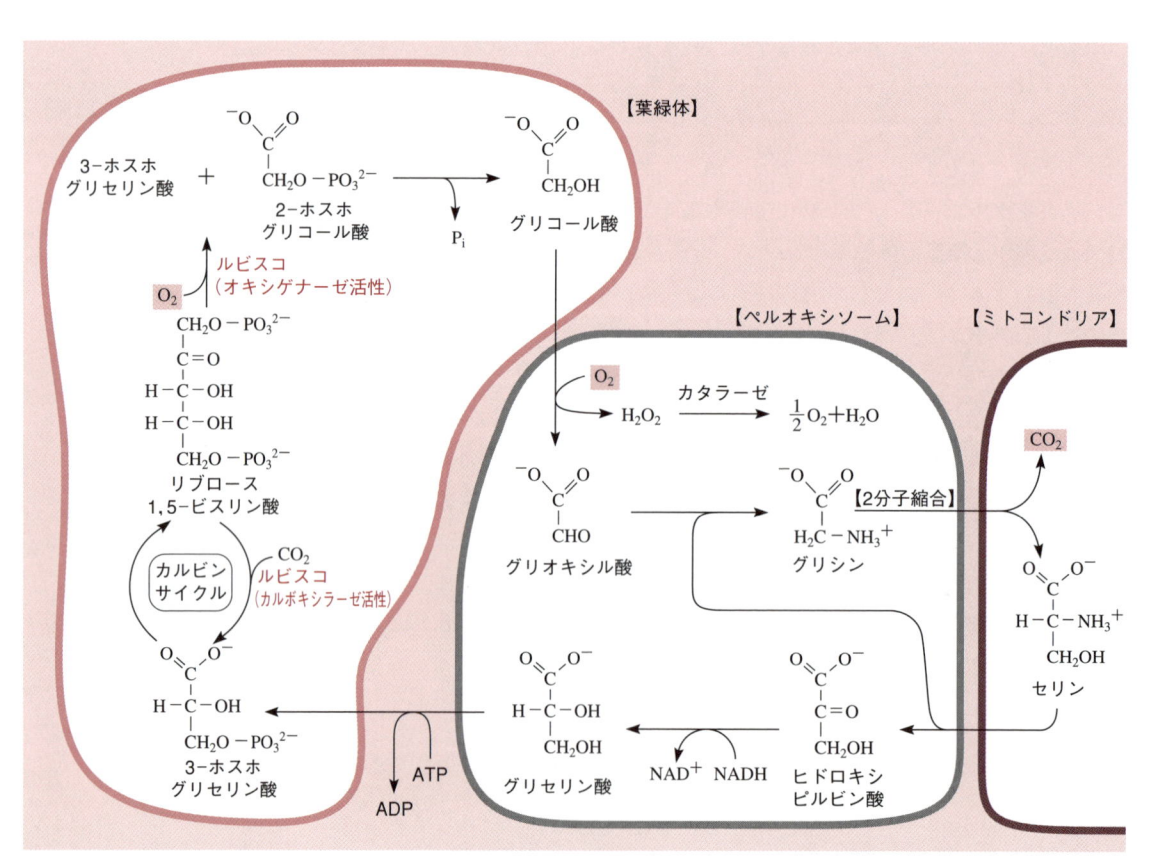

図14.6 光呼吸

く気温が高いと促進される．暑い日中には，植物は水分を失わないようになるべく気孔を閉じている．すると細胞内ではCO_2が減少してO_2が増えて光呼吸が優勢になり，CO_2は固定されなくなる．人間の食料となる大豆や麦などのC_3植物でこの光呼吸が盛んになると，収量が減ることになるので深刻である．

14.4.4　C_4植物

熱帯の植物は，光呼吸を少なくするための特別な代謝経路をもっており，CO_2を取り込んで最初にオキサロ酢酸（C_4化合物）を合成する．代表例はサトウキビやトウモロコシであり，C_4植物とよばれている．

C_4植物では，気孔の近くにある葉肉細胞にCO_2が取り込まれ，ホスホエノールピルビン酸と反応してオキサロ酢酸ができる（図14.7）．この反応を触媒するのがホスホエノールピルビン酸カルボキシラーゼであり，植物特有の酵素である．オキサロ酢酸は還元されてリンゴ酸となり，隣接する維管束鞘細胞（気孔からは離れている）に送られる．そこで今度はリンゴ酸が酸化的に脱炭酸され，ピルビン酸とCO_2が生成する．このCO_2がカルビンサイクルに入ってC_3化合物が合成される．

CAM植物
C_4代謝の変形型をもつ植物．CAMはCrassulacean acid metabolismの略で，最初に研究されたベンケイソウ科（Crassulacean）に由来し，サボテンなどの熱帯に生育する植物にもみられる代謝系である．CAM植物は夜に気孔を開いてCO_2を取り込み，オキサロ酢酸を経てリンゴ酸を合成する．そして日中は気孔を閉じ，リンゴ酸を葉緑体に輸送して酸化的脱炭酸を行ってカルビンサイクルにCO_2を供給する．気孔が閉じられているためにO_2濃度は低く保たれ，光呼吸は抑えられている．

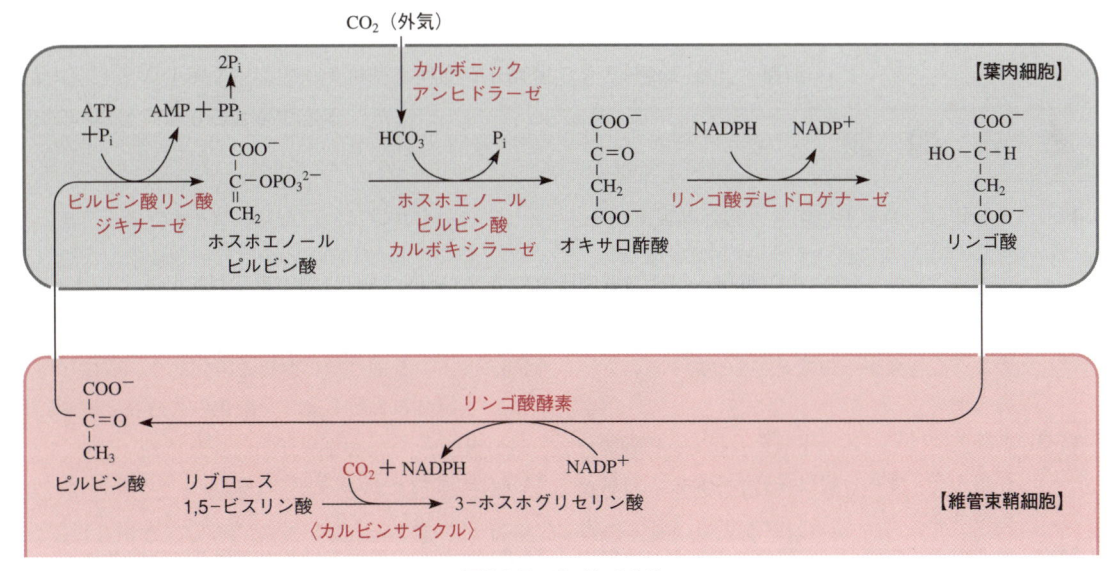

図14.7　C_4サイクル

C_3植物では，明反応と暗反応を同一細胞の葉緑体で行っているために光呼吸が起こりやすいが，C_4植物では，明反応は気孔近くの葉肉細胞で行い，暗反応は気孔から離れた維管束鞘細胞で行うので，維管束鞘細胞のCO_2濃度が葉肉細胞より約100倍も高くなる．このように空間的に隔離された細胞でカルビンサイクルが進行するため，光呼吸は実質的に起こらないのである．

明反応の電子伝達を阻害する除草剤

ある種の除草剤は，明反応の電子伝達を阻害することで効果を発揮することが知られている．

尿素誘導体である DCMU〔dichlorophenyldimethylurea，別名：ジウロン（diuron）〕は，光化学系 II のプラストキノン（Q_B）の結合部位に競合的に結合して電子の伝達を阻害する．パラコート（methyl viologen）は光化学系 I の電子伝達体から電子を受け取り，$NADP^+$ への電子の流れを阻害する．パラコートのもつ電子は O_2 に渡されてスーパーオキシドラジカルが生じ，それが過酸化反応により葉緑体の脂質やタンパク質などの構造を破壊する．

パラコートは，実験ではフェレドキシンの代わりの電子受容体として用いられる．動物に対しても毒性があり，ラットでの半数致死量（LD50）は約 100 mg/kg である．

章末問題

14-1. 葉緑体は，酸素を生産する光合成細菌（おそらくはシアノバクテリア）が原始的な宿主細菌のなかに共生することによって進化してきたと考えられているが，葉緑体のどのような特徴がその考え方を支持するのか述べよ．

14-2. 葉緑体には光エネルギーを吸収する色素が存在する．それらの色素を三つあげ，特徴を述べよ．

14-3. 光合成の反応では O_2 が発生するが，その酸素原子の由来は何か．

14-4. 光合成反応では，光のエネルギーが吸収されると電子の流れが引き起こされる．その電子は H_2O から引き抜かれるのだが，それを可能にする強力な酸化剤とは何か．

14-5. 図 14.4 の Z スキームでは，2 段階の反応（PS II と PS I）で電子のエネルギーを高くに押しあげていると見ることができる．そこで生じた P700* という分子種は強力な還元剤である．なぜこれほどまでに強力な還元剤が必要なのか説明せよ．

14-6. ミトコンドリアにおける酸化的リン酸化と葉緑体における光リン酸化の共通点を述べよ．

14-7. 光合成の明反応で生成した NADPH と ATP はどのように利用されるか述べよ．

14-8. 光合成の暗反応において最初に合成される安定な C_3 化合物は何か．

14-9. 光呼吸とはどのような現象か説明せよ．

14-10. 熱帯地域の多肉性の植物は日中の強い日差しのときには，水分の喪失を少なくするためになるべく気孔を閉じているが，どのようにして CO_2 を取り込んでいるのか説明せよ．

第15章

脂質代謝

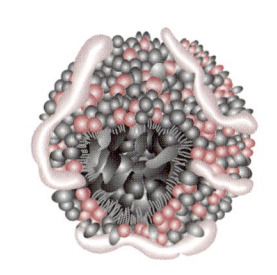

　脂質は糖質とともに生物の主要なエネルギー源であり，脂肪酸はグルコースに比べて大量のエネルギーを供給することができる．糖質が十分に供給されると，過剰分は脂肪酸に変換されてトリアシルグリセロールとして体内に貯蔵される．また，細胞膜の主要な構成成分であるリン脂質やコレステロールなどの脂質は体内で合成され，コレステロールからは胆汁酸やステロイドホルモン類が合成される．

　本章では，脂質からエネルギーを得る経路とエネルギーとして貯える経路，またコレステロールをはじめとする生体に重要な脂質とその誘導物質の代謝について述べる．

15.1　脂質の消化と吸収

　トリアシルグリセロール，リン脂質，コレステロールなどの脂質は水に不溶であり，水溶性の消化酵素の作用を受けるためには，乳化される必要がある．食餌由来の脂質は小腸において胆汁酸の界面活性作用によってエマルジョンを形成し，酵素の作用を受ける．**胆汁酸**（bile acid）は肝臓でコレステロールから合成されて胆嚢に蓄えられ，必要に応じて十二指腸に分泌される．胆汁酸の主要な成分はコール酸であり，さらに水溶性のタウリンやグリシンと抱合したタウロコール酸やグリココール酸なども含まれる．トリアシルグリセロールは，膵臓リパーゼとコリパーゼの作用によっていったん2分子の脂肪酸と 2-モノアシルグリセロールに分解されて小腸細胞に吸収された後，再びトリアシルグリセロールに合成される．リン脂質は膵臓ホスホリパーゼによって脂肪酸とリゾリン脂質に分解され，コレステロールエステルはエステラーゼによって分解されて小腸細胞に吸収された後，それぞれリン脂質とコレステロールエステルに再変換される．

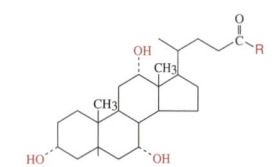

胆汁酸の構造
コール酸（R=OH），グリココール酸（R=NH-CH$_2$-COOH），タウロコール酸（R=NH-CH$_2$-CH$_2$-SO$_3$H）．

抱　合
ヘムの分解産物であるビリルビンやステロイドホルモン，疎水性の異物などの排泄を促進するために，それらにグルクロン酸，アミノ酸，硫酸，グルタチオンなどを結合させて水溶性を増加させる機構のこと．

15.2　脂質の体内運搬

　水に不溶な脂質は**リポタンパク質**（lipoprotein）の粒子として血液中を運ばれる（図15.1）．リポタンパク質は，リン脂質やコレステロールなどの両親媒性脂質とアポリポタンパク質が表面に，トリアシルグリセロールやコレステロールエステルなどの疎水性脂質が内部に局在し，血液中に水和している．

アポリポタンパク質
リポタンパク質を構成するタンパク質．リポタンパク質の構造の保持，酵素活性の調節，組織で発現するリポタンパク質受容体のリガンドとして機能する．

第15章◆脂質代謝

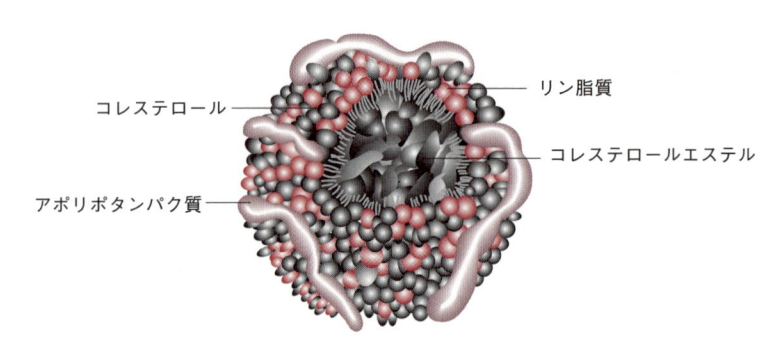

図15.1　リポタンパク質の模式図

ヒト血液中のリポタンパク質は**キロミクロン**（chylomicron），**超低密度リポタンパク質**（very low density lipoprotein, VLDL），**中間密度リポタンパク質**（intermediate density lipoprotein, IDL），**低密度リポタンパク質**（low density lipoprotein, LDL）および**高密度リポタンパク質**（high density lipoprotein, HDL）の大きく五種類に分類される．表15.1にリポタンパク質の組成と特徴を，また図15.2にリポタンパク質による脂質の運搬と代謝を示した．

小腸上皮細胞の滑面小胞体で生成されるキロミクロンは，消化吸収された食餌由来のトリアシルグリセロールを大量に含み，また小腸で合成されたアポリポタンパク質（アポB-48）を含む．キロミクロンはリンパ管から鎖骨下静脈に入り，全身の血流に乗って末梢組織に運ばれる．さまざまな臓器，とくに脂肪組織や心臓，骨格筋などの毛細血管の内壁には**リポタンパク質リパーゼ**（lipoprotein lipase）が結合しており，この酵素によって，キロミクロンのトリアシルグリセロールは脂肪酸とグリセロールに分解されて組織に吸収されていく．トリアシルグリセロールを放出してコレステロール含有率が高まったキロミクロンレムナントは，アポE受容体により肝臓に取り込まれる．つまり，食餌由来のコレステロールは最終的には肝臓に運ばれることになる．

VLDLは肝臓で生成されて血中に放出される．VLDLはおもに肝臓で合

アポBタンパク質
アポB-100は4536のアミノ酸からなる分子量約55万のタンパク質で，肝臓で合成される．小腸で合成されるアポB-48は，アポB-100 mRNAが特異的にRNA編集を受けて翻訳が停止する結果，アポB-100の約48%の大きさのタンパク質が合成されたものである．

リポタンパク質リパーゼ
キロミクロンやVLDLのトリアシルグリセロールを加水分解し，組織に脂肪酸を供給する酵素．心臓，脂肪組織，授乳中の乳腺などの種々の臓器の毛細血管の内皮に結合して存在する．

表15.1　血漿リポタンパク質の組成と特徴

リポタンパク質	由来	比重（g/ml）	直径（nm）	組成（％） タンパク質	組成（％） 脂質	主要な脂質	主要なアポリポタンパク質
キロミクロン	小腸	<0.95	～1000	1～2	98～99	トリアシルグリセロール	B-48, C-II, E
VLDL	肝臓	0.95～1.006	30～90	7～10	90～93	トリアシルグリセロール	B-100, C-II, E
IDL	VLDL	1.006～1.019	25～35	15～20	80～85	トリアシルグリセロール コレステロール	B-100, E
LDL	IDL	1.019～1.063	20～25	20～25	75～80	コレステロール	B-100
HDL	肝臓（小腸）	1.063～1.210	5～20	40～55	45～60	リン脂質, コレステロール	A-I, C-II, E

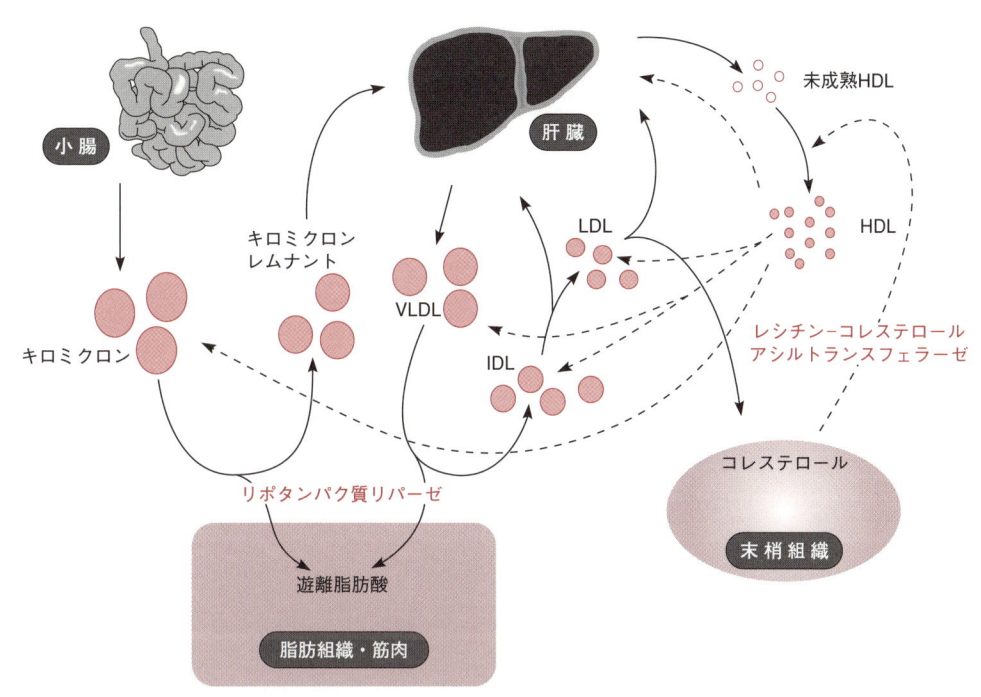

図 15.2　リポタンパク質による脂質の輸送と代謝
実線はリポタンパク質の流れ，破線はコレステロールの流れを示す．

成されたトリアシルグリセロールやコレステロールと，肝臓で合成されたアポ B-100 を含んでいる．この粒子に含まれるトリアシルグリセロールが脂肪組織や骨格筋の毛細血管にあるリポタンパク質リパーゼによって分解されて，VLDL は IDL，LDL に変化する．IDL と一部の LDL はキロミクロンレムナントと同様にアポ E 受容体によって肝臓に取り込まれる．

コレステロールとコレステロールエステルを豊富に含む LDL は，LDL 受容体（アポ B-100 受容体）を介したエンドサイトーシスにより末梢組織の細胞に取り込まれる．細胞内に取り込まれた小胞はエンドソームと融合し，さらにリソソームと融合して LDL を分解する．LDL のコレステロールとコレステロールエステルは細胞質に放出されるが，LDL 受容体は細胞表面へ運ばれリサイクルされる．このようにして LDL は末梢組織にコレステロールを運搬する重要な役割を担っている．

一方 HDL は，おもにリン脂質とアポリポタンパク質 A-1 を含む未成熟 HDL として肝臓で生成されて血中に放出され，末梢組織の細胞からコレステロールを取り込む働きをする．末梢組織の細胞においてコレステロールは ATP 結合カセット 1 輸送タンパク質により細胞外へ輸送されるが，細胞膜外面で HDL のアポリポタンパク質 A-1 に捕捉され，血漿酵素である**レシチンコレステロールアシルトランスフェラーゼ**（lecithin cholesterol acyl-

レシチン-コレステロールアシルトランスフェラーゼ（LCAT）
HDL 表面のリン脂質，レシチン（ホスファチジルコリン）からの脂肪酸をコレステロールに結合させてコレステロールエステルを生成する血漿中の酵素．一方，レシチンから生成したリゾレシチンは，血漿アルブミンンに渡される．

*1　LDL 受容体を欠損すると血液中の LDL 濃度が高まり，高頻度にアテローム性動脈硬化症を発症する．LDL 濃度が高いと心筋梗塞のリスクが高まるため，LDL は「悪玉コレステロール」ともよばれている．

　HDL の濃度が高いと心筋梗塞のリスクが低くなることから，HDL は「善玉コレステロール」とよばれている．

transferase, LCAT）によってコレステロールエステルに変換されて HDL 粒子の内部に詰め込まれる．HDL はコレステロールエステルをキロミクロン，VLDL，IDL，LDL に移すとともに肝臓にも転移させ，結果的に末梢組織のコレステロールを肝臓に運搬する役割を果たしている[*1]．

15.3　脂肪酸の貯蔵と動員

　脂肪細胞は余分なエネルギーをトリアシルグリセロールとして蓄え，細胞のエネルギー需要に応じて供給する．グルカゴンやエピネフリンが脂肪細胞のそれぞれの受容体に結合すると，cAMP を介して**プロテインキナーゼ A**（protein kinase A）が活性化され，**ホルモン感受性リパーゼ**（hormone-sensitive lipase）がリン酸化されて活性化される（図 15.3）．また，AMP 依存性プロテインキナーゼ（AMPK）もホルモン感受性リパーゼをリン酸化して活性化する．活性化されたホルモン感受性リパーゼは，トリアシルグリセロールを脂肪酸とグリセロールに分解する．血液中に放出された遊離脂肪酸はアルブミンに結合して血液中を運搬され，各組織に取り込まれて β 酸化される．一方，グリセロールはグリセロールキナーゼ活性の高い肝臓や腎臓に取り込まれ，ジヒドロキシアセトンリン酸を経て解糖系に入る．

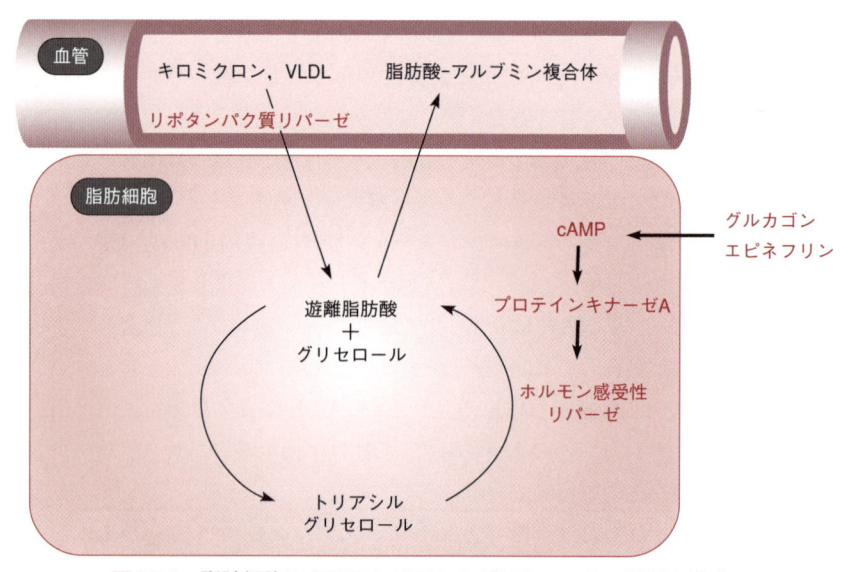

図 15.3　脂肪細胞におけるトリアシルグリセロールの貯蔵と放出

15.4　脂肪酸の分解

15.4.1　β酸化

脂肪酸はミトコンドリアのマトリックスにおいて**β酸化**（β-oxidation）とよばれる経路を経て酸化されて，アセチル CoA を産生する．細胞質の脂肪酸は，ミトコンドリアの内膜を通過してマトリックスに入るために，まずアシル CoA シンテターゼによってアシル CoA に変換される．この反応では ATP が AMP と PP$_i$ に加水分解され，このエネルギーが脂肪酸と補酵素 A（CoA）のチオエステル結合に保存される．

$$\text{脂肪酸} + \text{CoA} + \text{ATP} \rightleftharpoons \text{アシル CoA} + \text{AMP} + \text{PP}_i$$

次にアシル CoA は**カルニチン**（carnitine）を介した輸送によって細胞質からミトコンドリアマトリックスへ運ばれる（図 15.4）．カルニチンアシルトランスフェラーゼ I によってアシル CoA のアシル基がカルニチンに転移され，アシルカルニチンとなる．アシルカルニチンは輸送タンパク質（トランスロカーゼ）によってミトコンドリア内膜を通過し，ミトコンドリアマトリックスに存在するカルニチンアシルトランスフェラーゼ II によってアシル CoA に再変換される．

カルニチン
4-トリメチルアミノ 3-ヒドロキシ酪酸．脂肪酸のミトコンドリア内膜通過に必要．さまざまな組織に広く分布し，とくに筋肉に豊富である．

ミトコンドリアマトリックスにおける脂肪酸の β 酸化では，①アシル CoA の酸化，②水和，③酸化，④チオール開裂の四段階の反応が繰り返し起こる（図 15.5）．

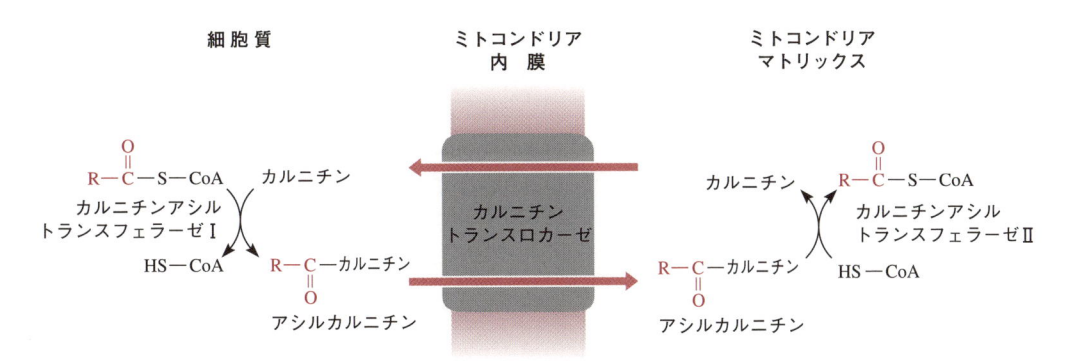

図 15.4　細胞質からミトコンドリアへの脂肪酸の輸送

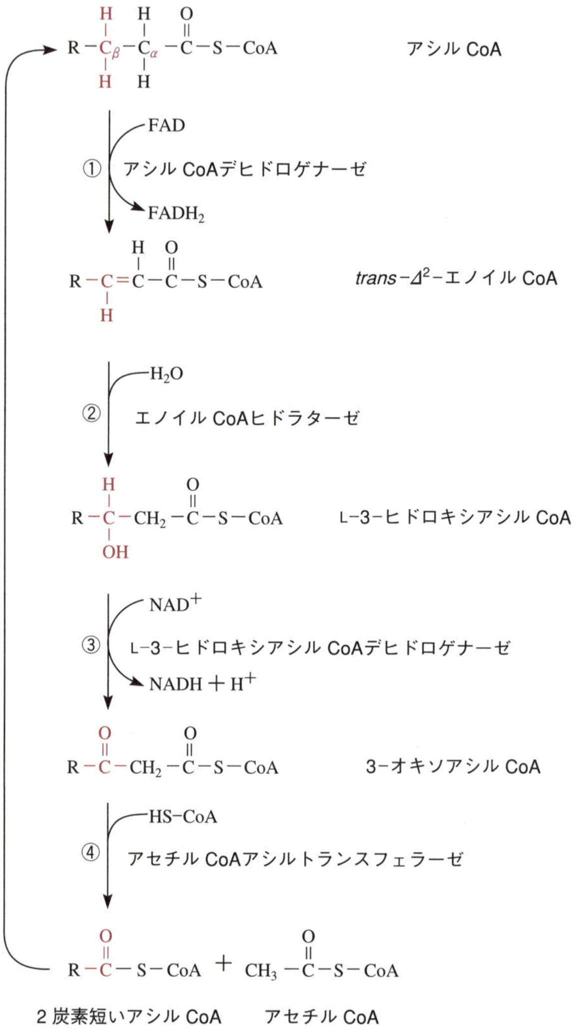

第15章 ◆ 脂質代謝

$$R-\underset{H}{\overset{H}{C_\beta}}-\underset{H}{\overset{H}{C_\alpha}}-\overset{O}{\underset{\|}{C}}-S-CoA \quad \text{アシル CoA}$$

① アシル CoA デヒドロゲナーゼ（FAD → $FADH_2$）

$$R-\underset{H}{\overset{H}{C}}=\overset{H}{C}-\overset{O}{\underset{\|}{C}}-S-CoA \quad trans\text{-}\Delta^2\text{-エノイル CoA}$$

② エノイル CoA ヒドラターゼ（H_2O）

$$R-\underset{OH}{\overset{H}{C}}-CH_2-\overset{O}{\underset{\|}{C}}-S-CoA \quad \text{L-3-ヒドロキシアシル CoA}$$

③ L-3-ヒドロキシアシル CoA デヒドロゲナーゼ（NAD^+ → $NADH + H^+$）

$$R-\overset{O}{\underset{\|}{C}}-CH_2-\overset{O}{\underset{\|}{C}}-S-CoA \quad \text{3-オキソアシル CoA}$$

④ アセチル CoA アシルトランスフェラーゼ（HS-CoA）

$$R-\overset{O}{\underset{\|}{C}}-S-CoA \; + \; CH_3-\overset{O}{\underset{\|}{C}}-S-CoA$$

2 炭素短いアシル CoA　　アセチル CoA

図 15.5　脂肪酸の β 酸化機構
脂肪酸の β 酸化は，アシル CoA の酸化（①），水和（②），酸化（③），チオール開裂（④）の繰り返しにより起こる．

① アシル CoA の酸化
　アシル CoA はアシル CoA デヒドロゲナーゼによって脱水素されて $FADH_2$ を生成するとともに，α と β 炭素間のトランス二重結合の生成により trans-Δ^2-エノイル CoA に変換される．

② 水和
　trans-Δ^2-エノイル CoA はエノイル CoA ヒドラターゼにより水を付加されて L-3-ヒドロキシアシル CoA に変換される．

③ 酸化
　L-3-ヒドロキシアシル CoA は L-3-ヒドロキシアシル CoA デヒドロゲナーゼにより脱水素されて NADH を生成するとともに 3-オキソアシル

CoAに変換される．

④　チオール開裂

3-オキソアシルCoAはアセチルCoAアシルトランスフェラーゼによってアセチルCoAを放出し，最初に比べて2炭素短いアシルCoAが生じる．

生じたアシルCoAは再び①～④の反応を繰り返し，徐々に短くなる．炭素鎖16の飽和脂肪酸であるパルミチン酸は7回のβ酸化を受け，8分子のアセチルCoAに分解されて，ミトコンドリアマトリックスのクエン酸回路で酸化される．$FADH_2$とNADHがそれぞれ7分子生成され，これらはミトコンドリア内膜の電子伝達系で酸化的リン酸化によりATPを産生する．これらの結果，1分子のパルミトイルCoAから108分子のATPが生成される．ただし，パルミチン酸の場合はパルミトイルCoAへの活性化でATPがAMPとPP_iに加水分解されるため，2分子のATPの消費に相当し，106分子のATPの生成に相当する[*2]．

```
8 アセチル CoA × 10  =  80 ATP
7 FADH₂        × 1.5 = 10.5 ATP
7 NADH         × 2.5 = 17.5 ATP
合計                    108 ATP
```

[*2] 脂肪酸のβ酸化は大量のATPとともに大量の代謝水を生成するため，砂漠で生きるラクダなどの重要な水の供給源になっている．

15.4.2　奇数鎖脂肪酸や不飽和脂肪酸の酸化

奇数鎖脂肪酸や不飽和脂肪酸も基本的にはβ酸化を受ける．奇数鎖脂肪酸はβ酸化による最終産物としてアセチルCoAではなく，炭素鎖3のプロピオニルCoAを生じる．プロピオニルCoAは炭素鎖4のメチルマロニルCoA，ついでスクシニルCoAに変換されてクエン酸回路に入る．

不飽和脂肪酸のうち，モノ不飽和脂肪酸のβ酸化でcis-Δ^3-エノイルCoAが生じた場合は，特異的イソメラーゼによって二重結合の位置を移動させてβ酸化を続けることができる．また，多価不飽和脂肪酸も特異的イソメラーゼとレダクターゼの助けを借りてβ酸化で代謝される．

15.4.3　肝臓ペルオキシソームでのβ酸化

ミトコンドリアで酸化できない分枝脂肪酸や超長鎖脂肪酸は，肝臓のペルオキシソームにおいてβ酸化を受ける．ペルオキシソームでのβ酸化の第一段階はアシルCoAデヒドロゲナーゼが行うのではなく，アシルCoAオキシダーゼによって触媒されて，分子状O_2からH_2O_2を生じる反応である．H_2O_2はペルオキシソームに存在するカタラーゼによって無害なH_2Oと$1/2 O_2$に分解される．ペルオキシソームで短くなったアシルCoAは，ミトコンドリアへ運ばれてβ酸化を受ける．

プロピオニルCoAのスクシニルCoAへの変換

15.5 ケトン体の生成

ミトコンドリアマトリックスにおいて脂肪酸のβ酸化で産生されるアセチルCoAは，クエン酸回路で酸化される．しかし，飢餓によるグルコースの供給不足や，糖尿病のようにグルコースの利用低下が起こってグルコースを十分に利用できない状況下では，肝臓のミトコンドリアにおいて**ケトン体**（ketone body）[*3]が生成され，肝臓以外の組織のエネルギー源として利用される．

ケトン体の生成では，まず2分子のアセチルCoAがチオラーゼによってアセトアセチルCoAに縮合される（図15.6）．さらにもう1分子のアセチルCoAが3-ヒドロキシ-3-メチルグルタリルCoA（HMG-CoA）シンターゼによって縮合されてHMG-CoAを生成する．HMG-CoAからHMG-CoAリアーゼによってアセチルCoAとアセト酢酸が生成される．アセト酢酸は，

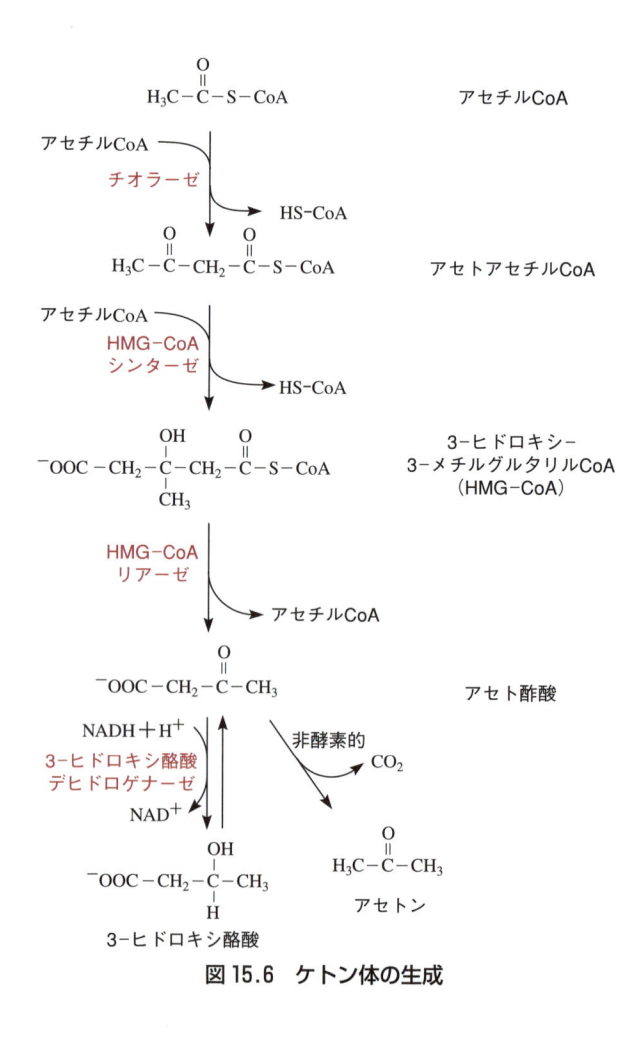

*3　ケトン体とは，アセト酢酸，3-ヒドロキシ酪酸，アセトンの三つの化合物を指す．

図15.6　ケトン体の生成

3-ヒドロキシ酪酸デヒドロゲナーゼによって3-ヒドロキシ酪酸と相互変換される．アセト酢酸と3-ヒドロキシ酪酸は血液中に入り全身に運ばれる．肝外組織においてアセト酢酸はスクシニル CoA-アセト酢酸-CoA トランスフェラーゼ[*4]によってアセトアセチル CoA に変換され，さらにチオラーゼによって2分子のアセチル CoA に変換されてクエン酸回路で利用される（図15.7）．

[*4] この酵素は肝臓には存在しないので，ケトン体は肝外組織でのみ利用される．

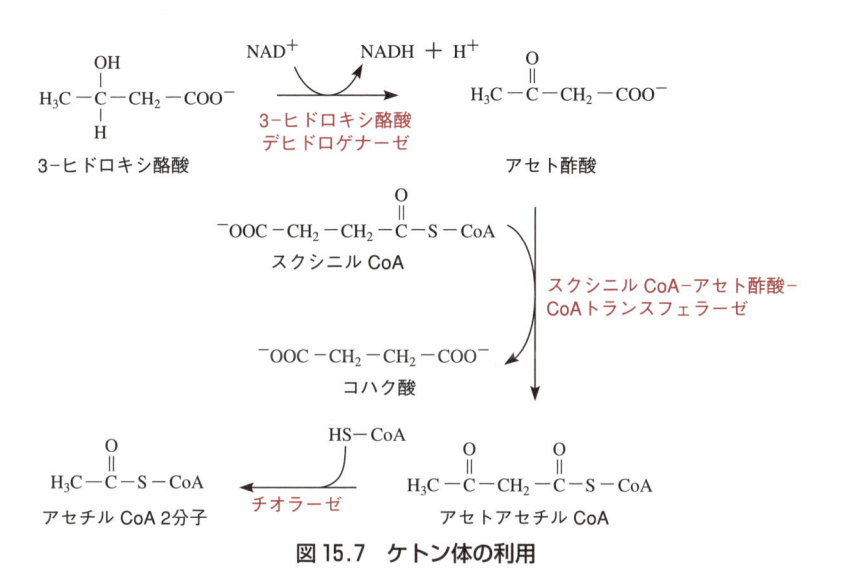

図15.7 ケトン体の利用

アセト酢酸，3-ヒドロキシ酪酸，アセトンの三つをケトン体とよぶが，血液中で非酵素的に生じるアセトンは代謝燃料としての意味はない．ケトン体の産生が亢進し血液中のケトン体が増加した状態をケトン血症とよぶ．過剰なアセト酢酸と3-ヒドロキシ酪酸によりアシドーシス（体液の pH が酸性に傾いた状態）をきたして生命に危険が及ぶ．重症の糖尿病では糖の利用ができないためにケトン体の生成が亢進して呼気に特有のアセトン臭が認められる．

15.6 脂肪酸の生合成

エネルギーが充足している場合，グルコースがグリコーゲンとして保存されるとともに，グルコース分解で生じたアセチル CoA は脂肪酸に変換される．そのため，過剰の糖質の摂取は脂肪の蓄積を引き起こす．脂肪酸の合成はおもに肝臓と脂肪組織の細胞質で行われる．

15.6.1 アセチル CoA の細胞質への輸送

アセチル CoA はミトコンドリアマトリックスで生成されるが脂肪酸の合

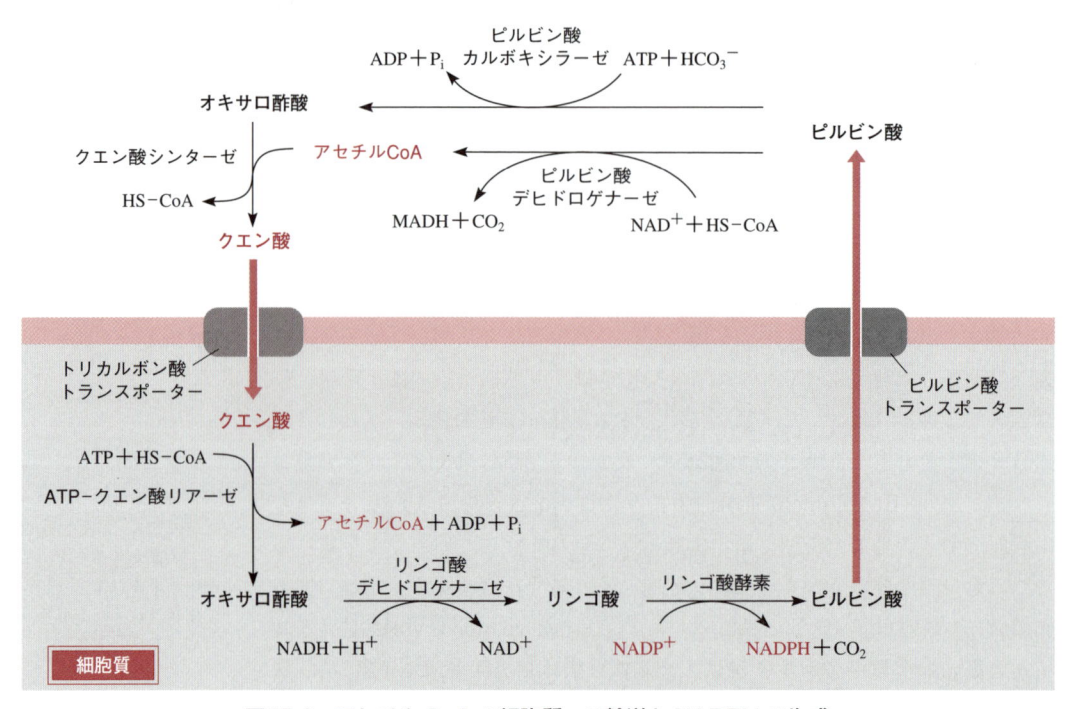

図15.8 アセチルCoAの細胞質への輸送とNADPHの生成

成は細胞質で起こるため，アセチルCoAの細胞質への輸送が必要になる．アセチルCoAはミトコンドリア内膜を通過できないため，いったんクエン酸に変換された後，トリカルボン酸トランスポーターによって細胞質に輸送される（図15.8）．細胞質でクエン酸はATP-クエン酸リアーゼによってアセチルCoAとオキサロ酢酸に開裂される．オキサロ酢酸はリンゴ酸デヒドロゲナーゼによってリンゴ酸に変換され，さらにリンゴ酸酵素によって酸化的に脱炭酸されてピルビン酸へと変換される．そして，そのピルビン酸はピルビン酸トラスポーターでミトコンドリア内へ輸送される．リンゴ酸酵素による脱炭酸にともなって生成されたNADPHは脂肪酸合成に用いられる．脂肪酸合成に必要なNADPHはペントースリン酸経路によっても供給される．

15.6.2 マロニルCoAの生成

　細胞質でアセチルCoAを**マロニルCoA**（malonyl CoA）に変換するのが，アセチルCoAカルボキシラーゼである．この酵素は補欠分子族としてビオチンを含み，ATPと炭酸水素イオンを用いてアセチルCoAをカルボキシル化する（図15.9）．この酵素は脂肪酸合成の律速酵素の一つであり，長鎖脂肪酸によってフィードバック阻害を受ける．また，AMP依存性プロテインキナーゼ（AMPK）によって79番目のセリン（Ser79）がリン酸化されることに

AMP依存性プロテインキナーゼ
細胞内ATP濃度が低下し，AMP濃度（細胞内のエネルギーの減少の指標）が上昇すると活性化される．ATPの産生経路の酵素を活性化するとともに，生合成経路の酵素を阻害して生命活動のために細胞内ATP濃度を上昇させるよう働く．

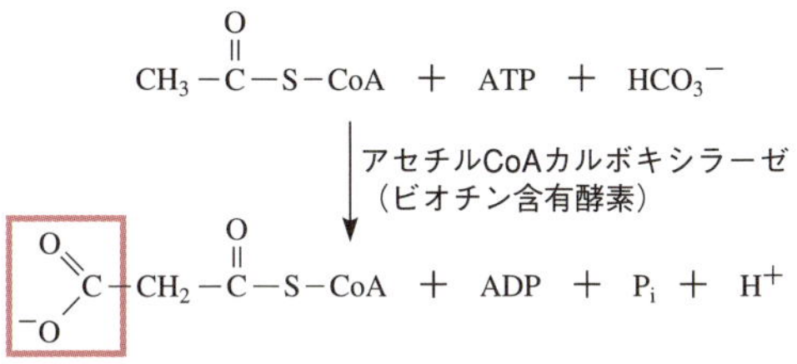

$$\text{CH}_3-\overset{\overset{\text{O}}{\|}}{\text{C}}-\text{S}-\text{CoA} \;+\; \text{ATP} \;+\; \text{HCO}_3^-$$

↓ アセチルCoAカルボキシラーゼ
（ビオチン含有酵素）

$$\boxed{\overset{\text{O}}{\underset{\text{O}^-}{\|}}\text{C}}-\text{CH}_2-\overset{\overset{\text{O}}{\|}}{\text{C}}-\text{S}-\text{CoA} \;+\; \text{ADP} \;+\; \text{P}_i \;+\; \text{H}^+$$

図 15.9 マロニル CoA の生成

よって不活性化される．グルカゴンやエピネフリンはプロテインキナーゼ A を介してホスホプロテインホスファターゼ阻害タンパク質をリン酸化して活性化させ，アセチル CoA カルボキシラーゼの Ser79 の脱リン酸化を阻害する．インスリンは逆に，この酵素の脱リン酸化を促進して脂肪酸の合成を促進する．

15.6.3 脂肪酸シンターゼ複合体

動物の**脂肪酸シンターゼ**（fatty acid synthase）は七種類の酵素と**アシルキャリアタンパク質**（acyl carrier protein, **ACP**）が 1 本のポリペプチド上に存在する多機能酵素であり，この酵素が二量体を形成して脂肪酸合成の一連の反応を触媒する．アシルキャリアタンパク質は補酵素 A と同様にホスホパンテテイン基をもち，アシル基をチオエステル結合で結合する．もう一つの脂肪酸合成に重要なチオール基は，オキソアシル-ACP シンターゼ（OAS）という酵素に存在する．

脂肪酸の合成は，二種類のチオエステル誘導体の形成（①），前駆体の縮合（②），還元反応（③），アシル基の転移（④）の繰り返しによって起こる（図 15.10）．

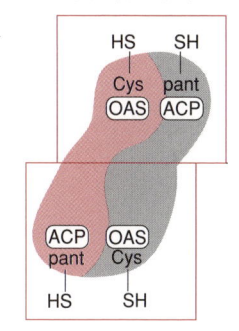

① 二種類のチオエステル誘導体の形成
アセチル CoA-ACP アシルトランスフェラーゼがアセチル CoA のアセチル基を ACP に転移し（図中①-1），3-オキソアシル-ACP シンターゼ（OAS）がこのアセチル基を酵素自身のチオール基に転移させる（図中①-2）．空いた ACP にマロニル CoA からマロニル基が転移される（①-3）．

② 前駆体の縮合
3-オキソアシル-ACP シンターゼのアセチル基がマロニル-ACP へ転移・縮合されて，アセトアセチル-ACP が生成する．マロニル基は脱炭酸されて縮合反応を促進する．

③ 還元反応（還元・脱水・還元）
アセトアセチル-ACP は 3-オキソアシル-ACP レダクターゼによって NADPH を補酵素として還元され，3-ヒドロキシブチリル-ACP に変換

脂肪酸シンターゼ複合体
脂肪酸シンターゼ二量体は対称なので，同時に脂肪酸を 2 分子合成できるが，□で示すような二つの機能単位で働く．

図15.10 脂肪酸の合成

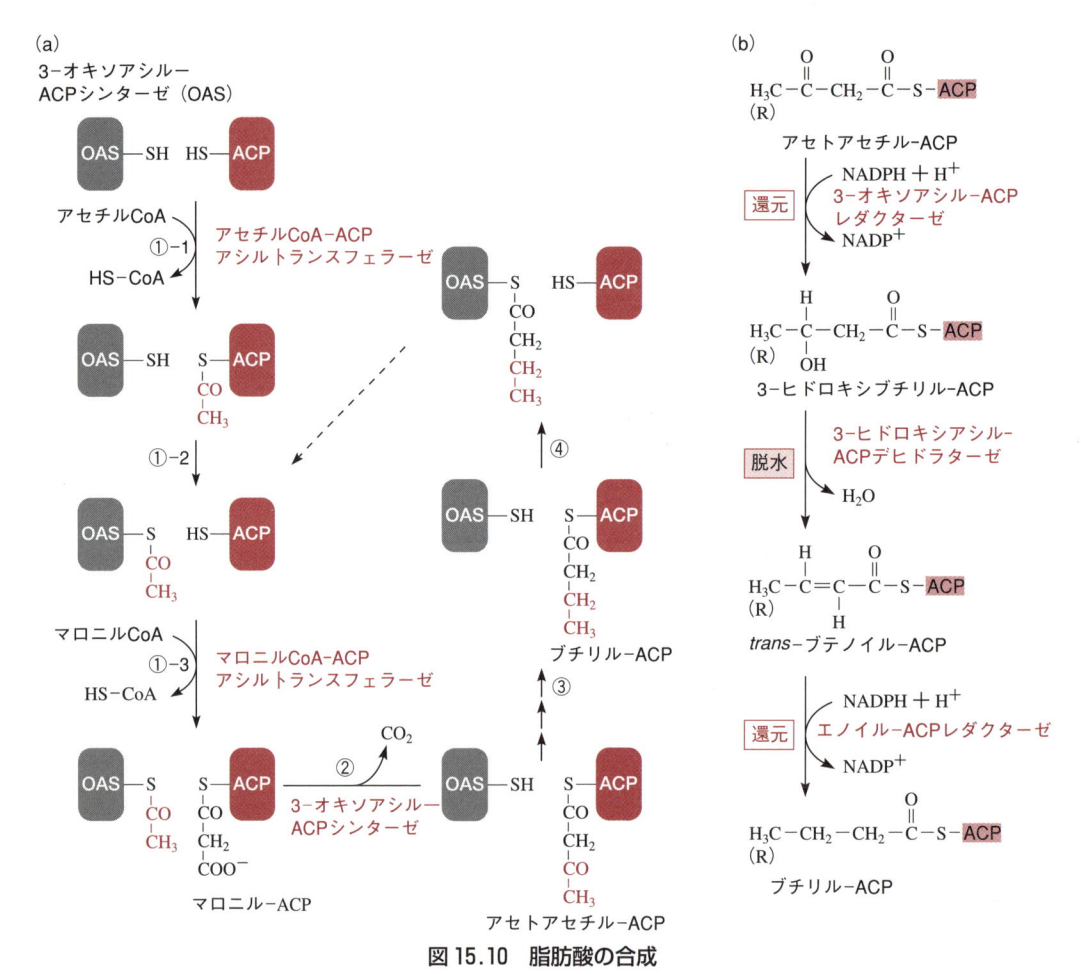

(a) 脂肪酸の生成は，二種類のチオエステル誘導体の形成（①），前駆体の縮合（②），還元反応（③），アシル基の転移（④）の繰り返しによって起こる．(b) ③の還元反応の詳細．末端のメチル基は，2回目以降はアシル基(R)となる．

される．3-ヒドロキシブチリル-ACPは3-ヒドロキシアシル-ACPデヒドラターゼにより脱水されてtrans-ブテノイル-ACPを生じる．trans-ブテノイル-ACPは，エノイル-ACPレダクターゼによってNADPHを補酵素として還元されてブチリル-ACPになる．

④ 転移

ブチリルACPのブチリル基がオキソアシル-ACPシンターゼ（OAS）に転移される．

空になったACPにマロニル基が導入され（①-3），②～④の反応が繰り返されて，炭素数2個ずつアシル基が延長される．炭素数16のパルミトイル-ACPが生成されると，パルミトイルチオエステラーゼの作用でパルミチン酸が遊離される．

ミクロソーム

細胞分画法により分離された小胞体画分のこと．細胞を分画するために，まず細胞をホモジナイズ（均一化）した後，異なったスピードで遠心分離することにより，細胞小器官を分離する．そのとき，小胞体は破砕されてミクロソームと呼ばれる小さな小胞になって回収される．

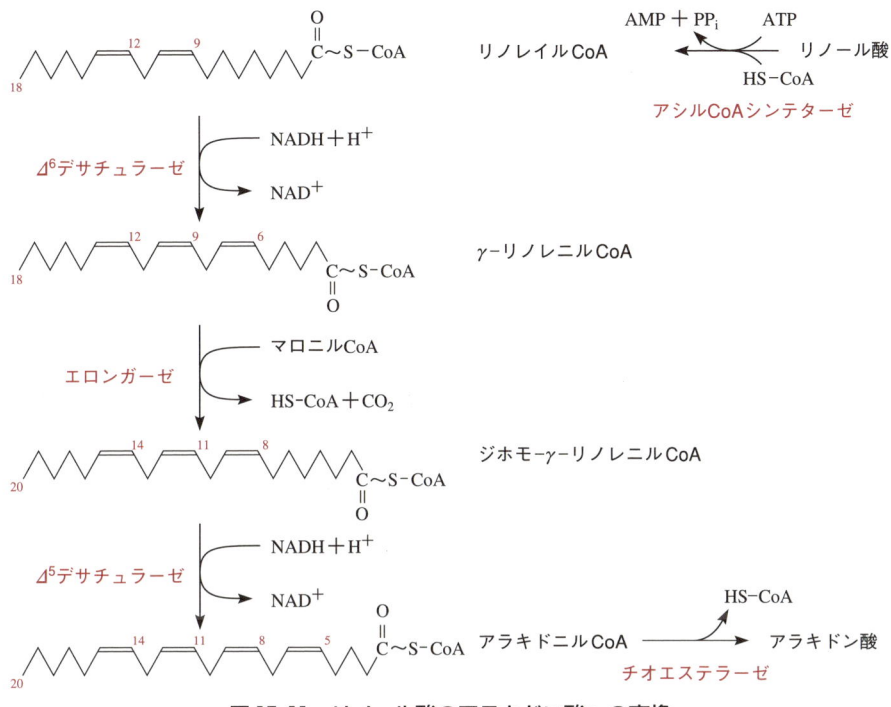

図 15.11 リノール酸のアラキドン酸への変換

15.6.4 脂肪酸の延長と不飽和化

脂肪酸の鎖伸長と不飽和化の反応は小胞体(ミクロソーム)において行われる．アシル CoA は延長酵素(エロンガーゼ)によるマロニル CoA との縮合，還元，脱水，還元反応により，炭素数 2 個分だけ伸びたアシル CoA になる．脂肪酸シンターゼと異なり，ここでのアシル基のキャリアは補酵素 A(CoA)である．また，ミトコンドリアにおいても脂肪酸の酸化の逆反応で鎖の延長が起こる．

脂肪酸の不飽和化は不飽和化酵素(デサチュラーゼ)によって行われる．しかし，ほ乳動物の不飽和化酵素は Δ^9 を超えて末端側に二重結合を導入できないので，リノール酸($C_{18:2, \Delta 9, 12}$)や α-リノレン酸($C_{18:3, \Delta 9, 12, 15}$)のような脂肪酸は合成できず，これらを必須脂肪酸として食餌から摂取しなければならない．生理的に重要な多価不飽和脂肪酸であるアラキドン酸($C_{20:4, \Delta 5, 8, 11, 14}$)は肝臓で脂肪鎖伸長反応と不飽和化反応によってリノール酸から合成される(図 15.11)．

必須脂肪酸

脂質を除いた飼料を与えたラットは成長が停止し，生殖能力を失う．このラットにリノール酸，α-リノレン酸，アラキドン酸を与えると再び生殖能力を取り戻したことから，この三つの脂肪酸が必須であると考えられていた．しかし，ほ乳類ではアラキドン酸は体内でリノール酸から合成されるので，栄養学的にはリノール酸と α-リノレン酸が必須である．

15.7　トリアシルグリセロールの合成

トリアシルグリセロール(triacylglycerol)は，おもに肝臓や脂肪組織において脂肪酸の貯蔵や運搬のために合成される．出発物質であるグリセロール

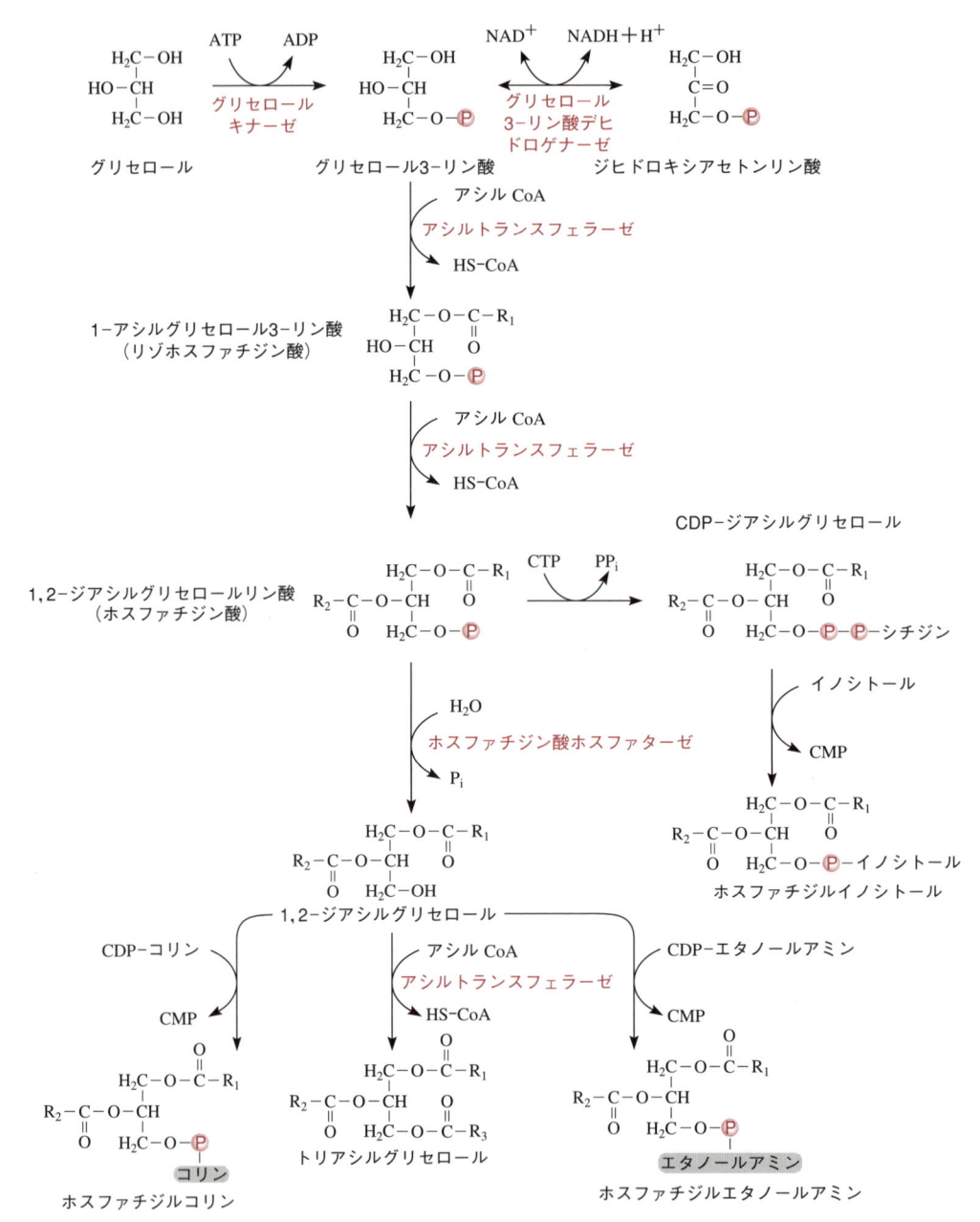

図 15.12 トリアシルグリセロールとリン脂質の合成

3-リン酸は，解糖の中間体であるジヒドロキシアセトンリン酸を還元することによってつくられるが，肝臓においてはグリセロールキナーゼによってグリセロールを直接リン酸化することによっても生成される（図 15.12）．トリアシルグリセロールの合成ではまず脂肪酸がアシル CoA へと活性化される．基質特異性の異なる二種類のアシル CoA トランスフェラーゼがグリセロール 3-リン酸に 2 分子の脂肪酸を順次結合させて，ホスファチジン酸が生成

される．ホスファチジン酸はホスファチジン酸ホスファターゼによって脱リン酸化されて 1,2-ジアシルグリセロールに変換された後，ジアシルグリセロールアシル CoA トランスフェラーゼによって 3 位がアシル化されてトリアシルグリセロールとなる．

15.8 グリセロリン脂質の合成

生体膜に一番多く含まれる脂質であるグリセロリン脂質は，コリン，エタノールアミン，セリン，イノシトール，ジアシルグリセロールなどの極性基をもつ．グリセロリン脂質の合成は極性基やジアシルグリセロールの活性化によって起こる（図 15.12）．ホスファチジルコリンやホスファチジルエタノールアミンは，コリンやエタノールアミンが活性化された CDP-コリンや CDP-エタノールアミンが 1,2-ジアシルグリセロールと反応して合成される．ホスファチジルエタノールアミンとホスファチジルセリンは交換可能であり，またホスファチジルエタノールアミンのメチル化でホスファチジルコリンが生成される．一方，酸性リン脂質では，ホスファチジルイノシトールは 1,2-ジアシルグリセロールが活性化された CDP-ジアシルグリセロールがイノシトールと反応して合成される．

ホスファチジルイノシトール
荷電のないイノシトールと陰性荷電をもつリン酸基をもつため，酸性リン脂質とよばれる．細胞膜のリン脂質の重要な成分であり，ホスファチジルイノシトール 4,5-ビスリン酸〔ジアシルグリセロールとイノシトール 1,4,5-トリスリン酸（IP_3）に分解されセカンドメッセンジャーとして働く〕の前駆体である．

● 肥 満

肥満（obesity）とは，食餌中の糖質や脂質の過剰摂取によって脂肪細胞の数と大きさが増加して体内の脂肪組織量が増加した状態である．グルコースなどの糖質を過剰に摂取すると，過剰分は脂質の合成にまわされる．また過剰に摂取した脂質はグルコースに変換できないため，脂肪組織に蓄えられる．肥満になると，高血圧，Ⅱ型糖尿病，高脂血症や心血管疾患などの生活習慣病（メタボリック症候群）を発症するリスクが増加する．

食物摂取とエネルギー消費のバランスがとれていれば肥満にはならないが，食物摂取の量は食欲によって制御されている．その食欲を制御するホルモンのひとつに脂肪組織が産生するレプチン（leptin）があり，正常なヒトでは肥満により体脂肪が増加すると，体脂肪量に依存してレプチンの産生が増加する．レプチンは脳の視床下部にある食欲制御中枢に働きかけ，食欲を抑制する．同時に脂質合成を阻害し，さらに脂質分解を促進して体脂肪の減少させる．

遺伝的にレプチン遺伝子を欠損したマウスは病的な肥満になってしまう．またレプチン遺伝子が正常であっても，脳のレプチン受容体が減少・欠損したマウスはレプチン抵抗性の病的な肥満になる．

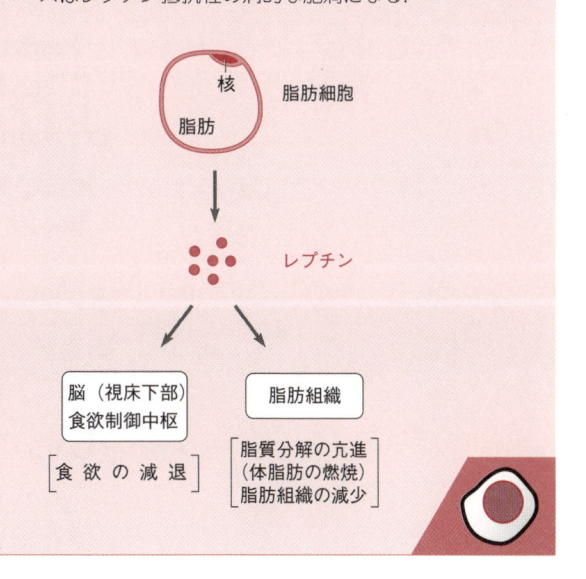

15.9 スフィンゴ脂質の合成

セレブロシド
ガラクトシルセラミドはミエリン鞘（神経繊維を取り囲み絶縁効果を発揮する）のおもなスフィンゴ糖脂質である．グルコシルセラミドは神経組織以外のおもなスフィンゴ糖脂質であり，また，より複雑なスフィンゴ糖脂質の前駆体になる．

セラミド（N-アシルスフィンゴシン）はパルミトイル CoA とセリンから合成される（図15.13）．スフィンゴ脂質のなかで唯一のリン脂質であるスフィンゴミエリンは，セラミドの1位にホスホコリンが結合することで合成される．おもなセレブロシドとしてガラクトセレブロシドやグルコセレブロシドがあげられるが，これらは UDP-ガラクトースや UDP-グルコースからのガラクトースやグルコース残基をセラミドの1位に結合して合成される．ガングリオシドはさらに複雑に合成された糖鎖を結合している．

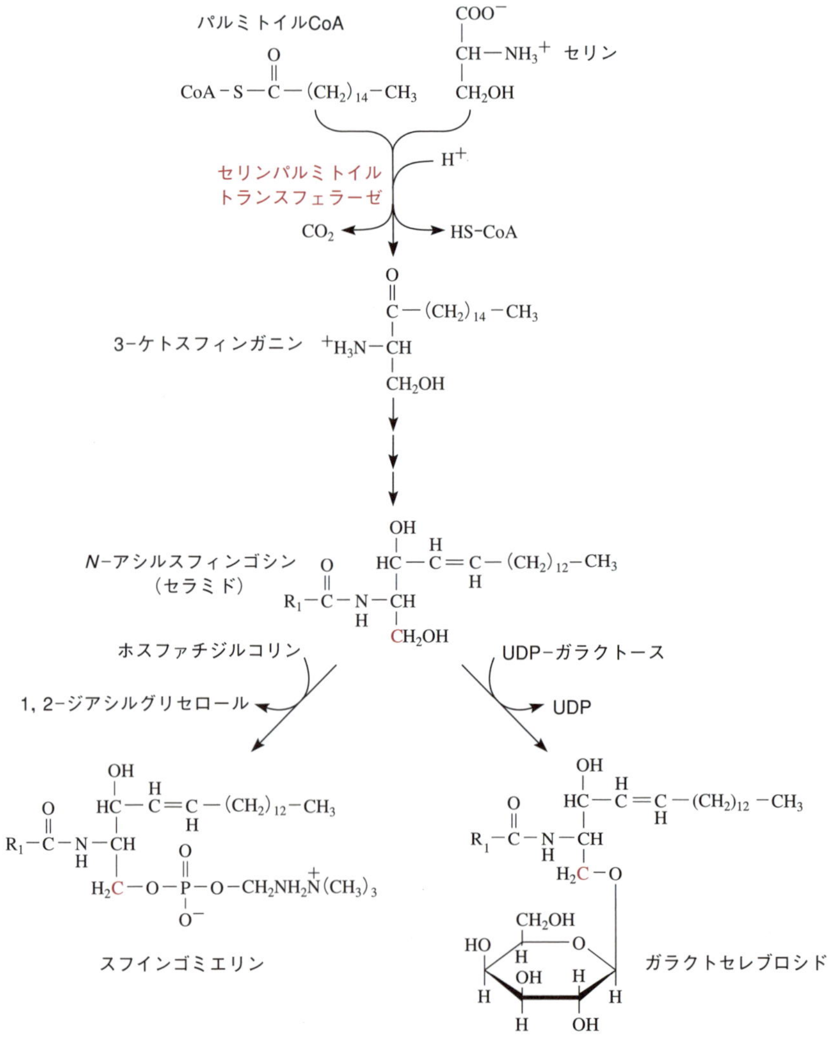

図15.13 スフィンゴ脂質の合成

15.10　エイコサノイドの合成

エイコサノイド（eicosanoid）は局所調節因子，局所ホルモン，炎症メディエーターとして機能する炭素鎖20の多価不飽和脂肪酸であり，**プロスタグランジン**（prostaglandin, PG），**トロンボキサン**（thromboxane, TX），および**ロイコトリエン**（leukotriene, LT）の三つのグループに分類される．一般にプロスタグランジンは炭素5個からなる5員環構造を，またトロンボキサンはエーテル結合を含む6員環構造をもつ．一方，ロイコトリエンは環状構造をもたず共役二重結合をもつ．プロスタグランジンは生理的な保護作用をもつとともに，炎症と痛みにも関与する．トロンボキサンは血小板の凝集を促進し，ロイコトリエンは白血球の遊走や平滑筋の収縮を引き起こす．

エイコサノイドは，種々の刺激によって活性化されたホスホリパーゼA_2によって細胞膜のリン脂質から遊離されたアラキドン酸から合成される．プロスタグランジンとトロンボキサンの合成は，**シクロオキシゲナーゼ**（cyclo-oxygenase, COX）[*5]によってアラキドン酸にシクロペンタン環が導入されて始まる（図15.14）．一方，ロイコトリエンの合成はリポキシゲナーゼによってアラキドン酸に酸素が添加されたヒドロペルオキシドが生成されるこ

局所調節因子
エイコサノイドのように細胞間のメディエーターとして生体の生理機能の調整や病態の形成に関与する因子のこと．エイコサノイドは炎症やアレルギーなどに関与することから炎症メディエーターともよばれる．

[*5] 非ステロイド性抗炎症薬であるアスピリンはCOX-1とCOX-2をアセチル化して不可逆的に阻害し，またインドメタシンやイブプロフェンはアラキドン酸と競合することで活性を阻害する．このような選択性の低いCOX阻害剤にはCOX-1阻害による副作用があるが，セレコキシブなどの選択的なCOX-2の阻害剤はCOX-1阻害の副作用を生じることなく抗炎症作用を発揮する．

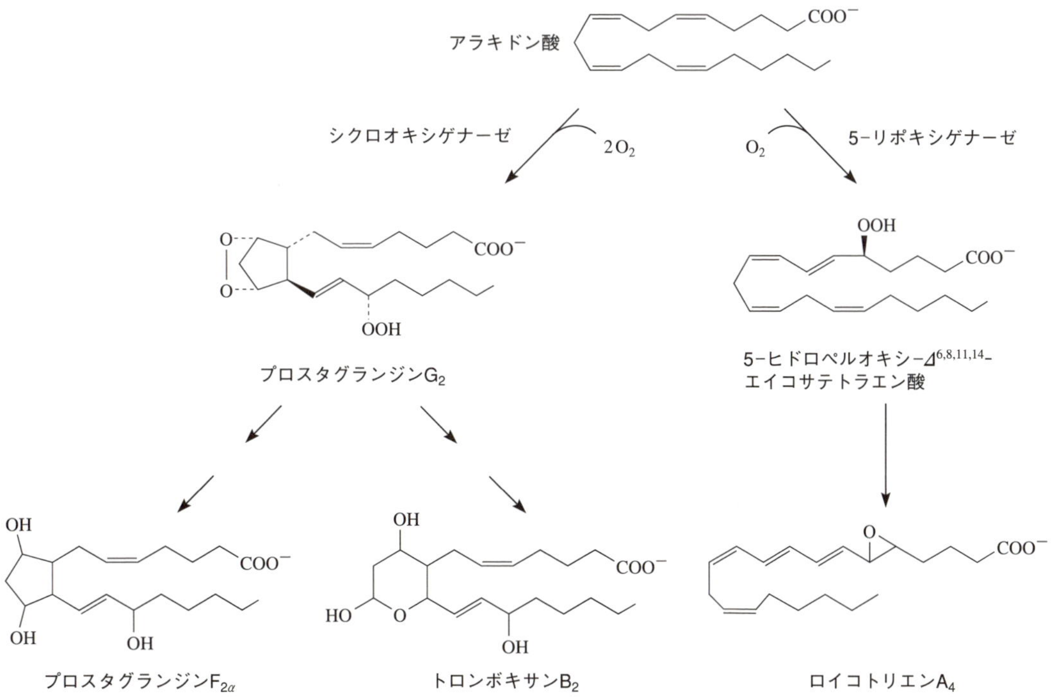

図15.14　エイコサノイドの合成

とによって始まる．COXには二種類のアイソザイムがある．COX-1は構成的に発現し生理的なPGの合成に関与するが，COX-2は細胞傷害部位で誘導されて炎症と痛みに関与するPGの生成に関与する．

15.11　コレステロールの代謝

15.11.1　コレステロールの合成

コレステロール（choresterol）は生体膜の重要な成分であり，かつ脂質の消化吸収に必要な胆汁酸や多様な作用をもつステロイドホルモンの前駆物質である．ほとんどの細胞で生合成できるが，大部分は肝臓で合成される．

コレステロールはおもに細胞質で合成されるため，コレステロール合成の出発材料であるアセチルCoAは脂肪酸合成の際と同様にクエン酸に変換されてミトコンドリアから細胞質に運搬される．合成経路を図15.15に示した．

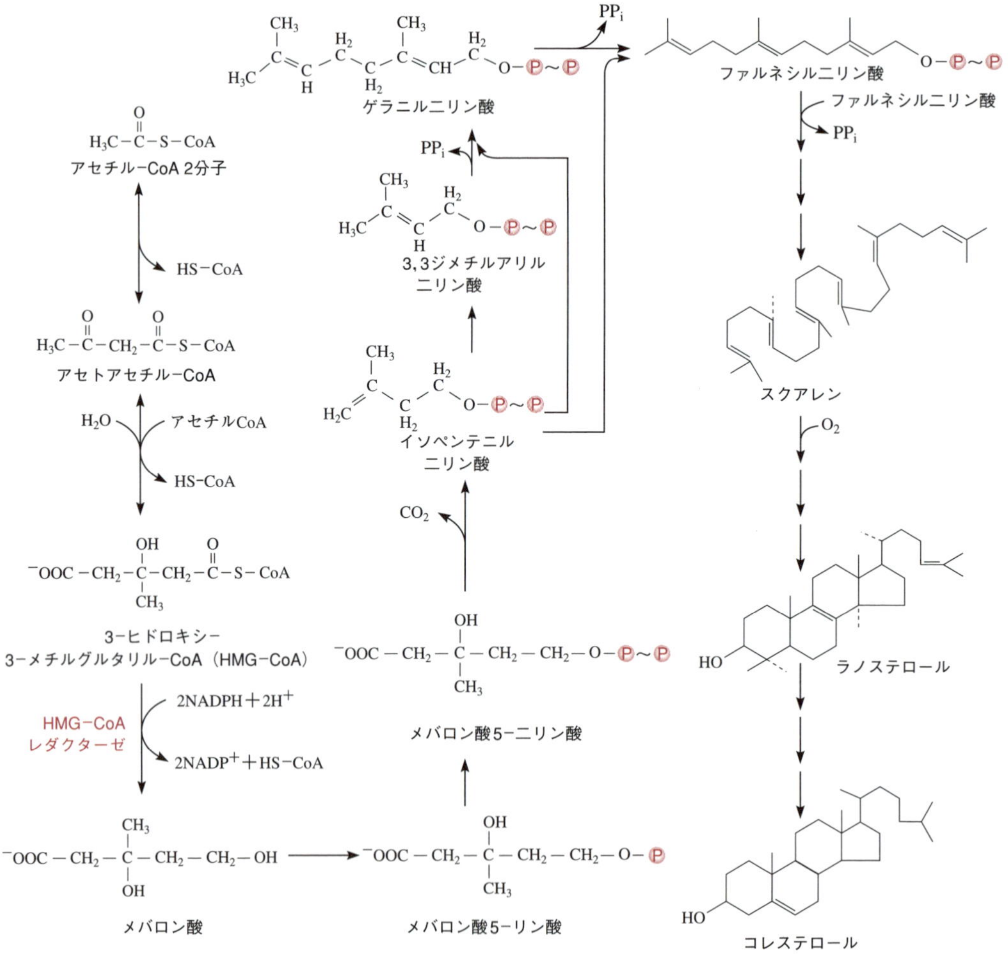

図15.15　コレステロールの合成

まず細胞質のチオラーゼによって2分子のアセチルCoAが縮合されてアセトアセチルCoAを生成し，さらに細胞質のHMG-CoAシンターゼによってもう1分子のアセチルCoAが縮合されて，3-ヒドロキシ-3-メチルグルタリルCoA（HMG-CoA）を生成する．コレステロール合成の律速酵素である**HMG-CoAレダクターゼ**（HMG-CoA reductase）によってHMG-CoAが還元されてメバロン酸を生成する．

メバロン酸は2回のリン酸化とそれに続く脱炭酸によりイソペンテニル二リン酸（C_5）に変換される．イソペンテニル二リン酸はジメチルアリル二リン酸（C_5）へと異性化され，さらにイソペンテニル二リン酸と縮合してゲラニル二リン酸（C_{10}）となる．ゲラニル二リン酸はイソペンテニル二リン酸と縮合してファルネシル二リン酸（C_{15}）となり，ファルネシル二リン酸が2分子縮合してスクアレン（C_{30}）が生成される．スクアレンはモノオキシゲナーゼによる酸素の添加と環化により，ステロイド骨格をもつラノステロールに変化し，さらなる側鎖の修飾によってコレステロールが生成される．

コレステロール合成の調節はおもにHMG-CoAレダクターゼの段階で起こる．HMG-CoAレダクターゼの細胞内量は，高濃度のコレステロールによって長期的な転写レベルのフィードバック制御を受ける．さらに，HMG-CoAレダクターゼはAMP依存性プロテインキナーゼによってリン酸化されて不活性化される．AMP依存性プロテインキナーゼは脂肪酸合成の律速酵素であるアセチルCoAカルボキシラーゼもリン酸化して阻害するため，コレステロール合成と脂肪酸合成を同時に抑制してアセチルCoAの利用を抑制する．また，ロバスタチン，プラバスタチン，シンバスタチンなどのスタチン類は，HMG-CoAレダクターゼの強力な拮抗阻害剤であり，高脂血症を改善してアテローム性動脈硬化の進行を抑制する．

律速酵素
一連の多段階反応経路において，その経路全体の速度を支配する律速段階の反応を触媒する酵素のこと．

15.11.2 胆汁酸の合成

胆汁酸は脂肪の消化・吸収に必須であり，肝臓においてコレステロールから合成される．胆汁酸の生合成では，まずコレステロール7α-ヒドロキシラーゼによってコレステロールの7α-ヒドロキシ化が起こる（図15.16）．次に生成物は，12α-ヒドロキシ化を受けてコール酸に変換されるか，あるいは12α-ヒドロキシ化を受けないでケノデオキシコール酸に変換される．これらは，さらにタウリンやグリシンを抱合して水溶性を増し，一次胆汁酸として肝臓から分泌される（15.1を参照）．分泌された胆汁酸は腸内細菌によって脱抱合と脱7α-ヒドロキシ化を受け，二次胆汁酸とよばれるデオキシコール酸やリトコール酸に変換される．一次胆汁酸と二次胆汁酸のほとんどが小腸から再吸収されて，門脈を経て肝臓に戻り，再利用される．これを**腸肝循環**（enterohepatic circulation）という．

二次胆汁酸

デオキシコール酸

リトコール酸

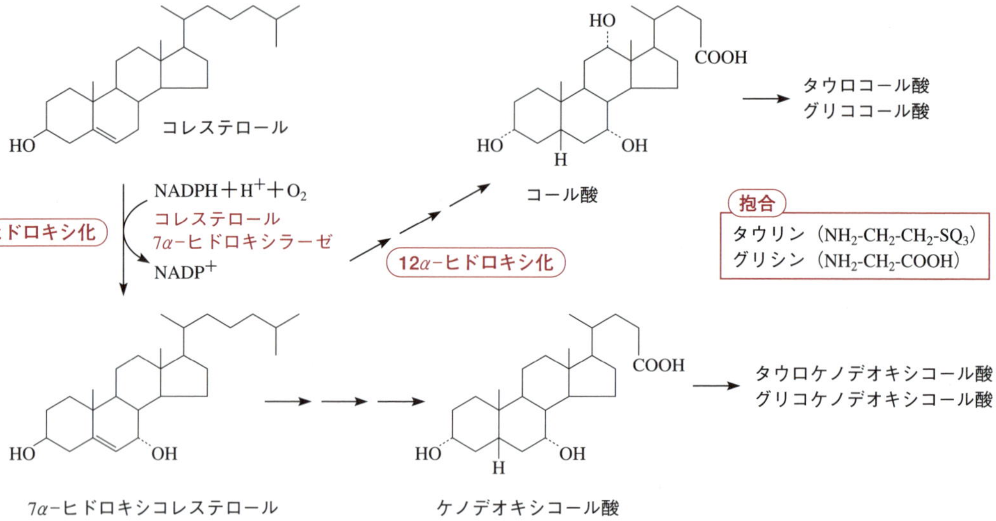

図 15.16　胆汁酸の合成

15.11.3　ステロイドホルモンの合成

　ステロイドホルモン (steroid hormones) は多様な生理作用をもつが，これらはコレステロールからプレグネノロンを経て生合成される（図 15.17）．副腎皮質ではコルチゾールやアルドステロンなどの副腎皮質ホルモン，卵巣や胎盤ではエストラジオールやプロゲステロンなどの女性ホルモン，また精巣ではテストステロンなどの男性ホルモンが生合成される．

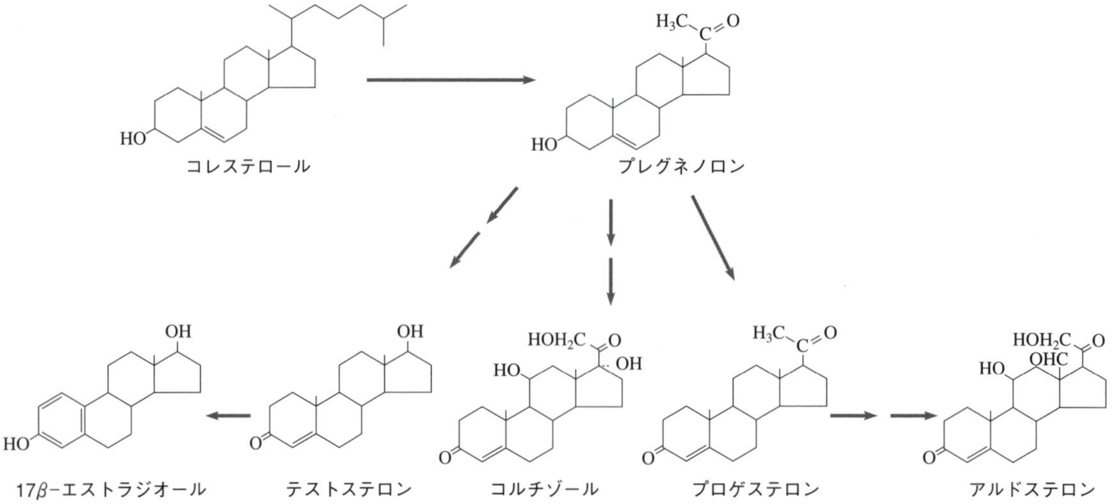

図 15.17　ステロイドホルモンの合成

15.11.4 ビタミンDの合成

ビタミンD (vitamin D) は，カルシウムの吸収の調節と恒常性にかかわるホルモンで，体内で7-デヒドロコレステロールから合成される（図15.18）．紫外線が当たると，皮膚において7-デヒドロコレステロールがコレカルシフェロール（ビタミンD_3）へ非酵素的に変換される．したがって，ビタミンDの合成には適度な日光浴が必要である．コレカルシフェロールは，肝臓では25-ヒドロキシ化を受けて活性型の25-ヒドロキシコレカルシフェロール（カルシジオール）に，また腎臓では1α-ヒドロキシ化を受けて活性型の1, 25-ジヒドロキシコレカルシフェロール（カルシトリオール）に変換される．これらはさらに腎臓において，24-ヒドロキシ化を受けて不活性化される．

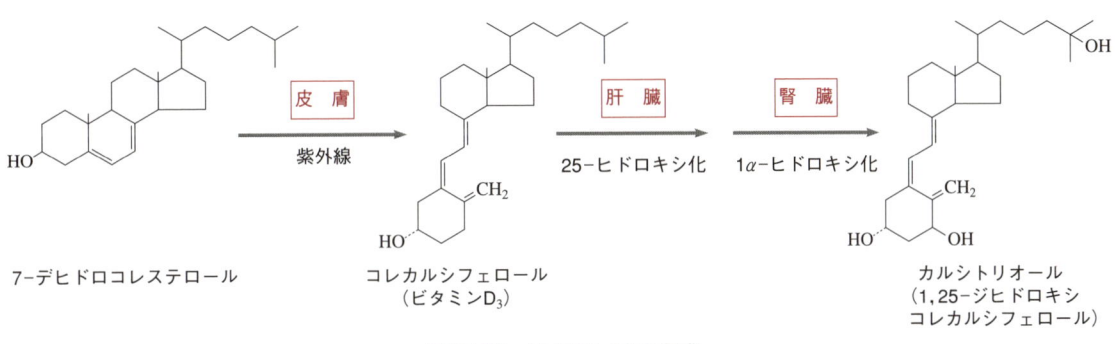

図15.18 ビタミンDの合成

章末問題

15-1. 脂質の体内運搬に関与する五種類のリポタンパク質の名前をあげ，その組成と特徴を概説せよ．

15-2. 細胞質に存在する1 molのステアリン酸が完全に酸化されたときに何molのATPが産生されるか，答えよ．

15-3. 肝臓のペルオキシソームにおける脂肪酸の酸化の特徴を答えよ．

15-4. ケトン体の生成の生理的意義について述べよ．

15-5. 過剰に摂取された糖質は脂肪酸に変換される．糖質の分解によって過剰に産生されたアセチルCoAはミトコンドリアマトリックスから細胞質にどのように運ばれるのか，説明せよ．

15-6. 脂肪酸シンターゼ複合体による脂肪酸の合成機構について説明せよ．

15-7. 脂肪酸合成における還元反応の補酵素にはNADPHが用いられる．その供給源について説明せよ．

15-8. トリアシルグリセロールとグリセロリン脂質の合成における共通の経路を説明せよ．

15-9. 非ステロイド性抗炎症剤として用いられ

るシクロオキシゲナーゼ阻害剤には大きく二種類あるが，副作用についての特徴が異なるのはなぜか．
15-10. コレステロール合成の調節機構について述べよ．
15-11. 一次胆汁酸と二次胆汁酸について説明せよ．

15-12. ホスファチジルイノシトールが酸性リン脂質に分類されるのはなぜか．また，ホスファチジルコリンはどのようなリン脂質に分類されるか述べよ．

第 16 章

アミノ酸代謝

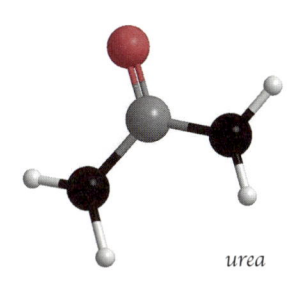

urea

食餌として摂取したタンパク質は，胃と小腸において消化されアミノ酸として吸収された後，生体に必要なタンパク質の合成に用いられるとともに，分子中の炭化水素骨格はエネルギー産生に消費される．しかし，アミノ酸はタンパク質合成やエネルギー産生という点だけでなく，核酸塩基，ポルフィリンなどのさまざまな生体成分の生合成においても重要な役割を演じている．

本章では，生体内でのタンパク質の分解，アミノ酸の生合成とアミノ酸のエネルギー代謝，生体成分の生合成への関与などについて述べる．

16.1　タンパク質の消化・吸収と体内運搬

タンパク質の消化（分解）とは，ペプチド結合（-CO-NH-）を切断する反応であり，この反応を触媒する分解酵素の一般名をペプチダーゼ，あるいはプロテアーゼという．さらにこれらは，ポリペプチド鎖内部の特定のペプチド結合を切断する**エンドペプチダーゼ**（endopeptidase）と，ポリペプチド鎖のもっとも外側に位置するペプチド結合から順次切断していく**エキソペプチダーゼ**（exopeptidase）に大別される．

高等動物における食餌性のタンパク質の消化は，おもに胃と小腸で行われる．口腔内で咀嚼されたタンパク質は，胃底腺の壁細胞から分泌された胃酸によって酸変性を受けて分解されやすくなった後，ペプシンとよばれるエンドペプチダーゼによっておおまかに切断される．この酸性のタンパク質消化物（ペプトン）は十二指腸で膵液によって中和され，小腸において，膵液中に含まれるトリプシン，キモトリプシン，エラスターゼといったエンドペプチダーゼによってさらに小さなペプチドへと分解される．その後，膵液中のカルボキシペプチダーゼや小腸粘膜細胞の内腔面に存在するアミノペプチダーゼやジペプチダーゼによって最終的にアミノ酸にまで分解される．遊離したアミノ酸は小腸粘膜上皮から吸収され，門脈を経て肝臓に送られる．

16.2　細胞内のタンパク質の分解

高等動物は，食餌性のタンパク質の分解だけでなく，細胞内で不要になったタンパク質を分解し，そこから得られたアミノ酸を再利用している[*1]．

[*1] 細胞内外に存在するタンパク質の半減期は種類によりさまざまで，数分のものから，コラーゲンのように約1000日に及ぶものまである．

ユビキチン

76アミノ酸からなるタンパク質で，タンパク質分解，DNA修復，翻訳調節，シグナル伝達などさまざまな生命現象にかかわる。"至る所にある (ubiquitous)" ことからこの名前がついた。進化的な保存性が高く，すべての真核生物でアミノ酸配列がほぼ同じである。真正細菌にはない。

プロテアソーム

ユビキチンに標識されたタンパク質の分解を行う，巨大な酵素複合体。細胞周期制御，免疫応答，シグナル伝達といった細胞中のさまざまな働きにかかわる。この「ユビキチンを介したタンパク質分解の発見」の功績によりA. Ciechanover，A. Hershko，I. A. Roseの3人が2004年ノーベル化学賞を受賞した。

真核細胞の細胞タンパク質は二つの主要な経路を通って分解される．細胞外タンパク質や寿命が長いタンパク質は，リソソームに取り込まれてATP非依存的にアミノ酸まで分解される．リソソームは膜に包まれた袋状の細胞小器官で，タンパク質，糖質，脂質，核酸などの生体成分を加水分解するさまざまな酵素群が含まれる．一方，寿命が短いタンパク質や異常タンパク質はATP依存的に分解される．この過程には**ユビキチン**（ubiquitin）とよばれる小さなタンパク質が関与している．ユビキチンはすべての真核細胞に普遍的に存在する．分解対象となるタンパク質のリシン残基がATP依存的にユビキチンで標識された後，**プロテアソーム**（proteasome）とよばれるタンパク質複合体によってATP依存的に加水分解される（図16.1）．このような分解経路は細胞周期の調節をはじめ，細胞内シグナル伝達，ストレス応答，受精，発生と分化，免疫応答など広範な生体機能調節に関与している．

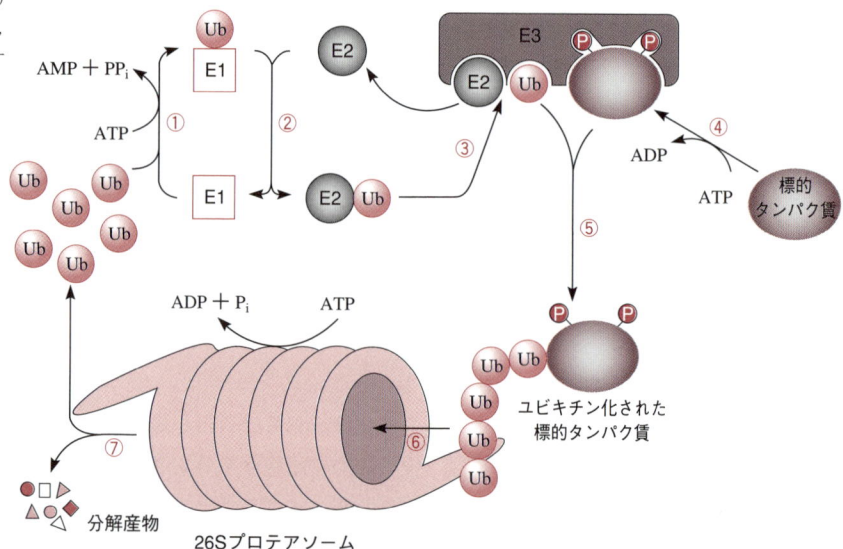

図16.1 細胞タンパク質のユビキチン化とプロテアソームによるATP依存性分解
① ATP加水分解のエネルギーを利用してユビキチン（Ub）がユビキチン活性化酵素（E1）に結合する．② UbがE1からユビキチン結合酵素（E2）に転移する．③ UbがE2からユビキチンリガーゼ（E3）に転移し，E2が遊離する．④ 標的タンパク質はリン酸化され，E3と結合する．⑤ E3は標的タンパク質に次つぎとUbを重合させ，標的タンパク質をポリユビキチン化する．⑥ ポリユビキチン化された標的タンパク質は26Sプロテアソームに取り込まれた後，ATP依存的に分解される．⑦ タンパク質分解産物とUbがプロテアソームから遊離する．Ubは再利用される．

16.3 アミノ酸の異化

タンパク質の分解で生じたアミノ酸は，新規タンパク質の生合成に使われるか，異化を受ける．ヒトでは，代謝エネルギーの約10〜15％がアミノ酸の

炭化水素骨格に由来している．アミノ酸をエネルギーとして利用するには，まず α-アミノ基を除去し，2-オキソ酸（α-ケト酸）に分解することが必須であり，生じた2-オキソ酸はクエン酸回路に入ってエネルギー産生に用いられるほか，糖質や脂質に変換される．さらに，一部のアミノ酸はホルモンや他の生体成分の生合成にもかかわる．たとえば，チロシンやフェニルアラニンは，エピネフリンやチロキシンなどのホルモンやメラニン色素の前駆物質であり，グリシンはポルフィリンやクレアチンの生合成原料となっている（図16.2）．

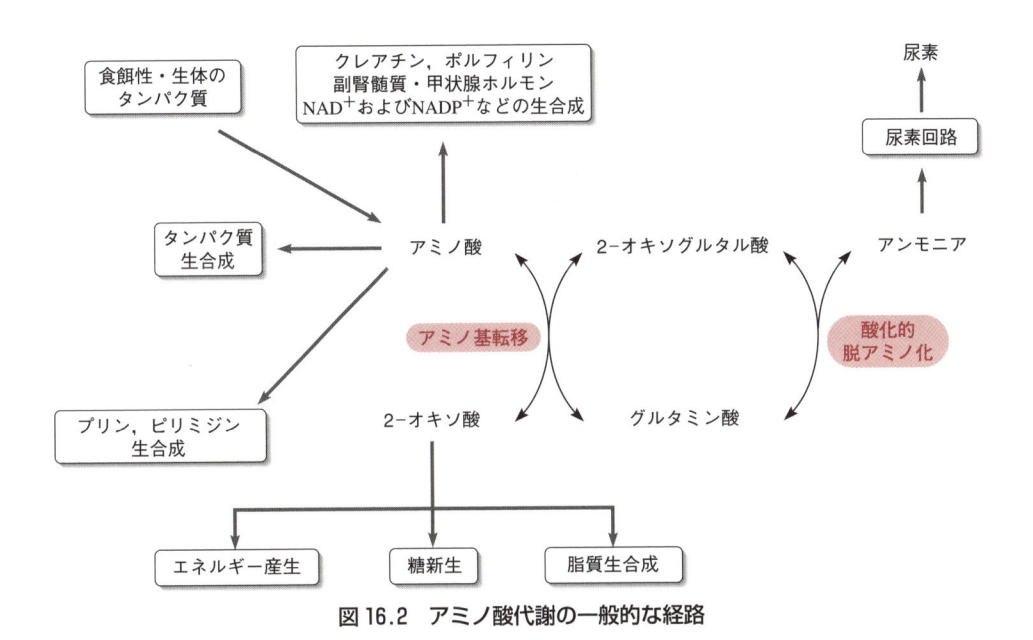

図16.2 アミノ酸代謝の一般的な経路

ポルフィリン症と吸血鬼伝説

ドラキュラが重いアミノ酸代謝異常を患っていたとしたら…？ ヘム生成に関与する酵素のうち，最初の 5-アミノレブリン酸シンターゼを除くいずれかの酵素が遺伝的に欠損すると，ポルフィリンの代謝異常が起こり，本来蓄積することがないポルフィリン代謝物が体内に蓄積する．これがポルフィリン症（porphyria）である．この病気を患うと，ポルフィリンおよびその誘導体の光増感刺激による光線過敏症の結果，夜間の生活行動を好むようになる．また，ヘム生成の障害による先天性造血性ポルフィリン症の患者は顔が青白くなり，ときには歯茎まで痩せ細って歯が牙のように異様に長く見えるケースもある．これはまさにドラキュラの様相である．このようなポルフィリン症の患者の症状や生活習慣が「吸血鬼伝説」の元になった可能性が推測されているという．

アミノトランスフェラーゼ

アミノ基転移酵素（EC 2.6.1）．アミノ酸と 2-オキソ酸の間の反応を触媒する酵素の総称で，トランスアミナーゼ（transaminase）ともよばれる．アミノ酸からアミノ基を取り除き 2-オキソ酸へと変換する反応と，2-オキソ酸をアミノ酸に変換する反応を触媒する．

16.3.1 アミノ基転移反応

アミノ酸分解の多くは，α-アミノ基の除去に始まる．この反応は各種アミノ酸でほぼ共通しており，**アミノトランスフェラーゼ**（aminotransferase）が触媒するアミノ基転移反応と，それに続く**グルタミン酸デヒドロゲナーゼ**（glutamate dehydrogenase）による酸化的脱アミノ反応からなる（図 16.3）．

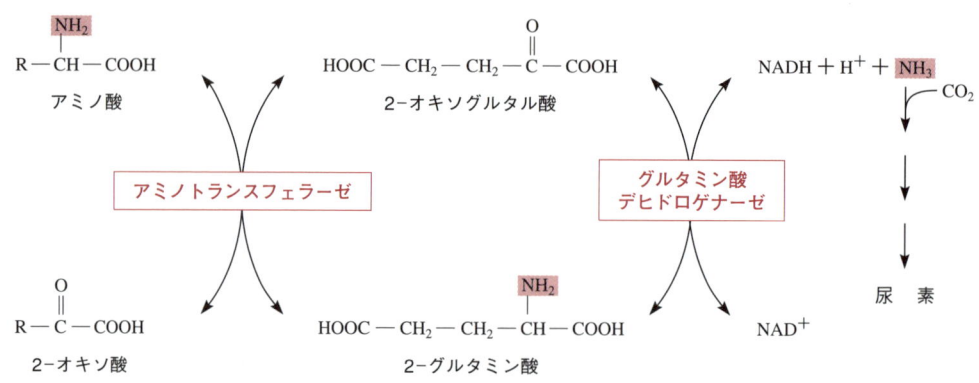

図 16.3 アミノ基転移反応と酸化的脱アミノ反応

第一段階の反応機構を図 16.4 に示した．この反応では，アミノ酸が 2-オキソグルタル酸に α-アミノ基を転移してグルタミン酸を生じるとともに，みずからは対応する新しい 2-オキソ酸となる．この反応には補酵素として**ピリドキサールリン酸**（pyridoxalphosphate, PLP）が必要である．PLP は自

図 16.4 アミノ基転移反応におけるピリドキサールリン酸の補酵素としての役割

身の4位のアルデヒド基とアミノトランスフェラーゼの活性部位に存在するリシン残基のε-アミノ基との間でシッフ塩基を形成しており，基質であるアミノ酸はこのリシン残基と置換するようにPLPとシッフ塩基を形成してアミノトランスフェラーゼに結合し，中間体を形成する．この中間体から2-オキソ酸が遊離すると，ピリドキサミンリン酸が生成し，これに2-オキソグルタル酸が結合して新たな中間体が形成される．続いてグルタミン酸が遊離すると，酵素はPLPと結合した元の状態へと戻る．このようにほとんどのアミノ酸のα-アミノ基が2-オキソグルタル酸に供与され，各種アミノ酸はグルタミン酸へと集約される．

アミノトランスフェラーゼはヒトのほとんどすべての組織に分布しているが，とくに，**アラニンアミノトランスフェラーゼ**(alanine aminotransferase, **ALT**)と**アスパラギン酸アミノトランスフェラーゼ**(aspartate aminotransferase, **AST**)の活性が強い．

ALT と AST
従来はそれぞれグルタミン酸ピルビン酸トランスアミナーゼ，グルタミン酸オキサロ酢酸トランスアミナーゼとよばれていた．肝臓の細胞ではALTとASTの活性が高く，心筋の細胞ではASTの活性が高い．血中におけるこの酵素活性を測ることで，肝臓や心臓疾患の診断に役立てられる．

16.3.2 脱アミノ反応とアンモニアの代謝

アミノ基転移反応によって生じたグルタミン酸は，**グルタミン酸デヒドロゲナーゼ**(glutamate dehydrogenase)が触媒する酸化的脱アミノ反応よってアンモニアを遊離し，2-オキソグルタル酸に戻る．この反応はおもに肝臓と腎臓で行われ，生体内で生成するアンモニアの大部分が産生される（図16.3）．

この他に，アミノ酸を酸化的に2-オキソ酸とアンモニア，過酸化水素に分解する経路がペルオキシソームに存在する．この経路には，FADを補酵素とするD-アミノ酸オキシゲナーゼとFMNを補酵素とするL-アミノ酸オキシゲナーゼが関与する（図16.5）．また，**グルタミナーゼ**(glutaminase)はグルタミンの酸アミドを加水分解し，グルタミン酸とアンモニアを生じる．この酵素活性は腎臓でとくに高く，アンモニアの尿中への排泄という生理的役割をもっている．さらに，**アスパラギナーゼ**(asparaginase)はこれと類似した反応を触媒し，アスパラギンをアスパラギン酸とアンモニアに加水分解する．

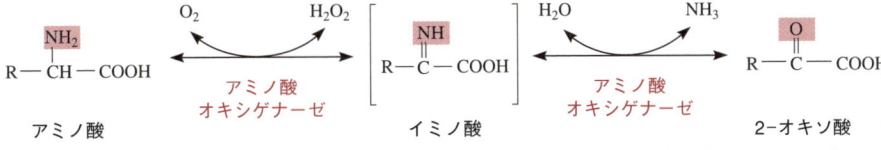

図16.5 ペルオキシソームでのアミノ酸オキシゲナーゼによる酸化的脱アミノ反応
L-アミノ酸オキシゲナーゼはFMNを，D-アミノ酸オキシゲナーゼはFADを補酵素とする．

アンモニアはこれらの反応によって絶えず生成されているので、尿中への排泄だけでは十分でなく、生物はアンモニアを無毒の化合物として固定してその毒性から逃れる機構をもっている。ヒトでは、主要なアンモニア処理機構として次の三つがある。一つは、グルタミン酸デヒドロゲナーゼによる2-オキソグルタル酸へのアンモニアの固定であり、酸化的脱アミノ反応の逆反応である（図16.3を参照）。次は、グルタミン酸へのアンモニアの固定で、**グルタミンシンテターゼ**（glutamine synthetase）が関与する。この反応にはATPが必要であり、グルタミン酸は中間代謝物質のγ-グルタミルリン酸となってからアンモニアと反応しグルタミンへと代謝される（図16.6）。最後に、主要なアンモニア処理機構である尿素回路があげられる。

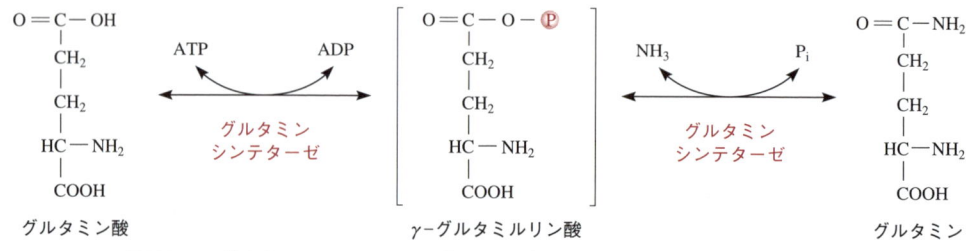

図16.6　グルタミンシンテターゼによるグルタミン酸へのアンモニアの固定

16.3.3　尿素回路（オルニチン回路）

生体にとって有毒なアンモニアは、一部がグルタミンを経て核酸塩基の生合成などに再利用されるものの、多くは体外へと排泄される。アンモニアの処理は生物種ごとに異なり、魚など水棲動物はアンモニアのまま排泄するが、鳥類や爬虫類は尿酸に、ヒトなど陸性の脊椎動物は尿素として排泄する。

アンモニアは肝臓のミトコンドリアと細胞質にまたがる**尿素回路**（urea cycle）、または**オルニチン回路**（ornithine cycle）とよばれる反応経路で尿素に変換される。アンモニアが尿素回路に導入されるには、まず炭酸水素イオンと反応し、カルバモイルリン酸へと変換されなければならない。この反応は**カルバモイルリン酸シンテターゼⅠ**（carbamoyl phosphate synthetase I）[*2]により触媒され、2分子のATPが必要である（図16.7　反応①）。次に、このカルバモイルリン酸がミトコンドリアに存在する**オルニチントランスカルバモイラーゼ**（ornithine transcarbamoylase）によってオルニチンに転移され、シトルリンが生成する（反応②）。シトルリンは細胞質のオルニチンとの交換反応でミトコンドリアから細胞質へと搬出された後、**アルギニノコハク酸シンテターゼ**（argininosuccinate synthetase）の作用によって、アスパラギン酸と反応してアルギニノコハク酸へと変換される（反応③）。さらに、**アルギニノコハク酸リアーゼ**（argininosuccinate lyase）の作用でアルギニノコハク酸からコハク酸が遊離してアルギニンが生成し（反応④）、続く**アルギナーゼ**

[*2] この酵素は N-アセチルグルタミン酸によりアロステリックな活性化を受ける。アミノ酸の異化が活発な状況ではグルタミン酸が大量に生成することになるが、N-アセチルグルタミン酸はアセチルCoAとグルタミン酸から生成するので、N-アセチルグルタミン酸の濃度も増加する。その結果、尿素回路が活性化され、アミノ酸の異化により生じるアンモニアを効率よく処理できる。

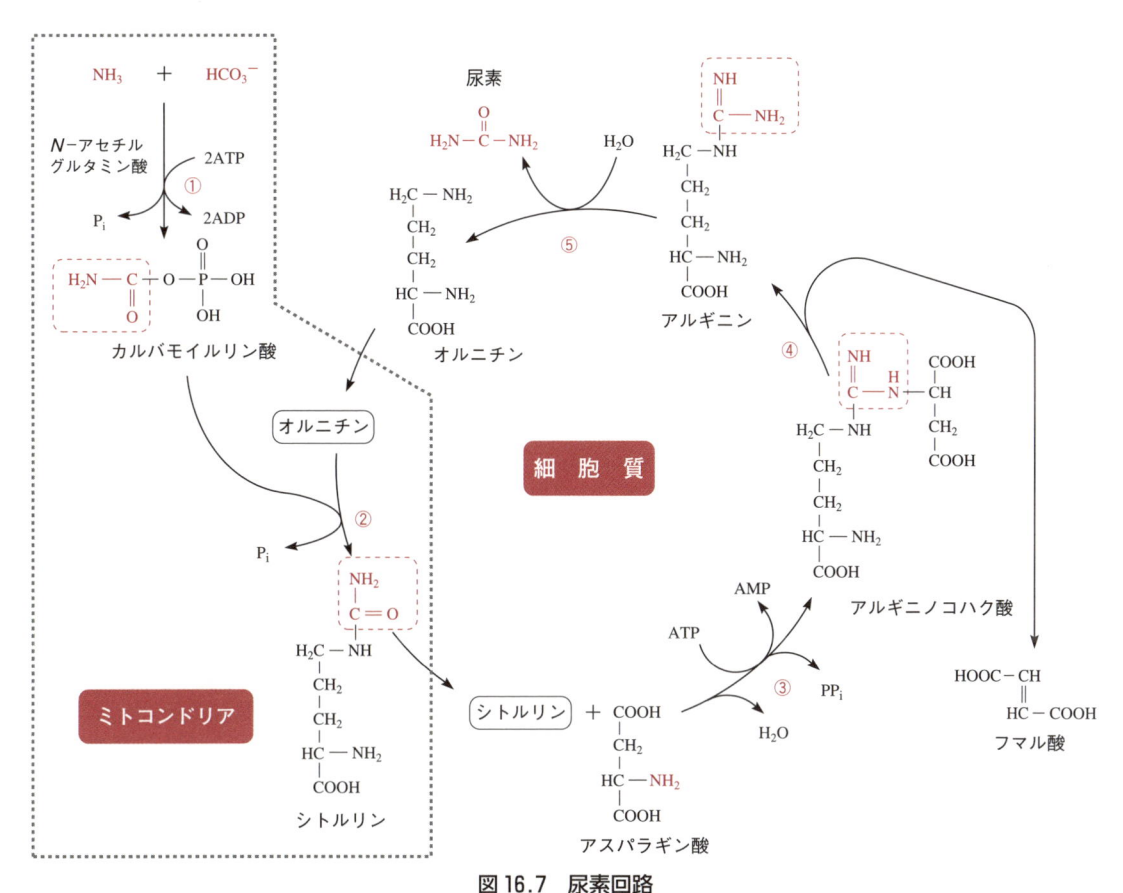

図16.7 尿素回路
①カルバモイルリン酸シンテターゼI，②オルニチントランスカルバモイラーゼ，③アルギニノコハク酸シンテターゼ，④アルギニノコハク酸リアーゼ，⑤アルギナーゼ

(arginase) の作用で不可逆的に尿素とオルニチンに分解される (反応⑤). このオルニチンはミトコンドリアへ運ばれてシトルリンの産生に再利用される.

このように，尿素回路が1回転するたびに1分子の尿素が生成されるが，尿素の炭素原子と酸素原子は炭酸水素イオンに，二つのアミノ基はそれぞれアンモニアとアスパラギン酸に由来している.

尿素回路には五つの酵素が関与しているが，各酵素について欠損症が知られている．これらの欠損症に共通の臨床症状は嘔吐，間欠性運動失調，重度の知的障害などである．

16.3.4 尿素回路の補助反応

脱アミノ化反応の大部分は肝臓で行われるが，一部は筋肉でも行われている．しかしながら，肝臓以外の臓器には尿素回路が存在しない．そこで筋肉では，解糖によって生じたピルビン酸にアミノ酸の α-アミノ基を転移させてアラニンを生成する．このアラニンは血液中をとおして肝臓に運ばれ，そ

こで脱アミノ化反応によってピルビン酸に戻るとともに，アミノ基は尿素合成へ入る．そこで得られたピルビン酸は，糖新生によってグルコースに変換されて再び筋肉に戻り，エネルギー源として利用される．

　肝臓におけるアラニンからのグルコースの合成速度は，その他のアミノ酸からのグルコースの合成に比べて非常に速く，またアラニン濃度が生理的濃度の約20〜30倍に達するまで飽和しない．このため，筋肉と肝臓間のグルコースとアラニンの交換は，筋肉が窒素を排出してエネルギーを補填する重要な方法となっており，**グルコース−アラニン回路**（glucose-alanine cycle）とよばれている（図16.8）．

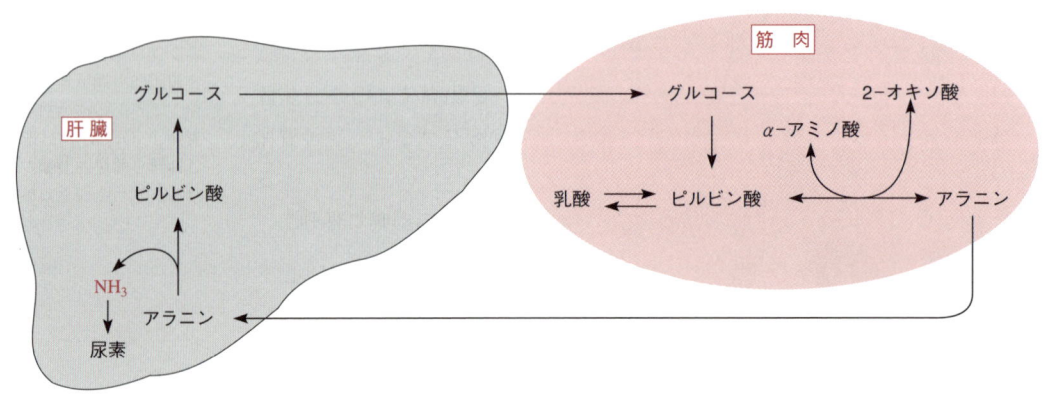

図16.8　グルコース−アラニン回路

16.3.5　アミノ酸炭素骨格の異化

　それでは，アミノ酸のアミノ基転移により生じた炭素骨格（2-オキソ酸）はどうなるのだろうか．2-オキソ酸はクエン酸回路の中間体，もしくはその前駆体を経て，最終的にはクエン酸回路に導入されて二酸化炭素と水に分解されるか，糖新生や脂肪酸合成などに利用される．図16.9にアミノ酸の炭素骨格の代謝とクエン酸回路との関係を示したが，アミノ酸の種類によって経路が異なる．以下に各種アミノ酸の炭素骨格の代謝について示す．

（a）アラニン，アスパラギン，アスパラギン酸，グルタミン，グルタミン酸
　アラニンとアスパラギン酸は，アラニンアミノトランスフェラーゼおよびアスパラギン酸アミノトランスフェラーゼの作用によってそれぞれピルビン酸とオキサロ酢酸に変換される．グルタミン酸は，これらのアミノトランスフェラーゼか，グルタミン酸デヒドロゲナーゼの作用によって2-オキソグルタル酸になる．アスパラギンとグルタミンは，それぞれアスパラギナーゼおよびグルタミナーゼの作用によってアスパラギン酸およびグルタミン酸を経て代謝される（16.3.1および16.3.2参照）．

＊3　リシンは動物実験では糖にも変換されるため糖原性でもあるが，糖新生への変換経路は明らかになっていない．

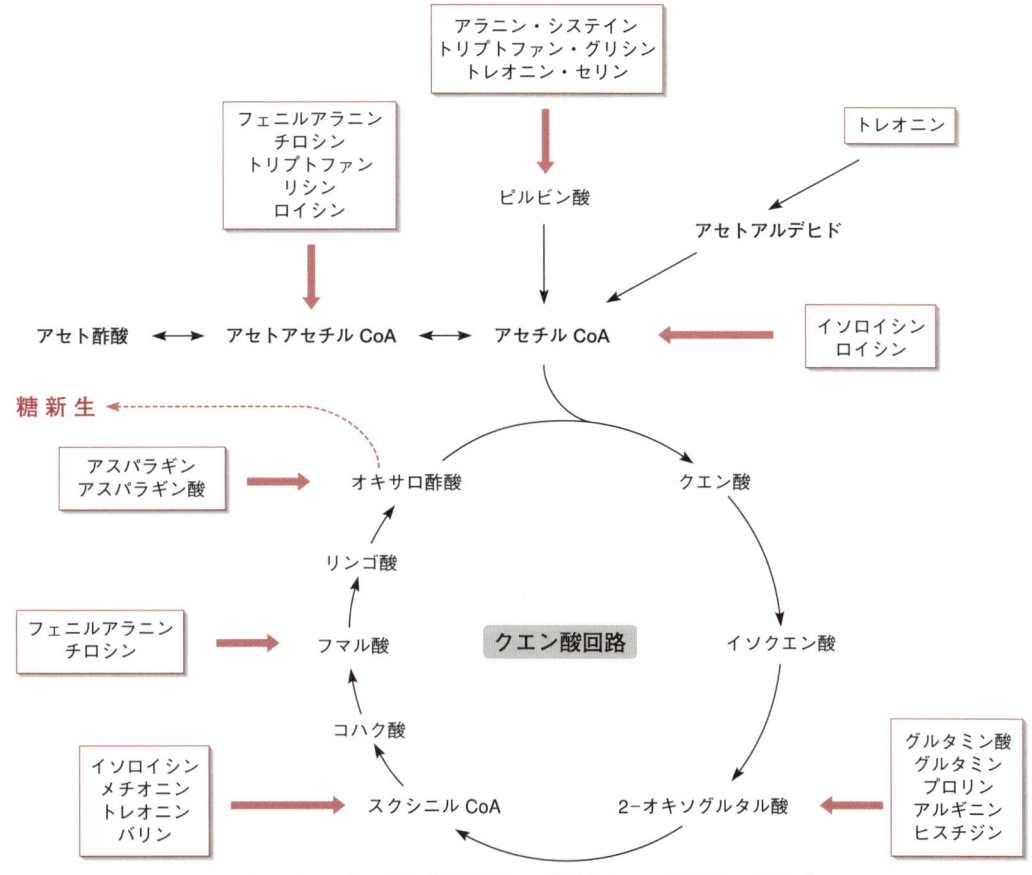

図16.9 アミノ酸の炭素骨格の代謝とクエン酸回路の関係[*3]

(b) アルギニン，ヒスチジン，プロリン

　これらのアミノ酸の分解経路はグルタミン酸に収れんする（図16.10）．アルギニンはアルギナーゼの作用によってオルニチンに変換された後，アミノ基転移を受けてグルタミン酸5-セミアルデヒドとなり，さらに酸化されてグルタミン酸となる．プロリンは，まず酸化されてΔ^1-ピロリン5-カルボン酸となった後，非酵素的に開環し，グルタミン酸5-セミアルデヒドとなり，酸化されてグルタミン酸になる．ヒスチジンは非酸化的に脱アミノされた後，水和と開環を経て，N-ホルムイミノグルタミン酸になり，ホルムイミノ基がテトラヒドロ葉酸に転移して，5-ホルムイミノテトラヒドロ葉酸とグルタミン酸に変換される．

(c) グリシン，セリン

　ほ乳動物におけるグリシンの主要な分解経路を，図16.11aに示す．この経路を**グリシン開裂系**（glycine cleavage system）とよぶ．これによりグリシ

図 16.10　アルギニン，ヒスチジン，プロリン異化の主要経路

ンは二酸化炭素，アンモニアおよび 5,10-メチレンテトラヒドロ葉酸に変換される．一方，セリンはセリンヒドロキシメチルトランスフェラーゼの作用によってグリシンに変換された後，グリシン開裂系で分解される．また，少量のセリンは PLP 依存酵素であるセリンデヒドラターゼの作用で直接ピルビン酸に変換される．

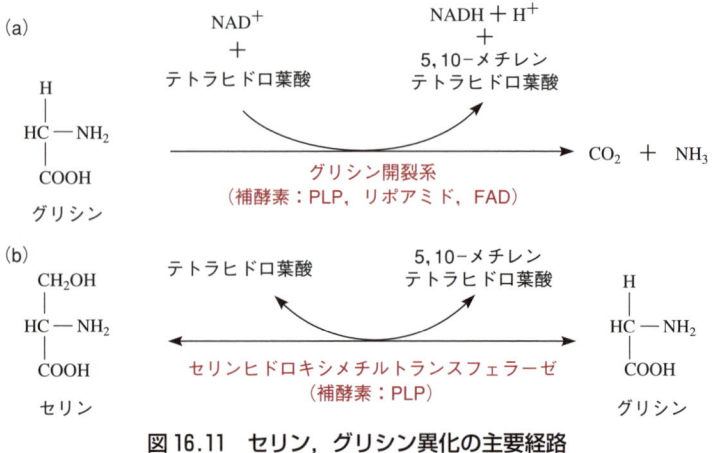

図 16.11　セリン，グリシン異化の主要経路
(a) グリシン開裂系，(b) セリン-グリシン相互変換．

（d）トレオニン

トレオニンの異化には，いくつかの経路がある（図16.12）．主要なものは，トレオニンが**トレオニンデヒドロゲナーゼ**（threonine dehydrogenase）の作用によって2-アミノ-3-オキソ酪酸に酸化された後，チオール開裂を受けてアセチルCoAとグリシンに変換される経路である．また，副経路として**トレオニンアルドラーゼ**（threonine aldolase）の作用によるアセトアルデヒドとグリシンへの分解がある（図16.12a）．さらに，トレオニン異化の第三の経路として，セリンデヒドラターゼによって触媒される2-オキソ酪酸への脱アミノ化反応が知られている（図16.12b）．2-オキソ酪酸はプロピオニルCoAを経て，クエン酸回路の中間体であるスクシニルCoAとなる．

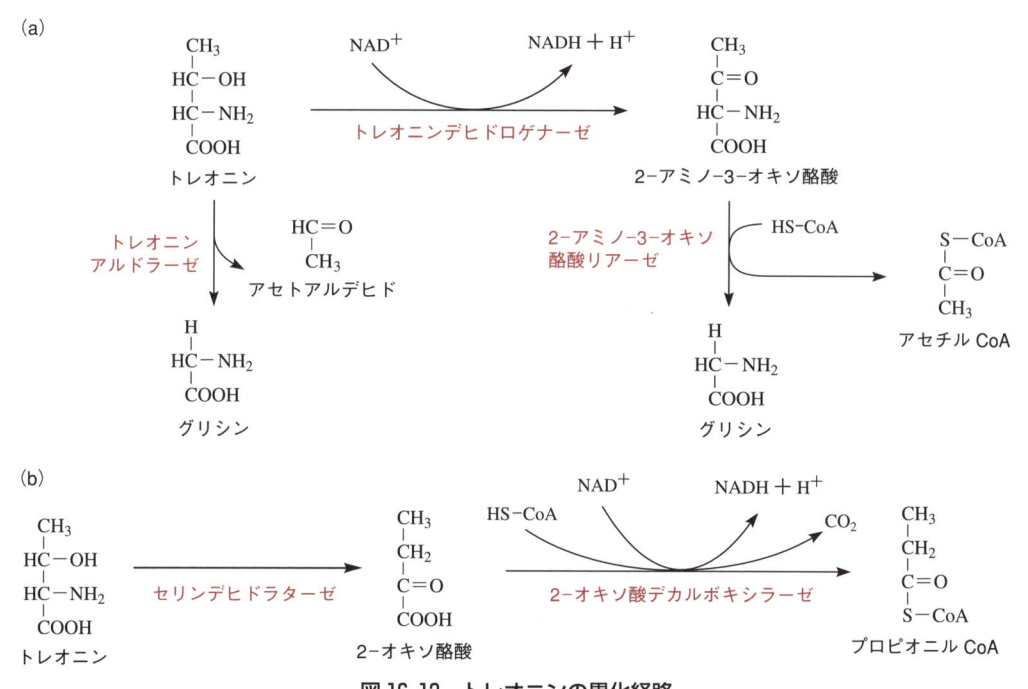

図16.12　トレオニンの異化経路
(a) トレオニンのグリシンへの変換，(b) トレオニンのプロピオニルCoAへの変換．

（e）メチオニン，システイン

これらは硫黄原子を含むアミノ酸である．メチオニンは，図16.13に示すように，S-アデノシルメチオニンシンテターゼの作用によって活性メチオニンとよばれる**S-アデノシルメチオニン**（S-adenosylmethionine）となり，強力なメチル基供与体としてメチルトランスフェラーゼの補酵素として働く．また，メチル基供与後のS-アデノシルホモシステインは，ホモシステインとアデノシンに加水分解される．ホモシステインはセリンと反応してシスタ

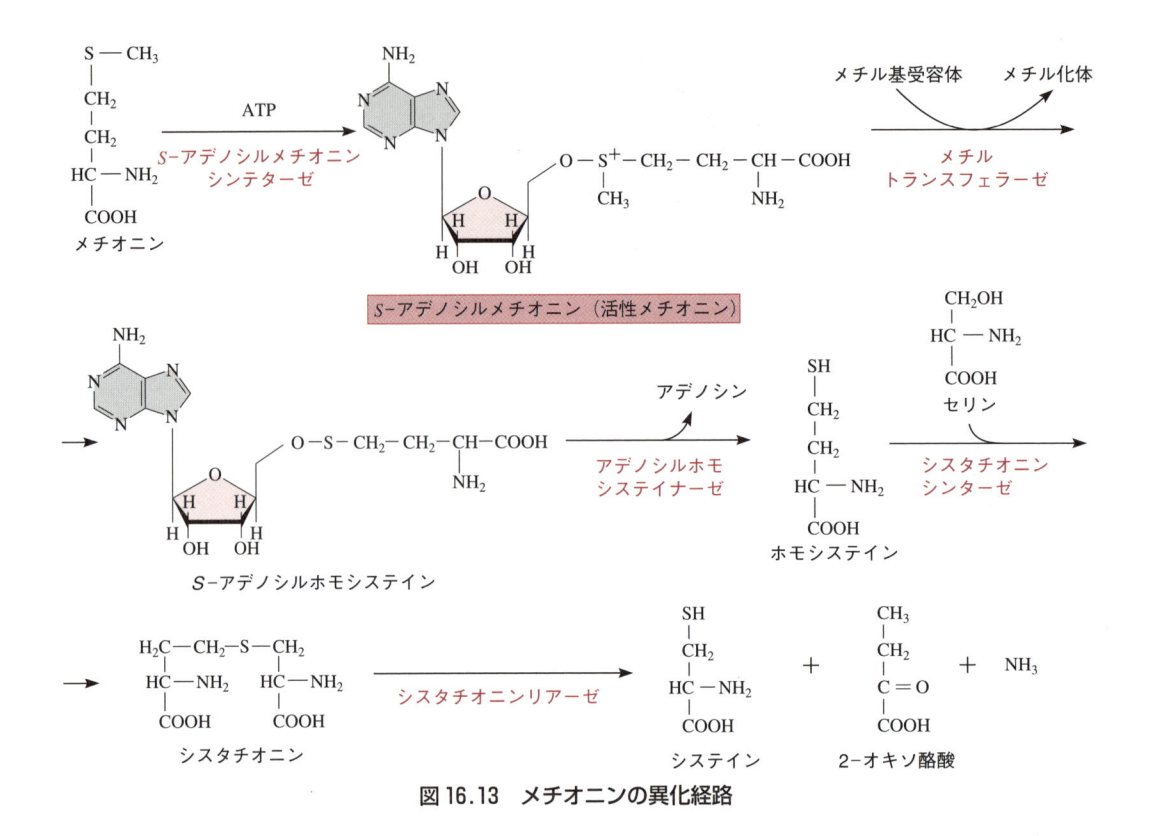

図16.13 メチオニンの異化経路

チオニンを生成し，さらにシステインと2-オキソ酪酸に分解される．

一方システインは，システインスルフィン酸に酸化された後，アミノ基転移反応と非酵素的脱スルフリル化によりピルビン酸に変換される．

（f）分枝アミノ酸

バリンやロイシン，イソロイシンといった分枝アミノ酸の異化は，分枝アミノ酸アミノトランスフェラーゼによるアミノ基転移に始まる．この反応で生じた各2-オキソ酸は**分枝α-ケト酸デヒドロゲナーゼ**（branched-chain α-keto acid dehydrogenase）によって，それぞれ対応するCoA誘導体へと導かれる（図16.14）．

分枝アミノ酸の異化にかかわる酵素のうち，分枝α-ケト酸デヒドロゲナーゼを欠損すると，**メープルシロップ尿症**（maple syrup urine disease）[*4]を発症する．

システインスルフィン酸

[*4] この疾患では，尿や汗などがメープルシロップ臭（焦げた砂糖のような臭い）を発する．生後1週間ほどで嘔吐，アシドーシス，脱水症状などが現れ，やがて知的・神経的欠陥を生じる．食餌タンパク質を，分枝アミノ酸が含まれないアミノ酸混合物に切り替えることによって，脳障害と早期死亡を回避できる．

16.3 ◆ アミノ酸の異化

図 16.14 分枝アミノ酸の異化

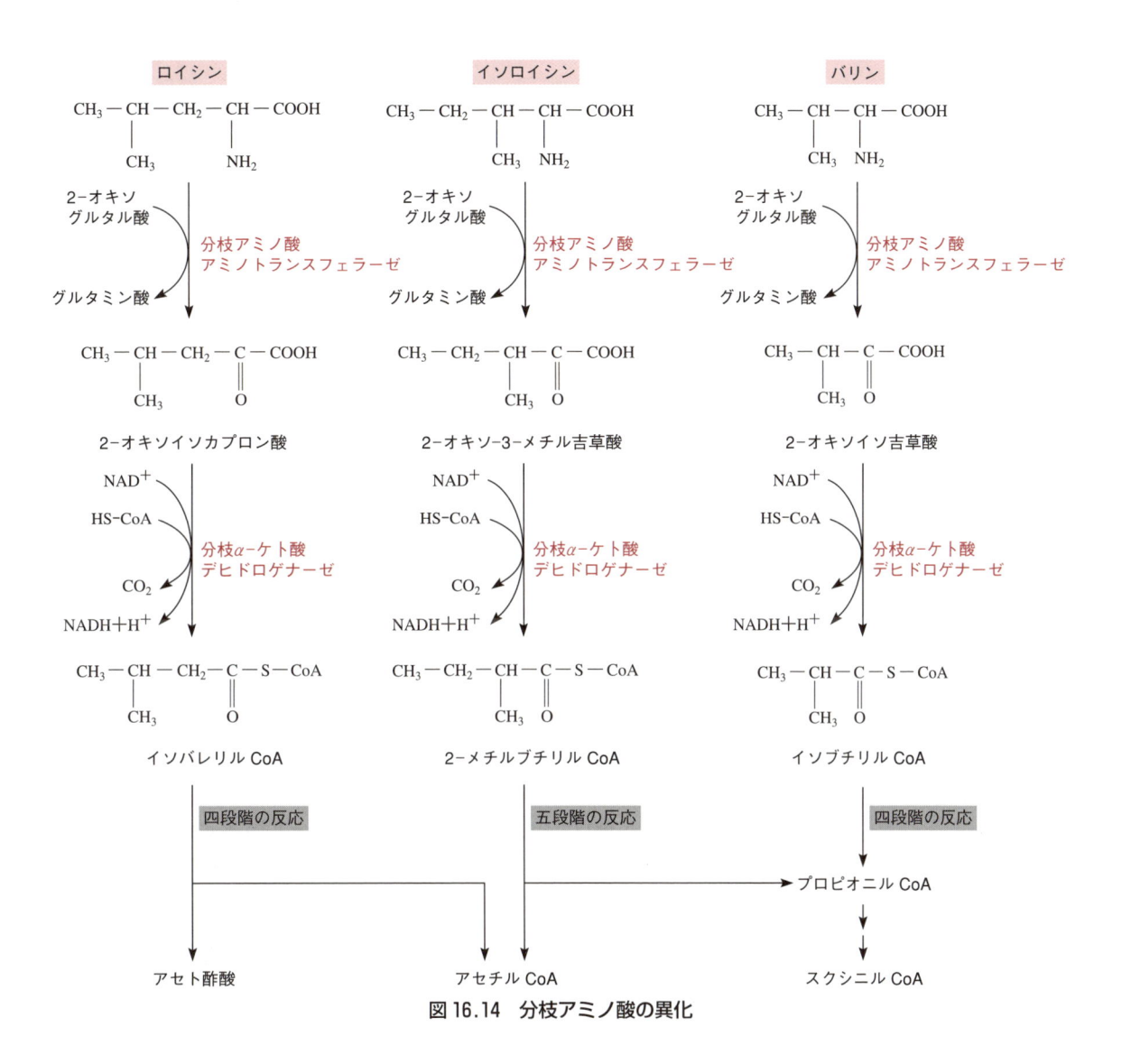

（g）芳香族アミノ酸

　フェニルアラニンは，まず**フェニルアラニンヒドロキシラーゼ**（phenylalanine hydroxylase）の作用によりチロシンへと酸化される．この反応には，分子状酸素と，補酵素として**テトラヒドロビオプテリン**（tetrahydrobiopterin）が必要である．その後，生成したチロシンは 2-オキソグルタル酸へのアミノ基転移反応を経て 4-ヒドロキシフェニルピルビン酸となり，さらに酸化されてホモゲンチジン酸となる．ついで，**ホモゲンチジン酸ジオキシゲナーゼ**（homogentisate dioxygenase）の作用によって 4-マレイルアセト酢酸へと変換され，最終的にフマル酸とアセト酢酸に代謝される（図 16.15）．

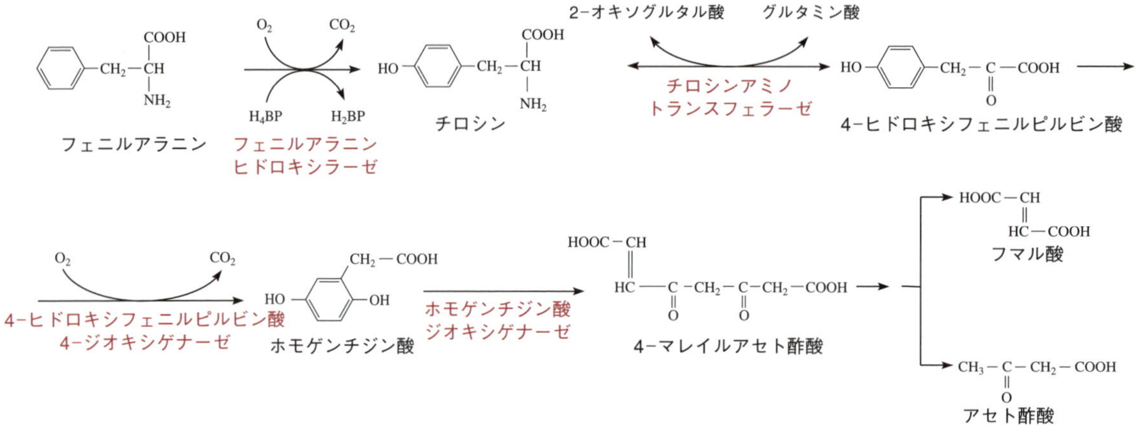

図 16.15　フェニルアラニンの異化
フェニルアラニンはチロシンを経て，最終的にアセト酢酸とフマル酸に代謝される（BP：ビオプテリン）．

この代謝系においては，フェニルアラニンヒドロキシラーゼの欠損が**フェニルケトン尿症**（phenylketonuria, PKU）を，ホモゲンチジン酸ジオキシゲナーゼの欠損が**アルカプトン尿症**（alcaptonuria）を引き起こす[*5]．

インドール環をもつトリプトファンは，二つの開環反応を含むより複雑な分解経路で代謝される（図 16.16）．トリプトファンは，**トリプトファンジオキシゲナーゼ**（tryptophan dioxygenase）によって N-ホルミルキヌレニンに変換された後，ギ酸とキヌレニンに加水分解され，さらに 3-ヒドロキシキヌレニンとなる．次に，PLP 依存性酵素のキヌレニナーゼによって 3-ヒドロキシアントラニル酸に変換され，このときアラニンが遊離する．ついで，生成した 3-ヒドロキシアントラニル酸は 2-アミノ-3-カルボキシムコン酸 6-セミアルデヒドに変換されるが，これはアセチル CoA (97 %)，または NAD^+ (3 %) への二種類の代謝に分けられる．すなわち，2-アミノムコン酸，2-オキソアジピン酸を経てアセチル CoA に変換されるか，自然閉環してキノリン酸となる．キノリン酸は **5-ホスホリボシル-1-ピロリン酸**（5-phosphoribosyl-1-pyrophosphate, PRPP）と反応してキノリン酸モノヌクレオチドとなった後，脱炭酸されてニコチン酸リボヌクレオチドを生成するか，あるいは，先に脱炭酸した後，PRPP が反応してニコチン酸リボヌクレオチドを生成する．

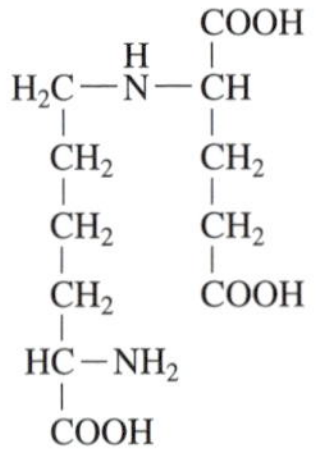

（g）リシン

ほ乳類におけるおもなリシンの分解経路は，2-オキソグルタル酸との縮合によるサッカロピンの合成に始まる．サッカロピンは連続的な酸化反応により 2-アミノアジピン酸となり，さらにアミノ基転移により 2-オキソアジピン酸へと変換される．2-オキソアジピン酸は，トリプトファンの分解と同じようにアセチル CoA に変換される．

[*5] 前者はもっとも頻度の高い（1 万の出生につき 1 例程度）アミノ酸代謝異常症の一つであるが，出生前診断や新生児尿の検査によって容易に検出でき，低フェニルアラニン食を与える治療が有効である．未治療の幼児では，てんかん発作，精神遅延，強度の腱反射亢進，メラニン色素の欠乏などが見られる．一方，アルカプトン尿症ではホモゲンチジン酸が代謝されず尿中に排泄されるため，尿が空気に触れると黒変するのが特徴である．アルカプトン尿症は比較的良性の疾患であるが，経年後に結合組織に黒色色素が沈着し，関節炎などを引き起こす．

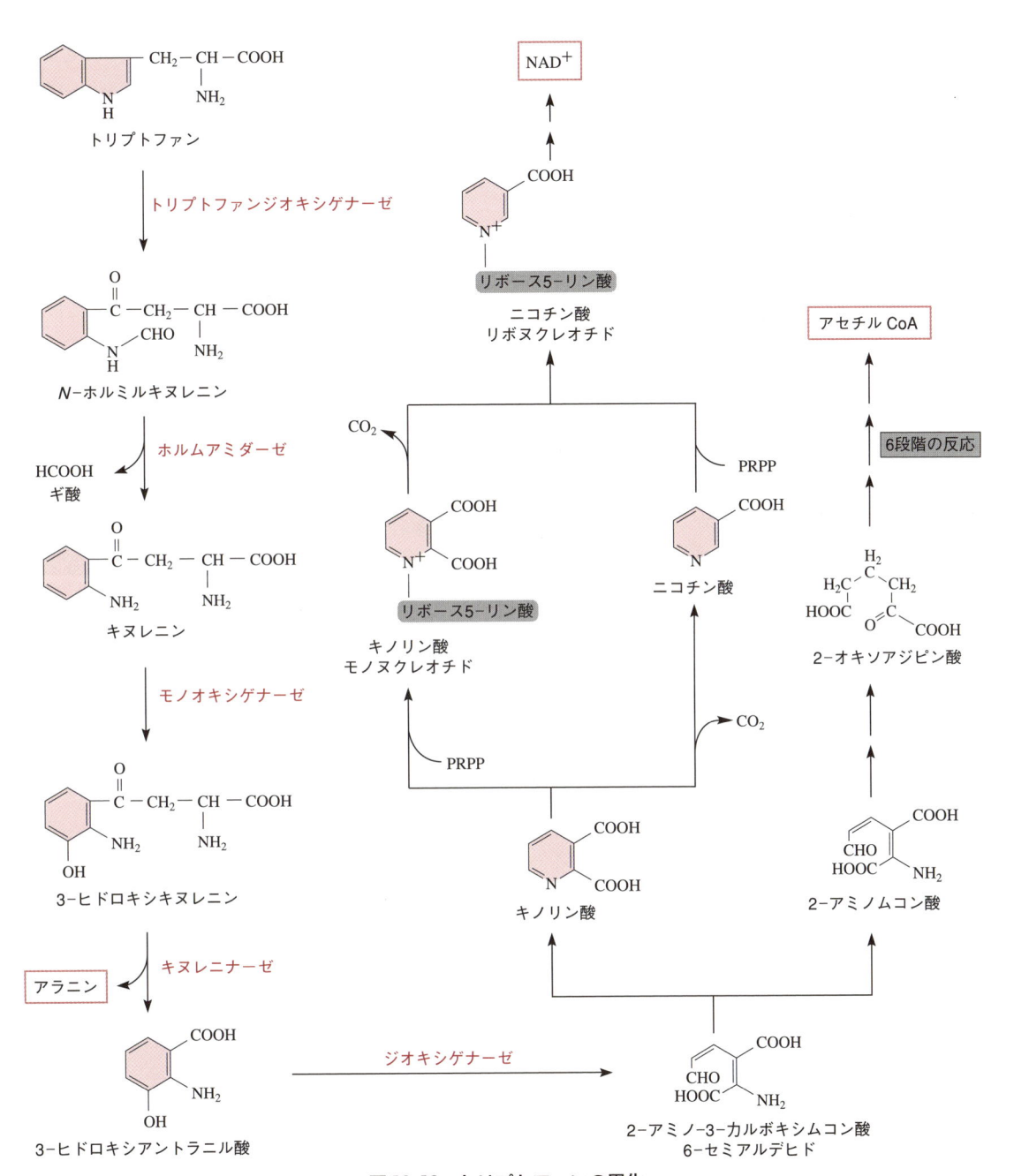

図16.16 トリプトファンの異化

16.3.6 アミノ酸からのグルコースおよびケトン体の合成

先に述べたように,アミノ酸の炭素骨格はクエン酸回路の中間体,もしくはその前駆体を経て代謝される.これらのうち,分解されてピルビン酸やク

糖原性アミノ酸とケト原性アミノ酸

糖原性アミノ酸は脱アミノ化を受けた後の炭素骨格部分がグルコースに転換されうるアミノ酸で，ケト原性アミノ酸は脂質代謝経路を経由して脂肪酸やケトン体に転換されうるアミノ酸である．これらの分類は，各アミノ酸を実験的糖尿病のイヌに投与し，尿中にグルコース，ケトン体あるいはその双方の増加を観察した結果に基づいている．

エン酸回路の中間体になるアミノ酸は糖新生経路に供給されるため，**糖原性アミノ酸**(glycogenic amino acid)とよばれている．一方，ピルビン酸やクエン酸回路を経ることなくアセチルCoAやアセトアセチルCoAに変換されるアミノ酸は，ケトン体合成に導かれるため**ケト原性アミノ酸**(ketogenic amino acid)とよばれる．また，いくつかのアミノ酸は，グルコースおよびケトン体合成の両方に導かれるため，**糖原生・ケト原性アミノ酸**(glycogenic and ketogenic amino acid)とよばれる．

ロイシンは唯一のケト原性アミノ酸であり，芳香族アミノ酸とリシン，イソロイシンは糖原性・ケト原性アミノ酸である．残りの15種類のアミノ酸はすべて糖原性アミノ酸である（図16.9を参照）．

16.4 アミノ酸の生合成

大部分の細菌や植物は，タンパク質合成に必要な20種類のアミノ酸をすべて生合成することができる．しかしヒトを含めたほ乳動物では，合成できないか合成できても必要量に満たないアミノ酸が存在する．これらのアミノ酸は，栄養学上，**必須アミノ酸**(essential amino acid)とよばれ，食餌から摂取しなければならない．ラットを用いた実験から，アルギニン，メチオニン，フェニルアラニン，リシン，ヒスチジン，トリプトファン，イソロイシン，ロイシン，バリン，トレオニンの十種類が必須アミノ酸として知られているが，ヒト成人の場合はアルギニンを除いた九種類がこれにあたる．一方，残りのアミノ酸は**非必須アミノ酸**(non-essential amino acid)とよばれ，その多くは解糖系やクエン酸回路の中間体から生合成される．表16.1には非必須アミノ酸の生合成の出発物質および反応をまとめた．

表16.1 非必須アミノ酸の生合成の出発物質および反応

非必須アミノ酸	出発物質	反 応
アラニン	ピルビン酸	アミノ基転移反応
アスパラギン酸	オキサロ酢酸	アミノ基転移反応
グルタミン酸	2-オキソグルタル酸	アミノ基転移反応
アスパラギン	アスパラギン酸およびグルタミン	グルタミンのアミド窒素の転移
グルタミン	グルタミン酸	アンモニアのグルタミン酸への固定
セリン	3-ホスホグリセリン酸	酸化，アミノ基転移および脱リン酸化反応
グリシン	セリン	ヒドロキシメチル基の転移
システイン	セリンおよびホモシステイン	チオール基の転移反応
アルギニン	グルタミン酸	還元，アミノ基転移および尿素回路での反応
プロリン	グルタミン酸	還元，自発的閉環，還元
チロシン	フェニルアラニン	フェニルアラニンの水酸化反応

16.5 特殊な生体成分の生合成

アミノ酸は核酸塩基，神経伝達物質，ホルモン，ポルフィリンなど，多種多様の機能をもつ生体物質の合成に利用されている．ここでは，神経伝達物質やホルモンなどいくつかの生理活性物質の生合成について述べる．

16.5.1 アミノ酸の脱炭酸による生理活性アミンの生合成

生体内では，種々のアミノ酸が PLP を補酵素とする**デカルボキシラーゼ**（decarboxylase）によって脱炭酸され，アミンが生成する（図 16.17）．たとえば，ヒスチジンの脱炭酸反応からは，炎症時に血管透過性亢進作用などを示す**ヒスタミン**（histamine）が，トリプトファンからは強力な毛細血管収縮作用などをもつ**セロトニン**（serotonin）が，グルタミン酸からは抑制性神経伝達物質である**γ-アミノ酪酸**（γ-aminobutylic acid, GABA）が生合成される．

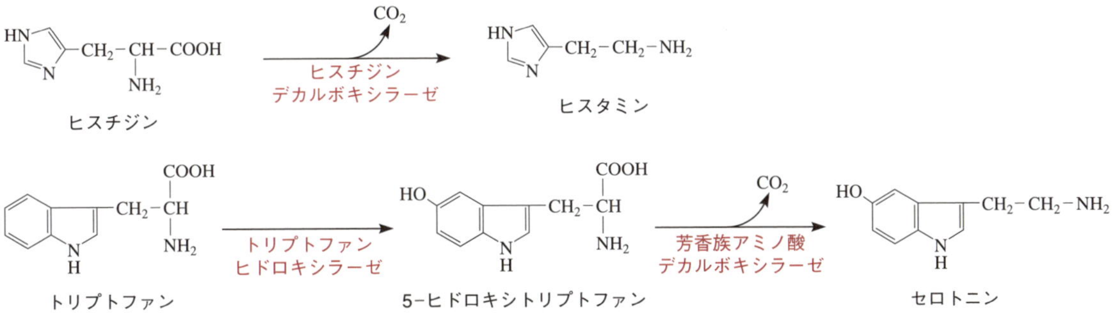

図 16.17 アミノ酸の脱炭酸による生理活性アミンの生成
代表例としてヒスタミン(a)とセロトニン(b)の生合成経路を示す．

16.5.2 クレアチンおよびクレアチンリン酸の生合成

クレアチン（creatine）は嫌気的条件下における筋肉収縮のエネルギー源であるクレアチンリン酸の構成成分であり，その生合成にはグリシン，アルギニン，メチオニンが関与している．まず腎臓において，尿素回路の中間体であるアルギニンのグアニジル基が，グリシンアミジノトランスフェラーゼの作用によってグリシンに転移し，グアニジノ酢酸が生成する．その後グアニジノ酢酸は肝臓に運ばれ，S-アデノシルメチオニンを補酵素とするグアニジノ酢酸メチルトランスフェラーゼによってメチル化され，クレアチンとなる．

クレアチンの大部分は**クレアチンホスホキナーゼ**（creatine phosphokinase）によるリン酸化を受けて，クレアチンリン酸として筋肉中に蓄えられる．クレアチンリン酸は筋肉収縮に際して，先の反応の逆反応によって ATP を産生する（図 16.18）．一部のクレアチンおよびクレアチンリン酸は，非酵素的に分解され，クレアチニンとして尿中に排泄される．

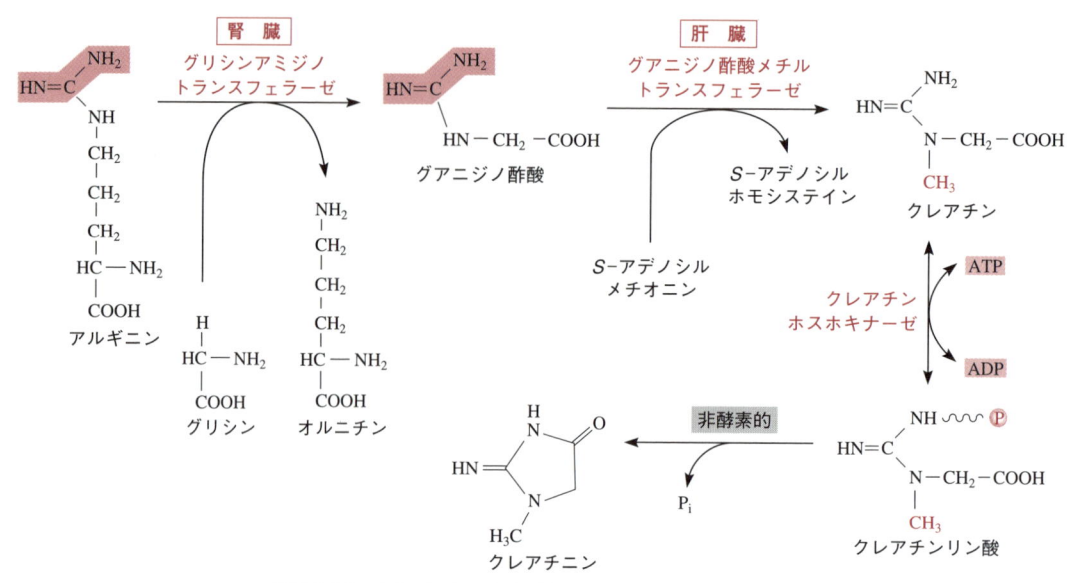

図 16.18　クレアチンおよびクレアチンリン酸の生合成

16.5.3　ヘムの生合成

　ポルフィリンは，四つのピロール環がメチン基（-CH=）で架橋されてできた環状化合物である．ヘモグロビン，ミオグロビン，シトクロム P450，カタラーゼ，ペルオキシダーゼなどは，このポルフィリン環の窒素原子に Fe^{2+} イオンが配位した**ヘム**（heme）を**補欠分子族**としてもつ．

　ヘムの生合成は，ミトコンドリアのクエン酸回路で生じたスクシニル CoA とグリシンが縮合して **5-アミノレブリン酸**（5-aminolevulinate）となることから始まる（図 16.19）．

　この反応は **5-アミノレブリン酸シンターゼ**（5-aminolevulinate synthase）により触媒されるが，この酵素はほ乳類の肝臓におけるポルフィリン合成の**律速酵素**である．5-アミノレブリン酸は細胞質に移行し，その 2 分子が縮合してピロール環をもつ**ポルホビリノーゲン**（porphobilinogen）になる．ついで，4 分子のポルホビリノーゲンが，ウロポルフィリノーゲン I シンターゼとウロポルフィリノーゲン III コシンターゼの協同作用によって縮合してウロポルフィリノーゲン III を形成し，その後側鎖のアルキル基がメチル基へ変換されてコプロポルフィリノーゲン III となる．これは，さらに側鎖の 2 個のプロピオン酸基が酸化的に脱炭酸されてプロトポルフィリン III に変換された後，フェロケラターゼが Fe^{2+} を導入してヘムが完成する．

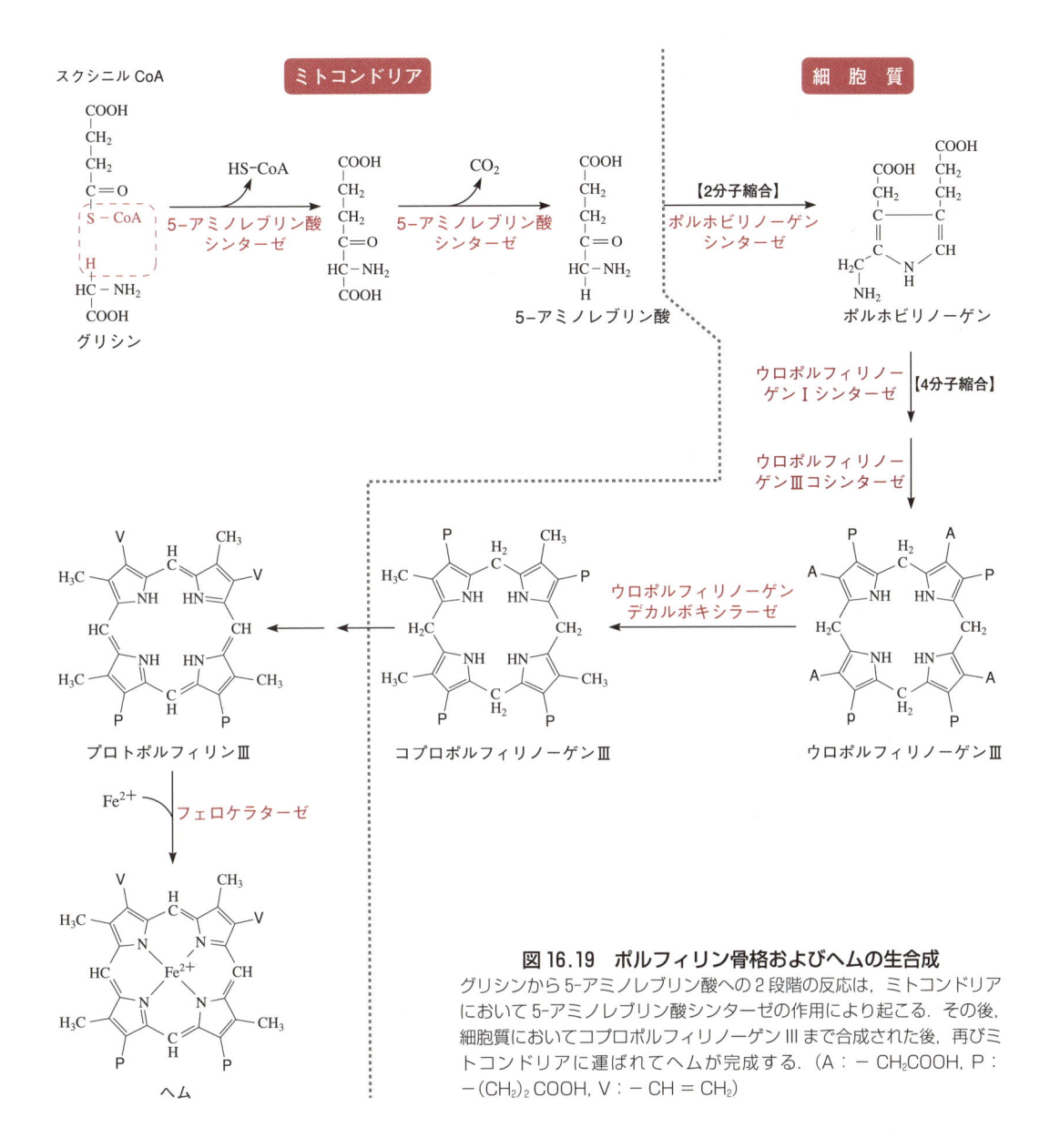

図16.19 ポルフィリン骨格およびヘムの生合成
グリシンから5-アミノレブリン酸への2段階の反応は，ミトコンドリアにおいて5-アミノレブリン酸シンターゼの作用により起こる．その後，細胞質においてコプロポルフィリノーゲンIIIまで合成された後，再びミトコンドリアに運ばれてヘムが完成する．（A：$-CH_2COOH$, P：$-(CH_2)_2COOH$, V：$-CH=CH_2$）

16.5.4　カテコールアミンおよびメラニン色素の生合成

チロシンは，甲状腺ホルモン（チロキシン，トリヨードチロニン）や神経伝達物質（ドーパミン，ノルエピネフリン，エピネフリンなど），皮膚色素である**メラニン**(melanin)などの生合成原料にもなっている．

ドーパミン(dopamine)，**ノルエピネフリン**(norepinephrine)，**エピネフリン**(epinephrine)など，いわゆるカテコールアミンの合成は，副腎髄質や脳で行われている．まず，**チロシンヒドロキシラーゼ**(tyrosine hydroxylase)の作用によってチロシンはL-**ドーパ**(L-DOPA, 3,4-dihydroxyphenylalanine)

に変換される．L-ドーパは芳香族アミノ酸デカルボキシラーゼにより脱炭酸されてドーパミンとなった後，ドーパミンβ-ヒドロキシラーゼによってノルエピネフリンに変換される．さらに，ノルエピネフリンはフェニルエタノールアミン N-メチルトランスフェラーゼの作用でメチル化され，エピネフリンが生成する（図 16.20）．

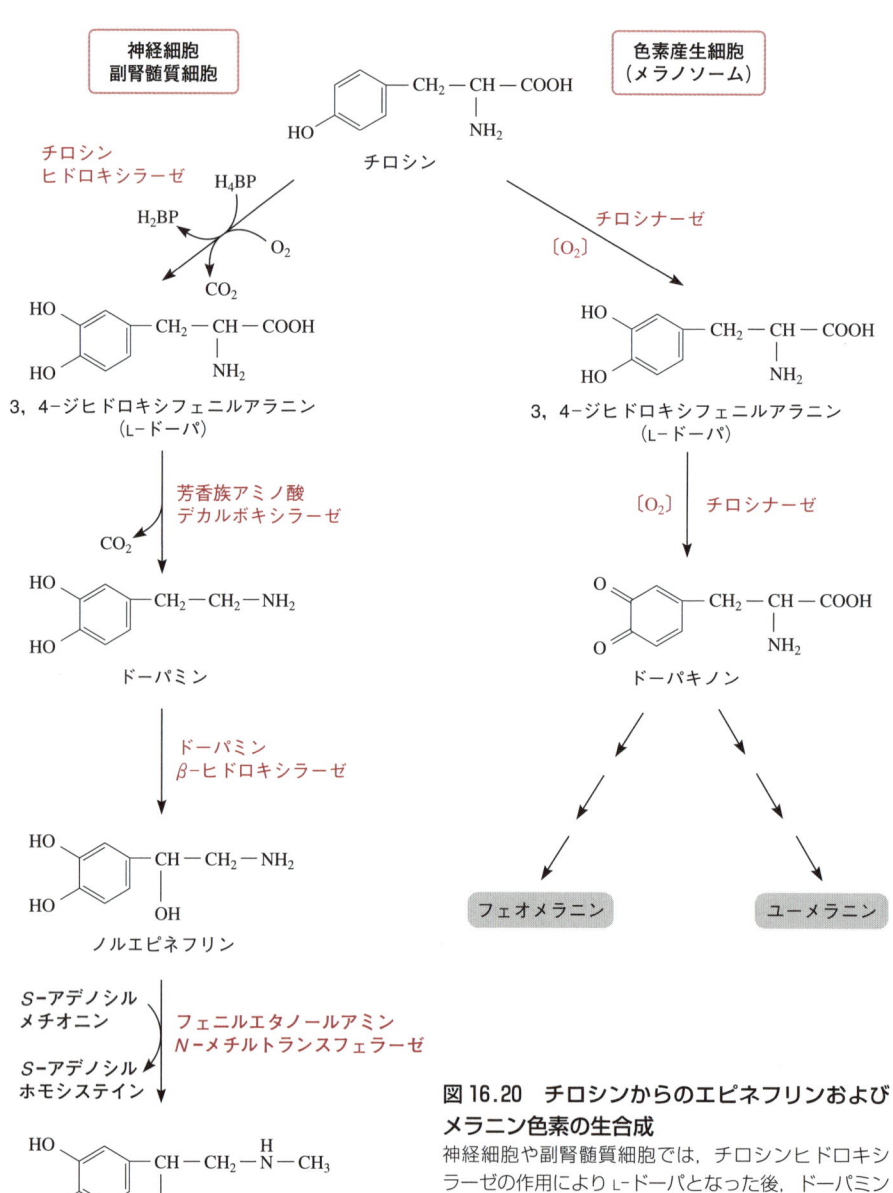

図 16.20　チロシンからのエピネフリンおよびメラニン色素の生合成

神経細胞や副腎髄質細胞では，チロシンヒドロキシラーゼの作用により L-ドーパとなった後，ドーパミンを経て，ノルエピネフリンおよびエピネフリンが生合成される．一方，皮膚などに存在する色素産生細胞では，チロシナーゼの作用によりドーパキノンとなり，その後，茶～黒系のユーメラニンと黄～赤系のフェオメラニンが合成される．

一方，メラニンは，色素産生細胞のメラノソームにおいて，**チロシナーゼ**（tyrosinase）の作用によってL-ドーパを経て生合成される（図16.20）．メラニンの実体は，茶～黒系のユーメラニンと黄～赤系のフェオメラニンであり，これらがさまざまな割合で重合体を形成して皮膚や毛髪に存在している．肌色の違いはメラニンの量ではなく，両メラニンの存在比の違いによる．チロシナーゼの欠損や**メラノソーム**（melanosome）へのチロシン輸送の欠陥などによってメラニン色素の産生が低下すると，**白皮症**（albinism）が引き起こされる．皮膚は乳白色，毛髪は黄金色となり，視力障害が現れる．

16.5.5 ポリアミンの生合成

尿素回路でアルギニンから生じるオルニチンは，メチオニンとともに**スペルミジン**（spermidine）や**スペルミン**（spermine）といったポリアミンの生合成に利用される（図16.21）．すなわち，スペルミジンおよびスペルミンのジアミノブタン部分はオルニチンに由来し，アミノプロパン部分はメチオニンから誘導される S-アデノシルメチオニンに由来する．これらのポリアミンは細胞の増殖や成長に密接に関与している．

メラノソーム
メラニン産生細胞の細胞質中に多く存在する顆粒．チロシナーゼを含みチロシンからメラニンを産生する．

スペルミンとスペルミジン
ほとんどすべての生体に存在するポリアミンであり，とくにタンパク質や核酸の合成が盛んな組織に多く含まれる．DNAやRNAの構造の安定化，核酸やタンパク質の合成系の促進，およびヒストンのアセチル化の促進などの生理機能をもち，細胞増殖などに関与している．

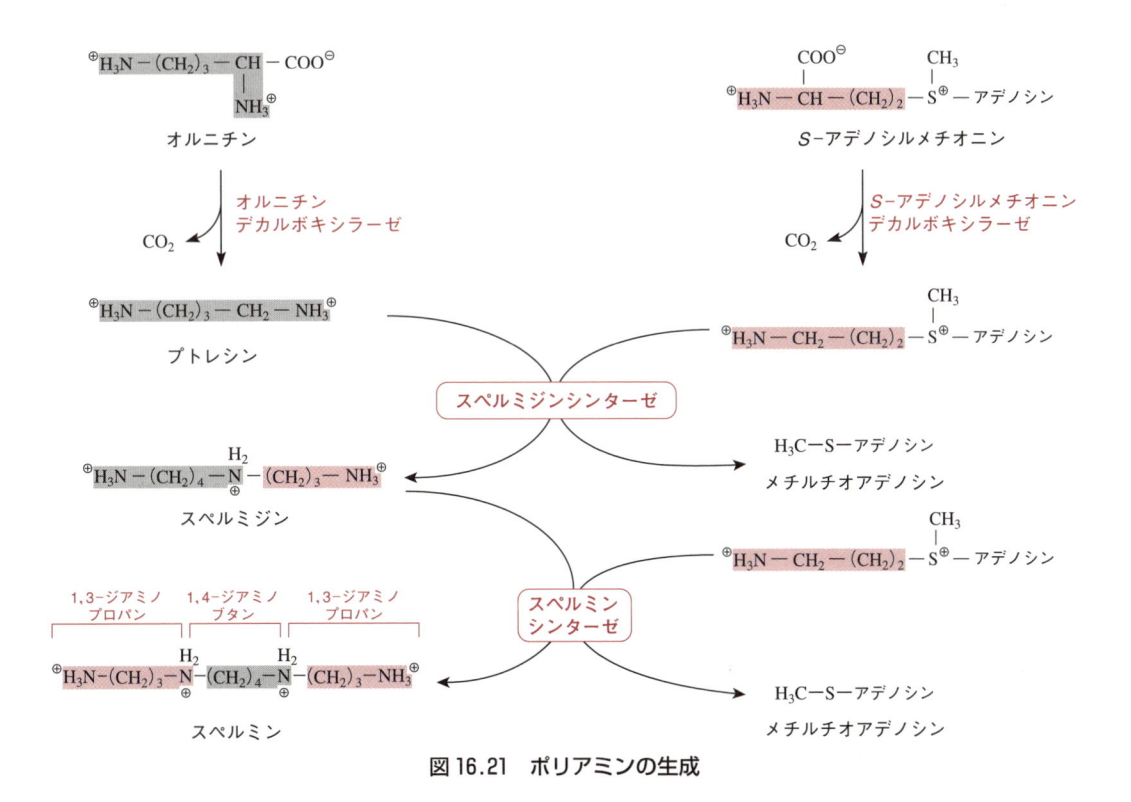

図16.21 ポリアミンの生成

16.5.6 一酸化窒素の生合成

　一酸化窒素(nitric acid, NO)は細胞間の情報伝達物質の一つである．NOはアルギニンを基質として**NO合成酵素**(NO synthase, **NOS**)によって，シトルリンとともに生成される．NO合成酵素には，脳や内皮細胞に構成的に発現するカルシウム依存型(nNOS, eNOS)と，マクロファージに局在する誘導性のカルシウム非依存型(iNOS)がある．NOは，炎症反応の誘導，血管拡張因子としての血圧調節機能，血小板の活性化と凝集阻害作用など多彩な生理機能をもっている．

章 末 問 題

16-1. 生体内で不要になったタンパク質や，折りたたみに異常があるポリペプチドはどのようにして除去されるのか説明せよ．

16-2. アラニンと2-オキソグルタル酸との間のアミノ基転移反応を図示せよ．

16-3. 尿素回路の正味の反応式を示せ．

16-4. 尿素回路に直接関与しているα-アミノ酸は何種類か．また，それらのうち，タンパク質合成に使われるものは何か．

16-5. グルコース-アラニン回路について説明せよ．

16-6. 糖原性アミノ酸およびケト原性アミノ酸とはどのようなものか説明せよ．

16-7. 生体内では，アミノ酸の脱炭酸反応によって種々の生理活性アミンが生じるが，この反応に関与する酵素の一般名称と補酵素名を述べよ．

16-8. フェニルアラニンの代謝経路において，フェニルアラニンヒドロキシダーゼおよびホモゲンチジン酸ジオキシゲナーゼの欠損が原因となる遺伝性疾患の名称をそれぞれ述べよ．

16-9. 次の生体成分の生合成に関与するアミノ酸は何か．
(a)クレアチン，(b)ヘム，(c)一酸化窒素，(d)メラニン色素

第17章

代謝の統合

　動物の細胞内での食物分子の異化および同化の代謝過程は，生体の要求に応じて厳密に制御されている．動物の個体レベルでは，体内の食物分子が不足してくると摂食行動が引き起こされる．摂食行動は不連続であるため，摂取した食物分子はいったん貯蔵分子として蓄えられ，次の摂食までの間の生命活動に使われていく．これらの機能は神経系やホルモンなどによって制御されている．

　本章では，おもにヒトをふくめたほ乳類の各臓器での代謝の機能分担，そして生体全体にかかわる代謝制御の例として血糖の調節機構について取りあげる．また，代謝系の異常な状態の例として飢餓状態や糖尿病でのエネルギー代謝，さらに肥満についても述べる．

17.1　代謝の概観

　図17.1に示すように，炭水化物，タンパク質，脂質の各代謝経路は密接につながっている．たとえばATPが必要な状況になれば，解糖系やクエン

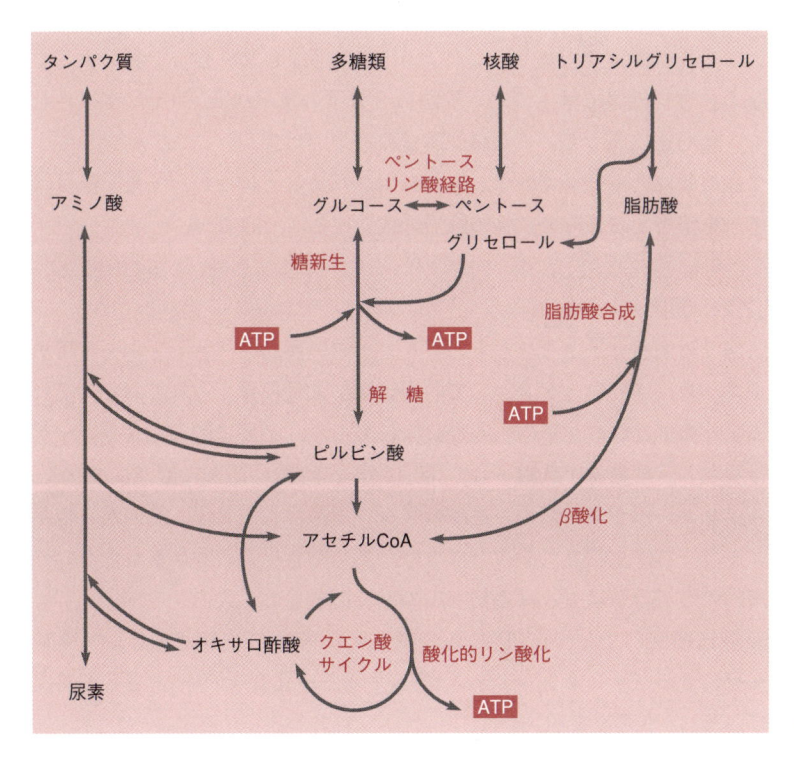

図17.1　代謝の概観

酸サイクルが促進されるとともに，脂肪酸やアミノ酸などもエネルギー源として動員される．また，細胞分裂が盛んな細胞ではDNA合成に必要なリボース5-リン酸を合成するためにペントースリン酸経路が活性化される．グルコースは脂肪酸やタンパク質にも変換される．しかし，これらの代謝経路は一つの細胞や一つの臓器にすべて備わっているわけではなく，個々の細胞や臓器では特定の代謝経路だけが働いている場合が多い．

17.2 臓器での代謝

まず最初に，これまでに述べてきた「代謝」で重要な役割を果たしているほ乳類の代表的な臓器を取りあげ，各臓器での代謝系や臓器間の相互関連について述べる．

17.2.1 脳

脳は神経系の中枢であり，基本的に体内のすべての運動や機能，代謝の制御を行っている．神経系では活動電位の発生のために静止膜電位を維持する必要があり，そのためにNa^+/K^+-ATPアーゼ(図5.6を参照)によって大量のATPが消費される．脳はエネルギー源を貯蔵する機構をもたないため，たえず血液からの供給を受けなければならない．平常時には，脳はグルコースのみを燃料分子として利用するため，血糖値の維持は非常に重要である．

数日以上の飢餓状態が続くと，脳はグルコースのかわりにアセト酢酸や3-ヒドロキシ酪酸などのケトン体(15.5を参照)も燃料として利用するようになる．神経細胞では，アセト酢酸は2分子のアセチルCoAに変換されてクエン酸回路に入っていく．脂肪酸は血液中ではアルブミンと結合しているので血液脳関門を通過できず，脳で利用されることはない．また，脳はエネルギーを消費するのみで，他の臓器に供給することはない．

17.2.2 筋肉

筋肉では燃料分子としておもにグルコース，脂肪酸，ケトン体を利用する．グルコースはグリコーゲンとして筋肉細胞に大量に蓄えられており，それらは体全体のグリコーゲンの約4分の3にもなる．必要に応じてグリコーゲンは分解され，解糖系で代謝される(第10章を参照)．筋肉にはグルコース-6-ホスファターゼがないため，遊離のグルコースは生成せず，筋肉から他組織へグルコースが供給されることはない．また糖新生系の酵素ももたないので，筋肉内の燃料分子はもっぱら筋肉内のみで消費される．

骨格筋細胞内では，ATPのもつ高エネルギーの一部が，クレアチンキナーゼによってホスホクレアチン(高エネルギー化合物の一つ)として蓄えられている(16.5.2を参照)．

$$\text{ATP} + \text{クレアチン} \underset{}{\overset{\text{クレアチンキナーゼ}}{\rightleftharpoons}} \text{ADP} + \text{ホスホクレアチン}$$

　激しい運動が始まると，最初の数秒間は細胞内のATP，およびホスホクレアチンから供給されるATPが使われるが，そのあと1～2分はグルコースの嫌気的解糖からのATPで運動を続ける．それ以上の運動を行うと，嫌気的解糖が続くために乳酸が蓄積し，細胞内のpHが低下する．それが疲労の原因であり，運動を休止すると乳酸は血流にのって肝臓に運ばれ，糖新生によってグルコースに変換されて，ふたたび筋肉に戻ってくる（コリ回路，図11.6を参照）．しかし，その後もさらに運動を続ける場合は，好気的な酸化的リン酸化によるATP合成に切り替える必要がある．この場合のATP合成には若干時間がかかり，最大出力は低下する．

　数日間の絶食状態が続くと，筋肉タンパク質の一部も燃料分子として利用される．つまり，筋肉タンパク質が分解されてアミノ酸となり，そのアミノ基がピルビン酸に転移してアラニンとなる．このアラニンが筋肉から肝臓に運ばれてピルビン酸に変換され，糖新生によりグルコースが合成されて，ふたたび筋肉に戻ってくる．これがグルコース － アラニン回路（図16.8）である．さらに絶食状態が続くと，脂肪酸をおもなエネルギー源として使うようになる（17.3.1を参照）．

　安静時の筋肉はおもに脂肪酸を燃料として利用する．心臓は連続的に収縮・弛緩を繰り返しているが，心筋細胞にはミトコンドリアが数多く存在し，ほとんどは好気的に脂肪酸，ケトン体，グルコースなどを利用してエネルギーを生産している．

17.2.3　脂 肪 組 織

　脂肪組織は，エネルギー源をトリアシルグリセロールとして蓄え[*1]，生体の需要に応じて脂肪酸の貯蔵・放出を行っている．脂肪細胞において，トリアシルグリセロールは脂肪酸とグリセロール3-リン酸から合成される（図15.12）．小腸で消化吸収されて再合成されたトリアシルグリセロールや肝臓で合成されたトリアシルグリセロールは，それぞれキロミクロンとVLDLに乗って血中を脂肪組織へ運ばれ，脂肪酸として脂肪細胞に取り込まれる．脂肪酸はアシルCoAへと活性化され，またジヒドロキシアセトンリン酸が還元して生じたグリセロール3-リン酸からトリアシルグリセロールに変換されて蓄えられる．血糖値が低下すると，膵臓からグルカゴンが放出されて脂肪細胞のホルモン感受性リパーゼが活性化され，トリアシルグリセロールは分解されて脂肪酸とグリセロールになり，血液中に放出されて全身に送られる（図15.3を参照）．ここで重要なことは，グルコースが十分にあるときにはグリセロール3-リン酸が供給されてトリアシルグリセロールの合成が促進されるが，逆にグルコース濃度が低いとその分解が優勢となることである．

*1　標準的な60 kgの成人男性でも体内に12～13 kgの脂肪をもっており，そのエネルギー含量は約110,000 kcalである．これは基礎代謝量を1日2000 kcalとすると2カ月近くのエネルギーに相当する．

17.2.4 肝臓

　肝臓では図 17.1 に示した以外にもさまざまな代謝系が活動しており，生体の代謝工場ともいわれる．また小腸から吸収された燃料分子のほとんどは，門脈から肝臓に入り，肝臓細胞に吸収される．そのおかげで血液中での燃料分子の極端な濃度増加が避けられている．いわば肝臓は，燃料分子の濃度変化を少なくする緩衝機構として働いているといってもよい．さらに，肝臓は体全体の燃料分子の流れを調節しており，必要に応じて肝臓に蓄えられている燃料分子を脳や筋肉などの臓器に供給している．

　肝臓においてグルコースをリン酸化する酵素は，グルコキナーゼとよばれている．この酵素はヘキソキナーゼの肝臓アイソザイムであるが，グルコースに対する K_m 値は 5 mM 程度であり，他の臓器のヘキソキナーゼの K_m 値（0.1 mM）に比べて非常に高い値である．このことは，血中のグルコースが肝細胞に取り込まれても，血糖値が低下した状態においては，肝臓ではグルコースがリン酸化されないことを意味している．逆に，グルコース濃度が正常の血糖値である 5 mM より高いときにのみ，グルコースはグルコキナーゼによってリン酸化されて解糖系やグリコーゲン合成に用いられる．

　肝臓では糖新生や脂肪酸からのケトン体合成も盛んに行われ，グルコースやケトン体を他の臓器に供給している[*2]．タンパク質代謝で生成した NH_3 を尿素回路で尿素に変換しているのも肝臓である（16.3.3 を参照）．

　さらに，肝臓は胆汁酸の産生と分泌，血漿タンパク質の合成，ステロイドホルモンなどの分解と排泄，外来性の異物や毒物の処理なども行っている．

[*2] 腎臓も，肝臓と同様に糖新生を行う．

17.3　ホルモンによる血糖値の調節

17.3.1　血糖値を調節するホルモン

　膵臓はさまざまな消化酵素を産生・分泌する組織であるが，その内部にランゲルハンス島（膵島）とよばれる内分泌細胞集団が点在する．膵島の大部分は，**インスリン**を分泌する β 細胞と，**グルカゴン**を分泌する α 細胞である．インスリンは血糖値を下げるように作用し，グルカゴンは逆に血糖値を上昇させる．そのほかに血糖値を上昇させるホルモンとして，**アドレナリン**（エピネフリン），**糖質コルチコイド**，**甲状腺ホルモン**，**成長ホルモン**などがある．不思議なことに血糖値を低下させるホルモンはインスリン一つしかない．

　図 17.2 にインスリンとグルカゴン，およびアドレナリンの作用を簡単にまとめた．摂食後血糖値が上昇するとインスリンが分泌され，各組織の細胞膜上にあるインスリン受容体に結合する．その結果，肝臓ではグリコーゲン合成や脂質合成が促進される．筋肉や脂肪組織では，グルコーストランスポーターである GLUT4 が小胞体膜から細胞膜に移動し，血中から細胞内へのグルコース取り込みが増進される．筋肉ではグリコーゲン合成，脂肪組織

(a) 摂食後

図 17.2 ホルモンによる血糖値調節

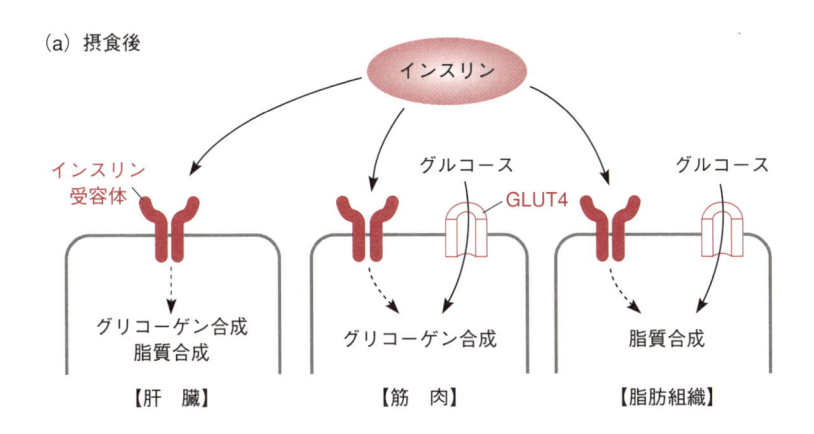

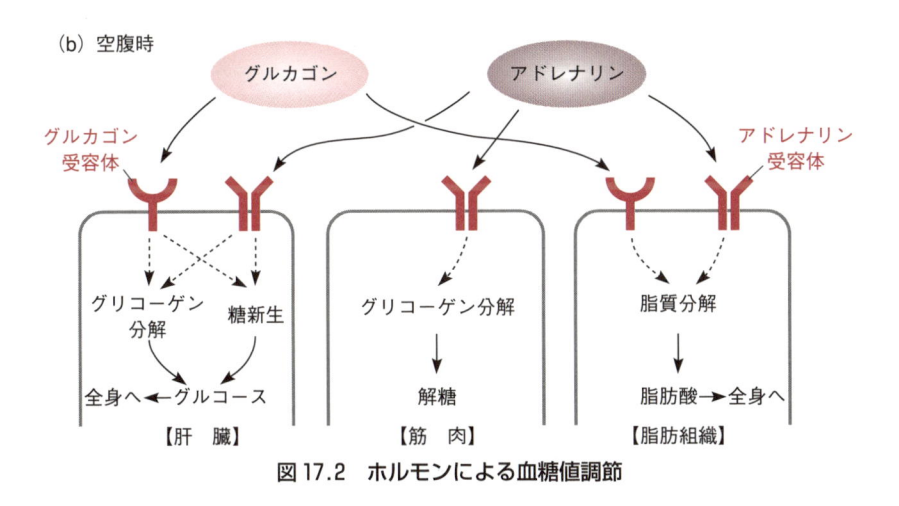

では脂質合成が盛んになる．これらの結果，血糖値は低下する．

一方，血糖値が低下してくるとグルカゴンが分泌され，肝臓ではグルカゴン受容体からのシグナルでグリコーゲン分解と糖新生が活発になりグルコースが生成され，それが血中に放出されて血糖値を上昇させる（第 11 章を参照）．脂肪組織ではトリアシルグリセロールの分解が盛んになり，脂肪酸が放出されて全身に送られる（図 15.3 を参照）．筋肉にはグルカゴン受容体がないため，これらの作用はない．

アドレナリンは生体の緊急時（闘うか逃げるか）に分泌されて，肝臓，筋肉，脂肪組織に作用し，そのために必要なエネルギー源（グルコースや脂肪酸）を供給させるようにする．

17.3.2 血糖値上昇によるインスリン分泌

血糖値が正常値[*3]（約 5 mM）より少し上昇すると，β 細胞の膜上にある GLUT2 という受動的トランスポーターによってグルコースが取り込まれる（図 17.3 ①）．そのグルコースが解糖系で代謝されると，β 細胞の ATP 濃度

[*3] 医療現場などでは，100 mg/dL という値が日常的に使われている．

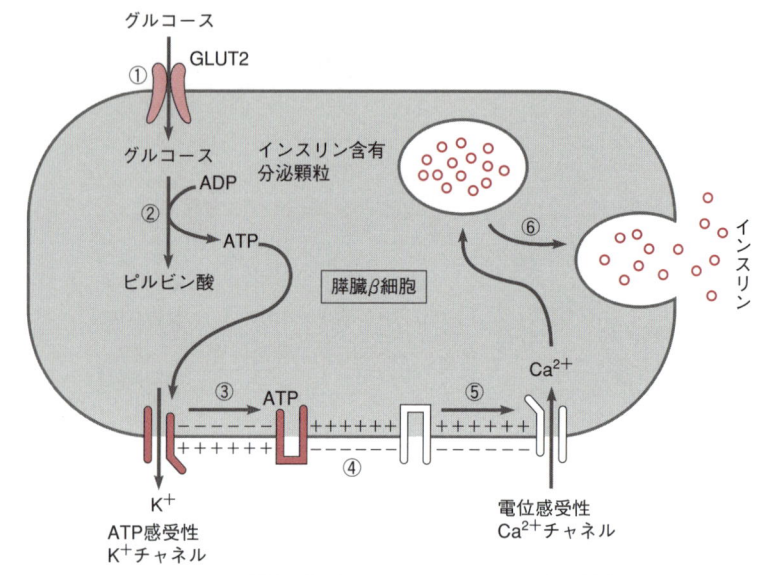

図17.3　膵臓β細胞におけるインスリン分泌機構

が上昇する（②）．ATPがATP感受性K⁺チャネルに結合するとK⁺の流出が阻害されて（③），細胞膜が脱分極する（④）．その結果，電位感受性 Ca^{2+} チャネルが開いて Ca^{2+} が流入し（⑤），最終的にβ細胞内の小胞に蓄えられていたインスリンが細胞外に分泌される（⑥）．

17.3.3　インスリンの作用機構

インスリンは，F. Banting（バンティング）とC. Best（ベスト）により1921年に発見されたが，その作用機構は長い間謎に包まれており，その全貌がわかってきたのは最近のこ

● 血糖値を低下させるホルモンは一つだけ

奇妙なことに，われわれヒトを含めたほ乳類は血糖値を上昇させるホルモンはいくつか取り揃えて（グルカゴン，アドレナリンなど）もっているのに，血糖値を低下させるホルモンはインスリン一つしかない．これはなぜだろうか．

生物は，一つの遺伝子やタンパク質などを欠損しても問題が生じないよう，それを補償するシステムをもっている場合が多い．インスリンは摂食後の血糖値上昇に応じて分泌され，その血糖値を低下させるように機能する．つまり，血糖値の上昇がなければインスリンが分泌されることはない．以上の知見から，生物の進化の過程で血糖値の上昇（摂食）というのは頻繁に起こることではなく，それに対応するホルモンも一種類でよかったのではないかと考えられている．

それが現代は「飽食の時代」といわれ，好きなときに好きなだけ食べることができる．何かを食べると血糖値が上昇し，その都度インスリンが分泌される．1日に3回程度の食事ならまだしも，「おやつ」や「夜食」などを含めて1日に何回も食べることを繰り返していると，膵臓のβ細胞が疲弊し，また全身の細胞がインスリンに反応しなくなる（鈍化する）のではないだろうか．糖尿病をはじめ「生活習慣病」といわれる病気は，まさに「文明病」ともいえる．

17.3 ◆ホルモンによる血糖値の調節

とである．

インスリン受容体は $\alpha_2\beta_2$ のサブユニットからなるヘテロ四量体であり，細胞膜上に存在する[*4]．インスリンがこの受容体に結合すると，チロシンキナーゼドメインの働きで自己リン酸化が起こり，それがさまざまな標的タンパク質（インスリン受容体基質 IRS や Shc など）と相互作用し，情報が伝えられていく．

インスリンは大きく三つの生体応答を引き起こす（図 17.4）．まず一つめは，MAPキナーゼ経路を介して遺伝子発現を制御する（18.4 を参照）．たとえば糖新生の酵素（ホスホエノールピルビン酸カルボキシキナーゼ，フルクトース-1,6-ビスホスファターゼ，グルコース-6-ホスファターゼ）の遺伝子発現を阻害し，解糖系や脂質合成の酵素（グルコキナーゼとピルビン酸キナーゼ，およびアセチル CoA カルボキシラーゼと脂肪酸シンターゼ）の遺伝子発現を促進する．二つめには，ホスファチジルイノシトール 3-キナーゼ（PI_3 キナーゼ）経路を介して，グリコーゲン分解にかかわるホスホリラーゼキナーゼを不活性化し，グリコーゲンシンターゼを活性化させる（11.3.2 を参照）．これら二つの過程によってグリコーゲンや脂質の合成が盛んとなる．三つめは，PI_3 キナーゼ経路ともう一つの経路からのシグナルによって，細胞内にあるグルコース輸送体（GLUT4）の細胞表面への移動が促され，グルコースの細胞内への取り込みが増大する機構である．これらの生体応答の結果，血糖値は低下する．

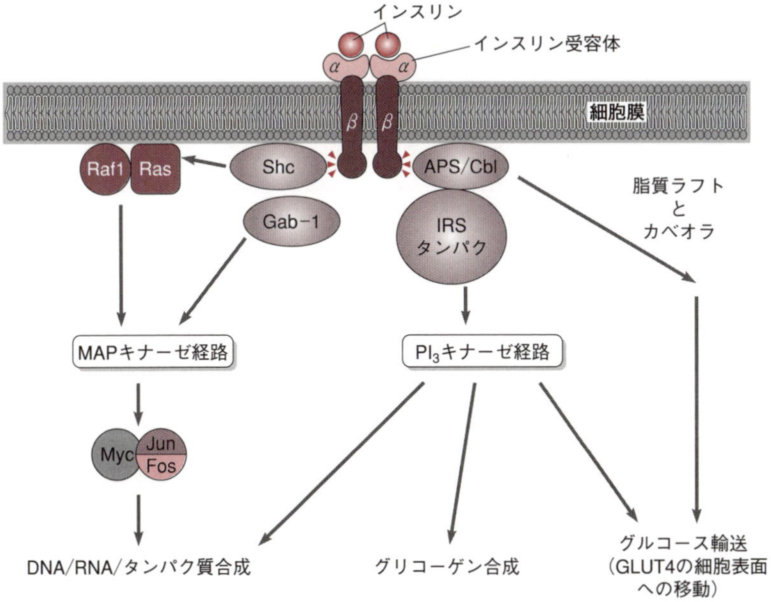

[*4] α サブユニットは細胞外にあってインスリンとの結合部位を形成し，β サブユニットは膜貫通ドメインと細胞内のチロシンキナーゼドメインを形成する．インスリン受容体は受容体チロシンキナーゼの一つである（18.4，図 18.6 を参照）．

受容体チロシンキナーゼ

細胞膜表面に存在しているシグナル伝達受容体のうち，受容体自身の細胞内ドメインにチロシンキナーゼ活性をもつものをいう．神経成長因子，インスリン，血小板由来増殖因子などの受容体がこれにあたる（図 18.6 を参照）．

ホスファチジルイノシトール 3-キナーゼ

細胞膜受容体の活性化により，細胞膜にあるリン脂質の一種であるホスファチジルイノシトール 4,5-ビスリン酸（PIP_2）にもう一個のリン酸基が導入されて $PI(3,4,5)P_3$ が生成する．この反応を触媒するのが PI_3 キナーゼである．$PI(3,4,5)P_3$ は二次メッセンジャーとして作用し，ホスファチジルイノシトール依存キナーゼ 1（PDK1）を活性化してシグナルを下流に伝達する．

図 17.4 インスリンの作用機構の概略

17.4 エネルギー代謝の乱れ

17.4.1 絶食期でのエネルギー代謝

ヒトをはじめ，ほ乳類は飢餓状態にも適応できるように代謝系を調節できる能力をもっている．

食事後，炭水化物は一時的にグリコーゲンとして肝臓や筋肉に蓄えられるが，それも半日もすると使い果たしてしまう．それ以降も絶食が続くと，グルカゴンなど血糖値を上昇させるホルモンが分泌される．その結果，肝臓では，筋肉でのタンパク質分解によって供給された糖原性アミノ酸を用いて糖新生を行ってグルコースを合成し，また脂肪組織では脂質分解によって脂肪酸を生成して，これらがエネルギー源として全身に供給される．その後さらに飢餓状態が続くと，全身の組織がエネルギー源を脂肪酸主体に切り替えるようになる．これは，体を動かすために必要な筋肉の分解をなるべく少なくするためであると考えられている．事実，飢餓状態が3日以上も続くと，血中のケトン体が急増し，脂肪酸も徐々に増えてくる（図17.5）．飢餓状態が2〜3週間も継続すると，脳でのグルコース消費量は平常時（1日約120g）の3分の1程度になり，それに代わってケトン体の消費量が2倍以上にもなる．また，タンパク質分解量も，飢餓の初期には1日あたり約75gであったのが20g程度までに低下する．

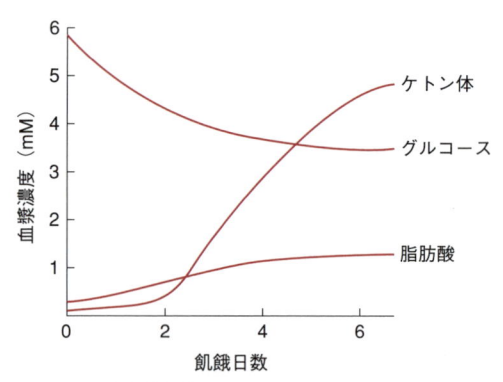

図17.5 飢餓状態での血中グルコース，ケトン体，脂肪酸の濃度変化
〔L. Stryer, "Biochemistry, 4th ed", W. H. Freeman & Co. (1995)より転載〕

つまり飢餓状態での生存期間は脂質の蓄積量に依存しており，実際に肥満のヒトほど生存期間が長いようである．

17.4.2 糖尿病

糖尿病 (diabetes mellitus) とは，インスリンの量的な不足と作用不足，ならびにグルカゴンの過剰分泌により，エネルギー代謝に混乱が起きている病気である．

糖尿病は大きく二つのタイプに分けられる．Ⅰ型糖尿病は若年性糖尿病ともよばれ，膵臓β細胞が破壊されてインスリンが分泌されなくなる自己免疫疾患である．一方のⅡ型糖尿病の多くは人生の後半になって発症し (40才以上の肥満体質の人に多い)，インスリンはある程度分泌されているものの，インスリンからの情報伝達機構の欠陥によって，作用不足に陥っている疾患である[*5]．

インスリン不足になると，脳や筋肉，脂肪組織などでは血中からグルコースが取り込まれず，その結果血糖値が上昇した状態になる．エネルギー源としてグルコースを利用できなくなるために，高血糖値にもかかわらずグルカゴンが分泌され，これが血糖値のさらなる上昇を招く．

糖尿病患者の血液中にはグルコースが豊富にあるが，細胞はそれを利用できずに飢餓状態になっているといえる．したがって，グルコースのかわりに脂質やタンパク質をエネルギー源として利用して，次第にやせていく．また，脂質は脂肪酸に分解され，ミトコンドリアでのβ酸化によってアセチルCoAが多量に生成する．アセチルCoAがクエン酸サイクルに入っていくためにはオキサロ酢酸と縮合しなければならないが，グルコースが利用できない状態なのでピルビン酸からオキサロ酢酸への補充反応 (12.5を参照) が不十分であり，クエン酸サイクルの中間体は枯渇してくる．その結果，大量のアセチルCoAはケトン体合成に向かう．これがケトアシドーシスの原因である．

高血糖が長期にわたって持続すると，種々のタンパク質にグルコースの酸

糖尿病の症状

尿中にグルコースが排泄されるようになると，浸透圧効果による利尿が促進されて水分や電解質も多量に排出される．その結果，のどが乾き大量の水分を取るようになる．糖尿病が進行すると大量のケトン体が生成され，ケトアシドーシスの状態になる．さらに，合併症として網膜の変性による失明，腎臓傷害，神経損傷，動脈硬化，血液循環障害による壊疽(えそ)などが引き起こされる．

[*5] Ⅰ型糖尿病は，インスリンを定期的に投与することで症状を改善し生存することができるため，インスリン依存性糖尿病 (insulin-dependent diabetes mellitus) ともいう．一方，Ⅱ型糖尿病患者に対してはインスリンを投与してもあまり効果がなく，インスリン非依存性糖尿病 (noninsulin-dependent diabetes mellitus) とよばれる．

● エネルギー倹約遺伝子

アメリカ・アリゾナ州に住むネイティブアメリカンのピマ族には，極端に肥満体質の人が多い．同じ種族でメキシコに移住した集団にはそのような肥満は少なく，この違いは食生活の差にあるといわれている．アメリカ在住のピマ族は高脂肪・高カロリーの食事を，メキシコ在住の集団は植物性食品を多く摂り，摂取カロリーに占める脂肪の割合も少なかったという．このような研究から，"エネルギー倹約遺伝子"という考え方が提出されている．

人類が狩猟採集生活を送っていたころには，摂食の機会にはなるべく多く食べて効率よく脂質として蓄え，次の摂食までの間それを有効に使うことができる個体が生存に有利であり適応的であったと考えられる．つまりエネルギーを倹約できる個体が有利だった．このエネルギー倹約遺伝子には，食欲の調節や脂肪や糖の代謝にかかわる遺伝子，またそれらを調節するホルモンなどがすべて含まれる．つまり，食料の供給が不安定な狩猟採集生活の時代には有利に働いていた遺伝子が，「栄養過多」，「飽食」の時代には肥満の原因になっているのかもしれないのだ．

化物が非酵素的に付加される．これがさまざまな合併症の原因であると考えられている．

17.4.3 肥満

肥満もきわめて現代的な現象の一つである．本来生物（とくにほ乳類）は，摂取した余分なエネルギー源を脂質として蓄えるような代謝系を進化させてきたが，肥満は，摂取カロリー過多と極端な運動不足によるカロリーの収支バランスの片寄りによって起こる．一般的に野生動物は摂取カロリーの収支バランスがうまくとれており，自然界で肥満はまず見られない[*6]．

肥満に関係する因子として，最近いくつかのタンパク質やペプチドが同定された．そのひとつが**レプチン**（leptin）である．レプチン遺伝子にホモで変異があるマウスは，餌を食べ過ぎて体重が正常マウスの2倍以上にもなる．

レプチンは脂肪細胞で合成される146アミノ酸からなるタンパク質であり，食欲を抑制するように作用する．レプチン遺伝子の変異マウスにレプチンを投与すると食べる量が減って体重も減少する．一方レプチンとは逆に，食欲を活性化する**神経ペプチドY**（neuropeptide Y）があり，これは視床下部から放出される36アミノ酸残基のペプチドである．そのほかに，消化管からは，食欲増進ペプチドである**グレリン**（ghrelin，28アミノ酸）や，食欲を抑制する**PYY**$_{3\text{-}36}$というペプチドも分泌される．さらに脂肪細胞からはレプチンのほかに**レジスチン**（resistin，108アミノ酸）と名づけられたインスリンの作用を阻害するペプチドも分泌される．通常はこれらのホルモンが適正に分泌されて食欲や体重がうまく制御されている．

最新の研究によると，肥満に関連するホルモンの多くはAMPキナーゼを介して作用していることがわかってきた．AMPキナーゼとは，AMPによって活性化されるプロテインキナーゼであり，当初は脂質やコレステロール代謝を制御するキナーゼとして見いだされた．その後AMPキナーゼは，細胞および個体レベルにおいて，低エネルギー状態，つまり[ATP]/[AMP]比が小さくなったときに活性化されて，ATPを合成する異化を促進し，逆にATPを消費する同化を抑制することが示されている．このことからAMPキナーゼは「代謝センサー」ともよばれている．また視床下部においては，摂食を抑制する因子であるレプチンやレジスチンはAMPキナーゼ活性を低下させ，逆に摂食促進因子であるグレリンやアディポネクチンはAMPキナーゼを活性化させる．

なお，II型糖尿病の治療薬である**メトホルミン**（metformin）がAMPキナーゼを活性化して異化を促進することが明らかとなり，このキナーゼを標的とした新たな薬の開発が期待されている．図17.6にAMPキナーゼによる代謝調節をまとめた．

[*6] 渡りや冬眠をする動物はその準備期間に脂肪を大量に溜め込むが，ほとんど使い切ってしまう．

神経ペプチドY
視床下部の弓状核に存在する特定のニューロンから分泌される36アミノ酸のペプチドで，食欲を促進し，その結果，脂肪が蓄積する．

グレリン
空になった胃から分泌される28アミノ酸のペプチドで，神経ペプチドY濃度を増加させることで食欲促進作用をもつ．グレリンはもともと成長ホルモン放出因子（growth hormone releasing factor）として同定された．

PYY$_{3\text{-}36}$
摂食後に大腸から分泌される34アミノ酸のペプチド（神経ペプチドYと一部相同性がある）．摂食行動を抑制する．

レジスチン
脂肪細胞から分泌される108残基のペプチド．脂肪細胞に対するインスリンの作用を抑えることからその名がつけられた（resist：抵抗する）．糖尿病治療薬であるチアゾリジンジオン（thiazolidinedione）がレジスチンの生成を抑制することから発見された．

メトホルミン
II型糖尿病の治療薬の一つ，1,1-dimethylbiguanide．メトホルミンはインスリン分泌に影響を与えることなく肝臓での糖新生を減少させ，筋肉でのグルコース取り込みを促進することで血糖値を低下させる．最近，メトホルミンの作用機構として，AMPキナーゼを活性化することで異化過程を促進し，結果として血糖値を低下させることがわかってきた．

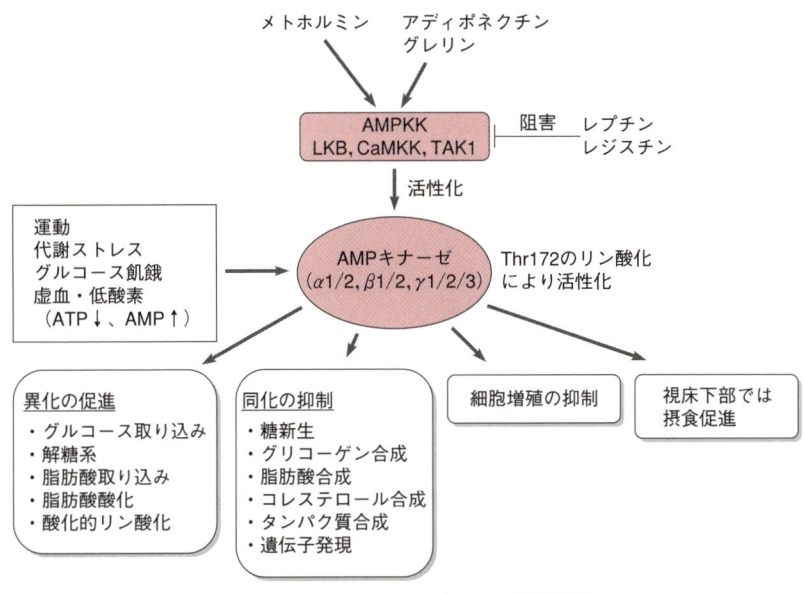

```
              メトホルミン   アディポネクチン
                            グレリン
                      ↓  ↓
                   ┌─────────┐       阻害  レプチン
                   │  AMPKK  │ ─┤    ─── レジスチン
                   │LKB, CaMKK, TAK1│
                   └─────────┘
                      │ 活性化
                      ↓
   運動          ┌─────────┐
   代謝ストレス →│ AMPキナーゼ │ Thr172のリン酸化
   グルコース飢餓 │(α1/2, β1/2, γ1/2/3)│ により活性化
   虚血・低酸素   └─────────┘
   (ATP↓、AMP↑)    ↓  ↓  ↓  ↓
```

異化の促進	同化の抑制	細胞増殖の抑制	視床下部では摂食促進
・グルコース取り込み ・解糖系 ・脂肪酸取り込み ・脂肪酸酸化 ・酸化的リン酸化	・糖新生 ・グリコーゲン合成 ・脂肪酸合成 ・コレステロール合成 ・タンパク質合成 ・遺伝子発現		

図17.6　AMPキナーゼによる代謝調節

章末問題

17-1. グルコースの場合はO_2がなくてもATPの合成ができるが、脂肪酸やアミノ酸はO_2が存在しないとエネルギー源としては使えない。それはなぜか。

17-2. 脳は安静時でもエネルギー源として大量のグルコースを必要とする。そのエネルギーの消費理由を答えよ。

17-3. コリ回路では、筋肉で生じたピルビン酸が乳酸に変換され、その乳酸が肝臓に運ばれてそこでまたピルビン酸に戻される。なぜこのような回路が必要なのか説明せよ。

17-4. I型糖尿病の患者が誤ってインスリンを過剰に注射してしまった。どのような事態が予想されるか。

17-5. 山で遭難したときなどは、水分の補給はもちろん、あめ玉などの甘いものをもっているとより長い飢餓に耐えられるという。その理由を考察せよ。

17-6. 血糖値が低下すると膵臓α細胞からグルカゴンが分泌される。グルカゴンは肝臓では解糖系を阻害するように作用する。その生物学的意味を答えよ。

17-7. ほ乳類において、血糖値を低下させるホルモンはインスリン一種類だが、血糖値を上昇させるホルモンは複数ある。その理由を考察せよ。

第 18 章
シグナル伝達

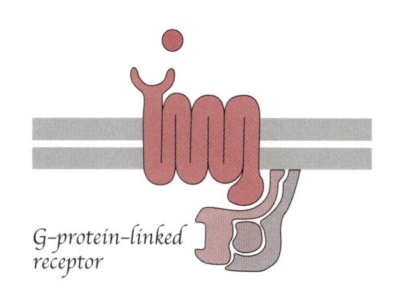

G-protein-linked receptor

われわれは，細胞が集まってできた多細胞生物である．これらの細胞は，細胞間で情報を交換しながら生存と死，細胞周期，接着，分化などの制御を行っている．また細胞は，環境変化によるストレス，明暗の差，栄養状態などの多くの外的刺激を受けると，それを何らかの方法で感知し，その情報を核に伝え，遺伝子の発現を制御することで恒常性(ホメオスタシス)を維持している．ホルモン作用，がん，細胞周期などに関連するシグナル伝達経路を調べると，その多くでタンパク質のリン酸化やGタンパク質が重要な役割を担っていることがわかってきた．

この章では，情報伝達の方法や，刺激を感知するために細胞膜や細胞内に存在する受容体を介したシグナル伝達について，いくつかの例をあげて説明する．

18.1　シグナル分子の細胞外経路

私たちは，会話や電話，電子メール，手紙など多彩な情報伝達手段をもち，伝える時間などを考慮してそれらを使い分けている．じつは，細胞も同様にいくつかの方法によって情報を交換している．

話し手と聞き手がいるように，細胞でも，情報発信細胞(話し手)が特定のシグナル分子を放出し，聞き手となる**受容体**(receptor)がそのシグナル分子を受け取って，細胞内シグナル経路が活性化される．多細胞生物においては，アミノ酸，ペプチド，タンパク質，脂質誘導体などのさまざまな化合物が情報を伝達する分子として使われている．このような細胞間での**シグナル伝達**(signal transduction)は，速さと距離に応じて四種類に分類できる(図18.1)．

内分泌型(endocrine)では，シグナル分子である**ホルモン**(hormone)が内分泌細胞から放出され，毛細血管に取り込まれて血中に入り，全身に運ばれて標的細胞に到達する．たとえば，脳下垂体から分泌された生殖腺刺激ホルモンは，精巣や卵巣に作用する．これは血流を介して伝わるシグナルで，到着するまでに時間を要する．

遠くまで情報を伝える内分泌型と違って，**パラクリン型**(paracrine)のシグナル分子である**局所仲介物質**(local mediator)は血中に流れ込まず，細胞外液に拡散して，近傍の標的細胞に作用する．たとえば，感染部位などの炎症によって細胞から分泌されるサイトカインは，その大部分が拡散して周辺の細胞に働きかける．免疫系の細胞増殖の調節に関連した細胞でもこの伝達

シグナル伝達
細胞生物学では，シグナル分子と受容体が結合して，細胞応答の連鎖反応が起こることを指す．

シグナル分子
細胞間の応答を仲介する，細胞外または細胞内の分子．

受容体
細胞表面や細胞質，核に存在し，特定の細胞外の分子と結合することで細胞の応答を開始させるタンパク質．

ホルモン
多細胞生物において，種々の代謝経路を調節する分子．特定の細胞から分泌され，血流中を循環して，標的細胞にシグナルを伝達する．

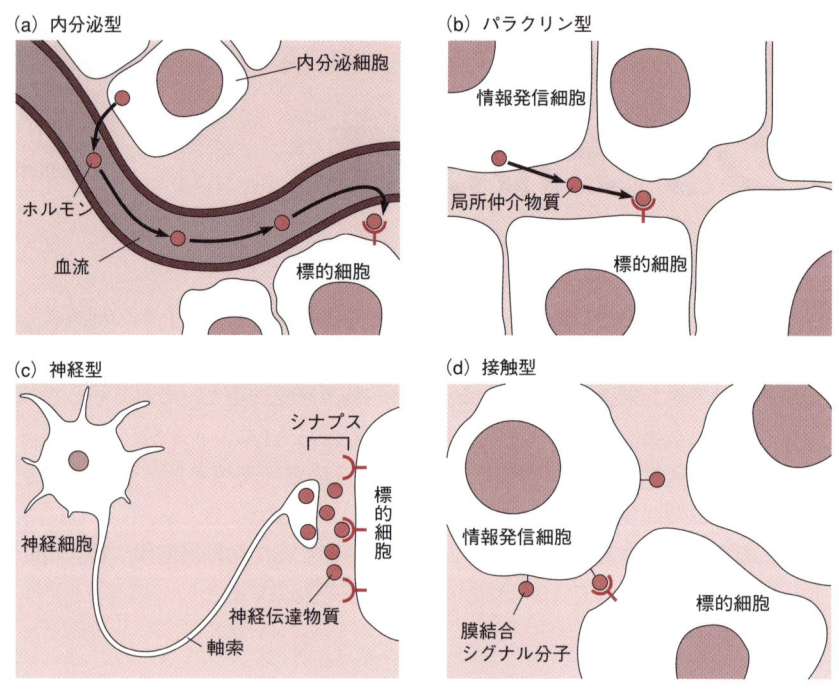

図18.1 細胞間情報伝達

(a) 内分泌型 / 内分泌細胞 / ホルモン / 血流 / 標的細胞
(b) パラクリン型 / 情報発信細胞 / 局所仲介物質 / 標的細胞
(c) 神経型 / シナプス / 標的細胞 / 神経細胞 / 神経伝達物質 / 軸索
(d) 接触型 / 情報発信細胞 / 膜結合シグナル分子 / 標的細胞

シナプス
神経細胞と標的細胞の接合部位.細胞内を伝わった電気信号の刺激を神経伝達物質というかたちに変えて細胞間に分泌し,標的細胞にシグナルを伝達する.

が使われている.細胞で分泌されたシグナル分子が,その細胞自身の受容体を介して作用する様式は**オートクリン**(autocrine)とよばれる.

神経型(synaptic)は内分泌系と同様,遠い距離にシグナルを伝達することができる.神経軸索末端は神経細胞体とは遠く離れたところで標的細胞と接触構造(**シナプス**,synapse)をつくる.神経細胞(ニューロン)に刺激が加わると,電気シグナルが神経軸索上を秒速100 mで移動していく.電気シグナルが軸索末端に到達すると神経伝達物質とよばれる化合物が分泌され,標的細胞の受容体に作用する.

接触型(contact-dependent)は,もっとも近距離の伝達方法である.細胞はシグナル分子を分泌せず,細胞表面に存在する膜タンパク質がシグナル分子として働く.この分子が近傍の標的細胞膜にある受容体に結合することによって情報が伝達される.発生過程で重要な役割を担うNotch受容体を介する経路が代表的な例である.

シグナル分子と受容体の関係は1対1であり,標的細胞の代謝や遺伝子発現,細胞の形や動きを調節している.また,同じシグナル分子でも,それを受け取る標的細胞によって異なる応答を示す.たとえば,シグナル分子の一つであるアセチルコリンは,気管支平滑筋に対しては収縮,心筋細胞では収縮回数や強度の低下,さらに消化器官に作用すると消化液の分泌を促進する.

18.2 受容体とその活性化機構

標的細胞に到達したシグナル分子は，シグナル分子が結合できる特異的な受容体で感知され，細胞内にシグナルが伝達される．このシグナル分子は，大きく二つに分類できる．一つは，リガンドが細胞膜を通過して細胞内に入り，細胞内受容体と結合して作用するものである．**ステロイドホルモン**（テストステロン，エストラジオール，アルドステロンなど）のような小さな脂溶性分子は，拡散によって脂質二重膜を通過することができ，細胞質や核に存在する転写因子である受容体と結合する．通常，ステロイドホルモン受容体はステロイドホルモンが結合しやすい構造の不活性型として細胞質に存在し，ステロイドホルモンが結合すると活性型となって核に移行する．そして，多くの場合二量体を形成して，特定の遺伝子のプロモーター領域に特異的に結合して転写を制御する（図18.2）．**一酸化窒素**（nitric oxide, NO）も，細胞膜を通過して働くシグナル分子である．NOは，細胞外の酸素や水と反応してすみやかに硝酸塩や亜硝酸塩になるため，（近傍に存在する標的細胞に働きかける）局所仲介物質としてしか働くことができない．細胞膜を通過したNOは，細胞質に存在する受容体であるグアニル酸シクラーゼに結合してそれを活性化する．その結果，GTPからサイクリックGMP（cyclic GMP, cGMP）が産生され，平滑筋細胞の弛緩などを引き起こす[*1]．

ステロイドホルモン
ステロイド骨格をもつ脂溶性ホルモンの総称．いずれも核内受容体を介して標的遺伝子の発現を制御する．

*1 狭心症の薬として用いられるニトログリセリンは，NOに変換されて冠状血管の内皮細胞や筋細胞を弛緩する．

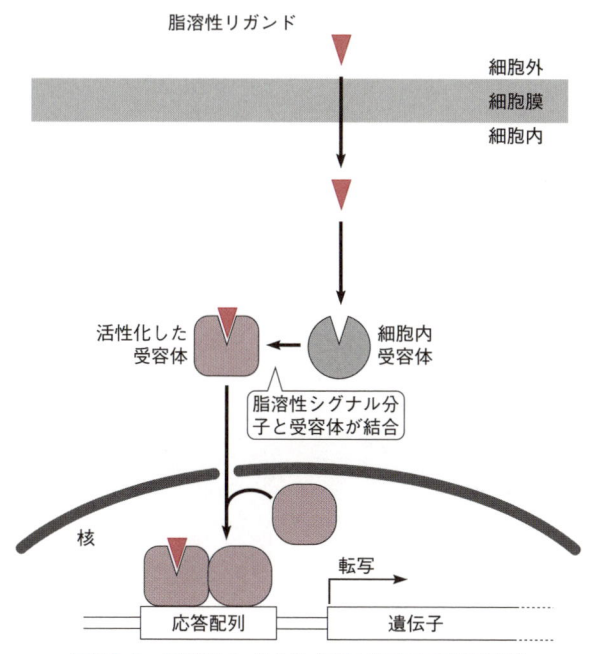

図18.2　脂溶性シグナル分子の遺伝子発現制御

二つめは，親水性のシグナル分子である．これらは細胞膜を通過できないため，細胞膜を貫通した受容体に結合して情報を伝える．細胞表面にある受容体は，**イオンチャネル共役型受容体**(ion-channel-coupled receptor)，**Gタンパク質共役型受容体**(G-protein-coupled receptor)，**酵素共役型受容体**(enzyme-coupled receptor)の三種類に分類される（図18.3）．

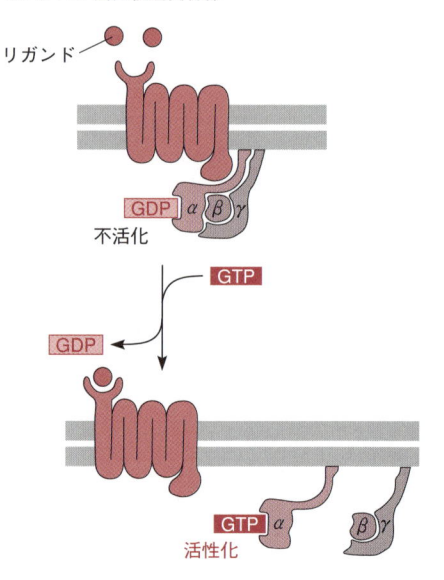

イオンチャネル共役型受容体は，すべての細胞に存在し，特定のイオンの細胞内外への通過を制御するもっとも単純な膜貫通型受容体である．神経伝達物質として有名なアセチルコリン，GABA（γ-アミノ酪酸），グルタミン酸などが特異的な受容体に結合するとイオンチャネルが一過性に開く．すると，濃度勾配に従ってイオンが移動し，細胞膜をはさんで電位が変化する．真核生物では，Na^+，K^+，Ca^{2+}，Cl^-のイオンチャネルが一般的である．

Gタンパク質共役型受容は，膜を7回貫通するαヘリックス領域をもち，リガンドと結合するN末端は細胞膜の外側に，Gタンパク質が結合するC末端は細胞質側に位置している．この受容体に結合するリガンドの種類は膨

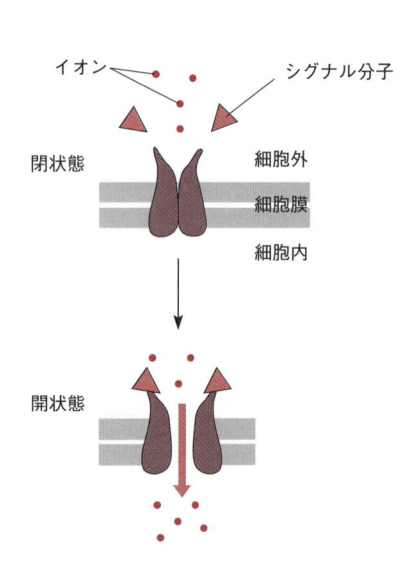

イオンチャネル
脂質二重層を貫通したタンパク質複合体．特定のイオンを電気化学的勾配に従って通過させる．

(a) イオンチャネル共役型受容体

(b) Gタンパク質共役型受容体

(c) 酵素共役型受容体

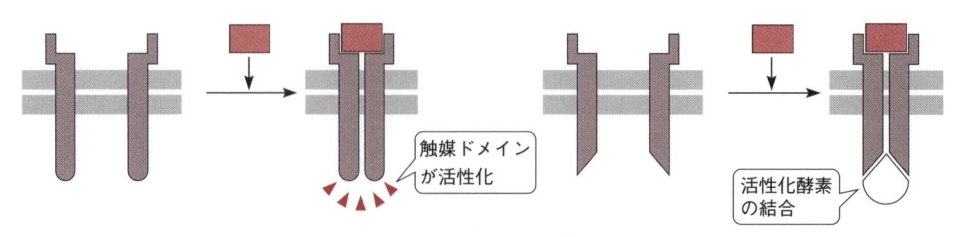

図18.3 細胞表面にある受容体

大で，タンパク質，アミノ酸，脂質などさまざまである*2．これらの経路ではGタンパク質の活性化によってシグナル伝達を引き起こす．

α，β，γの三つのサブユニットからなる三量体の**Gタンパク質**（G protein）は，不活性化状態では細胞膜の内側に連結されていて，αサブユニットにGDPが結合している．リガンドが受容体に結合するとαサブユニットの構造が変化し，GDPが解離する．それにともなってαサブユニットはGTPと結合して活性化状態になり，受容体およびβγ複合体から解離する．αサブユニットの活性化状態は，GTPがαサブユニットに内在するGTPアーゼにより加水分解されて，GDPになるまで持続する．

酵素共役型受容体は，膜を1回のみ貫通する分子で，リガンドと結合するN末端は細胞膜の外側に，触媒ドメイン，あるいは別の活性化酵素と結合するC末端は細胞質側にある．リガンドがこの受容体に結合して活性化すると，触媒ドメインの特定のチロシン残基がリン酸化される．この受容体の特徴は，きわめて低いリガンド濃度（10^{-9}〜10^{-11} M）で活性を示すことである．この受容体に結合するリガンドとして，増殖・成長に関連した神経成長因子（NGF），インスリン様増殖因子（IGF），血小板由来増殖因子（PDGF）などが知られている．

*2 目の光受容体や鼻のにおい物質受容体もGタンパク質共役型受容体である．

Gタンパク質
グアニンヌクレオチド結合タンパク質．狭義には三量体のGタンパク質を意味するが，広義には三量体GTP結合タンパク質と低分子GTP結合タンパク質を総称する．

18.3　Gタンパク質共役型受容体の細胞内シグナル伝達経路

これまでは，細胞表面に局在する受容体とそれに結合するシグナル分子の種類の違いについて述べてきた．シグナル分子が結合すると受容体は活性化され，細胞内にシグナルが伝達されるが，その経路はさまざまである．

Gタンパク質共役型受容体の場合は，活性化されたGタンパク質の種類*3によって，働きかける標的酵素が決まっている．**アデニル酸シクラーゼ**（adenylate cyclase）と**ホスホリパーゼC**（phospholipase C）は代表的な標的酵素である．これらの酵素はそれぞれ**サイクリックAMP**（cyclic AMP, cAMP），**イノシトール1,4,5-トリスリン酸**（inositol 1,4,5-trisphosphate, IP$_3$），あるいは**ジアシルグリセロール**（diacylglycerol, DAG）といった低分子量細胞内シグナル分子の濃度を上げて下流に情報を伝達する．このような細胞内シグナル分子は**セカンドメッセンジャー**（second messenger）とよばれ，他にもCa^{2+}やホスファチジルイノシトールがある．

18.3.1　アデニル酸シクラーゼを介する経路

G$_s$タンパク質共役型のアドレナリンβ，グルカゴン，ヒスタミン受容体にリガンドが結合し，G$_s$タンパク質のαサブユニットを活性化する．次に，そのαサブユニットがアデニル酸シクラーゼを活性化し，その結果，ATPからのcAMP合成が促進される．逆に，G$_i$タンパク質共役型のアドレナリン

*3 三量体のGタンパク質はαサブユニットの構造によって四つのクラスに分けられる．G$_s$のαサブユニットはアデニル酸シクラーゼ活性を促進し，コレラ毒素に感受性をもつ．一方，G$_i$のαサブユニットはその活性を抑制し，百日咳酵素に感受性をもつ．G$_q$のαサブユニットはホスホリパーゼCを活性化する．

サイクリックAMP（cAMP）
環状アデノシン一リン酸．細胞表面に存在する受容体にリガンドが結合することで，細胞内のATPから合成される．cAMPはセカンドメッセンジャーとして働き，プロテインキナーゼAを活性化させる．

**イノシトール
1,4,5-トリスリン酸(IP$_3$)**

細胞表面に存在する受容体にリガンドが結合して、ホスファチジルイノシトール 4,5-ビスリン酸が切断されて生成する。セカンドメッセンジャーとして働き、小胞体から Ca^2 を放出させる。

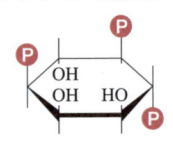

ジアシルグリセロール(DAG)

細胞表面に存在する受容体にリガンドが結合して、ホスファチジルイノシトール 4,5-ビスリン酸が切断されて生成する。細胞膜に局在してセカンドメッセンジャーとして働き、プロテインキナーゼ C を活性化する。

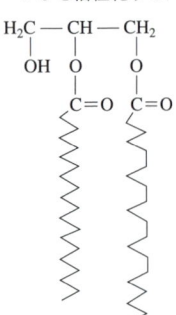

$α_2$ やアセチルコリン受容体にリガンドが結合すると、G_i タンパク質の $α$ サブユニットが活性化されて、アデニル酸シクラーゼを抑制する。セカンドメッセンジャーである cAMP は、おもにプロテインキナーゼ A (cAMP-dependent protein kinase, PKA) を活性化して、さまざまな効果を引き起こす。その一つが遺伝子発現制御である。活性化された PKA は転写因子をリン酸化して活性化し、その転写因子の標的遺伝子の発現を誘導する (図 18.4)。

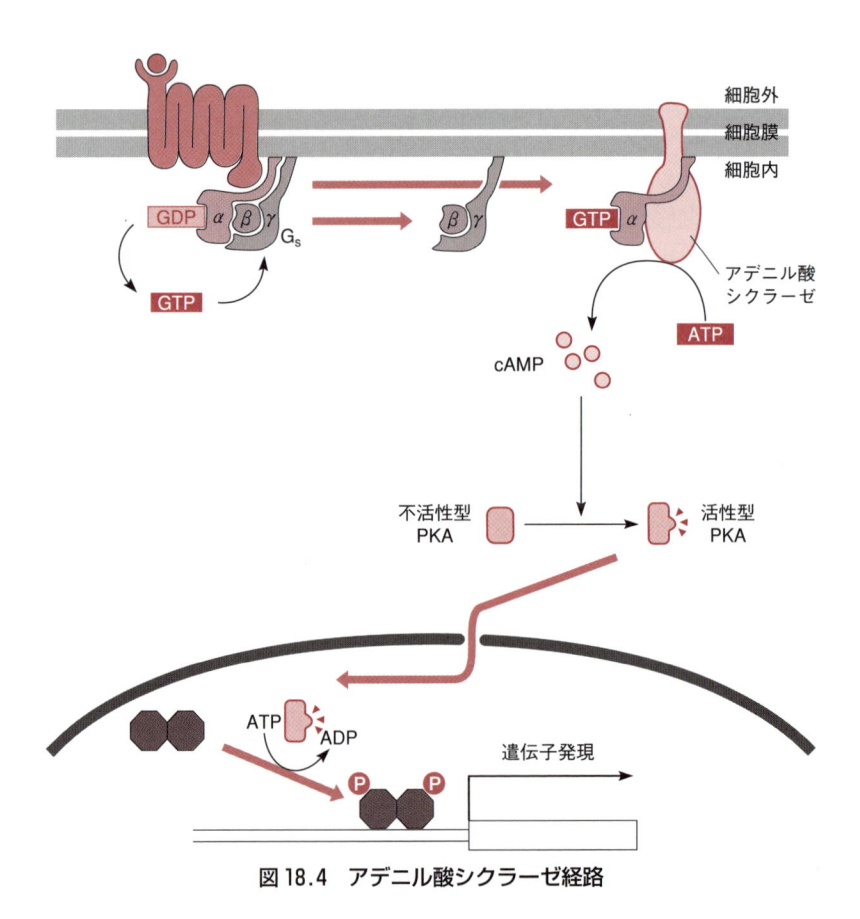

図 18.4 アデニル酸シクラーゼ経路

例として、肝細胞ではグルカゴンやアドレナリン刺激によって PKA が活性化され、グリコーゲンがグルコースに分解されて、血液中にグルコースが放出される。これは、PKA がグリコーゲン合成酵素をリン酸化してグリコーゲン合成を阻害するためと、グリコーゲン分解酵素系の酵素をリン酸化して活性化するためである (第 17 章を参照)。

18.3.2 ホスホリパーゼ C を介する経路

アセチルコリンやバソプレシンなどのリガンドは、G_q タンパク質連結型受容体に結合し、細胞膜に結合しているホスホリパーゼ C (PLC) を活性化す

る（図18.5）．活性化されたホスホリパーゼCは，細胞膜に存在する**ホスファチジルイノシトール4,5-ビスリン酸**（phosphatidylinositol 4,5-bisphosphate）をイノシトール1,4,5-トリスリン酸（IP_3）とジアシルグリセロール（DAG）に分解する．IP_3とDAGはセカンドメッセンジャーとして，IP_3は細胞質に拡散し，DAGは膜に組み込まれたままシグナル伝達に作用する．IP_3は，小胞体にあるCa^{2+}放出チャネルに結合してチャネルを開口させ，貯蔵されていたCa^{2+}を細胞質に放出する．細胞質のCa^{2+}濃度が急激に上昇すると，**カルモジュリン**（calmodulin）にCa^{2+}が結合して構造が劇的に変化し，カルモジュリン依存性タンパク質キナーゼ（CaMキナーゼ）と複合体を形成してこれを活性化させる．CaMキナーゼは，特定のタンパク質をリン酸化することによって遺伝子発現を調節している．また，カルモジュリンはミオシン軽鎖キナーゼも活性化し，平滑筋や非筋細胞の収縮を促す．Ca^{2+}濃度の上昇は，同時に**プロテインキナーゼC**（protein kinase C, PKC）を細胞膜に移動させ，DAGと協働して活性化する．こうして活性化したPKCは，

カルモジュリン
Ca^{2+}結合部位をもち，Ca^{2+}と結合すると構造変化を起こすタンパク質．Ca^{2+}-カルモジュリン複合体はさまざまな標的タンパク質に結合することで，それを活性化したり失活させたりする．

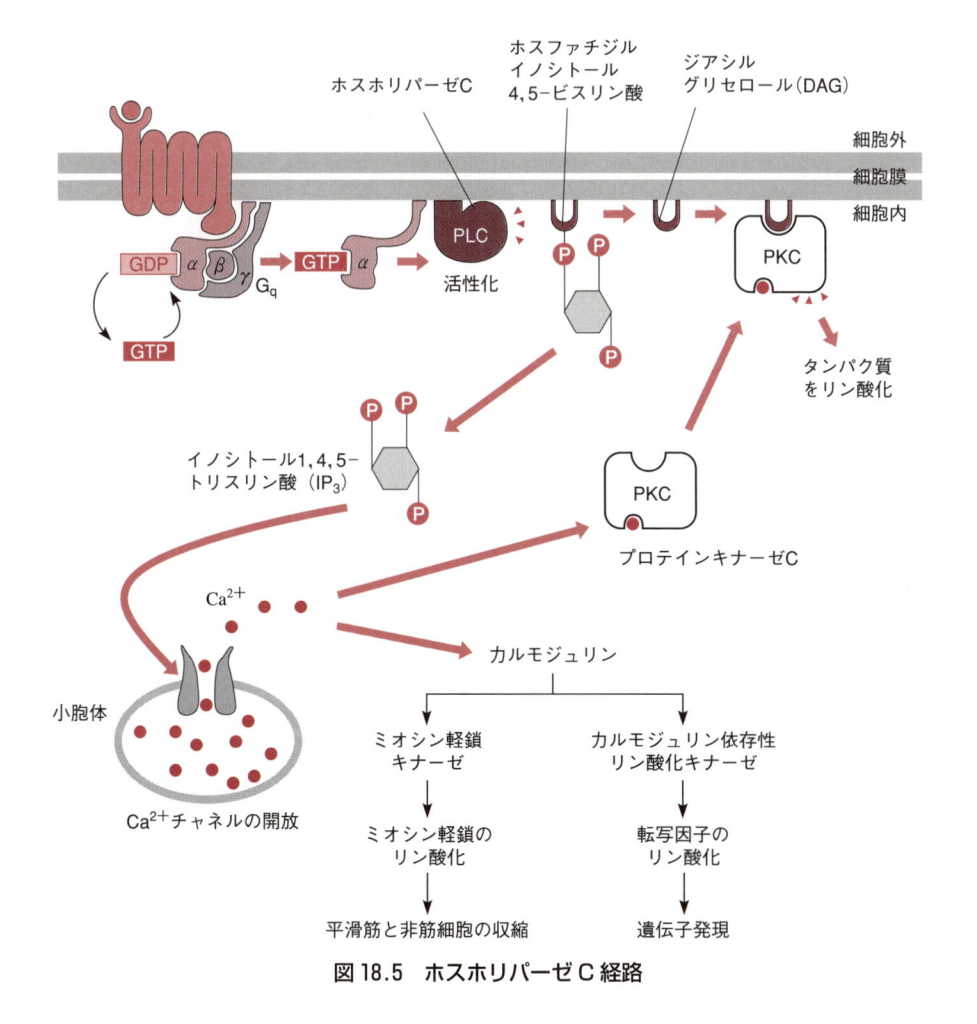

図18.5　ホスホリパーゼC経路

PKAと同様にさまざまなタンパク質をリン酸化する．たとえば肝細胞ではグリコーゲン合成酵素の阻害を行い，また，転写因子をリン酸化することで遺伝子発現の制御に関与する．

三種類のセカンドメッセンジャーを例にあげて，特定のシグナル経路を説明してきた．しかし，一つのシグナルに対して活性化される経路は一つではない．下流では数種類のシグナル伝達の経路が活性化され，互いにさまざまなクロストークを行っている．細胞内の伝達経路を明らかにしていく際は，いろいろなシグナル伝達経路を頭に入れておく必要がある．

18.4　酵素共役型受容体の細胞内シグナル伝達経路

受容体チロシンキナーゼ
酵素共役型受容体の一種．リガンドとして増殖因子などが結合すると二量体を形成し，細胞膜内ドメインのチロシンキナーゼが活性化して，タンパク質のチロシン残基をリン酸化する．

SHドメイン
Srcホモロジードメインの略称．チロシンキナーゼどうしで類似している領域．SH2ドメインはリン酸化チロシンを含むペプチドに結合する．

＊4　おもしろいことに，Rasと三量体Gタンパク質のαサブユニットは，作用機序やGTPaseドメイン構造がよく似ている．どちらも，しばらくするとGTPを加水分解してGDP結合型の不活性化状態に戻る．

一般的に酵素共役型受容体は，リガンドが結合すると細胞膜上で二量体を形成して構造が変化し，細胞質側に存在するチロシンキナーゼが活性化される．この活性化されたキナーゼが，お互いの受容体の特定の領域にあるチロシン残基をリン酸化してシグナルが伝達される．このような受容体を**受容体チロシンキナーゼ**（receptor tyrosin kinase）という．受容体チロシンキナーゼが活性化されると，SH2（src-homology 2）ドメインをもったアダプタータンパク質とよばれる特殊なタンパク質が結合してくる．これらのシグナル伝達複合体は，シグナルを下流に伝えるために別のシグナル伝達タンパク質に結合して活性化していく．

このシグナル伝達経路でもっとも有名な**Ras-MAPキナーゼ経路**（Ras-Map kinase pathway）について述べる．Rasタンパク質は低分子量GTP結合タンパク質の大きなファミリー（低分子量Gタンパク質）に属する，一つのサブユニットからなる単量体タンパク質である．不活性型にはGDPが結合しており，シグナルが導入されるとGDPがGTPに交換されて活性型となる[*4]．

増殖因子や成長因子が受容体チロシンキナーゼを活性化すると，活性化された受容体はアダプタータンパク質のGrb2に結合し，そこへRasへのシグナル伝達を担うSosが結合する．SosはRasを活性化し，その下流にあるMAPキナーゼキナーゼキナーゼ（MAPKKK）を始まりとしたキナーゼの活性化の連鎖反応が起こる．活性型MAPKKKはMAPキナーゼキナーゼ（MAPKK）をリン酸化して活性化させ，このMAPKKがMAPキナーゼ（MAPK）のセリンとトレオニン残基をリン酸化する．こうして活性化されたMAPKは，転写因子をリン酸化し，遺伝子発現の制御を行う（図18.6）．

この他に，受容体が直接，あるいは受容体に結合している細胞質キナーゼが転写因子に作用して遺伝子発現の制御を行う経路も存在する．例として，サイトカインや形質転換増殖因子（TGF-β）の受容体が知られている．サイトカイン受容体は，それ自身は酵素活性をもたないかわりに細胞質のチロシ

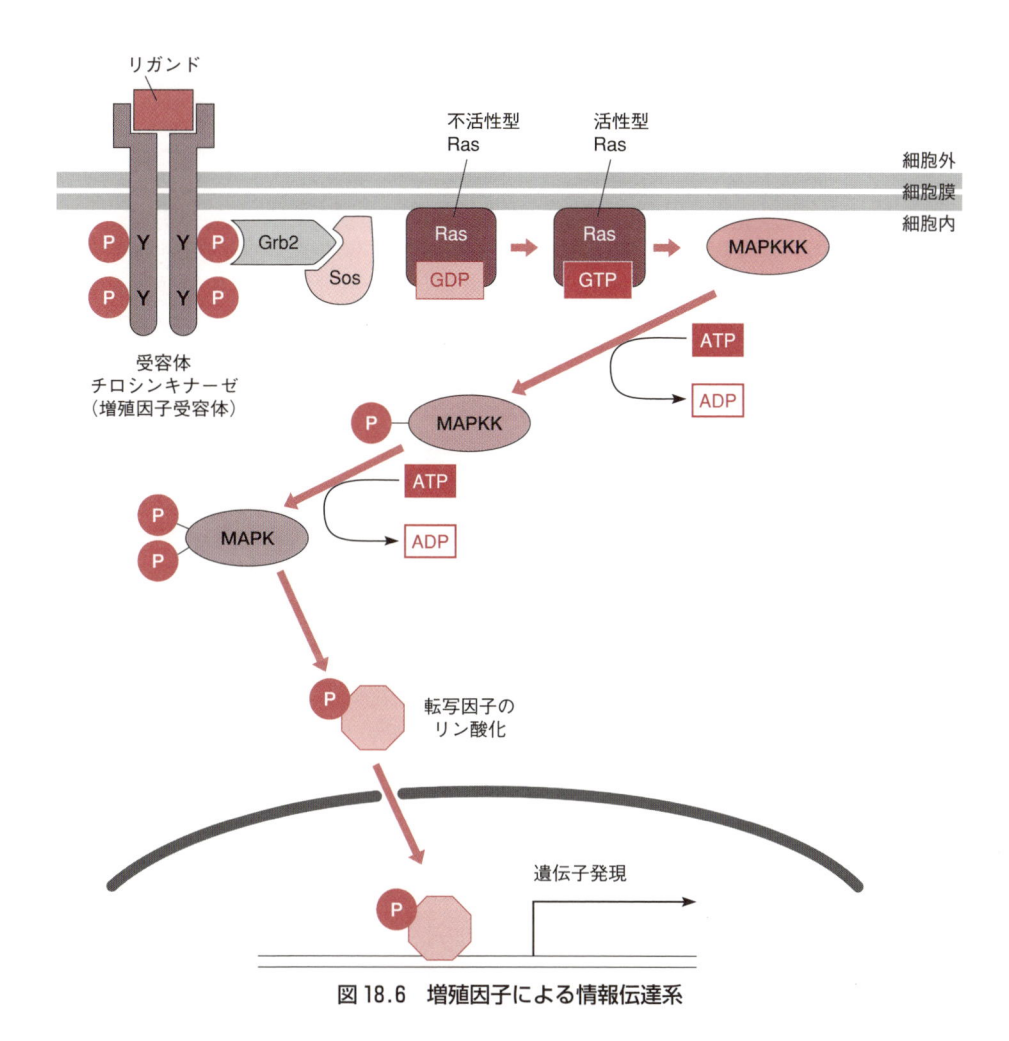

図 18.6　増殖因子による情報伝達系

ンキナーゼと結合しており，サイトカインが受容体に結合するとチロシンキナーゼがリン酸化される．活性化されたチロシンキナーゼは，転写因子をリン酸化し，活性化された転写因子は核へ移動して標的遺伝子の転写を促進する．一方，TGF-β受容体の場合は，リガンドであるTGF-βが受容体に結合すると，受容体は自身のセリン／トレオニンキナーゼドメインで自分自身をリン酸化して活性化し，転写因子をリン酸化する．

これらの遺伝子発現制御により，細胞増殖，分化誘導，がん化，免疫，炎症，細胞周期などに関係した細胞機能が制御される．ただし，多様な生命現象は，さまざまなシグナルが組み合わさった結果として現れるもので，単純ではない．シグナルを統合し，適切に応答するしくみを解明することが今後も必要である．

MAP キナーゼ
mitogen-activated protein kinase の略称．細胞増殖などのシグナル伝達で中心的役割を担うセリン／トレオニンキナーゼ．

Ras
がん遺伝子 *ras* の遺伝子産物．低分子量 GTP 結合タンパク質の一つ．

Sos
Ras の GDP を GTP に交換するのを促進し，Ras を活性化する因子．

●シグナル伝達と病気

　シグナル伝達の研究から，リガンド，それらが結合する受容体，その下流のキナーゼやホスファターゼ，そして転写因子などが一群の遺伝子の発現制御に結びつくことがわかってきた．生体内では，細胞どうし，あるいは組織の間で，複雑なシグナル伝達経路がはりめぐらされており，これらが正常に機能することで恒常性を維持していると考えられている．万一このシグナル伝達経路の一つの分子に異常をきたしても，その経路を相補するネットワークが働いて，ホメオスタシス（恒常性）を維持するしくみが存在する．しかし，その維持機構を凌駕する異常が起こるとバランスが崩れ，さまざまな病気につながる．

　細胞内シグナル伝達経路の異常により発症する病気は数多く存在するが，がんはその代表的なものといえる．がん細胞は制御を外れた増殖を特徴とする．たとえば，Gタンパク質であるRasは，遺伝子変異により活性型Rasとなると，細胞外シグナルが伝わらなくなっても絶えず細胞増殖を促すことになり，これをきっかけとしてがんが発症する．その他にも，細胞増殖を促進するリガンド，受容体，キナーゼ，転写因子などをコードする遺伝子の変異ががんの発症を促すことが知られている．そのような分子をコードする遺伝子をがん遺伝子とよぶ．

　また，代謝性疾患の例として糖尿病がよく知られている．糖尿病は，おもに膵臓から分泌されるインスリンの作用不足によって高血糖になる疾患である．正常な細胞では，インスリンの刺激により，グルコーストランスポーターが細胞内から膜へと移動して細胞内への糖の取り込みが促進されるが，多くの糖尿病患者ではこのシグナル伝達のどこかに障害がある．

　このように細胞内シグナル伝達経路の異常による疾患は少なくない．これらシグナル伝達経路の機構を解明することによって，疾患の治療や薬の開発が進展することを期待したい．

章末問題

18-1. 局所仲介物質を分泌するパラクリン型と，膜結合シグナル分子を介する接触型のシグナル伝達の相違点について述べよ．

18-2. Gタンパク質共役型受容体の構造，およびそれを介したシグナル伝達経路について説明せよ．

18-3. 細胞表面で受けたシグナルを細胞内に伝えるセカンドメッセンジャーの種類をあげて説明せよ．

18-4. 受容体チロシンキナーゼのシグナル経路をRas-MAPキナーゼ経路を例にして説明せよ．

18-5. ある疾患の患者には受容体チロシンキナーゼ遺伝子に変異があることがわかった．細胞外ドメインが一部欠損したものと，リン酸化を受けるチロシン残基がアラニン残基に置換したものの二種類の変異体が予測された．これらの遺伝子変異によるシグナル伝達への影響を考察せよ．

18-6. 酵素共役型受容体から遺伝子発現調節を行うタンパク質に直接的にシグナルを伝える経路を，例をあげて説明せよ．

18-7. 心臓にアセチルコリンが作用すると，K^+チャネルを介して心筋の収縮頻度が下がる．このシグナル経路を説明せよ．

第19章 ヌクレオチド代謝

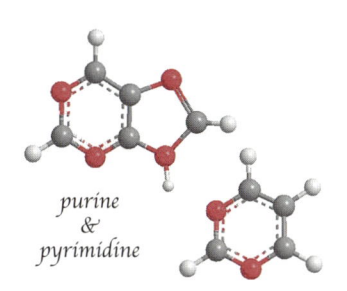

DNAやRNAのもととなるヌクレオチドの供給は細胞にとって必須であるため，細菌からヒトまで，ほとんどすべての生物がヌクレオチドを生合成できる．ヌクレオチドの合成には，新規に合成するデノボ経路(de novo pathway)と核酸の異化によって生じた塩基やヌクレオシドを再利用するサルベージ経路(salvage pathway)の二種類がある．

本章では，プリン，ピリミジンヌクレオチドの合成と再利用，またDNA合成に必要なデオキシリボヌクレオチドとチミジンヌクレオチド，およびこれらのヌクレオチドの分解について述べる．

19.1 デノボ経路によるヌクレオチドの合成

19.1.1 プリンヌクレオチドの生合成

アデニンやグアニンなどのプリン塩基を構成する原子は，グルタミン，アスパラギン酸，グリシン，10-ホルミルテトラヒドロ葉酸およびCO_2に由来する（図19.1）．

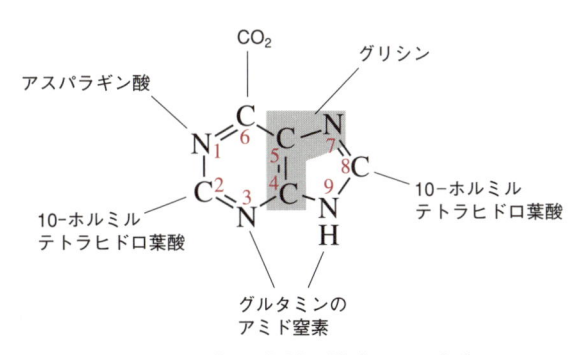

図19.1 プリン塩基の構成原子の由来

プリン合成の概要を図19.2に示す．プリン塩基はまずリボヌクレオチドとして合成される．ペントースリン酸経路から供給されるリボース5-リン酸が，リボースリン酸ピロホスホキナーゼによって**5-ホスホリボシル1α-ピロリン酸**(5-phosphorybosyl 1α-pyrophosphate, PRPP)に変換される．ついで，プリン合成に特有の最初の反応である，PRPPとグルタミンからの5-ホスホ-β-リボシルアミンの生成がグルタミン-PRPPアミドトランスフェ

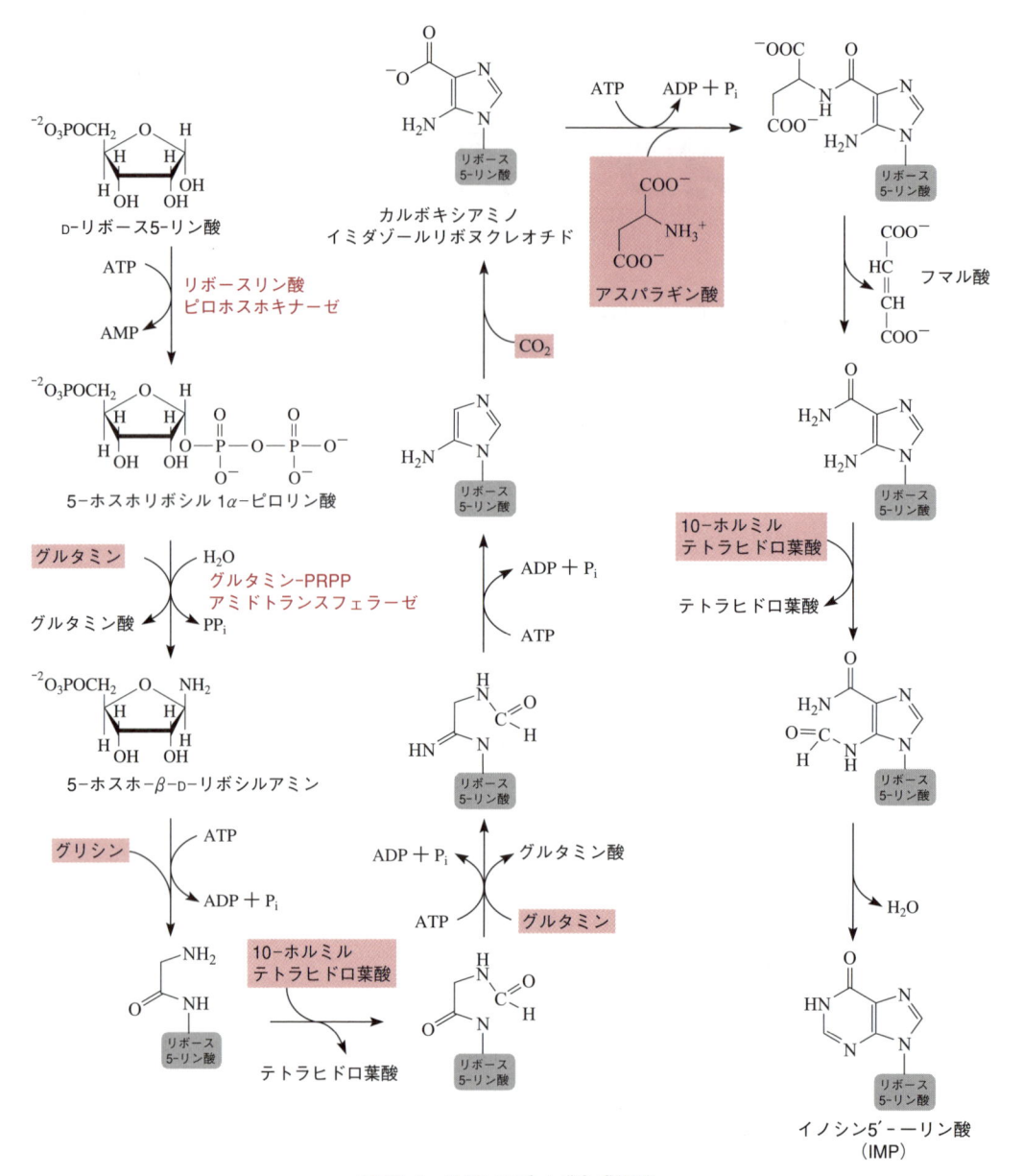

図 19.2　IMP のデノボ合成経路

ラーゼによって行われる．この反応で1位の立体配置がβ位に反転する．こうしてできたβ配置のグリコシド結合はすべてのプリンヌクレオチドの特徴として残る．次に，5-ホスホ-β-リボシルアミンにグリシンがアミド結合し，そのグリシンのアミノ基に10-ホルミルテトラヒドロ葉酸からホルミル基が付加される．さらに，グルタミンのアミド基を受け取った後，ATPの加水分解にともなって閉環が起こり，五員環が形成される．続いてCO_2が取り込まれ，カルボキシアミノイミダゾールリボヌクレオチドになる．これがアス

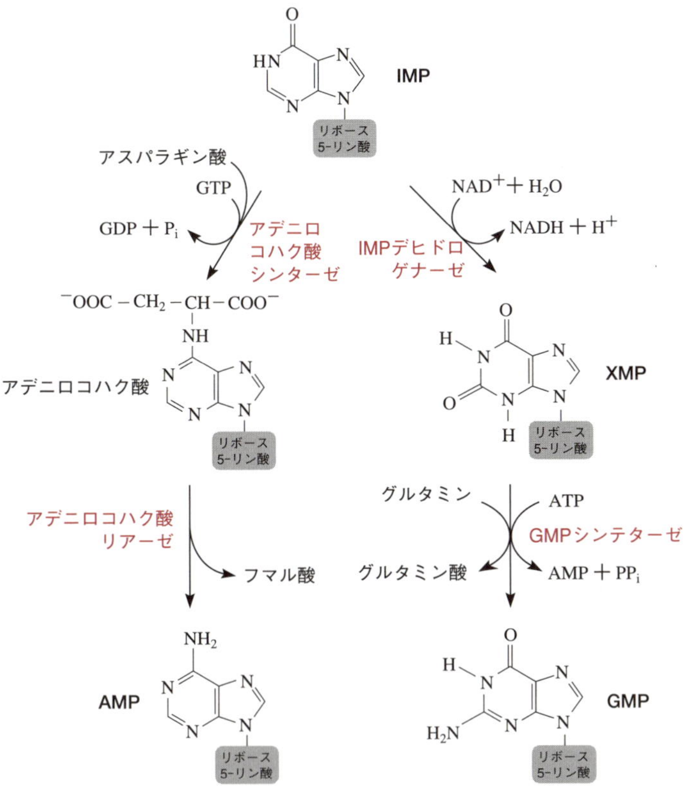

図 19.3　IMP から AMP・GMP への変換

パラギン酸のアミノ基とアミド結合を形成し，その後フマル酸を放出し，最後に 10-ホルミルテトラヒドロ葉酸からホルミル基を受け取って閉環する．こうしてプリン骨格をもったイノシン 5′-一リン酸（IMP）が生成する．

　IMP は，その後 AMP（アデノシン一リン酸）と GMP（グアノシン一リン酸）に変換される（図 19.3）．AMP の場合，GTP の加水分解にともなって 6 位のオキソ基でアスパラギン酸の付加とフマル酸の放出がおこり，結果としてアミノ基が導入されて AMP が生成する．一方，GMP の場合は，IMP の 2 位の炭素が酸化され，ついで ATP の加水分解にともなってグルタミンのアミド窒素が転移して GMP が生成する[*1]．

19.1.2　プリンヌクレオチドの生合成の調節

　プリンヌクレオチドの生合成は，まずリボース 5-リン酸を PRPP に変換するリボースリン酸ピロホスホキナーゼが ADP と GDP に阻害されることによって調節されている．しかし，PRPP はピリミジンヌクレオチドなどの生合成にも必要であり，この調節段階はプリンヌクレオチドとピリミジンヌクレオチドの生合成に共通である．プリンヌクレオチド生合成に特有の調節は，PRPP を 5-ホスホリボシルアミンに変換するグルタミン-PRPP アミド

[*1] 細胞分裂の盛んなリンパ球では IMP デヒドロゲナーゼ活性が高く，この酵素を阻害するミコフェノール（カビ由来）は免疫抑制剤として用いられている．

免疫抑制剤

過剰な免疫応答を抑制するために，自己免疫疾患や臓器移植における拒絶反応の抑制に用いられる薬剤．臓器移植に多用されているシクロスポリンやタクロリスムは免疫細胞（リンパ球）のサイトカインの産生を特異的に抑制する．自己免疫疾患にはリンパ球機能を抑制する副腎皮質ステロイド薬が用いられる．非特異的な免疫抑制薬として，DNA の生合成を抑制する薬剤や核酸合成を阻害して細胞増殖を抑制する薬剤などがある．

トランスフェラーゼがAMP, ADP, ATPおよびGMP, GDP, GTPによりフィードバック阻害されることによる．さらに，IMPからAMPおよびGMPが合成される過程においては，それぞれの反応がAMPあるいはGMPにより阻害されるとともに，AMPの合成にはGTPが，GMPの合成にはATPが相互に用いられて，AMPとGMPの合成のバランスが保たれている．

19.1.3 ピリミジンヌクレオチドの合成

チミンやシトシンなどのピリミジン塩基を構成する原子は，アスパラギン酸，グルタミンおよびHCO_3^-に由来する（図19.4）．

ピリミジンヌクレオチドのデノボ合成はプリンヌクレオチドの場合とは異なり，ピリミジン骨格が形成された後にリボース5-リン酸が付加される（図19.5）．まず，細胞質の**カルバモイルリン酸シンテターゼII**（carbamoyl phosphate synthetase II）によってグルタミンのアミド窒素と炭酸水素イオン（HCO_3^-）が結合して，カルバモイルリン酸が生成する[*2]．次にアスパラギン酸カルバモイルトランスフェラーゼによって細胞質のカルバモイルリン酸とアスパラギン酸が縮合して，カルバモイルアスパラギン酸になる．さらに，ジヒドロオロターゼによってこれが閉環された後，酸化されてオロチン酸となる．最後にこのピリミジン骨格にPRPPからリボース5-リン酸が供給され，オロチジン5′-一リン酸（OMP）を経て，脱炭酸されることでウリジン5′-一リン酸（UMP）が生成される．

シチジン5′-三リン酸（CTP）は，UMPから合成される（図19.6）．UMPは，ウリジル酸・シチジル酸キナーゼによってUDPに，ついでヌクレオシド二リン酸キナーゼによってUTPへとリン酸化された後，CTPシンテターゼによってアミノ化されてCTPとなる．

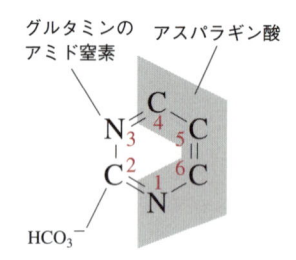

図19.4 ピリミジン塩基の構成原子の由来

[*2] アンモニアを基質としてカルバモイルリン酸を生成して尿素合成に関与する，肝臓ミトコンドリアのカルバモイルリン酸シンテターゼIと混同しないように注意．

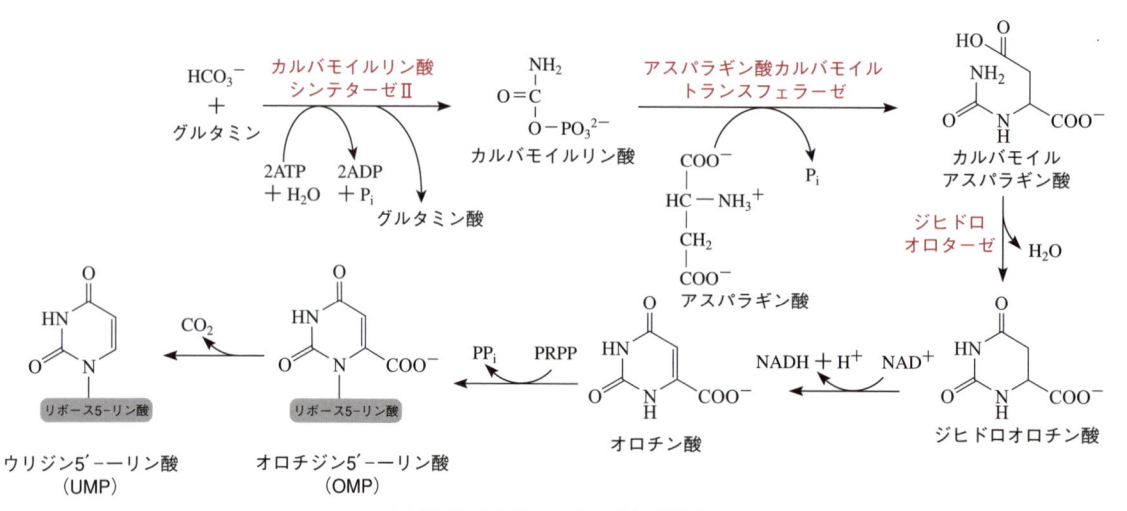

図19.5 UMPのデノボ合成経路

図19.6 UTPからのCTP合成

ピリミジンヌクレオチドの生合成は，真核生物ではカルバモイルリン酸シンテラーゼⅡの段階で調節されている．この段階はUDPとUTPによりフィードバック阻害され，ATPとPRPPによって活性化される．細菌の場合は，アスパラギン酸カルバモイルトランスフェラーゼが触媒する段階でCTPによって阻害されている．

19.2　デオキシリボヌクレオチドの合成

デオキシリボヌクレオチドは，リボヌクレオチドのリボース残基が2′-デオキシリボースへ還元されることによって生成する．この反応は，還元型の**リボヌクレオチドレダクターゼ**(ribonucleotide reductase)が，四種類のリボヌクレオシド二リン酸(ADP, GDP, CDP, UDP)を基質として，それぞれのデオキシリボヌクレシド二リン酸を生成する(図19.7)．この反応によって酵素自身は酸化され，酸化型に変化する．酸化型リボヌクレオチドレダクターゼは還元型チオレドキシンを補因子として再還元され，酸化されたチオ

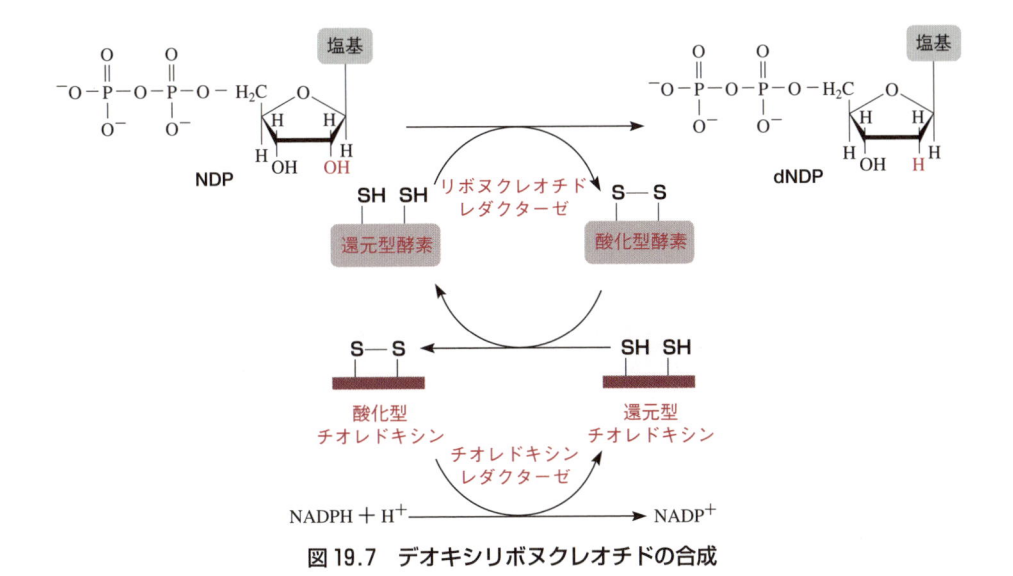

図19.7 デオキシリボヌクレオチドの合成

チオレドキシン
分子量約12000の電子供与タンパク質．隣り合う2個のシステイン残基をもつ．原核細胞と真核細胞に広く分布しており，細胞内レドックス経路の制御にかかわっている．細胞質および核型のチオレドキシン1とミトコンドリア型のチオレドキシン2の二つのファミリーに分類される．

レドキシンはチオレドキシンレダクターゼによってNADPHを用いて還元される．

リボヌクレオチドレダクターゼはオリゴマータンパク質で，活性制御部位と特異性制御部位の二つのアロステリック部位をもつ．活性制御部位にATPが結合すると活性型に，dATPが結合すると不活性型になる．また，特異性制御部位に結合するヌクレオチド種によって酵素の基質特異性が巧妙に変化して，DNA合成に必要な四つのデオキシヌクレオシド二リン酸がバランスよく合成されるよう調節している．

19.3 チミジンヌクレオチドの合成

チミジンヌクレオチドの合成は，**チミジル酸シンターゼ**(thymidylate synthase)がdUMPをdTMP(チミジル酸)に変換するところから始まる(図19.8)．この反応に必要なdUMPは，UDPから変換されたdUDPがヌクレオシド二リン酸キナーゼによってリン酸化されてdUTPになった後，dUTPアーゼによる加水分解を受けて生成される．

チミジル酸シンターゼは，5,10-メチレンテトラヒドロ葉酸のメチレン基

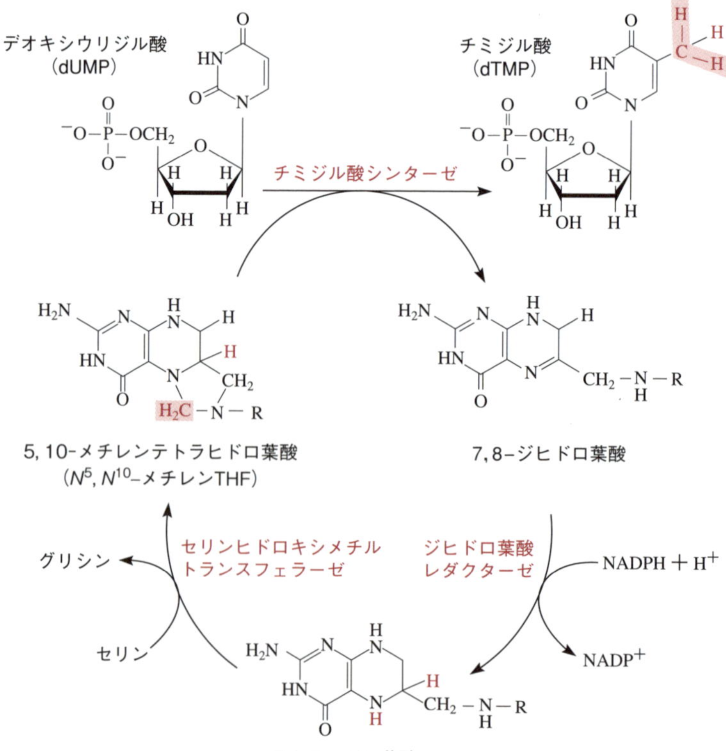

図19.8 チミジル酸の合成

を還元し，dUMP へのメチル基の転移を触媒する．この反応によって 5,10-メチレンテトラヒドロ葉酸は酸化されて 7,8-ジヒドロ葉酸に変化するが，この 7,8-ジヒドロ葉酸はジヒドロ葉酸レダクターゼにより NADPH を用いてテトラヒドロ葉酸に還元された後，セリンヒドロキシメチルトランスフェラーゼによって 5,10-メチレンテトラヒドロ葉酸へと再生される．

がん細胞が急激に増殖するためには DNA 合成が必要である．そのため DNA 合成に必須のヌクレオチドであるチミジル酸の合成阻害が，抗がん剤の標的の一つとされている（図 19.9）．抗がん剤 5-フルオロウラシル（5-FU）は細胞内で 5-フルオロデオキシウリジル酸（5-FdUMP）に変化し，チミジル酸シンターゼを不可逆的に阻害する．一方，抗白血病薬として用いられるメトトレキセートやアミノプテリンなどの抗葉酸剤は，ジヒドロ葉酸レダクターゼを競合的に阻害する．チミジル酸シンターゼで生成した 7,8-ジヒドロ葉酸をテトラヒドロ葉酸に還元できないようにして，チミジル酸の合成を阻害するのである．

抗がん剤
抗腫瘍薬ともいわれ，がんなどの腫瘍の増殖を阻害したり死滅させたりする薬．細胞 DNA を傷害するアルキル化薬，DNA を切断する抗生物質，DNA 合成のためのデオキシリボヌクレオチドの供給を阻害する代謝阻害薬，DNA 複製を阻害するトポイソメラーゼ阻害薬，細胞分裂を抑制する微小管阻害薬などがある．抗がん剤の標的は多様だが，「がん細胞に特異的」ではなく，「細胞増殖の盛んな細胞を標的」にしている．そのため生体において増殖の盛んな骨髄系の細胞や毛根細胞などの増殖も抑制する副作用が生じる．

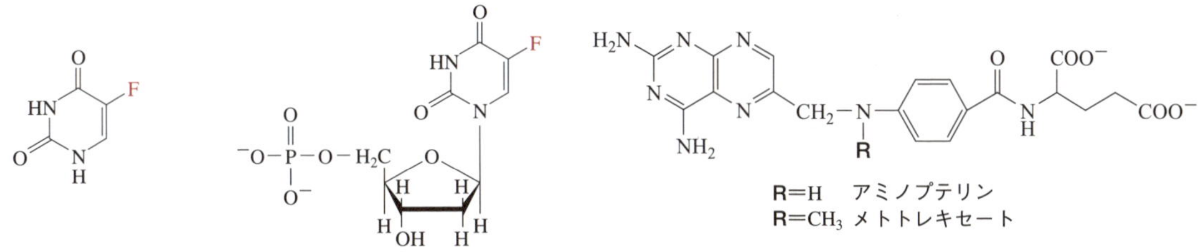

5-フルオロウラシル（5-FU）　　5-フルオロデオキシウリジル酸（FdUMP）

図 19.9　チミジル酸の合成阻害剤

19.4　サルベージ経路によるヌクレオチドの合成

核酸の分解によって生じた塩基やヌクレオシドが，ヌクレオチド合成に再利用される経路をサルベージ経路という．この反応に必要なエネルギーはデノボ合成に比べてはるかに少なく，経済的である．肝臓はプリンヌクレオチドのデノボ合成を行う主要な臓器であり，血液中にプリンを放出する．血液中のプリンは他の細胞に取り込まれ，サルベージ経路によって再利用される[*3]．

＊3　一方，食餌中の核酸は腸管内で分解されてほとんど利用されない．

プリン塩基を再利用するサルベージ経路では，アデニンホスホリボシルトランスフェラーゼ（APRT）とヒポキサンチングアニンホスホリボシルトランスフェラーゼ（HGPRT）の二つの酵素の働きによって，プリン塩基がすみやかにヌクレオシド一リン酸に変換される．APRT は，PRPP を用いてアデニンを AMP に，HGPRT は，PRPP を用いてヒポキサンチンとグアニンを

それぞれ IMP と GMP に変換する．

$$アデニン + PRPP \rightleftarrows AMP + PP_i$$
$$ヒポキサンチン + PRPP \rightleftarrows IMP + PP_i$$
$$グアニン + PRPP \rightleftarrows GMP + PP_i$$

また，アデノシンとデオキシアデノシンは，アデノシンキナーゼによってそれぞれ AMP と dAMP に変換されて再利用される．

一方，ピリミジン塩基はほとんど再利用されない．一部のピリミジンヌクレオシドはウリジンキナーゼ，チミジンキナーゼ，デオキシシチジンキナーゼなどによって，それぞれのヌクレオシド一リン酸に変換されて再利用される．

レシュ・ナイハン症候群(Lesch-Nyhan syndrome)は，プリンの過剰産生による高尿酸血症と精神遅滞，自傷行為などの特徴的な症候をともなう先天性代謝異常疾患である．プリンのサルベージ経路の酵素である HGPRT の欠損によりヒポキサンチンとグアニンの再利用が障害されるため，肝臓でのプリンヌクレオチドのデノボ合成が亢進し，IMP が過剰に産生される．この過剰の IMP と再利用できないヒポキサンチンとグアニンが尿酸へ分解されるため，血中の尿酸濃度が高くなる(高尿酸血症)．デノボ合成の活性が低い脳は，サルベージ経路の欠損により大きな影響を受けるが，この症候群に特徴的な精神神経症状と HGPRT 欠損との関連性は明らかではない．

19.5 ヌクレオシド三リン酸の合成

次に，プリンやピリミジンヌクレオチドから，核酸合成に必要なヌクレオシド三リン酸を合成する過程について述べる．この合成を担うのはそれぞれのヌクレオチドに特異的な**ヌクレオチドキナーゼ**(nucleotide kinase)である．

AMP はアデニル酸キナーゼ，GMP はグアニル酸キナーゼ，CMP，UMP，dCMP はウリジル酸・シチジル酸キナーゼ，dTMP，dUMP は dTMP キナーゼによってリン酸化され，それぞれのヌクレオシド二リン酸に変換される．

さらに，リボヌクレオシド二リン酸とデオキシリボヌクレオシド二リン酸はヌクレオシド二リン酸キナーゼによってリン酸化され，それぞれリボヌクレオシド三リン酸とデオキシリボヌクレオシド三リン酸になる．

$$(d)XMP + ATP \rightleftarrows (d)XDP + ADP$$
$$(d)XDP + ATP \rightleftarrows (d)XTP + ADP$$

19.6 ヌクレオチドの分解

19.6.1 核酸の分解

核酸はまず単量体へと分解される．**ヌクレアーゼ**（nuclease）は，DNA や RNA のホスホジエステル結合を加水分解する酵素である．DNA または RNA に特異的な場合，それぞれ**デオキシリボヌクレアーゼ**（deoxyribonuclease, **DNase**），**リボヌクレアーゼ**（ribonuclease, **RNase**）とよばれる．

ヌクレアーゼは，さらにその作用様式によって分類される．**エンドヌクレアーゼ**（endonuclease）はポリヌクレオチド鎖の内部のホスホジエステル結合を切断し，**エキソヌクレアーゼ**（exonuclease）はポリヌクレオチド鎖の 3′ あるいは 5′ 末端に特異的に作用する[*4]．

*4 遺伝子組換え実験に用いられる制限酵素は，2 本鎖 DNA の特定の塩基配列を認識して切断するエンドヌクレアーゼである（第 23 章を参照）．

19.6.2 プリンの異化

プリンの分解経路を図 19.10 に示す．プリンヌクレオチドの分解により遊

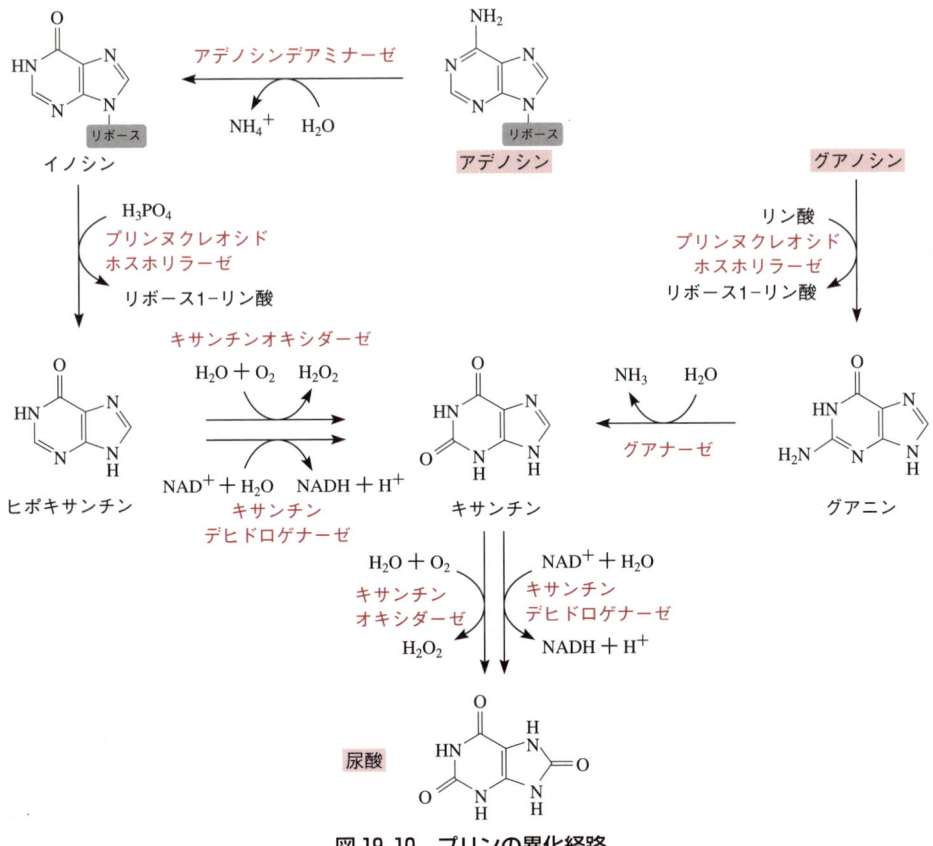

図 19.10 プリンの異化経路

離されたグアニンとヒポキサンチンの一部はサルベージ経路で再利用され，残りはさらに分解される．ヒトでは最終的には**尿酸**（uric acid）に変換される．

　プリンヌクレオシドのうちアデノシンは，アデノシンデアミナーゼによってイノシンに変換された後，ヒポキサンチンに加リン酸分解される．デオキシアデノシンも同じ経路をとおる．ヒポキサンチンはさらに，キサンチンオキシダーゼ，またはキサンチンデヒドロゲナーゼによってキサンチンに変換される．グアノシンはグアニンに加リン酸分解された後，グアナーゼによって，やはりキサンチンに変換される．キサンチンはさらにキサンチンオキシダーゼまたはキサンチンデヒドロゲナーゼによって尿酸に変換され，尿中に排泄される．

　ほ乳動物では，キサンチンオキシダーゼは肝臓と小腸粘膜に存在し，O_2 を最終電子受容体として利用して H_2O_2 を生成するが，H_2O_2 は有害なため，カタラーゼによってすみやかに H_2O と O_2 に分解される．一方キサンチンデヒドロゲナーゼは NAD^+ を水素受容体として，キサンチンオキシダーゼと同様の反応を触媒する．

　痛風（gout）は，尿酸の生成亢進や腎臓の排泄力低下によって体内に尿酸が蓄積して発症する．高尿酸血症により組織に尿酸が析出するようになると，痛風結節（急性関節炎）を起こしたり，腎臓や尿管に尿酸結石ができて腎障害などの症状を引き起こす．痛風の治療薬アロプリノールはヒポキサンチンの構造類似体で，キサンチンオキシダーゼによりアロキサンチンに変換された後，キサンチンオキシダーゼに強固に結合することによって，その酵素活性を阻害する．

　アデノシンデアミナーゼ欠損症（adenosine deaminase deficiency）は，複合型の強い免疫不全を発症する．アデノシンはアデノシンデアミナーゼによってイノシンに変換された後，ヒポキサンチンを経て尿酸にまで代謝されるが，アデノシンデアミナーゼが欠損するとアデノシンやデオキシアデノシンが分解されなくなる．そのため，デオキシアデノシンのリン酸化活性が強いリンパ球において dATP 濃度が上昇する．その結果，リボヌクレオチドレダクターゼが阻害されてデオキシヌクレオチドの生成が低下し，DNA 合成が抑制されるため，T リンパ球・B リンパ球の減少と機能不全によって免疫不全になると考えられている．

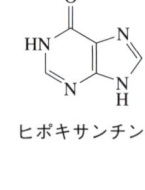

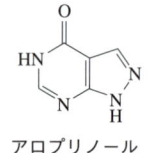

19.6.3　ピリミジンの異化

　シチジンはシチジンデアミナーゼによって，まずウリジンに変換される．ウリジンとチミジンは，それぞれウリジンホスホリラーゼにより加リン酸分解されてウラシルおよびチミンになる（図 19.11）．ウラシルとチミンは，肝臓でジヒドロウラシルデヒドロゲナーゼによって還元された後，それぞれ β-アラニンと 3-アミノイソ酪酸へと分解される．β-アラニンは，さらに脂

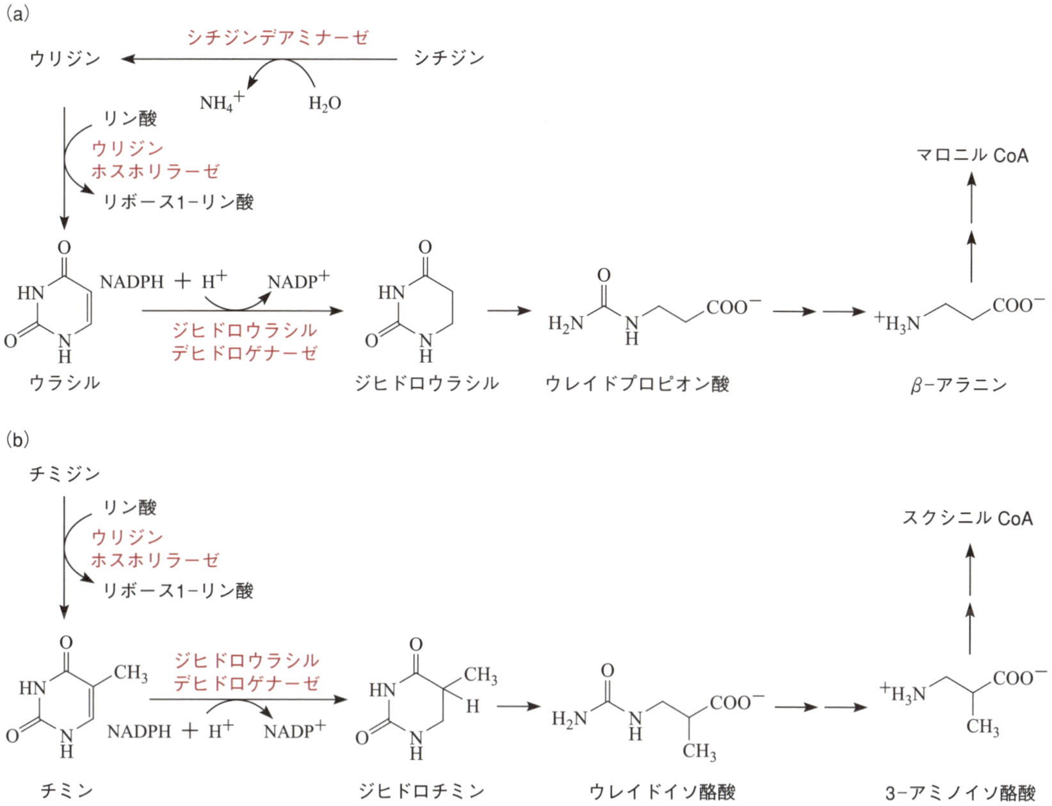

図 19.11 ピリミジンの異化経路
(a)シチジンの異化経路，(b)チミジンの異化経路．

ソリブジン薬害

　ソリブジンは日本で開発されて1993年に販売が開始された帯状疱疹（単純ヘルペスウイルス1）などに対する抗ウイルス性薬である．

　ソリブジンはチミジンの構造類似体で，ウイルスのチミジンキナーゼによってリン酸化されて活性型となる．これがウイルスのDNAに取り込まれるとウイルスのDNAポリメラーゼが阻害され，ウイルスの複製と増殖が妨げられる．ヒト体内ではブロモビニルウラシルに代謝されて不活性化され，排泄される．

　しかし1993年，フルオロウラシル系抗がん剤（5-FU）を服用していた患者がソリブジンを併用して死亡する例が多数報告された．5-FUとソリブジンを併用すると，ソリブジンの代謝物であるブロモビニルウラシルが5-FUの代謝律速酵素であるジヒドロウラシルデヒドロゲナーゼを不可逆的に阻害し，5-FUが分解されなくなる．そのため5-FUの血中濃度が異常に上昇し，5-FUの標的であるチミジル酸シンターゼの阻害が強くなりすぎた結果，強い副作用を引き起こしたものであった．このような薬剤の相互作用は治験段階から予見可能であり，この薬害は防ぐことができたかもしれない．

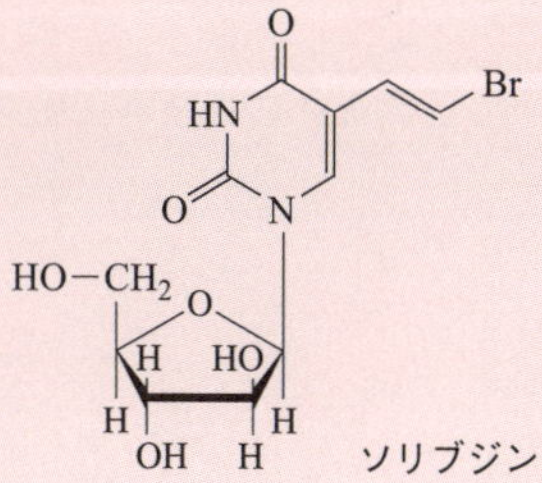

ソリブジン

肪酸合成の前駆体であるマロニル CoA に変換される．3-アミノイソ酪酸は，メチルマロニル CoA を経て，クエン酸回路の中間体であるスクシニル CoA に変換される．ピリミジンの異化代謝産物は水溶性が高いため，過剰産生による疾患はない．

章 末 問 題

19-1. デノボ合成によって生成されるプリンとピリミジン骨格を構成する原子はどのような化合物に由来するか，それぞれについて述べよ．

19-2. ヌクレオチドの合成におけるサルベージ経路の生理的意義について説明せよ．

19-3. チミジル酸シンテターゼによるチミジンヌクレオチドの合成段階はさまざまな抗がん剤のターゲットとなっている．おもな抗がん剤をあげ，その阻害点を説明せよ．

19-4. ヒトにおいてプリンヌクレオチドの異化最終産物は何か．また，その過剰産生によっておこる疾患について説明せよ．

19-5. アデニンデアミナーゼ欠損症の患者において，重度の免疫不全が発症する理由を説明せよ．

19-6. レシュ・ナイハン症候群について説明せよ．

19-7. 抗生物質であるアザセリン（O-ジアゾアセチル-L-セリン）はグルタミン類似体であり，プリン合成を阻害する．その理由を説明せよ．

19-8. 培養細胞の DNA 合成能を見るために，培地中に ^{3}H-チミジンを加えて細胞 DNA への取り込みを調べた．このとき，^{3}H-チミジル酸を用いると細胞 DNA への取り込みが見られなかった．その理由を考察せよ．

Part IV

遺伝子の複製と発現

第 20 章
DNA 複製と修復，組換え

第 21 章
転写と RNA プロセシング

第 22 章
タンパク質の合成と成熟

第 23 章
遺伝子機能の解析技術

第 24 章
遺伝子発現と
細胞増殖，分化，死

Basic Biochemistry

第20章

DNAの複製と修復，組換え

第6章でDNAとRNAの構造と機能について学んだが，これらの核酸は遺伝情報の保存，伝達，発現に重要な役割を果たしている．分子生物学のセントラルドグマに示されるように，DNA上の遺伝情報はRNAに転写され，さらにタンパク質に翻訳されて機能が発現する．

本章では，DNAがどのように細胞内で遺伝情報を正確に保存し，そしてそれをどのように子孫に伝えていくかについて述べる．

20.1　DNAポリメラーゼ

細胞の遺伝情報はDNAの塩基配列に保存されているが，細胞が分裂する際にはDNAは正確にコピーされて，親細胞から娘細胞へ伝達される．これをDNAの**複製**(replication)という．DNAの複製では，二重らせんDNAの各ポリヌクレオチド鎖が鋳型になり，それぞれに相補的な新規の鎖が合成される．娘細胞の2本鎖DNAは片方が親鎖，もう片方が新規に合成された相補鎖からなるので，この複製の様式を**半保存的複製**(semi-conservative replication)という．このような複製様式は，1958年，M. Meselson と F. Stahl による重窒素(^{15}N)と密度勾配遠心を用いた実験で証明された(図20.1)．

DNA合成は，**DNAポリメラーゼ**(DNA polymerase)によって触媒される．原核細胞や真核細胞がもつDNAポリメラーゼは，1本鎖DNAを**鋳型**(template)としてdATP，dGTP，dCTP，dTTPの四つのデオキシリボヌクレオシド三リン酸を用い，5′→3′方向にDNAを合成する．DNA合成に

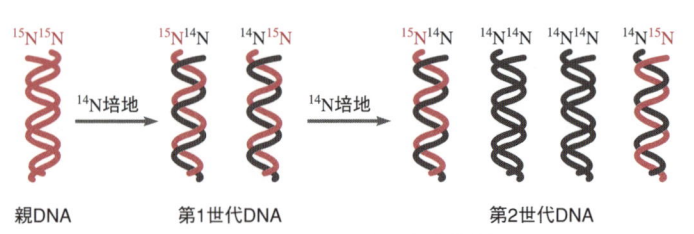

図20.1　DNAの半保存的複製

メセルソンとスタールは，^{15}Nで標識されたDNAをもつ大腸菌を^{14}Nの入った培地で数世代にわたって培養し，DNAを密度勾配遠心により分離した．第1世代のDNAは^{15}Nと^{14}Nのハイブリッドであったが，第2世代では半分のDNAが^{15}Nと^{14}Nのハイブリッド，残りの半分は^{14}N DNAであった．

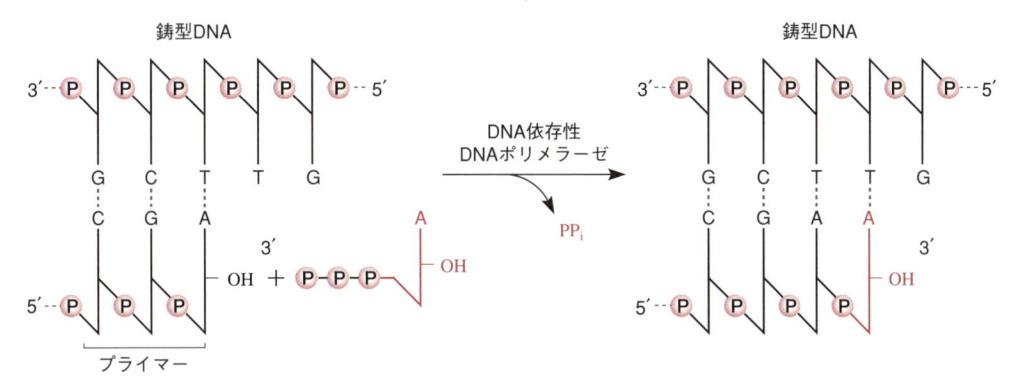

図 20.2　DNA ポリメラーゼによる DNA の合成反応
DNA ポリメラーゼはプライマーの 3′ 末端に鋳型 DNA に相補的なヌクレオチドを付加していく．

は，鋳型 DNA に相補的なポリヌクレオチド（**プライマー**；primer）が必要で，プライマーの 3′ 末端に，鋳型に相補的なヌクレオチドが付加されていく[*1]（図 20.2）．

一方，RNA 合成を触媒する **RNA ポリメラーゼ**（RNA polymerase）は，1 本鎖 DNA を鋳型として ATP，GTP，CTP，UTP の四つのリボヌクレオシド三リン酸を用いて，5′ → 3′ 方向に鋳型に相補的な RNA を合成するが，DNA ポリメラーゼとは異なり，プライマーを必要としない（第 21 章を参照）．

原核生物である大腸菌（*Escherichia coli*）は，三種類の DNA ポリメラーゼをもつ（表 20.1）．DNA ポリメラーゼ I は DNA 修復と DNA 複製に，DNA ポリメラーゼ II は DNA 修復に，DNA ポリメラーゼ III は DNA 複製に関与している．これらの DNA ポリメラーゼは，いずれも 5′ → 3′ 方向に DNA を合成するとともに，3′ → 5′ エキソヌクレアーゼ活性をもつ．さらに，DNA ポリメラーゼ I だけが 5′ → 3′ エキソヌクレアーゼ活性をもつ．

一方，真核生物の DNA ポリメラーゼは 13 種類以上発見されているが，これらの酵素もすべて 5′ → 3′ 方向に DNA を合成する．いまだ不明な点も多いが，DNA ポリメラーゼ α，δ，ε の三種類が核 DNA の複製に関与すると考えられている（表 20.2）．このうち DNA ポリメラーゼ δ と ε は 3′ → 5′ エキソヌクレアーゼ活性をもつが，DNA ポリメラーゼ α には 3′ → 5′ エキソヌクレアーゼ活性がない．一方，DNA ポリメラーゼ β は DNA 修復に，DNA ポリメラーゼ γ はミトコンドリアの DNA 複製に関与している．

[*1] この反応で遊離されたピロリン酸はさらに加水分解されるため，反応全体としては不可逆的である．

表 20.1　大腸菌の DNA ポリメラーゼ

DNA ポリメラーゼ	I	II	III
機能	複製・修復	修復	複製
細胞あたりの数	400		10〜20
DNA 合成方向	5′ → 3′	5′ → 3′	5′ → 3′
3′ → 5′ エキソヌクレアーゼ活性	+	+	+
5′ → 3′ エキソヌクレアーゼ活性	+	−	−

表 20.2　真核生物の DNA ポリメラーゼ

DNA ポリメラーゼ	α	β	γ	δ	ε
分布	核	核	ミトコンドリア	核	核
機能	複製・修復	修復	複製	複製	複製
PCNA の必要性	不要			必要	不要
DNA 合成方向	5′→3′	5′→3′	5′→3′	5′→3′	5′→3′
3′→5′ エキソヌクレアーゼ活性	−	−	＋	＋	＋

20.2　DNA 複製

　DNA 合成が進行している分岐部は**複製フォーク**(replication fork)とよばれ，一方の 3′→5′ 方向の鋳型鎖では 5′→3′ 方向に DNA 合成が連続的に進行する(図 20.3)．もう一方の 5′→3′ 方向の鋳型鎖では DNA ポリメラーゼが 3′→5′ 方向に DNA を合成できないため，5′→3′ 方向の DNA 合成が不連続的に進行する．この複製フォークで連続合成される鋳型鎖を**リーディング鎖**(leading strand)，不連続合成される鋳型鎖を**ラギング鎖**(lagging strand)とよぶ．

　DNA ポリメラーゼはプライマーがないと DNA 合成ができないため，まずプライマーとして RNA ポリメラーゼの一種である**プライマーゼ**(primase)によって 10 ヌクレオチド程度の短い RNA が合成される．DNA ポリメラーゼは，そのプライマー RNA の 3′ 末端にヌクレオチドを付加していくことで DNA 合成を進行させる．この結果，リーディング鎖では連続的に長い DNA 鎖が合成されるが，ラギング鎖では**岡崎フラグメント**(Okazaki fragment)とよばれるプライマー RNA が結合した比較的短い DNA 断片が合成される(図 20.3)．

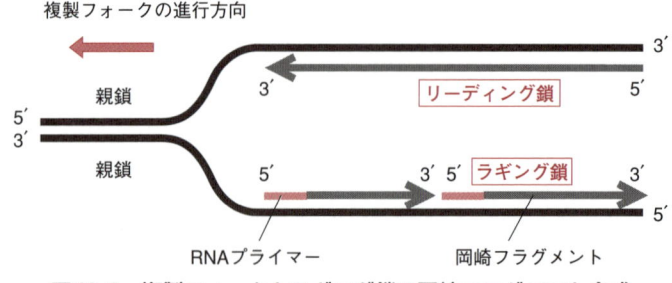

図 20.3　複製フォークとラギング鎖の岡崎フラグメント合成

20.2.1 原核細胞の DNA 複製

大腸菌のゲノムは $4.6×10^6$ 塩基対からなる環状2本鎖 DNA である．その複製はある特定の領域，**複製起点**（replication origin）から始まり，両方向に毎秒1000ヌクレオチド程度の速さで進み，約30分で完了する（図20.4）．

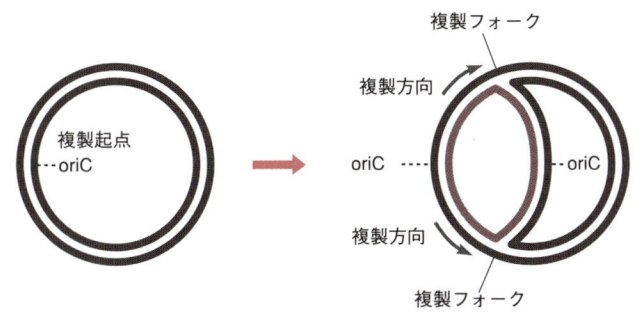

図20.4 大腸菌染色体の二方向複製

大腸菌の DNA 複製は，DnaA タンパク質が複製起点 oriC に結合し，この領域の DNA をほどくことから始まる．さらに，この領域にプライマーゼとヘリカーゼ（helicase；DnaB タンパク質）の複合体であるプライモソームが結合し，ヘリカーゼが ATP の加水分解をともなって2本鎖 DNA をほどいていく（図20.5）．1本鎖 DNA には**1本鎖 DNA 結合タンパク質**（single strand DNA-binding protein, **SSB**）が結合し，DNA がアニーリングするのを防いでいる．プライマーゼによって短い RNA（プライマー）が合成されると，そこへ複製酵素である DNA ポリメラーゼⅢが結合し，DNA を合成し始める．不連続的に合成されるラギング鎖では約1000ヌクレオチド長の岡崎フラグメントが合成される．このフラグメントの RNA 鎖は DNA ポリメラーゼⅠの 5′→3′ エキソヌクレアーゼ活性により除去されると同時に DNA ポリメラーゼⅠによって DNA に置き換えられる（図20.6）．岡崎フラグメントどうしの間にあるニックは，**DNA リガーゼ**（DNA ligase）によって共有結合的に連結されて，最終的に長い DNA 鎖となる．

DNA リガーゼ
DNA 断片の 3′ ヒドロキシ基と，もう一方の DNA 断片の 5′ リン酸基の間にホスホジエステル結合をつくり DNA 断片間に共有結合をつくる酵素．真核生物の場合，この過程は ATP 依存的で，AMP を放出してホスホジエステル結合が生成される．大腸菌では ATP の代わりに NAD^+ が用いられ，NMN が放出される．

図20.5 大腸菌の複製フォーク

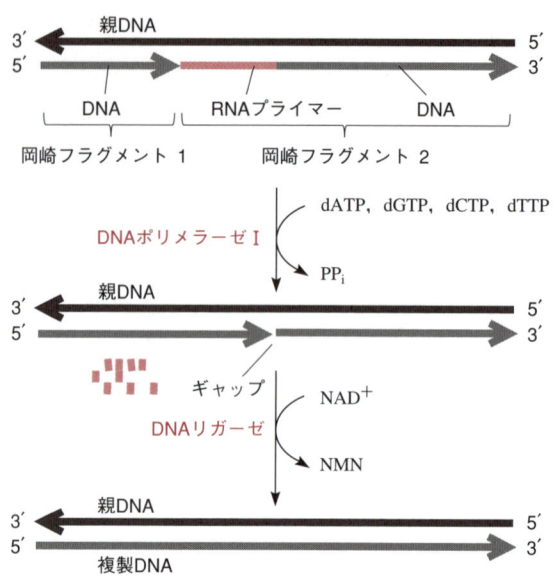

図 20.6　大腸菌における RNA プライマーの除去

II型トポイソメラーゼ
DNAの2本鎖を切断してその断片をつなぎ直す酵素．大腸菌のトポイソメラーゼIIはATPの加水分解のエネルギーを使って正の超らせんに負の超らせんを導入して緊張を緩める．真核生物のトポイソメラーゼIIは，ATP依存的に正の超らせんを弛緩するが，負の超らせんを導入しない．

DNAヘリカーゼによって2本鎖DNAが巻き戻されて複製フォークが進むにつれて，その前方では正のスーパーコイル（超らせん）が生じる．大腸菌ではII型トポイソメラーゼ（type II topoisomerase）である**DNAジャイレース**（DNA gyrase）がATP依存的にDNAの正の超らせんを弛緩させて負の超らせんを導入し，複製フォークをさらに進める．

実際には，リーディング鎖とラギング鎖の合成は同時に進行している．この合成を行う多タンパク質複合体を**レプリソーム**（replisome）とよぶ．レプリソームは2分子のDNAポリメラーゼIIIを含む多タンパク質複合体で，複

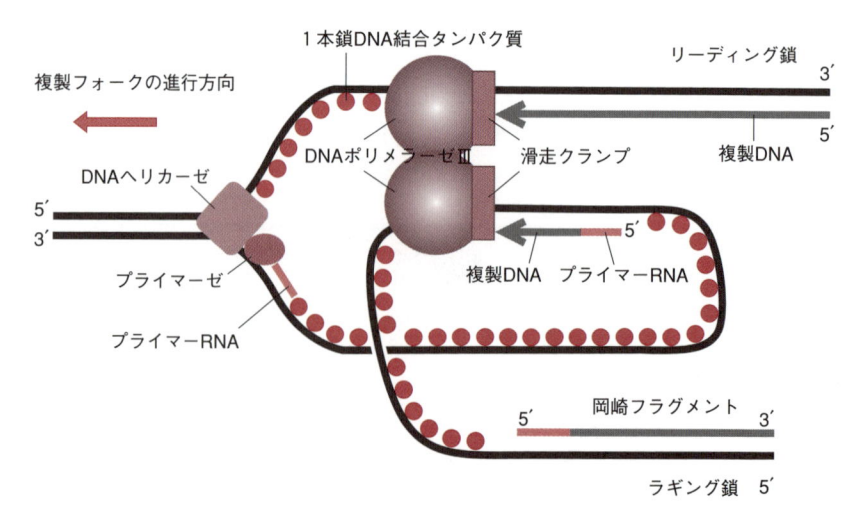

図 20.7　レプリソームによるDNA複製におけるリーディング鎖とラギング鎖の同時合成のモデル

製フォークのリーディング鎖とラギング鎖の合成を同時に行っている．レプリソーム内の2分子のDNAポリメラーゼⅢは結合して二量体を形成しているが，ラギング鎖の鋳型鎖がループを形成することによって，リーディング鎖との同時合成が可能になっていると考えられている（図20.7）．また，DNAポリメラーゼⅢには**滑走クランプ**（sliding clamp）とよばれるβサブユニットが結合しており，これによってDNAポリメラーゼⅢはDNA鎖から脱落することなく連続的に複製を続けることができる．

20.2.2 真核細胞のDNA複製

真核生物のゲノムは原核生物に比べて非常に大きいが，DNA合成の速度は20分の1程度で非常に遅い．たとえば，ヒトゲノムは$3.2×10^9$塩基対からなる線状DNAであるが，DNA合成速度は毎秒50ヌクレオチド程度である．しかし真核細胞のDNA複製は，細胞周期のDNA合成期（S期）の数時間で行われる．これは，真核細胞のゲノムには数百もの複製起点があり，多数の複製起点から多数の**複製単位**（レプリコン，replicon）が平行して秩序だって複製されるために可能となる（図20.8）．

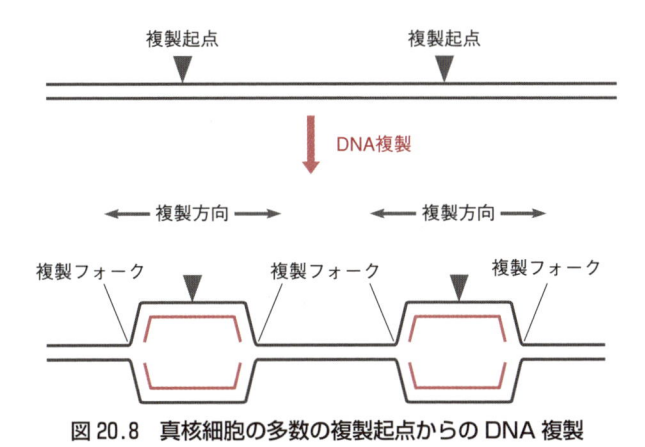

滑走クランプとPCNA
大腸菌のDNAポリメラーゼⅢコア酵素は十数残基のヌクレオチドを合成すると鋳型DNAから脱落してしまう．DNAポリメラーゼⅢのβサブユニットである滑走クランプは，DNAの周りを囲むリング形をした二量体タンパク質であり，DNAポリメラーゼⅢがDNAを連続的に合成できるよう補助する．真核細胞では，PCNAがDNAポリメラーゼδと複合体をつくり，大腸菌の滑走クランプと同様の働きをする．

図20.8　真核細胞の多数の複製起点からのDNA複製

真核細胞のDNA複製は，原核細胞に比べて複雑ではあるが基本的な機構は同じである．DNAポリメラーゼαはプライマーゼと強固に結合しており，そのプライマーゼ/DNAポリメラーゼα複合体が約10ヌクレオチドのRNAプライマーと約15ヌクレオチドの短いDNAを合成する（図20.9）．このプライマーにDNAポリメラーゼδは**PCNA**（増殖細胞核抗原，proliferating cell nuclear antigen）が結合すると，DNAを連続的に合成する．このように，DNAポリメラーゼδとPCNAの複合体は連続的なDNA合成を行うことができるが，DNAポリメラーゼεもPCNAを必要とせずにDNAを連続的に合成することができる[*2]．

[*2]　DNAポリメラーゼεがリーディング鎖の合成に，DNAポリメラーゼδがラギング鎖の合成に関与しているとの報告もある．しかし，DNAポリメラーゼεとDNAポリメラーゼδはともにリーディング鎖およびラギング鎖の両方の合成に関与している可能性もあり，これらのポリメラーゼの選択性は，複製の時期，DNA配列，クロモソームの構成，クロマチンの状態などの要因によって決まるのかもしれない．

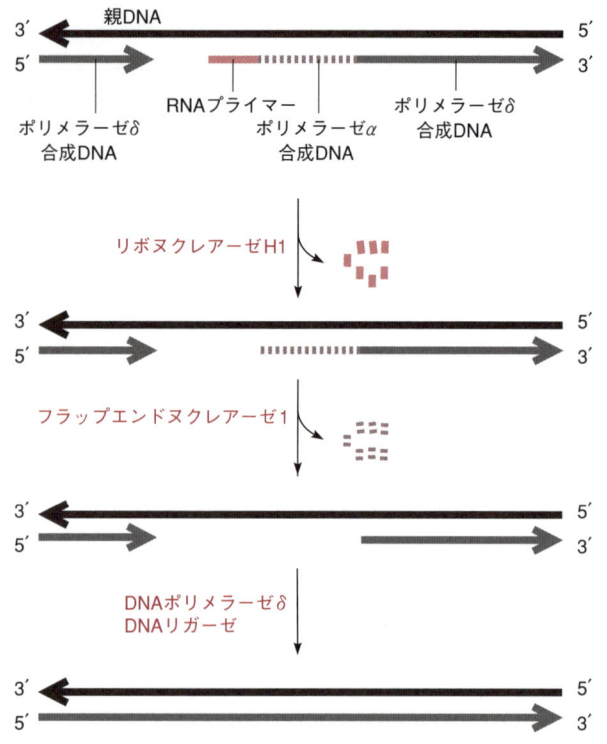

図20.9 真核細胞の岡崎フラグメントの合成と長いDNAへの変換

真核細胞において，不連続的に合成されるラギング鎖では約100ヌクレオチド長の岡崎フラグメントが合成されるが，岡崎フラグメントのRNA鎖とそれに続くDNAポリメラーゼαによって合成された約15ヌクレオチドのDNAはリボヌクレアーゼH1（RNase H1）とフラップエンドヌクレアーゼ1によって除去される（図20.9）．岡崎フラグメント間のギャップはDNAポリメラーゼδによって埋められ，DNAリガーゼによって連結されて長いDNA鎖になる．

20.2.3 DNA複製の正確度とDNAポリメラーゼの校正機能

大腸菌のDNAポリメラーゼIやDNAポリメラーゼIII，また真核細胞のDNAポリメラーゼδやεは，DNA合成能とともに$3' \rightarrow 5'$のエキソヌクレアーゼ活性ももつ．そのため，DNAに誤ったヌクレオチドが挿入されたとき，鋳型と相補的塩基対を形成していないヌクレオチドを除去し，**校正**（proofreading）することができる．真核細胞のDNAポリメラーゼαは$3' \rightarrow 5'$エキソヌクレアーゼ活性をもたないためDNA合成の正確度は低いが，プライマーRNAとDNAポリメラーゼαが合成した約15ヌクレオチドのDNAは除去されるため，DNA合成全体の正確度は保証される．また，複製時に誤ったヌクレオチドが挿入された場合でも，DNAのミスマッチ修復

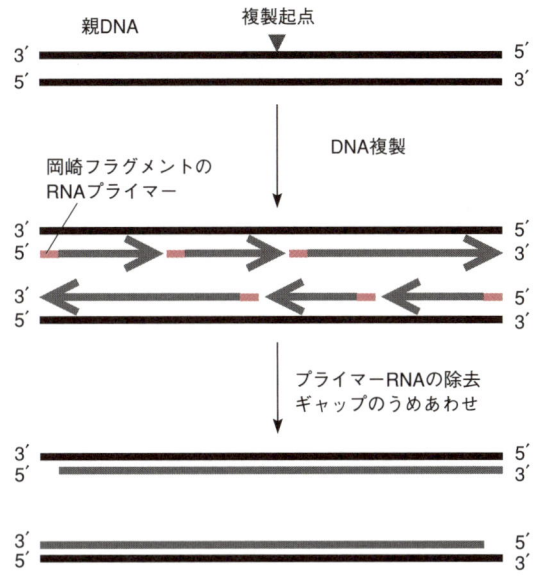

図20.10 線状染色体の複製によるDNAの5′末端の短縮

(後述) が行われるため，DNA複製の正確度は非常に高く，3.2×10^9 塩基対のヒトゲノムでさえほぼ間違いなく正確に複製される．

20.2.4 テロメラーゼ

真核細胞のゲノムは線状の2本鎖DNAであり，ゲノムの複製においてDNAポリメラーゼは娘鎖の5′末端にあるRNAプライマーをDNAに置き換えることができない．このため，複製のたびにDNA鎖が短くなってしまうという問題が生じる[*3]（図20.10）．

真核細胞の染色体の両端は**テロメア**（telomere）とよばれている．テロメアでは生物種に固有の短い配列（ヒトの場合：TTAGGG）が数百回も反復し，そのDNA鎖の3′末端は5′末端より10数塩基はみ出している．多細胞生物の体細胞を培養すると，最大50回も細胞分裂すると死滅する．これは細胞分裂ごとに染色体両端の5′末端のテロメアDNAが短くなるためであり，テロメアの長さは，細胞の老化や寿命を決める要因の一つと考えられている．

一方，がん細胞や不死化した細胞は無限に増殖するが，これらの細胞には，短くなったテロメアDNAを伸長するテロメラーゼ活性が認められる．**テロメラーゼ**（telomerase）は一種の逆転写酵素であり，テロメアDNAに相補的な配列のRNAをもつ．テロメラーゼはこのRNAを鋳型としてテロメアDNAを合成しながら，3′側へ移動していく（図20.11）．テロメラーゼによってテロメアDNAが3′側に十分伸長された後，この3′末端側のDNAに相補的なDNA鎖がDNAポリメラーゼによって合成されて，長いテロメアDNAが再生される．

[*3] 一方，大腸菌などの細菌のゲノムは環状2本鎖DNAであるため，このような問題は生じない．

テロメア
線状染色体の末端領域．テロメアDNAは短い繰り返し配列をもち，一方のDNA鎖（3′末端）はGが多く，その相補鎖（5′末端）はCが多い．その3′末端は1本鎖になっている．ここに特異的な因子が結合して，1本鎖DNAがテロメアの2本鎖DNAに入り込むDループとよばれる短い3本鎖を形成し，染色体の末端における非特異的な分解や末端間での融合を阻止して染色体を安定化している．

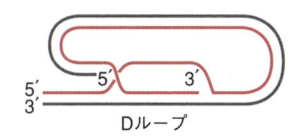

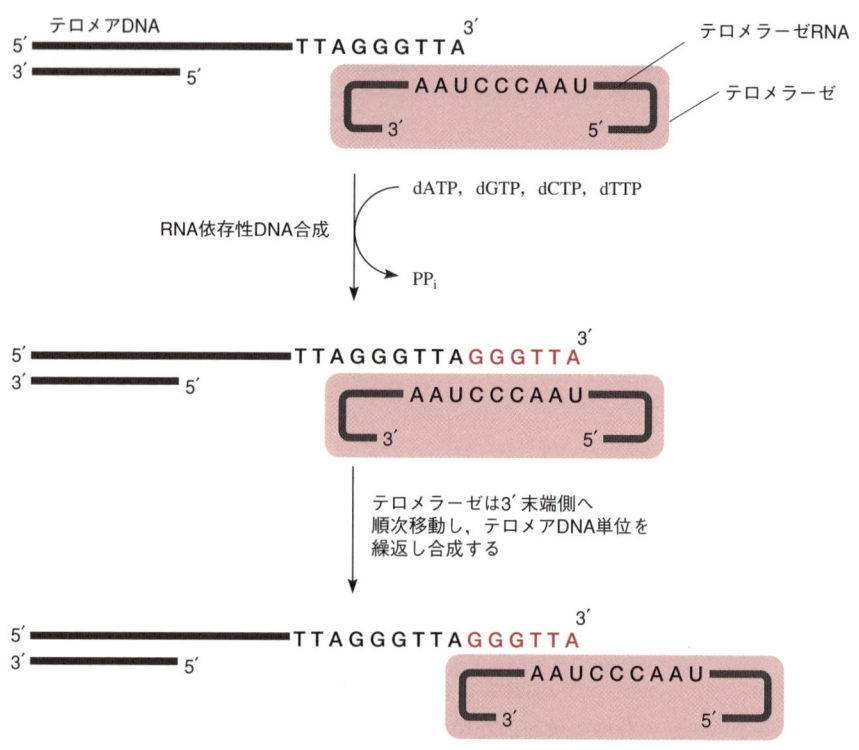

図 20.11　テロメラーゼによるテロメア DNA の伸長

*4　RNA をゲノムにもつウイルスは，RNA 依存性 RNA ポリメラーゼによって複製・増殖するウイルスと，逆転写酵素をもつレトロウイルスの二つに分類される．C 型および D 型肝炎ウイルスは 1 本鎖 RNA をもつ RNA ウイルスである．

*5　この逆転写酵素は他の DNA ポリメラーゼと同様にプライマーを必要とするが，この際はウイルス RNA と部分的に相補的な宿主の tRNA をプライマーとして利用する．

20.2.5　レトロウイルスの複製と逆転写酵素

　白血病を引き起こすヒト T 細胞白血病ウイルスやエイズの原因であるヒト免疫不全ウイルス(HIV)は**レトロウイルス**(retrovirus)[*4] という，RNA をゲノムとしてもつウイルスの一種である．宿主細胞に侵入したレトロウイルスは，ウイルス自身のもつ RNA 依存性 DNA ポリメラーゼである**逆転写酵素**(reverse transcriptase)[*5] を使って，ウイルスの 1 本鎖 RNA に相補的な DNA を合成する(図 20.12)．合成された DNA と鋳型 RNA とのハイブリッドの RNA 鎖は RNase H による分解を受け，DNA 鎖だけが残る．この DNA

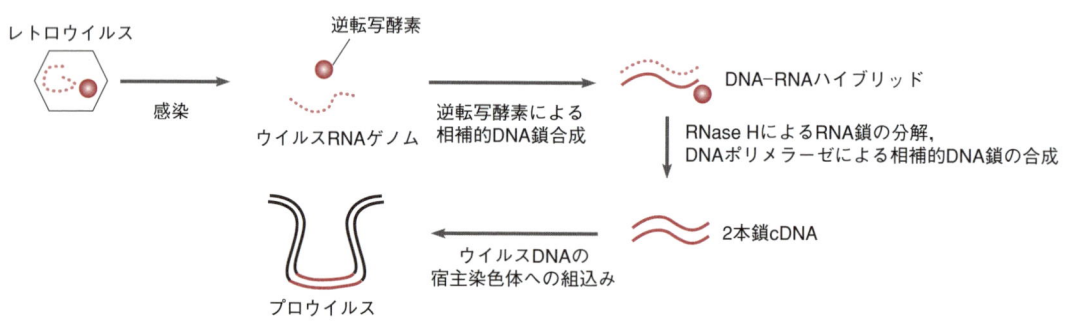

図 20.12　レトロウイルスの複製

鎖は2本鎖に合成され，ウイルスのインテグラーゼによって宿主染色体に組み込まれる．染色体に組み込まれたウイルス DNA はプロウイルスとよばれ，宿主染色体 DNA とともに複製される．プロウイルスが RNA に転写されると，ウイルス RNA ゲノムからウイルスタンパク質が合成されて，新たな感染性のウイルス粒子が産生される．

逆転写酵素にはエキソヌクレアーゼ活性がないため校正機能がなく，ウイルスゲノムは変異しやすい．そのためウイルスタンパク質も変異しやすく，ウイルスの抗原性は短期間に変化し，HIV などに対する有効なワクチンをつくることは現在でも難しい．一方，逆転写酵素は，遺伝子組換え実験においてmRNA を鋳型として**相補的 DNA**（complementary DNA, cDNA）を合成するのに用いられている．

20.3 DNA 修復

細胞はつねに内外からの物理的・化学的要因による DNA 損傷にさらされており，これらの損傷は **DNA 修復**（DNA repair）されなければならない．DNA 損傷が修復されないと，遺伝子の**突然変異**（mutation）が生じる．突然変異は，細胞のがん化や，致死的な場合には細胞死を引き起こす．DNA 損傷には，熱や酸によるプリン塩基の脱落や塩基の脱アミノ化，化学変異物質や抗がん剤による塩基のアルキル化修飾，ヌクレオチドの欠失や挿入，DNA 鎖の架橋，紫外線によるピリミジンダイマーの形成，放射線による DNA 鎖切断などさまざまな種類があるが，生物にはこれらの DNA 損傷を修復する機構が存在し，DNA を守っている．

20.3.1 ミスマッチ修復

DNA ポリメラーゼには校正機能があるが，完全ではない．複製の過程で生じたミスマッチはどうなるのだろうか．複製 DNA ポリメラーゼの校正機能をすり抜けて複製されてしまった DNA 中の塩基対のミスマッチは修復を受ける（図 20.13）．この**ミスマッチ修復**（mismatch repair）では，まずどちらの鎖が"正しい"親 DNA であるかを区別する必要がある．

大腸菌においては，親 DNA 中の GATC 配列のアデニンがメチル化されており，新生 DNA 鎖はメチル化されていない．これを指標として，どちらが間違った塩基をもつ DNA 鎖かを認識する．ついで，GATC エンドヌクレアーゼが GATC 配列で変異鎖を切断し，続いてエキソヌクレアーゼが変異部位のポリヌクレオチドを除去する．このギャップは，メチル化されている親 DNA を鋳型として埋められる．ヒトにおいてもミスマッチ修復は同様に起こるが，もっと複雑である．ミスマッチ修復の不全によりがんの発生率が高くなることから，この機構の重要性がわかるだろう．

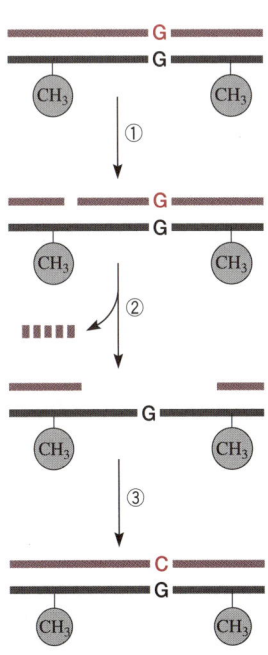

図 20.13 DNA のミスマッチ修復
① GATC エンドヌクレアーゼによる DNA 切断，②エキソヌクレアーゼによる変異部の除去，③ DNA ポリメラーゼと DNA リガーゼによる修復．

突然変異

物理的または化学的要因によってDNAが損傷を受け，塩基配列が変化すること．変異．ピリミジン塩基どうし(T⇌C)あるいはプリン塩基どうし(A⇌G)の置換をトランジッション，ピリミジンとプリン間の置換をトランスバージョンという．また塩基置換によってアミノ酸が置換されることをミスセンス変異，終止コドンに変化することをナンセンス変異とよぶ．塩基の欠失や挿入によって起こるフレームシフト変異もある．

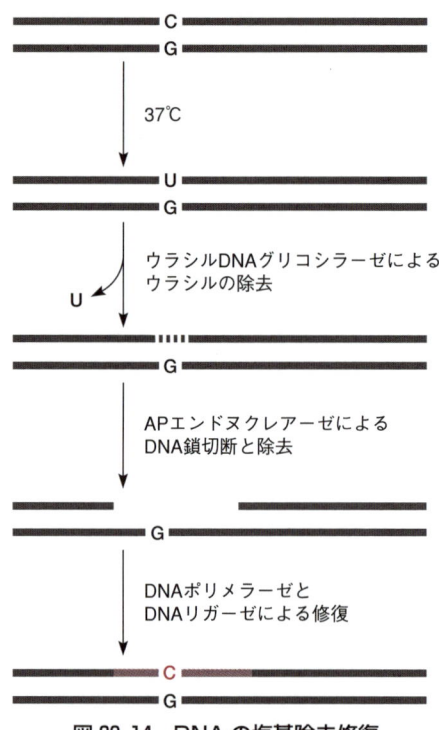

図20.14 DNAの塩基除去修復

*6

C → U → U → T
G   G   A   A

A → H → H → G
T   T   C   C

20.3.2 塩基除去修復

細胞DNA中のシトシン，アデニン，グアニンは，37℃（体温）で自然に，あるいは細胞の亜硝酸などの処理によって脱アミノ化され，それぞれウラシル，ヒポキサンチン，キサンチンに変化する．ウラシルはアデニンと，またヒポキサンチンはシトシンと塩基対を形成できることから，C—GからT—A，またA—TからG—Cへの変異を誘発することになる[*6]．しかし，通常のDNAに見られないこれらの塩基は，特異的DNAグリコシラーゼの作用ですみやかに加水分解されて除去される（図20.14）．ピリミジンやプリン塩基の欠失したDNA（アピリミジン酸やアプリン酸）は，アピリミジニック，あるいはアプリニックエンドヌクレアーゼ（**APエンドヌクレアーゼ**）によって切断されて周辺の数ヌクレオチドが切り出され，そのギャップはDNAポリメラーゼによって修復される．これは**塩基除去修復**（base excision-repair）とよばれ，アルキル化された塩基や塩基類似体もこの機構で修復される．

20.3.3 ヌクレオチド除去修復

DNAは紫外線によって損傷を受けやすく，皮膚細胞のDNAには容易に**ピリミジンダイマー**（pyrimidine dimer）が形成される（図20.15）．また，抗がん剤や化学変異物質による塩基の修飾，DNA鎖間の架橋，DNAとタン

パク質間の架橋など，さまざまな DNA 損傷は**ヌクレオチド除去修復**（nucleotide excision-repair）によって復元される（図 20.16）．ヌクレオチド除去修復は特定の残基を認識するのではなく，DNA の二重らせん構造の乱れに応答して開始される．この修復に特異的なエンドヌクレアーゼが，損傷部位の上流と下流で鎖を切断し，損傷部を含む約 30 ヌクレオチドが除去される．続いて，DNA ポリメラーゼがギャップを埋め，最後に DNA リガーゼがニックを連結する．

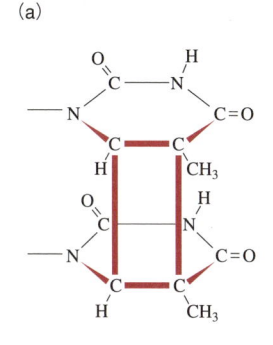

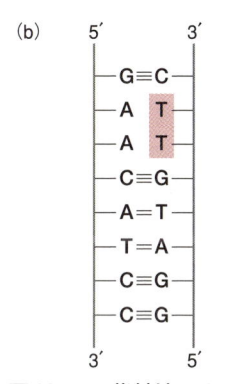

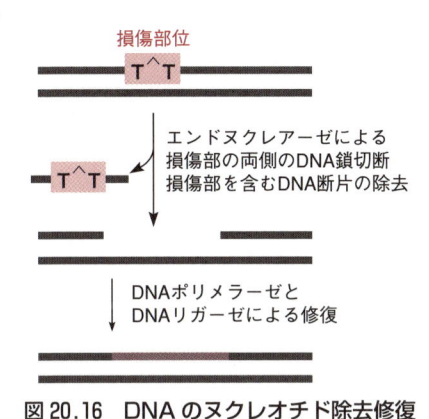

図 20.16 DNA のヌクレオチド除去修復

図 20.15 紫外線によるピリミジンダイマーの生成
(a) ピリミジン (チミン) ダイマーの構造．(b) DNA 二重らせん内のチミンダイマー．

紫外線によるピリミジンダイマーは，フォトリアーゼ（光回復酵素）が可視光線を吸収して，可逆的に修復する．しかし，フォトリアーゼは多くの原核細胞や真核細胞に存在するが，ヒトには存在しない．

色素性乾皮症（xeroderma pigmentosum）はヒトの常染色体劣性の遺伝性疾患で，ヌクレオチド除去修復に対する欠損をもつ．これまでに，ヌクレオチド除去修復の七つの過程における欠陥が明らかになっている．ヌクレオチド除去修復能の低下のため，紫外線によって発生したピリミジンダイマーを除去修復できず，極度の日光（紫外線）過敏と，高頻度の致死的な皮膚がんが見られる．

20.4　DNA の組換え

遺伝子組換えは細胞のなかで自然に起こるもので，遺伝子工学における人工的な組換えとは異なる．これには二つのタイプがあり，一つは**相同組換え**（homologous recombination）で，異なった染色体の相同性の高い DNA 配列をもつ部位間で起こる．もう一つは，**部位特異的組換え**（site-specific recombination）で，短い特異的な DNA 配列間で起こる．リンパ球の特異抗体の産生時に起こる染色体の組換えが後者の例である．

相同組換えは，生殖細胞で見られる**減数分裂**（meiosis）の過程において半

減数分裂
生殖細胞が一倍体の配偶子（動物では精子と卵子）をつくり出す細胞分裂のこと。生殖細胞は二倍体で、一対の同じ形の染色体（相同染色体）をもっている。減数分裂前に生殖細胞が通常の複製をして$4n$の状態になり、続いて連続した2回の細胞分裂（減数分裂）が起こって4個の一倍体（n）細胞が生じる。

数体（一倍体）である配偶子が形成される段階で行われる。染色体断片どうしが交換反応を受けるため、個体の遺伝的多様性が生じる。また、この組換えは、DNAの修復においても重要な役割を果たしている。2本鎖のDNAが両方とも損傷した場合、修復のための情報は相同組換えによって他の相同染色体DNAから得る必要がある。また、DNAに生じたギャップを埋めるときのDNA鋳型は相同組換えによって供給される。これらは**組換え修復**（recombination repair）、あるいは**複製修復**（replication repair）とよばれる。

ほかに、**トランスポゾン**（transposon）という転位性遺伝因子があり、遺伝子を異なる染色体間あるいは同一染色体の別の部位に移動（転位）させる。これは、原核生物、真核生物ともに存在し、転位が起こるDNA配列が似ている必要はなく、無関係な部位間で遺伝子を移動させる。この因子も生物の表現型の多様性や進化に影響を与えている。

章末問題

20-1. DNAポリメラーゼとRNAポリメラーゼによって触媒される反応の類似点と相違点を述べなさい。また、DNA複製においてプライマーゼが必要である理由を説明せよ。

20-2. 大腸菌における複製フォークのリーディング鎖とラギング鎖におけるDNA合成機構を概説せよ。

20-3. 真核生物と大腸菌におけるDNA複製の違いを説明せよ。

20-4. DNA複製の正確度はどのように担保されているのか説明せよ。

20-5. 環状2本鎖DNAの複製においては起こらないが、線状の2本鎖DNA複製において生じる問題点について説明せよ。

20-6. 紫外線によって生じるピリミジンダイマーとは何か。また、これはヒトではどのように修復されるのか説明せよ。

20-7. DNA複製の過程で生じたミスマッチは修復される。このときいずれの鎖が正しいのかを、細胞はどのようにして判断するのか説明せよ。

20-8. 減数分裂の過程で、相同組換えによって染色体断片が混ぜ合わされる。この現象の重要性について考察せよ。

第21章

転写とRNAプロセシング

遺伝情報はゲノムDNAのなかに刻まれていて，クロマチン（染色体）とよばれるタンパク質との複合体として包まれている．一個体を構成する細胞はすべて同じ遺伝情報をもつが，個々の細胞が読み取る遺伝情報はそのうちのほんのわずかである．いいかえると，ゲノムのどの部分を読みとるかによって細胞の運命が決められているといえる．この情報の読み取りを転写とよび，遺伝情報が発現するためのもっとも重要な過程である．本章では，転写とその調節，ならびに転写によって合成されるRNAのプロセシングの過程について解説する．

21.1 RNAポリメラーゼ

RNAポリメラーゼ（RNA polymerase）は，一方のDNA鎖（鋳型鎖）の塩基配列に相補的な塩基配列のRNAを合成する酵素であり，この反応を**転写**（transcription）とよぶ[*1]．RNAポリメラーゼはDNA鎖を鋳型として，リボヌクレオシド三リン酸（ATP, GTP, CTP, UTP）を材料に，$5' \rightarrow 3'$方向にリボヌクレオシドを付加する．DNAポリメラーゼと異なり，RNAポリメラーゼはプライマーなしでRNA合成を始められる．また，一つの遺伝子に次つぎとRNAポリメラーゼが結合して，一度に多数のRNAが合成される．

21.1.1 原核細胞のRNAポリメラーゼ

大腸菌では，一種類のRNAポリメラーゼがすべてのRNAを合成する．RNAポリメラーゼはタンパク質複合体で，二つのαサブユニットと，互いによく似たβとβ'サブユニットの四量体を基本構造とする（表21.1）．この四量体は**コア酵素**（core enzyme）とよばれ，RNA伸長反応を行う．しかし，

*1 鋳型とならないDNA鎖は，転写には直接関与しないが，遺伝暗号（genetic code）をもつmRNAと同じ配列をもつためにコード鎖（coding strand）とよばれる．

RNAポリメラーゼ
DNAを鋳型としてRNAを合成する酵素．DNAポリメラーゼと異なりプライマーを必要としない．これは，遺伝情報の保存が目的である複製と異なり，転写にそれほど正確性が要求されないためかもしれない．

表21.1 大腸菌RNAポリメラーゼのおもなサブユニット

サブユニット	分子量	酵素1分子あたりの数	機能
α	36,500	2	転写開始
β	151,000	1	転写開始と伸長
β'	155,000	1	DNA結合
σ	70,000	1	プロモーター認識

コア酵素だけではDNAへの結合力が弱い．**シグマ（σ）因子**（sigma factor）とよばれるサブユニットが結合することで**ホロ酵素**（holoenzyme）となり，転写すべきDNAの特定のプロモーター部位に結合できる．σ因子には数種類あり，どのσ因子を使うかによって，転写される遺伝子群が決められる．

21.1.2　真核生物のRNAポリメラーゼ

真核細胞には数種類のRNAポリメラーゼが存在する[*2]（表21.2）．RNAポリメラーゼⅠはリボソームの合成の場である核小体において，rRNAの合成を行う．RNAポリメラーゼⅡは，すべてのmRNA前駆体，ならびにRNAのプロセシングにかかわるsnRNA（核内低分子RNA）を合成する．RNAポリメラーゼⅢは，tRNA前駆体，ならびにその他の低分子RNAを合成する．これら三つの酵素は互いに類似しており，分子量が約500,000ときわめて大きい．たとえば，RNAポリメラーゼⅡは，少なくとも八種類のサブユニットが10個以上集まって構成されている[*3]．

[*2]　RNAポリメラーゼは，その活性を阻害するα-アマニチンに対する感受性によって分類されている．RNAポリメラーゼⅡはα-アマニチンに対する感受性がきわめて高く，そのためにα-アマニチンは動物にとって猛毒である．

[*3]　そのうちの三つは，大腸菌のサブユニット α，β，β′ と進化的に関連している．また，ミトコンドリアや葉緑体のRNAポリメラーゼは大腸菌のものと類似しており，いずれもα-アマニチンに耐性である．

表21.2　真核細胞のRNAポリメラーゼの種類と特徴

種　類	細胞内局在	おもな産物	α-アマニチン感受性
Ⅰ	核小体	28S，18S，および5.8S rRNA前駆体	耐性
Ⅱ	核	mRNA前駆体，snRNA	強い感受性
Ⅲ	核	tRNA前駆体，5S rRNA，低分子RNA	中等度の感受性
ミトコンドリア	ミトコンドリア	ミトコンドリアRNA	耐性
葉緑体	葉緑体	葉緑体RNA	耐性

21.2　原核細胞における転写

まず原核生物（大腸菌）の転写について述べる．ひと続きのRNAが転写されるDNA領域を**転写単位**（transcription unit）とよぶ．一つの転写単位における転写の過程は，図21.1に示した四つの段階に分けることができる．

（a）RNAポリメラーゼのプロモーター配列への結合

転写単位の5′側を上流配列とよび，そのなかにRNA合成開始を制御している**プロモーター部位**（promoter site）が存在する．大腸菌では，σ因子を含むRNAポリメラーゼがプロモーター部位へ結合できる．塩基配列は，転写開始点を +1 として下流（3′方向）をプラス，そして5′上流をマイナス（−1から始まる）と数える（図21.2）．通常，転写開始点はプリン塩基（AまたはG）である．典型的な原核生物のプロモーターは二つの基本的な共通配列を

プロモーター部位
転写開始反応にかかわるDNA配列のこと．その配列は転写の開始位置と方向を規定する．

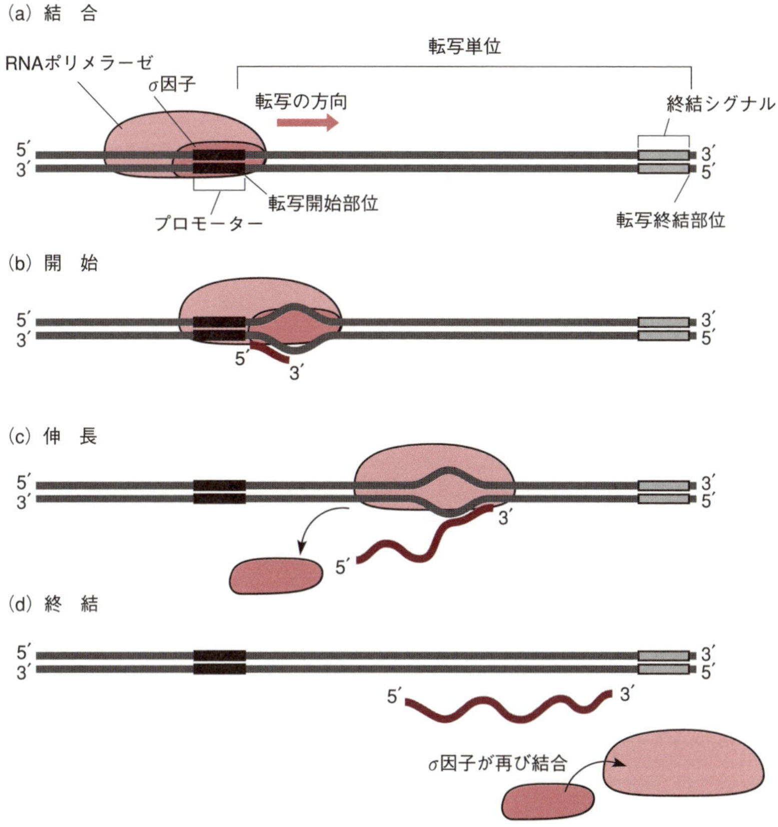
(a) 結　合
RNAポリメラーゼ
σ因子
転写単位
転写の方向
終結シグナル
5′
3′
3′
5′
転写開始部位
プロモーター
転写終結部位
(b) 開　始
5′
3′
3′
5′
5′
3′
(c) 伸　長
5′
3′
3′
5′
3′
5′
(d) 終　結
5′
3′
3′
5′
5′
3′
σ因子が再び結合

図 21.1　原核細胞の転写反応の四つの過程

もつ．一つは，転写開始点から 10 塩基上流に存在する **-10 配列**(コード鎖に TATAAT のコンセンサス配列をもつ)である．もう一つは，およそ 35 塩基上流に存在する **-35 配列**(コンセンサス配列は TTGACA)である．これらの配列は，遺伝子によって多少の違いはあるものの，原核生物の間でよく保存されている．

コンセンサス配列
同じ機能をもつ複数の分子に，共通に存在する配列.「コンセンサス配列が TATAAT である」とは，同様の配列を調べた場合に，1番目の位置は T，2番目の位置は A …になっている場合がもっとも多いということを表す．共通配列ともいう．

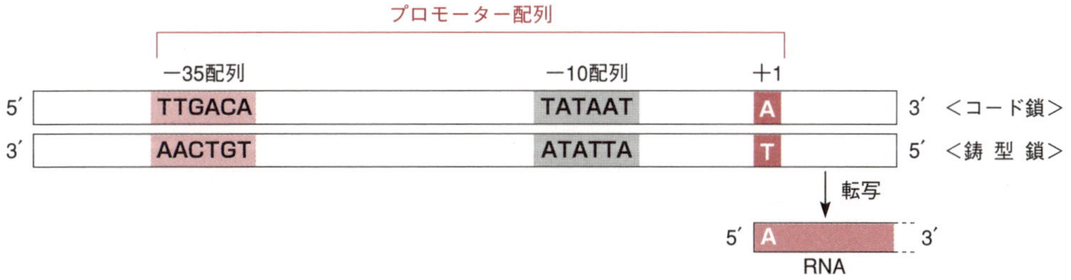
プロモーター配列
−35配列
−10配列
+1
5′
TTGACA
TATAAT
A
3′
<コード鎖>
3′
AACTGT
ATATTA
T
5′
<鋳 型 鎖>
転写
5′
A
3′
RNA

図 21.2　原核細胞のプロモーター

(b) RNA合成の開始

RNAポリメラーゼがおよそ30塩基対のDNA領域に結合し，18塩基対程度のDNAが巻き戻されるとRNA合成の**開始**（initiation）が起こる（図21.1）．鋳型DNAと相補的なリボヌクレオシド三リン酸（NTP）が取り込まれ，相補的塩基を形成する．RNAポリメラーゼは，ホスホジエステル結合を形成してヌクレオチドを付加し，およそ9ヌクレオチド長のRNAを合成する．

(c) RNA鎖の伸長

RNAポリメラーゼからσ因子が外れ，コアRNAポリメラーゼは鋳型鎖DNAの3′→5′方向へ移動を開始する（図21.3）．それとともに合成したRNA鎖を5′→3′方向に**伸長**（elongation）させてゆく．合成中のRNAと鋳型鎖DNAが相補的塩基対を形成している領域は短く，およそ12塩基対である．RNAポリメラーゼは，前方でDNAを巻き戻し，後方では再び巻き取っている．

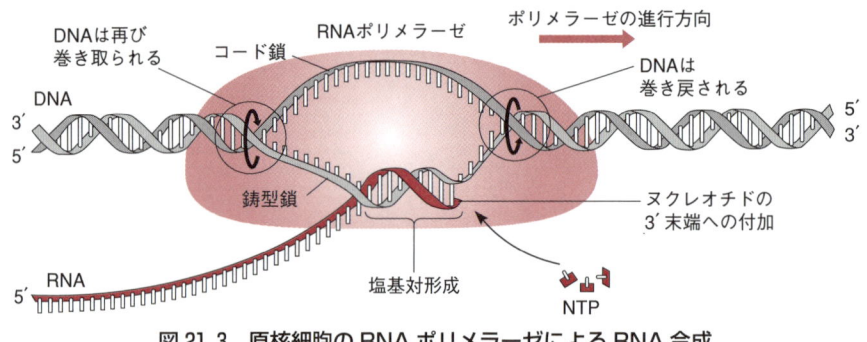

図21.3 原核細胞のRNAポリメラーゼによるRNA合成

(d) RNA合成の終結

RNA鎖の伸長は，**終結シグナル**（termination signal）の配列を転写することで終結する（図21.1）．完成したRNA鎖とRNAポリメラーゼは鋳型DNAから解離し，RNAポリメラーゼはふたたび新たなσ因子と結合してプロモーターに結合できるようになる．

21.3 真核細胞における転写

真核細胞の転写過程は原核細胞に比べると複雑だが，基本的には原核細胞のRNAポリメラーゼと同様に四つの段階に分けることができる．ここではRNAポリメラーゼIIの転写について述べる．

21.3 ◆真核細胞における転写

(a) 開始前複合体の形成

　真核細胞のプロモーターは転写の開始位置だけでなくその効率を決める領域も含み，遺伝子ごとに変化に富んでいる．そのなかでも，**コアプロモーター**（core promoter）は転写開始位置を決定する領域であり，転写開始点から 25～35 塩基上流の **TATA ボックス**（TATA box），ならびに転写開始点領域に存在する**イニシエーター**（initiator）からなる（図 21.4）．これら二つの配列は，**基本転写因子群**（general transcription factor）によって認識される．原核細胞の RNA ポリメラーゼが，その構成因子である σ 因子の働きで DNA に結合できるのに対して，真核生物の RNA ポリメラーゼはそれ自身では DNA に結合できない．コアプロモーターが，まず基本転写因子 TFIID によって認識され，つづいて残り五種類の基本転写因子 TFIIA, B, E, F, H と RNA ポリメラーゼ II が決められた順序でプロモーターによびこまれ，**開始前複合体**（preinitiation complex）が形成される（図 21.4）．

> **イニシエーター**
> 転写開始点を含む，ピリミジン（C, T）に富む配列のこと．TATA ボックスとともにコアプロモーターを形成するが，明確なコンセンサス配列はない．

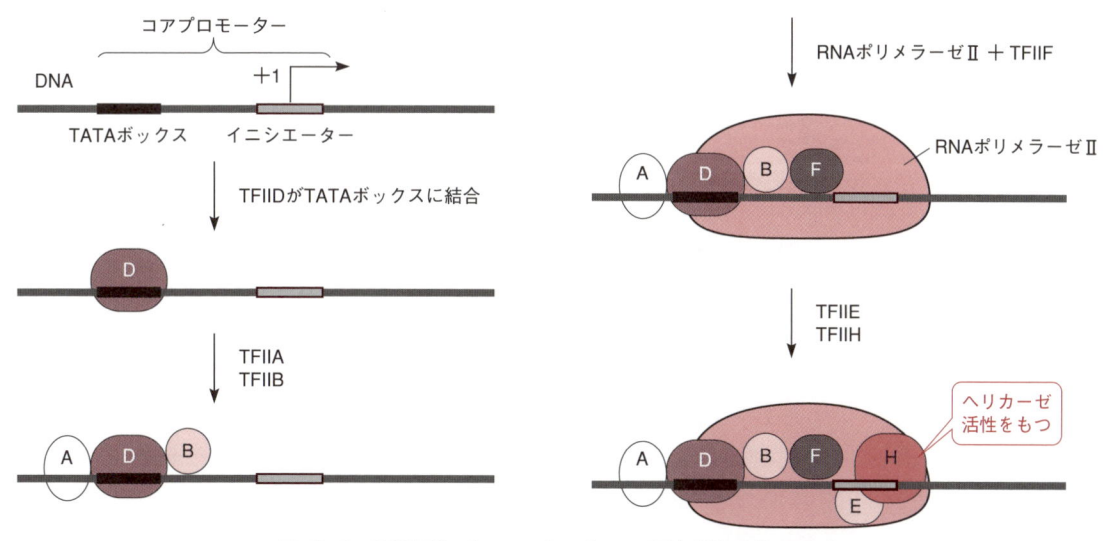

図 21.4　真核細胞プロモーター上での開始前複合体の形成

(b) RNA 合成の開始

　基本転写因子 TFIIH のヘリカーゼ活性によって，DNA 二重らせんのおよそ一巻きにあたる 11 塩基対程度（−9 位～＋2 位）が巻き戻され，1 本鎖 DNA となる．こうして，リボヌクレオシド三リン酸の存在下で，RNA ポリメラーゼ II によって RNA の合成が始まる．しかし，RNA ポリメラーゼが基本転写因子群と結合している状態では，9 ヌクレオチド長の RNA 合成にとどまる．

> **ヘリカーゼ**
> 2 本鎖 DNA の一方に結合し，ATP の加水分解エネルギーを用いて 2 本鎖 DNA を巻き戻す反応を触媒する．複製フォークや転写の場などで働く．

（c）RNA 鎖の伸長

RNA 鎖を伸長するためには RNA ポリメラーゼ II は基本転写因子群との結合を断ち切る必要がある（プロモータークリアランス）．このための構造変換には ATP が必要で，やはり TFIIH がもつヘリカーゼ活性が機能する．TFIIH は DNA を巻き戻し，RNA ポリメラーゼの進行を助ける．

（d）RNA 合成の終結

真核細胞の mRNA は伸長が終結する前に特定の位置で切断される．その位置は，下に述べるポリ（A）シグナル配列から 10〜35 ヌクレオチド下流である．RNA ポリメラーゼ II はさらに 3′ 方向に向かい転写を続けるが，合成された RNA はすみやかに分解される．

転写因子
DNA 配列に特異的に結合して転写効率の活性化（あるいは抑制）を行う因子．より広義に，転写反応に必要とされる RNA ポリメラーゼ以外の全因子を指す場合もある．転写開始複合体形成を安定化させ，また，伸長反応を促進することで転写効率を上げる．基本転写因子，あるいはそれとの橋渡しをする仲介因子（メディエーター）などと相互作用するものや，ヒストンや DNA の修飾酵素，クロマチン再構成因子と相互作用するものもある．

21.4 転写後プロセシング

転写によって新たに合成された RNA は一次転写産物とよばれ，成熟した mRNA，tRNA，rRNA になるためには，RNA 鎖の切断，ヌクレオチドの除去や付加，修飾などが必要である．この過程を **RNA プロセシング**（RNA processing）という．この過程は，原核細胞と真核細胞では大きく異なっているが，ここでは真核細胞のプロセシングについて説明する．

21.4.1 遺伝子構造

図 21.5 に真核生物の一般的なタンパク質をコードする遺伝子の構造を示す．遺伝子には転写開始部位と転写終結部位があり，その間の鋳型鎖 DNA に相補的な RNA（一次転写産物）が合成される．成熟 mRNA に現れる領域を**エキソン**（exon），それらに含まれない領域を**イントロン**（intron）とよぶ．さらにエキソンのうち，5′ 側と 3′ 側の翻訳されない領域をそれぞれ **5′ 非翻訳領域**（5′-untranslated region, 5′-UTR）と，**3′ 非翻訳領域**（3′-UTR）という．

キャップ構造
5′ 末端の糖に 7-メチルグアノシンが 3 リン酸結合した構造．RNA ポリメラーゼが転写を完了する前に修飾が施される．翻訳の際に，リボソームの正しい位置に mRNA を配置するのに役立つ（構造は第 6 章参照）．また，5′-エキソヌクレアーゼに抵抗性を示す．

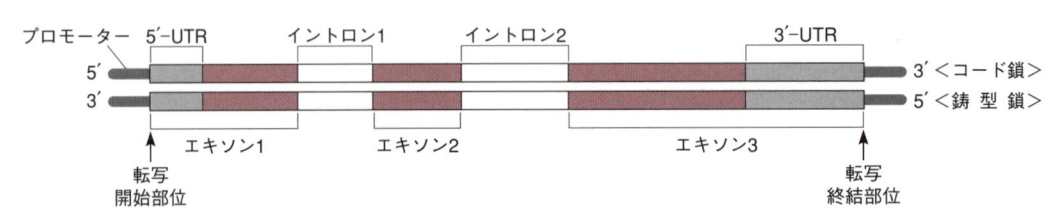

図 21.5 真核生物の遺伝子構造

21.4.2 mRNA のプロセシング

（a）5′ キャップ形成と 3′ ポリアデニル化

一次転写産物には，核内で 5′ 末端に**キャップ構造**（cap structure）が付加される（図 21.6）．これは mRNA の翻訳開始に重要である．一方，3′-UTR には**ポリ（A）シグナル配列**（poly（A）signal sequence；AAUAAA）が含まれ，この配列を認識するポリ（A）ポリメラーゼによってアデニンヌクレオチドが数十から数百付加される．ポリ（A）は mRNA の安定化や翻訳の効率にかかわる．

ポリ（A）シグナル配列
RNA 鎖はポリ（A）付加部位を超えて伸長された後に，その部位で切断とポリ（A）の付加が起こる．この過程を規定しているのがポリ（A）付加部位の 10 から 35 塩基上流にあるポリ（A）シグナル配列で，この配列がないとポリ（A）の付加が起こらない．

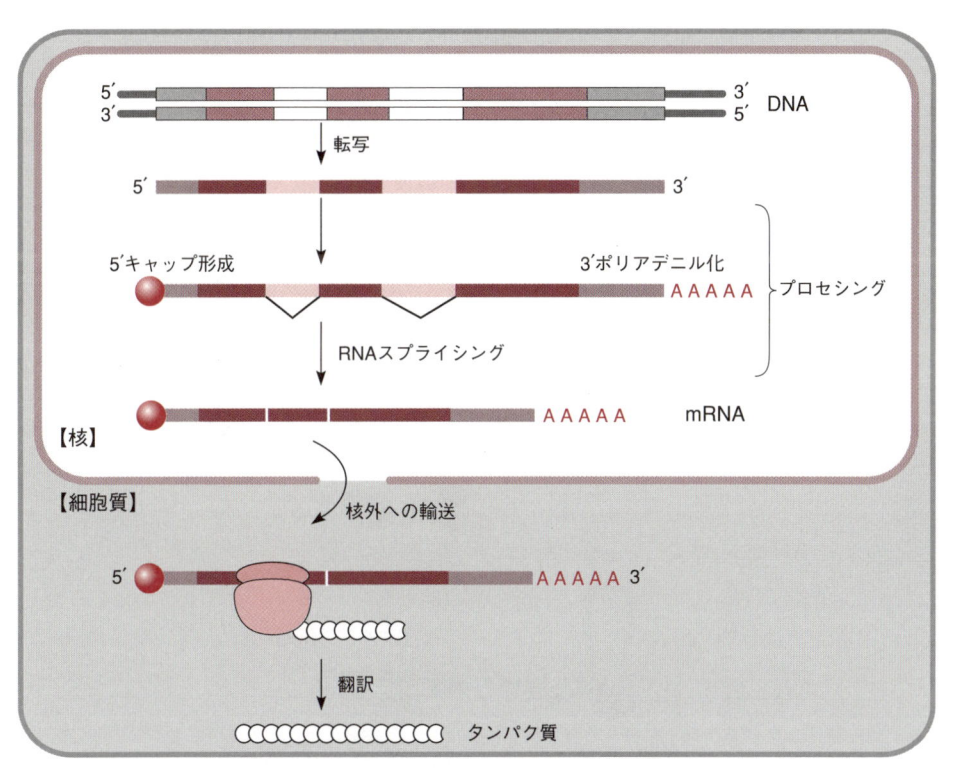

図 21.6　真核生物の mRNA プロセシング

（b）mRNA のスプライシング

イントロンが除かれ，エキソンがつなぎ合わされる過程を**スプライシング**（splicing）とよぶ．RNA のイントロンには共通の塩基配列が存在し，イントロンの 5′ スプライス部位の GU，3′ スプライス部位の AG，およびイントロンの投げ縄構造の形成に必要な**分岐点**（branch point）の A は，とくによく保存されている（図 21.7）．

スプライシングは，**核内低分子 RNA**（small nuclear RNA, snRNA）とタンパク質の複合体である**核内低分子リボ核酸タンパク質**（small nuclear ribonucleoprotein, snRNP）によって行われる．この複合体は**スプライソーム**

スプライソーム
RNA スプライシングを実行するタンパク質と低分子 RNA の複合体．低分子 RNA は相補的な配列を認識して，イントロン-エキソン間のスプライス部位を正確に認識して結合する．

図21.7 イントロンの構造

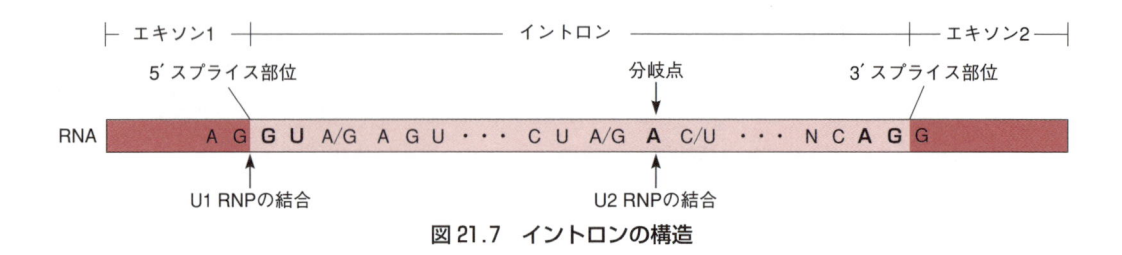

(splicesome)とよばれる．snRNAにはU1，U2，U4，U5，U6の五種類が存在し，それぞれを含む分子を，U1 snRNPのように表す．スプライシングの過程を図21.8に示す．まず，U1 snRNPが5′スプライス部位に，U2 snRNPが分岐点に結合する．次に，U4/U6/U5 snRNPが結合し（①），U2 snRNPが結合したアデノシン残基が，U1 snRNPの結合したイントロンの5′末端を攻撃し，5′スプライス部位が切断される（②）．切断された5′末端はアデノシンのリボース残基の2′ヒドロキシ基に結合して**投げ縄構造**（lariat structure）を形成する（③）．エキソン1の3′末端がエキソンの5′末端を攻撃し切断すると，投げ縄構造が除かれ（④），最後にエキソンどうしが結合されてスプライシングが完了する．

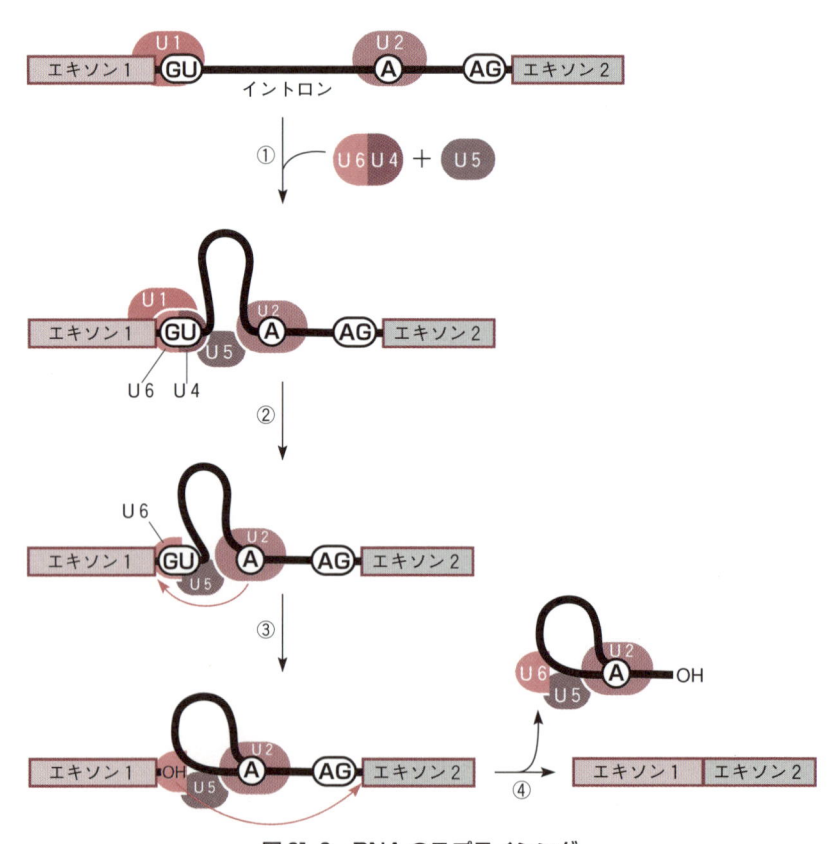

図21.8 RNAのスプライシング

21.4.3 tRNAとrRNAのプロセシング

真核生物では，tRNAはRNAポリメラーゼⅢによって転写され，ヌクレアーゼによるプロセシングと，塩基の修飾を受け，3′末端へCCAヌクレオチドの付加が起こって完成する（詳細は第22章を参照）．一方rRNAは核小体でRNAポリメラーゼⅠによって転写され，プロセシングとリボソームタンパク質との結合が行われる．rRNAでは，特定の塩基やリボースがメチル化されているが，この修飾には**核小体低分子RNA**（small nucleolar RNA, snoRNA）が必要である．

21.5 転写のスイッチの基本原理——オペロン

遺伝子発現の調節機構は，単純な原核生物である大腸菌の研究によって明らかにされてきた．1961年には，F. Jacob（ジャコブ）とJ. Monod（モノー）によって「転写はおもに開始ステップで制御される」という遺伝子調節に関する仮説が提案されている．

大腸菌には，**オペロン**（operon）とよばれる転写単位が存在する．たとえばトリプトファンというアミノ酸を合成するための一連の五つの酵素は，ゲノムDNA上の一カ所に存在し，その上流の一つのプロモーターが転写を制御する．この一つの転写単位をトリプトファンオペロン（*trp*オペロン）とよぶ（図21.9）．転写された長いmRNAは五つの酵素をコードしており，翻訳を経て五つのタンパク質ができる．細菌ではこのようなオペロンが一般的であり，プロモーター領域にはオペレーター配列が存在する．このオペレーター配列には**リプレッサー**（repressor）とよばれる因子が特異的に結合し，RNAポリメラーゼの結合を阻害することで転写を抑制する．*trp*オペロンの

オペロン
一連の代謝過程にかかわる複数のタンパク質をコードする遺伝子が一続きに並んだもの．一つのプロモーターの支配下にあり，同時に転写される一つの単位．

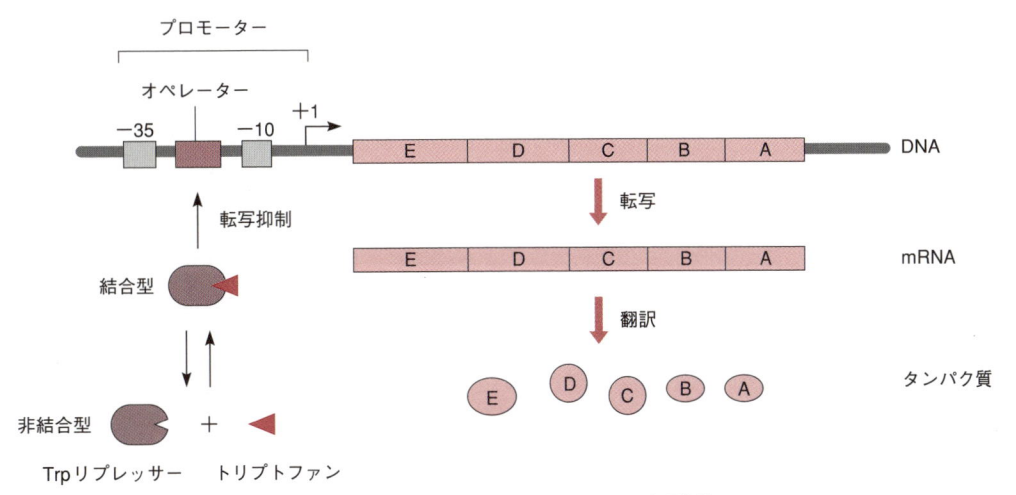

図21.9 トリプトファンオペロンの発現制御

図 21.10　ラクトースオペロンの発現制御

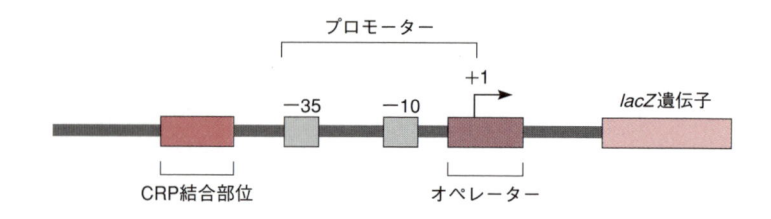

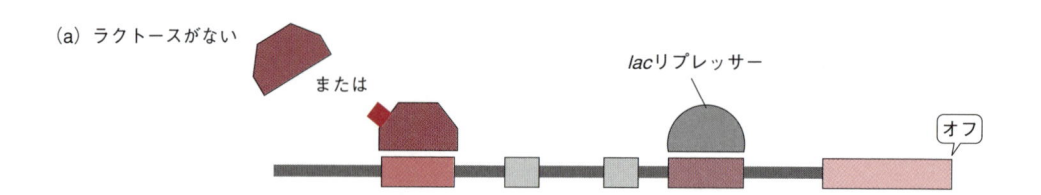

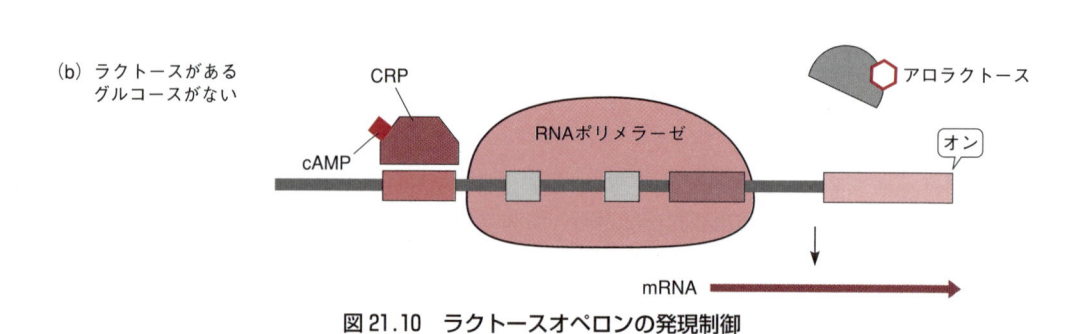

場合，Trp リプレッサーは代謝産物であるトリプトファンの濃度が高くなるとそれと結合してアロステリックな構造変化を起こし，オペレーターに結合できるようになる．つまり，トリプトファン濃度に依存して *trp* オペロンを構成する遺伝子群の発現を調節する．

　転写は，リプレッサーだけでなく，転写を促進する**アクチベーター**（activator）との協調的な作用によっても制御される．次は**ラクトースオペロン**（*lac* オペロン；*lac* operon）を紹介する．大腸菌は，グルコースとラクトースの両方を利用できる場合には，エネルギー産生の基質としてグルコースを優先的に利用し，ラクトースは利用しない．しかし，グルコースが枯渇するとラクトースを利用するようになる．ラクトースの代謝に関与する三つの遺伝子をコードするのが *lac* オペロンであり，その一つにラクトースを分解する β-ガラクトシダーゼ遺伝子（*lacZ* 遺伝子）が含まれる（図 21.10）．細胞内のグルコース濃度が高いときには cAMP 濃度は低く保たれているが，グルコース濃度が低下すると cAMP が産生される．その cAMP 濃度が高くなると，アクチベーターである cAMP 調節タンパク質（cAMP regulatory protein）[*4] は cAMP と結合してアロステリックな構造変化を起こし，CRP-

[*4]　カタボライト活性化タンパク質（catabolite activate protein, CAP）という別名もある．

cAMP複合体が*lac*オペロンのCRP結合部位に結合する．すると，RNAポリメラーゼが*lac*オペロンのプロモーターを認識するのを促進して，転写の頻度を上げる．一方，グルコース濃度が低下しても，ラクトースがなければこの遺伝子発現は無駄になる．このプロモーターにはオペレーターが存在し，*lac*リプレッサーが結合し転写が抑制される．しかし，*lac*リプレッサーは，アロラクトース*5と結合するとオペレーターに結合できない構造になり，RNAポリメラーゼによる転写が起こる．つまり，*lac*オペロンの転写は，アクチベーターCRPと*lac*リプレッサーの働きによって，グルコースがなくラクトースがある場合に最大に発現されるよう制御されている．

*5 アロラクトースは，ラクトースが大量に細胞のなかに取り込まれた際にβ-ガラクトシダーゼによって産生されるラクトースの異性体である．

アロラクトース

21.6 真核細胞の転写調節

21.6.1 転写調節配列

真核細胞の転写の効率を決めるDNA配列は**制御配列**（control element）とよばれる．それぞれの制御配列を特異的に認識して結合するのが**転写因子**（transcription factor）であり，転写開始前複合体形成と伸長反応の両方の過程を調節することが多い．遺伝子の上流配列のうち，転写開始点から200 bp程度までを**プロモーター近位配列**（promoter proximal region），それよりも上流の50 kb以内を**プロモーター遠位配列**（promoter distal region）と分けることができる（図21.11）．一つの遺伝子に対して重要な制御配列が複数存在することも多く，とくにプロモーター近位領域に多い．近位領域にある代表的な配列としては**CpGアイランド**（CpG island）とよばれる20～50 bpのCpG配列に富む領域が存在して，DNAメチル化の制御をうけている（詳細は後述）．また，制御配列のなかでも，コアプロモーターから遠く離れて，制御する遺伝子の上流，または下流に位置するものをとくに**エンハンサー**（enhancer）とよぶこともある．真核細胞のプロモーターは，さまざまな制御配列，あるいはエンハンサーの組合せによって転写開始前複合体の形成などに影響することで転写効率を統合的に調節している（図21.12）．

エンハンサー

転写制御配列のなかには，転写開始からの距離，遺伝子の上流か下流か，さらに配列の向きにかかわらず転写を誘導する配列があり，それらをエンハンサーとよぶ．転写を抑制する配列ははサイレンサーとよばれる．

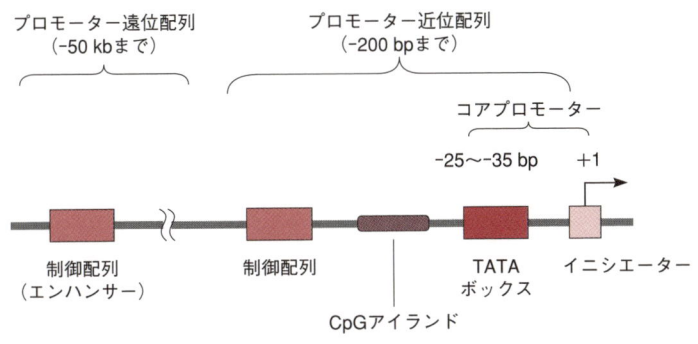

図21.11 真核細胞の遺伝子上流配列

プロモーター遠位配列（-50 kbまで）／プロモーター近位配列（-200 bpまで）／コアプロモーター -25～-35 bp／+1／制御配列（エンハンサー）／制御配列／CpGアイランド／TATAボックス／イニシエーター

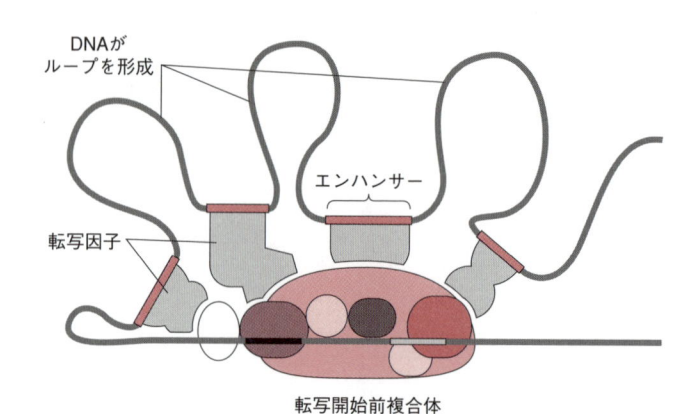

図 21.12　真核細胞の転写効率の統合的制御

　原核細胞では，機能的に関連した遺伝子がオペロンとして隣接していることが多いが，真核細胞では，同時に発現調節されるべき遺伝子がゲノム全体に散在している．そのために，特定の環境シグナルや発生シグナルに応答して一群の遺伝子にその転写を調節する**応答配列**（response element）が存在する．たとえば，ステロイドホルモンの働きを仲介する転写因子（ステロイドホルモン受容体）が結合する**ホルモン応答配列**（hormone response element）や，温度上昇に反応して転写を調節する**熱ショック応答配列**（heat-shock response element）があげられる（第 5 章も参照）．

21.6.2　転写因子と DNA 結合ドメイン

　転写因子は DNA 結合ドメインを介して特定の DNA 配列と特異的に結合し，転写活性化ドメイン（あるいは抑制ドメイン）を介して転写頻度を調節する．DNA 結合ドメインには多くの特徴的な立体構造が明らかになっているが，基本的には DNA 結合ドメインの α ヘリックスが DNA の主溝にはまり，アミノ酸と塩基間の水素結合，疎水結合，イオン結合などにより結合する（図 21.13）．DNA に結合した転写因子は，タンパク質間相互作用によって基本転写因子群をコアプロモーター上に安定化し，RNA ポリメラーゼ II を

熱ショック応答配列
細胞はその生育温度から数度高い温度にさらされると，一群の熱ショックタンパク質を誘導して熱によるタンパク質の変性を防ごうとする．それらの遺伝子のプロモーターには，共通して熱ショック応答配列とよばれる NGAAN（N は任意の塩基）が head to head あるいは tail to tail に繰り返した配列をもつ．

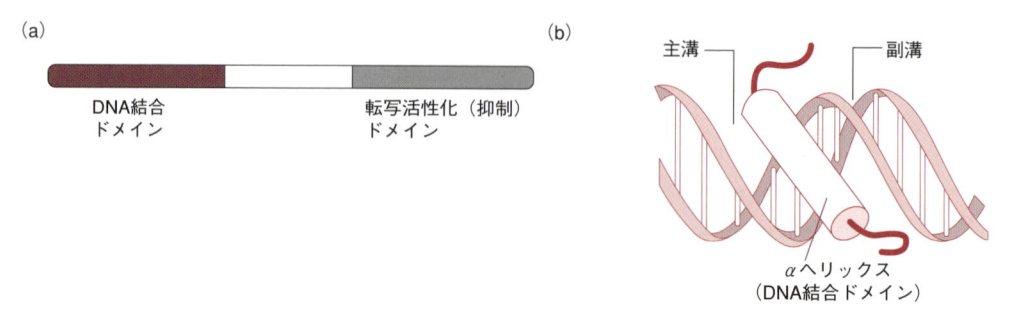

図 21.13　転写因子の構造と DNA への結合

よび込んで転写開始前複合体形成を促進する．あるいは，同じ作用をもつ**仲介因子**（co-activator；メディエーターともよばれる）をよび込む．

さらに転写因子は，クロマチンの凝縮状態を変えることでも転写の効率を制御している．基本転写因子や RNA ポリメラーゼが DNA に近づくためにはプロモーター付近のクロマチンの凝縮状態が弛緩し，ヌクレオソーム構造の緩んだ，あるいはヒストンがない状態であるほうが都合がよい．ヌクレオソームコアのヒストンや DNA の修飾によって，クロマチンの凝縮状態は変化する．たとえば，ヒストンのリシン残基にアセチル基が付加されるとヌクレオソームは弛緩し，逆にプロモーターの CpG 配列のシトシンがメチル化されると凝縮する．また，**クロマチン再構成複合体**（chromatin remodeling complex）の働きでヌクレオソームの位置が変化することも知られている．DNA に結合した転写活性化因子は，**ヒストンアセチル化酵素**（histone acetyltransferase）や **DNA 脱メチル化酵素**（DNA demethylase），あるいはクロマチン再構成複合体と相互作用することでそれらの因子をプロモーターによび込み，その領域のクロマチンを弛緩させて転写開始複合体形成と伸長

クロマチン再構成複合体
ATP 依存的にヌクレオソームを除去，あるいはその配置をずらしてヌクレオソームの構造を変えるタンパク質複合体のこと．

DNA のメチル化
塩基修飾の一つ．真核生物でシトシンがメチル化を受けて 5-メチルシトシンになる．このメチル化によってクロマチンの凝縮，それにともなう遺伝子発現の抑制を導く．多くのプロモーターにはメチル化部位である CpG アイランドが存在する．

● ヒストンの修飾

ヒストンは，正電荷をもつアミノ酸（リシン，アルギニン）に富む低分子量タンパク質で，負電荷を帯びた DNA の糖リン酸骨格に強く結合する．クロマチンの凝縮状態は，ヒストンの N 末端にある可動性の 20〜40 アミノ酸に含まれるリシン残基のアセチル化，あるいはメチル化の状態によって制御されている．アセチル化によってクロマチンが弛緩するのは，ヒストンの正電荷が中和されることで直接的にヌクレオソーム間の親和性が下がるのが一因である．しかし，より重要なのは，ヒストンの特定の部位が修飾を受けることで，その部位と特異的に結合する認識タンパク質が引き寄せられることだと考えられている．

たとえばヒストン H3 の K4（4 番目のリシン）のメチル化と K9 のアセチル化を認識するタンパク質が，クロマチン再構成複合体や DNA 脱メチル化酵素などをよび込んで，クロマチンが弛緩する．ヒストン修飾，DNA メチル化，そしてクロマチン再構成因子の機能は連携しており，協調して凝縮・弛緩させることで遺伝子発現を抑制・亢進する．

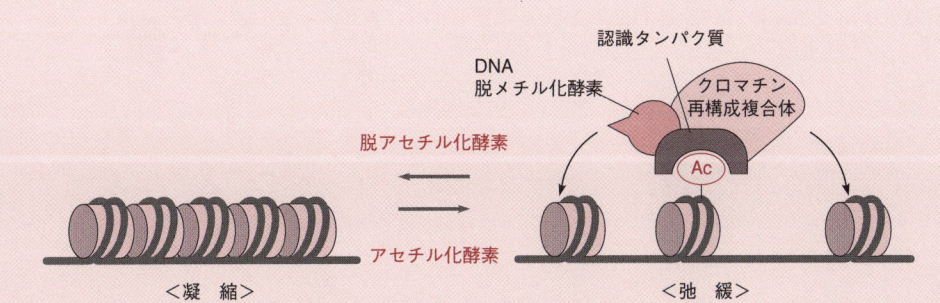

ヒストンアセチル化によるクロマチン制御

反応の両方を促進する（図21.14）．一方，転写抑制因子は逆の作用の酵素群をよび込んでクロマチンを凝縮させるように働くと考えられる．

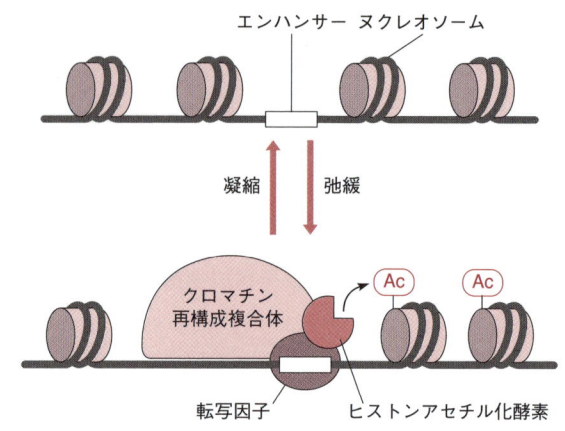

図 21.14 転写因子によるクロマチン制御

章 末 問 題

21-1. RNAポリメラーゼはDNAの塩基配列を認識して結合することができるか．原核細胞と真核細胞に分けて述べよ．

21-2. 培養細胞に発現するmRNAは，ポリ(A)付加などによってその分解が抑制され，安定化されている．その安定性を調べるための実験を説明せよ．

21-3. ミトコンドリアのRNAポリメラーゼの特徴を述べよ．

21-4. RNAスプライシングの位置は，何によって決められているのか述べよ．

21-5. ラクトースオペロンの発現制御モデルで，*lac*リプレッサー，ならびにCRPの役割を述べよ．

21-6. プロモーターに存在するCpGアイランドの，転写における役割を述べよ．

21-7. ヒストン修飾にはいくつかの種類があるが，修飾の結果として必ずクロマチンの弛緩を導くものは何か．

21-8. 培養細胞を一時的に高温にさらすと，数多くの遺伝子の発現が誘導された．これらの遺伝子のゲノム上での位置関係，ならびにプロモーターの配列について推測できることを述べよ．

第22章

タンパク質の合成と成熟

　遺伝子の情報は，タンパク質の一次構造を指定している．前章では，DNAからRNAへの情報の写しとり，「転写」について述べたが，本章では，RNAの情報をもとにアミノ酸が順次結合してタンパク質が合成される過程である，「翻訳」について述べる．翻訳後，合成されたタンパク質は，修飾を受け，細胞の適切な場所に移動してその機能を発揮する．

22.1　遺伝暗号

　DNAの塩基配列として保存されている遺伝情報は，RNAポリメラーゼによって転写され，RNAが合成される．転写されたRNAのうち，mRNAの遺伝情報はリボソーム上でアミノ酸配列に変換され，ポリペプチド鎖がつくられる．このタンパク質の生合成過程を**翻訳**（translation）という．真核生物では，原則的に一つのmRNAから一つのポリペプチド鎖が合成され，これは**モノシストロン性**（monocistronic）とよばれる．原核生物では，一つのmRNAから複数のポリペプチド鎖が合成されることが多く，これは**ポリシストロン性**（polycistronic）とよばれる．

22.1.1　コドン

　タンパク質のアミノ酸の配列（一次構造）は，mRNAのA，U，C，G（DNA上ではA，T，C，G）の三つの塩基の並び方（**トリプレット**；triplet）によって指定される．この遺伝暗号を**コドン**（codon）という（表22.1）．mRNAの5′側がペプチド鎖のN末端に，3′側がC末端に対応する．コドンは，四種類の塩基3個の組合せで決まるので，合計 $4 \times 4 \times 4 = 64$ 種類のコドンが存在する．一方，アミノ酸は20種類なので，多くのアミノ酸は複数のコドンによって指定されている．これを暗号の**縮重**（degeneracy）とよぶ．

　コドンには，翻訳の開始を示す開始コドンと，終結を示す終止コドンもある．AUGはメチオニンのコドンであるとともに，タンパク質合成の開始を指令する**開始コドン**（initiation codon）でもある．また，UAA，UAG，UGAは合成の終結を指示する**終止コドン**（termination codon）であり，対応するアミノ酸はない（表22.1）．

コドン
三つ並んだ塩基配列で，タンパク質合成において特定のアミノ酸を指令する．翻訳の開始や終結も指令する．

表22.1 標準的なコドン

1文字めの塩基	2文字めの塩基 U	2文字めの塩基 C	2文字めの塩基 A	2文字めの塩基 G	3文字めの塩基
U	UUU Phe	UCU Ser	UAU Tyr	UGU Cys	U
U	UUC Phe	UCC Ser	UAC Tyr	UGC Cys	C
U	UUA Leu	UCA Ser	UAA 終止	UGA 終止	A
U	UUG Leu	UCG Ser	UAG 終止	UGG Trp	G
C	CUU Leu	CCU Pro	CAU His	CGU Arg	U
C	CUC Leu	CCC Pro	CAC His	CGC Arg	C
C	CUA Leu	CCA Pro	CAA Gln	CGA Arg	A
C	CUG Leu	CCG Pro	CAG Gln	CGG Arg	G
A	AUU Ile	ACU Thr	AAU Asn	AGU Ser	U
A	AUC Ile	ACC Thr	AAC Asn	AGC Ser	C
A	AUA Ile	ACA Thr	AAA Lys	AGA Arg	A
A	AUG Met 開始	ACG Thr	AAG Lys	AGG Arg	G
G	GUU Val	GCU Ala	GAU Asp	GGU Gly	U
G	GUC Val	GCC Ala	GAC Asp	GGC Gly	C
G	GUA Val	GCA Ala	GAA Glu	GGA Gly	A
G	GUG Val	GCG Ala	GAG Glu	GGG Gly	G

22.1.2 遺伝暗号の解読と特徴

1960年代初め，すでにDNA→RNA→タンパク質という遺伝情報の流れ（分子生物学のセントラルドグマ）の概念はできていたのだが，遺伝暗号の解読，つまり64種類のコドンが20種類のアミノ酸のどれを指定するのかという疑問がまだ残されていた．1961年にM. Nirenberg と H. Matthaei らは，大腸菌の無細胞抽出液（リボソーム，tRNA，アミノ酸，ATP，GTPを含む）に，mRNAの代わりとしてポリウリジル酸（UUUUU…）を加えると，フェニルアラニンのポリペプチドが合成されることを証明した．つまり，UUUのコドンがフェニルアラニンを指定することがわかったのである．この発見を手がかりにしてさまざまなリボヌクレオチドが合成され，1965年までにすべてのコドンが解読された．

以下に，遺伝暗号の特徴をまとめる．

- コドンは普遍的である．

    遺伝暗号はほとんどの生物において共通している．ただし，一部の微生物やミトコンドリアの遺伝子において，異なるアミノ酸を指定する場合がある．

- コドンは特異的である．
  それぞれのコドンは特定のアミノ酸を指定している．
- コドンの一部は縮重している．
  同じアミノ酸をコードするコドンが複数存在し，最初の二つの塩基は同じで三つめの塩基が異なっている場合が多い．単一のコドンでコードされているアミノ酸はメチオニンとトリプトファンだけである．

そして，**オープンリーディングフレーム**（open reading frame, ORF）の存在を忘れてはいけない．mRNA の配列からコドンを読む際には，3 塩基ずつの読み枠（リーディングフレーム）が3 通り存在する[*1]が，通常は，そのうちの一つのみがタンパク質の一次構造を正しく指定している．この開始コドンから終止コドンまでの正しい読み枠をオープンリーディングフレームとよぶ．

オープンリーディングフレーム
mRNA の開始コドンから終止コドンまでの連続した3 塩基づつの配列．長いオープンリーディングフレームはタンパク質をコードしている可能性が高い．

[*1] 一つの塩基配列に対して，以下のように3 通りの読み枠が存在する．

```
    GCACUGAU
読み枠1  Ala Leu
読み枠2   His 終止
読み枠3    Thr Asp
```

22.2　トランスファー RNA とアミノアシル化

トランスファー RNA（tRNA）は分子内の相補的塩基対形成によって4 本のステム構造をとり，四つのループ構造をもったクローバーの葉のような二次構造をとる（図 6.11 を参照）．tRNA の 3′ 末端の CCA 配列はすべての tRNA に共通であり，アミノ酸との結合に重要である．また，アンチコドンループにある**アンチコドン**（anticodon）は，mRNA のコドンと相補的な塩基配列をもち，mRNA のコドンと相補的塩基対を形成する．

tRNA には，20 種類のアミノ酸それぞれに対応する特異的な tRNA が存在する．特定のアミノ酸を結合した tRNA を**アミノアシル-tRNA**（aminoacyl-tRNA）といい，アミノ酸のカルボキシ基と，tRNA の 3′ 末端にあるアデノシンのリボースの，2′ か 3′ のヒドロキシ基とエステル結合している．このアミノアシル tRNA 合成を触媒する酵素が**アミノアシル-tRNA シンテターゼ**（aminoacyl-tRNA synthetase）で，アミノ酸ごとに異なる酵素が存在し，それぞれが特異的なアミノ酸と，それに対応する特異的な tRNA を認識する．図 22.1 にアミノアシル化反応の詳細を示した．この酵素の働きで，アミノ酸と ATP からアミノアシル AMP が生成され，さらにこれが tRNA と反応して高エネルギー結合をもつアミノアシル-tRNA となる．この結合エネルギーは，ポリペプチドの伸長過程で使われる．

アミノアシル-tRNA シンテターゼは，20 種類の tRNA と 20 種類のアミノ酸それぞれの正しい組合せを選択する．しかも，アミノアシル-tRNA 合成酵素は，間違ったアミノ酸を付加した tRNA からアミノ酸を加水分解して，誤りを校正する機能をもっている．

アンチコドン
tRNA がもつ三つの並んだ塩基配列で，mRNA のコドンと相補的な関係にある．

アミノアシル-tRNA シンテターゼ
特異的な tRNA を認識して，それに対応するアミノ酸を結合させ，アミノアシル-tRNA を合成する酵素．

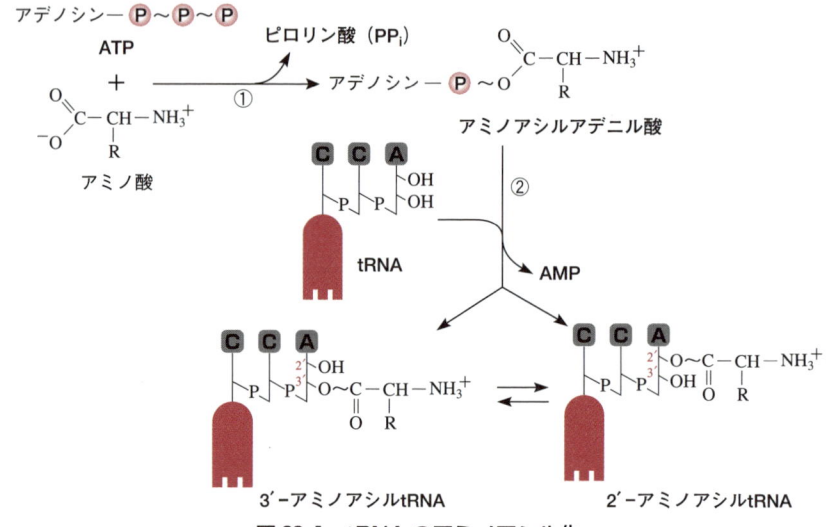

図22.1　tRNAのアミノアシル化
①アミノ酸がアデニル化される．②アミノ酸に対応したtRNAにアミノ酸が付加される．

22.3　リボソーム

タンパク質合成では，mRNAの塩基配列をもとに，特定のアミノ酸を結合させていく．このタンパク質合成の場が**リボソーム**（ribosome）である[*2]．

リボソームは，原核生物と真核生物で異なる（図22.2）．原核生物では50S大サブユニットと30S小サブユニットから70Sリボソームが，真核生物では60S大サブユニットと40S小サブユニットから80Sリボソームが形成される．それぞれのサブユニットは，rRNAと多くのリボソームタンパク質の複合体である（表6.2を参照）．リボソームにはtRNA結合部位が二つあり，大サブユニットと小サブユニットによって構成される．一つは**アミノアシル部位**（A部位），もう一つは，**ペプチジル部位**（P部位）である[*3]．

リボソームの機能は四つにまとめることができる．

[*2]　リボソームは，細胞質ゾル中に存在する遊離リボソームと小胞体に結合したリボソームに分けられる．ミトコンドリアにも特有のリボソームが存在する．

[*3]　大腸菌では，さらにE部位（Exit site）が確認されている．

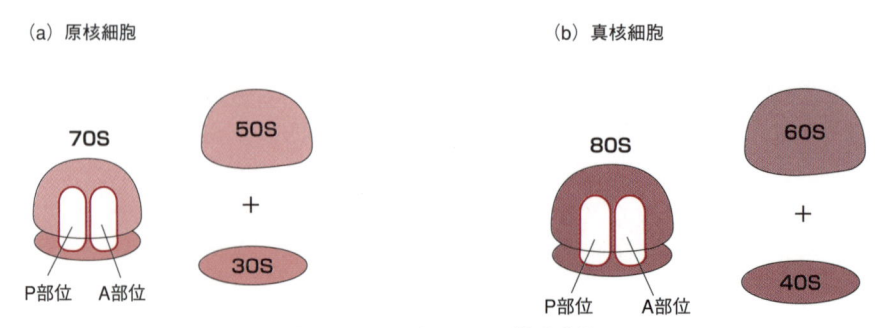

(a) 原核細胞　　　　　　　　(b) 真核細胞

図22.2　リボソームの構成成分

1）mRNA に結合し，mRNA のコドンと tRNA のアンチコドンとの間で正確に相補的な塩基対を形成させる．
2）翻訳の開始，伸長，終結に必要なさまざまな因子の作用にかかわる．
3）ペプチド結合を触媒する．
4）mRNA 上を移動して翻訳を進める．

22.4 タンパク質の生合成

　mRNA の情報にもとづいてタンパク質を合成する翻訳過程は，開始，伸長，終結の三段階からなり，真核生物でも原核生物でも反応機構は基本的には変わらない．それぞれの過程で特定の因子を必要とし，それぞれ**開始因子**（initiation factor, IF），**伸長因子**（elongation factor, EF），**放出因子**（release factor, RF）とよばれている．

22.4.1　原核生物におけるタンパク質合成
（a）開始

　翻訳の**開始**（initiation）では，開始コドンを見つけることが重要である．開始コドンはメチオニンをコードする AUG と同じであり，AUG コドンは mRNA の内部にもあるので，どの AUG を開始コドンとして認識するかが問題となる．原核生物の mRNA には開始コドンの約 10 塩基上流に，**シャイン-ダルガーノ配列**（Shine-Dalgarno sequence）とよばれる配列があり，開始コドンを見つける目印になっている．翻訳開始の過程を図 22.3 に示す．

　まず，IF1 と IF3 が 70S リボソームの 30S サブユニットに結合して，サブユニットを解離させる．次にこの遊離した 30S サブユニットに，mRNA と開始 tRNA が次のような機構で結合する．

> **シャイン-ダルガーノ配列**
> 原核生物の mRNA にある配列で，開始コドンの約 10 塩基上流にあり，IF2 につづいてリボソームが結合する．7 塩基（5′-AGGAGGU）からなるコンセンサス配列を含む．

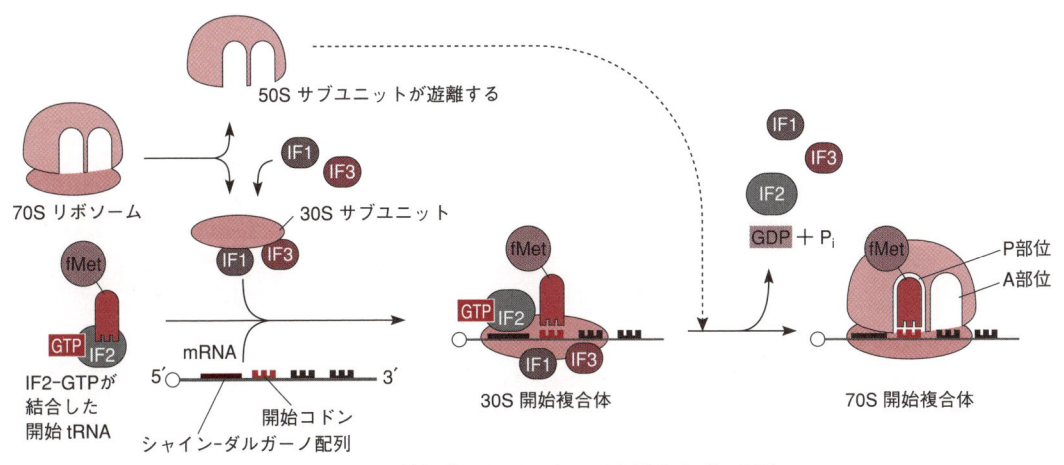

図 22.3　原核細胞におけるタンパク質生合成の開始

N-ホルミルメチオニン
原核生物の翻訳における開始アミノ酸．開始tRNA（tRNA_f）に結合したメチオニンのアミノ基がN^{10}-ホルミルテトラヒドロ葉酸の存在下でホルミルトランスフェラーゼによってホルミル化され，N-ホルミルメチオニル-tRNA（fMet-tRNA$_f^{Met}$）となる．

*4　ほとんどの場合，このホルミル基はペプチド鎖の伸長の際に取り除かれる．さらに，多くの場合はメチオニンそのものも後の過程で取り除かれる．

30Sサブユニットに含まれる16S rRNAの3′末端の近くに，3′-UCCUCC-5′という配列があり，この配列がmRNAのSD配列と相補的塩基対を形成することによって，30SサブユニットがmRNA上の開始コドンを選別して結合する．

開始tRNAはメチオニンをコードするAUGコドンを認識するが，内部にメチオニンを運ぶtRNA^{Met}とは違う分子種の，tRNA$_f^{Met}$が働く．tRNA$_f^{Met}$はメチオニンと結合した後，メチオニンがN-ホルミル化され，このfMet-tRNA$_f^{Met}$のみが開始複合体を形成する*4．GTPを結合したIF2がfMet-tRNA$_f^{Met}$と複合体を形成し，この複合体とmRNAが30Sサブユニットに結合して，30S開始複合体ができる．

次に，30S開始複合体に50Sサブユニットが結合して70S開始複合体ができ，IF3が解離する．このとき，mRNAのAUGコドンは50SサブユニットのP部位付近に位置し，それを認識するfMet-tRNA$_f^{Met}$がP部位に入るとGTPが加水分解されてIF2とIF1が解離する．こうして2番目のアミノ酸と結合した新たなtRNAを受け入れる準備ができる．

（b）伸長

ポリペプチド鎖は，図22.4に示す周期的な過程を経て伸長される．アミノアシルtRNAは，GTPと結合した伸長因子EF-Tuと複合体を形成し，このアミノアシルtRNA複合体がA部位に現れたmRNAのコドンを認識して

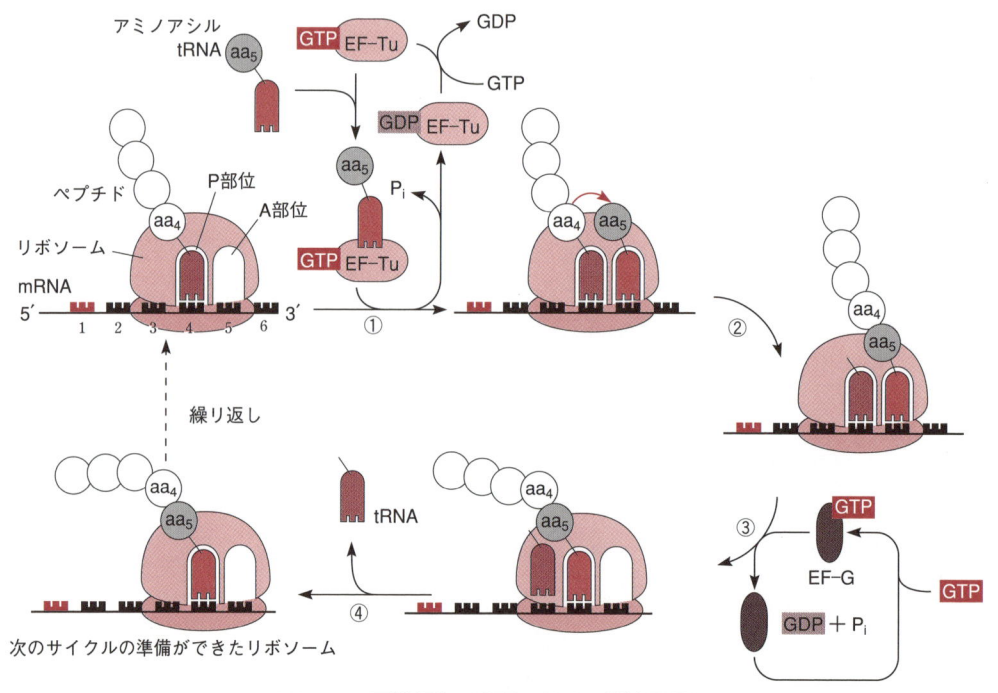

図22.4　原核細胞の翻訳における鎖伸長過程

結合する．それにともなって GTP は加水分解され，EF-Tu-GDP が遊離する（①）．次に，P 部位で tRNA に結合していたポリペプチド鎖が，A 部位の tRNA 上にあるアミノ酸のアミノ基に転移される（②）．この反応は，50S サブユニットに存在する**ペプチジルトランスフェラーゼ**（peptidyl transferase）によって触媒される（図 22.5）．この後，リボソームが下流へ 3 塩基（1 コドン）分だけ移動する（③）．これを**トランスロケーション**（translocation）とよび，GTP の結合した EF-G と GTP の加水分解が必要である．このトランスロケーションの結果，ペプチジル tRNA は，A 部位から P 部位へ移り，古い tRNA が遊離し，新しいアミノアシル tRNA を A 部位へ受け入れる準備ができる（④）．

ペプチジルトランスフェラーゼ
P 部位の tRNA に結合したペプチドと，A 部位のアミノアシル tRNA に結合しているアミノ酸との間のペプチド結合形成を触媒する．リボソーム RNA がこの酵素活性をもつと考えられている．

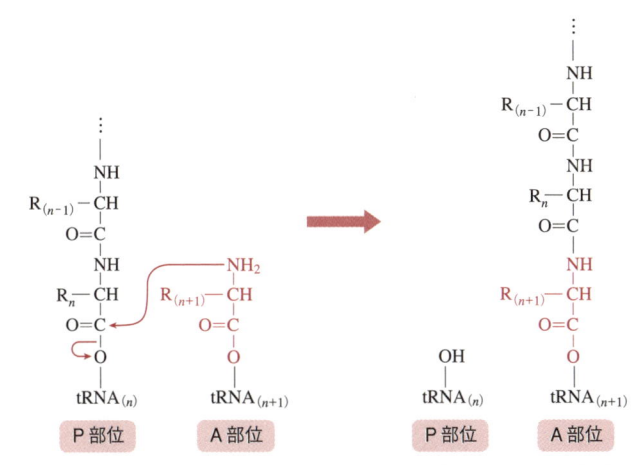

図 22.5 ペプチジルトランスフェラーゼが触媒するペプチド結合形成

（c）終結

ポリペプチド鎖伸長は，終止コドン（UAA，UAG，または UGA）が A 部位に入ると終結する（図 22.6）．終止コドンを認識する tRNA は存在しない．その代わり，終止コドンが A 部位に入ると，放出因子 RF1，あるいは RF2 が結合し，さらに，GTP 結合型の RF3 も別の位置に結合する．GTP の加水分解エネルギーを利用して，ペプチジルトランスフェラーゼがポリペプチド鎖の C 末端残基を tRNA から水分子に転移させることで，ポリペプチド鎖がリボソームから切り離される．それにともない，リボソームは二つのサブユニットに解離し，次の翻訳に備える．

原核細胞でも真核細胞でも，実際には一つの mRNA には同時に複数のリボソームが結合し，つぎつぎとタンパク質が合成される．この状態を**ポリソーム**（polysome）とよぶ．

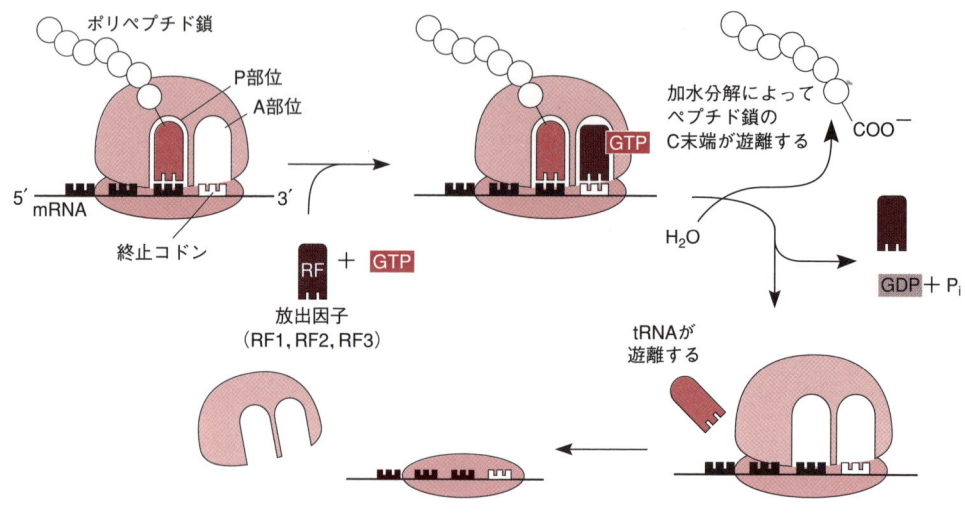

図 22.6　原核細胞の翻訳終結

22.4.2　真核生物のタンパク質合成

　原核生物では転写と翻訳が共役しており，転写途中の mRNA も翻訳されるが，真核生物では転写は核内で起こり，翻訳は細胞質内で起こる．しかし，真核生物の翻訳の過程も原核生物と基本的には同じである．ここでは，その違いに焦点を絞って述べる（表 22.2）．

　翻訳の開始には少なくとも 14 の**開始因子**（eukaryotic initiation factor, eIF）と GTP が必要である．開始 tRNA は tRNA$_i^{Met}$ であり，tRNA$_f^{Met}$ とは異なる．また，真核生物では tRNA$_i^{Met}$ に結合したメチオニンはホルミル化され

表 22.2　翻訳における原核生物と真核生物の違い

		原核生物	真核生物
リボソーム		70S（30S + 50S）	80S（40S + 60S）
mRNA	5′ キャップ構造	なし	あり（一部の mRNA はない）
	3′ ポリ（A）鎖	なし	あり（ヒストン mRNA はない）
	SD 配列	あり	なし
	開始コドン	AUG	AUG
	読み取り枠の構成	ポリシストロニック	モノシストロニック
開始反応	開始 tRNA	tRNA$_f^{Met}$	tRNA$_i^{Met}$
	開始因子	IF-1, 2, 3	eIF-1, 1A, 2, 2A, 2B, 2C, 3, 3A, 4A, 4B, 4E, 4F, 5, 5A
	ヌクレオチド要求性	GTP	GTP，ATP[*5]
伸長反応	伸長因子	EF-Tu, Ts, G	eEF-1α, 1β, 2
	ヌクレオチド要求性	GTP	GTP
終結反応	終結因子	RF-1, 2, 3	eRF-1, 3
	ヌクレオチド要求性	GTP	GTP

[*5]　eIF-4A の RNA ヘリカーゼ活性に ATP が必要である．

ない．真核生物の mRNA に SD 配列はないが，5′ 末端のキャップ構造を認識して，メチオニル tRNA$_i^{Met}$ と結合した 40S サブユニットが mRNA に結合する．この複合体が ATP 依存的に mRNA 上を 3′ 方向に移動し，最初の AUG コドンに出合ったところで開始因子が遊離し，60S サブユニットが結合して翻訳が開始する．

真核生物の伸長因子 eEF-1α，eEF-1β，eEF-2 は，それぞれ原核生物の EF-Tu，EF-Ts，EF-G に対応している．終結では，真核生物では eRF-1 のみが必要で，これがすべての終止コドンを認識する．

22.5　タンパク質の合成を阻害する抗生物質

抗生物質は，細胞壁合成，DNA 複製，RNA 合成，そしてタンパク質の合成など，微生物の細胞機能を阻害する．原核生物と真核生物ではこれらの過程に必要な分子が異なるため，宿主の細胞に影響を与えずに細菌の反応だけを阻害することができる．表 22.3 と図 22.7 に，タンパク質合成を阻害する代表的な抗生物質の作用機構とその構造を示した[†]．

表 22.3　タンパク質の合成阻害剤

抗生物質	リボソーム結合部位	阻害様式
テトラサイクリン	30S	アミノアシル-tRNA のリボソームの A 部位への結合を阻害[*6]
ストレプトマイシン	30S	アミノアシル-tRNA のアンチコドンとコドンの不正確な対合により，翻訳に誤りを起こさせる
クロラムフェニコール	50S	ペプチジルトランスフェラーゼを阻害[*7]
エリスロマイシン	50S	トランスロケーションを阻害
ピューロマイシン	50S と 60S	未成熟なペプチド鎖の遊離を起こす[*8]
シクロヘキシミド	60S	ペプチジル基の転移反応を阻害[*9]

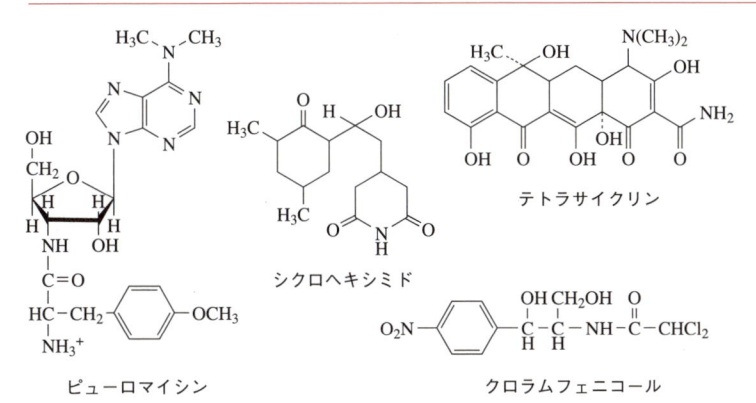

図 22.7　おもな抗生物質の構造

[†] 細菌の 50S または 30S リボソームに結合してタンパク質合成を阻害する代表的な抗生物質と，真核生物の 60S リボソームに作用する化合物を示している．

[*6] テトラサイクリン耐性菌では，他の薬剤耐性菌に見られるようなリボソーム構成要素の変異による耐性ではなく，薬剤の細胞膜透過性を減少させることによって，耐性を獲得している．

[*7] 真核生物のミトコンドリアのリボソームにも作用するため有害な副作用がある．クロラムフェニコールは，クロラムフェニコールアセチルトランスフェラーゼによって不活性化されるので，この酵素をもつ細菌は耐性となる．

[*8] ピューロマイシンは，チロシル-tRNA の 3′ 末端の構造類似体であり，伸長因子なしで A 部位に結合し，ペプチジルトランスフェラーゼによってペプチジルピューロマイシンを生じてペプチド鎖を遊離させてしまう．

[*9] 真核生物のタンパク質合成阻害の研究用試薬としてよく用いられる．

22.6 タンパク質の輸送と局在化

*10 電子顕微鏡で，粗面小胞体として観察されるのは，これらの膜結合ポリソームである．

シグナル配列
一般に，ポリペプチド内にあるタンパク質の局在化にかかわる短いアミノ酸配列．小胞体シグナル配列は，約20残基の疎水性アミノ酸のαヘリックス構造からなる．

シグナル認識粒子
RNAとタンパク質の大きな複合体で，シグナルペプチドに結合し，リボソームが小胞体に結合するのを助ける．

リボソーム上で合成されたタンパク質は図22.8に示すように，細胞質，細胞膜，細胞外，さらに核，ミトコンドリア，リソソーム，ペルオキシソームなどさまざまな細胞内小器官へ運ばれる（ターゲティング）．

細胞外へ分泌されるタンパク質や細胞膜に埋め込まれるタンパク質，また，リソソームへ運ばれるタンパク質は，小胞体の膜結合ポリソームで翻訳される[*10]（図22.9）．遊離状態のリボソームで翻訳が始まり，そのポリペプチドのN末端に**シグナル配列**（signal sequence）が含まれていると，**シグナル認識粒子**（signal recognition particle, SRP）がそこへ結合し，タンパク質合成が一旦停止する（図22.9a）．SRPは，タンパク質合成途中のリボソームを，小胞体膜のSRP受容体に結合させる．このとき，リボソーム受容体もリボソームの結合を助ける（b）．こうしてタンパク質合成が再開され，合成されたポリペプチドは小胞体内腔へ送られる（c）．**シグナルペプチダーゼ**（signal peptidase）によってシグナル配列が切断され（d），合成されたポリペプチドは小胞体内腔へ入る（e）．その後ポリペプチド鎖は，翻訳後修飾を受けてゴルジ体へ送られ，分泌顆粒によって細胞外へ放出される．

細胞質のタンパク質や，核・ミトコンドリア・ペルオキシソームなどの細

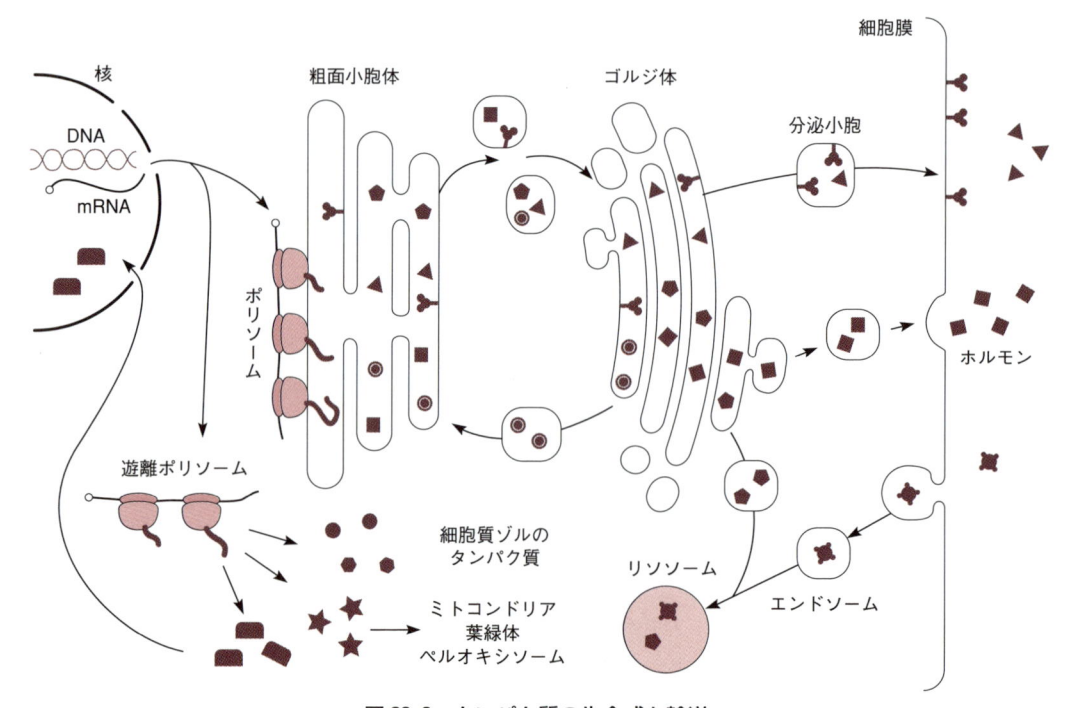

図22.8 タンパク質の生合成と輸送

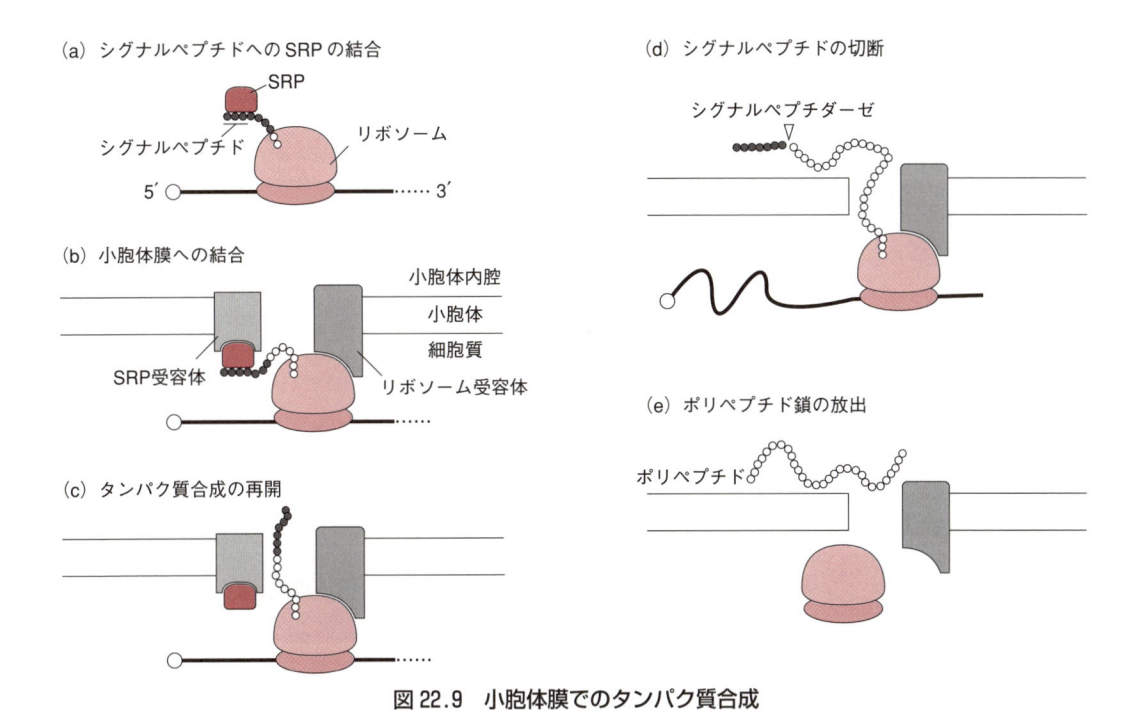

(a) シグナルペプチドへのSRPの結合

(b) 小胞体膜への結合

(c) タンパク質合成の再開

(d) シグナルペプチドの切断

(e) ポリペプチド鎖の放出

図 22.9　小胞体膜でのタンパク質合成

　胞内小器官へ運ばれるタンパク質は細胞質ゾル中の遊離ポリソームで合成される．タンパク質の輸送先ごとのシグナル配列を表 22.4 にまとめた．

　ミトコンドリアには，電子伝達系や呼吸鎖に必要な多くのタンパク質が存在する．その一部はミトコンドリア DNA にコードされているが，大部分は核の DNA にコードされている．そのため，これらのタンパク質は細胞質で合成された後，ミトコンドリアへ運ばれる．

　核にはヒストンなどのクロマチン構成タンパク質や転写因子などが存在するが，これらは細胞質で合成された後に核へ運ばれる．核膜では核膜孔複合体が**核膜孔**（nuclear pore）を形成しており，低分子の物質は比較的自由に通過できるが，高分子は選択的にしか通過できない．リシンやアルギニンなどの塩基性アミノ酸が並んだ核移行シグナル配列をもつタンパク質だけが核内へ運ばれる．

核膜孔
核膜に存在し，細胞質と核の間で分子をやりとりするための直径およそ 100 nm の小孔．核質側はかご状構造になっている．

表 22.4　タンパク質の局在シグナル

タンパク質の局在	シグナル配列の特徴
小胞体	N 末端に 5〜10 個ほどの疎水性アミノ酸が存在
ミトコンドリア	正に荷電したアミノ酸が不連続に繰り返し存在（30〜70 アミノ酸の領域）
核	連続した数個の正電荷のアミノ酸（Lys−Lys−Lys−Arg−Lys など）
ペルオキシソーム	C 末端に Ser−Lys−Leu など

22.7 タンパク質の翻訳後修飾

合成されたポリペプチドは，さらにペプチドの一部が切断されたり，共有結合による化学修飾などを受ける．この翻訳後の修飾は，ポリペプチドのフォールディング（第1章を参照）に大きな影響を与えるため，その成熟に不可欠なものである．さらに，成熟したタンパク質に対してもさまざまな化学修飾が付加されたり，あるいは除去されることでその活性が調節されている．

タンパク質のプロテアーゼによる切断の典型的な例には，N末端メチオニンの切断やシグナル配列の除去などがある．インスリンがプロテアーゼによるプロセシングを経て活性型ペプチドホルモンへ変換されるのもその一例である．プレプロインスリン[*11]は膵臓β細胞の膜結合リボソームで合成され，小胞体内へ放出される．小胞体内腔ではN末端のシグナル配列が切断され，分子内に3個の**ジスルフィド結合**（disulfide bond）が形成されて86アミノ酸からなるプロインスリンが生成され，分泌顆粒に貯蔵される．その後血糖上昇にともなって，特異的ペプチダーゼによってC鎖が取り除かれ（プロセシング），ジスルフィド結合で連結されたA鎖とB鎖からなる生理活性をもったインスリンが分泌される．

糖タンパク質は，糖鎖がポリペプチド鎖のアスパラギン残基を介した **N-グリコシド化**（N-glycosylation），あるいはセリン残基やトレオニン残基を介した **O-グリコシド化**（O-glycosylation）により共有結合したタンパク質である（図2.14を参照）．細胞膜表面のタンパク質や分泌タンパク質はすべて糖鎖修飾を受けている．

アミノ酸側鎖の修飾では，プロリンとリシンの**ヒドロキシ化**（hydroxyl-

[*11] プレプロインスリンの構造は以下のようになっている．数字はアミノ酸番号である．

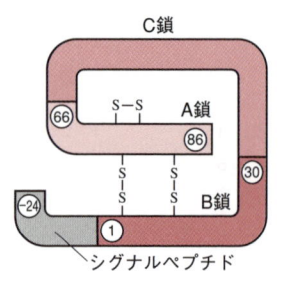

● タンパク質が凝集すると…

タンパク質の誤った折りたたみと凝集は，多くの疾患の原因となることが知られている．このような疾患をコンフォメーション病（conformational disease）とよび，代表的な例としては，アルツハイマー病やクロイツフェルト-ヤコブ病がある．

クロイツフェルト-ヤコブ病（CJD）は神経変性疾患で，痴呆や行動障害が現れる．他の動物では，スクレイピー（ヒツジ）や狂牛病（ウシ）とよばれ，プリオン病として知られる伝染病である．S. Prusiner は，病気の動物の組織から感染性をもつプリオン（prion）というタンパク質を発見した．プリオンタンパク質は，正常と異常の二つの安定なコンフォメーションをとる．正常なプリオンタンパク質と感染性プリオンタンパク質のアミノ酸配列は同一であるにもかかわらず，立体構造が異なる．正常なプリオンタンパク質はαヘリックスに富み，プロテアーゼで分解される水溶性の分子である．一方，異常なプリオンタンパク質はβシートに富み，プロテアーゼ耐性で不溶性である．Prusinerのプリオン仮説によれば，感染性の異常なプリオンが正常なプリオンに結合するとそのコンフォメーションを変化させて不溶性の沈着物をつくる．これが脳内に蓄積すると，神経組織が破壊され病気が発症する．

異常なコンフォメーションをもつタンパク質は，通常は分子シャペロンによって再生されるか，再生できないタンパク質は生体内で分解される．コンフォメーション病は，分子シャペロンや分解系の機能異常によって引き起こされる異常タンパク質の蓄積に起因するともいえる．

ation)が結合組織タンパク質のコラーゲンとエラスチンの構造に必要である（図1.3を参照）．また，ポリペプチド鎖のチロシン，セリン，トレオニン残基の**リン酸化**(phosphorylation)は，代謝調節やシグナル伝達において重要な役割を果たしている．ヒストンの**アセチル化**(acetylation)や**メチル化**(methylation)は，転写調節の制御にかかわっていることが知られている（図21.14を参照）．

脂質の付加で一般的なものは，**アシル化**(acylation)と**プレニル化**(prenylation)であり，タンパク質の膜への親和性やタンパク質−タンパク質相互作用を高める働きをもつ（図4.5を参照）．

ジスルフィド結合
S-S結合ともいう．分子内，あるいは分子間の二つのシステイン残基のチオール基(-SH)が酸化されることによって形成される．酸化的環境にある小胞体内腔で形成され，分泌タンパク質と膜タンパク質（細胞質に接しない部分）がこの結合をもつ．

● ミトコンドリアのタンパク質合成

ミトコンドリアには，核内のDNAとは独立したミトコンドリアDNA(mtDNA)が数個存在する．mtDNAは小さな環状2本鎖DNAであり，母性遺伝する．ヒトのmtDNAは16,569塩基対からなり，二つのrRNA遺伝子，22のtRNA遺伝子，および13種類のタンパク質をコードしている．このタンパク質はミトコンドリアの電子伝達系とATP合成酵素を構成する成分である．mtDNAの転写・翻訳機構は原核生物とよく似ている．そのため，転写・翻訳を阻害する抗生物質が，ミトコンドリアの機能も阻害してしまうことがある．また，核DNAとコドンが異なっているものもあり，たとえばヒトのミトコンドリアでは，AUAはMet(核ではIle)，UGAはTrp(核では終止コドン)，AGAとAGGは終止コドン(核ではArg)である．ミトコンドリア脳筋症など，mtDNAの異常と関連している疾患の存在も明らかになってきている．

章末問題

22-1. 下記のDNA配列によってコードされるペプチド鎖を示せ．
　　5′-GAATGTCGGCCGCGAT-3′
　　3′-CTTACAGCCGGCGCTA-5′

22-2. 遺伝暗号の特徴の一つに，化学的に類似したアミノ酸は類似したコドンをもつ場合が多いことがある．これを，タンパク質合成装置の分子進化の観点から考察せよ．

22-3. 原核生物では転写と翻訳が共役しており同時に行われるが，真核生物でそのようなことが起こらないのはなぜか．

22-4. tRNAとリボソームの親和性は，tRNAがA部位に結合しているほうがP部位に結合しているほうよりかなり低い．これは翻訳過程においてどのような意味をもつか考察せよ．

22-5. 細胞内のあるタンパク質Aの分子量は約2,300,000ダルトンである．アミノ酸残基の平均分子量を115，翻訳速度を2アミノ酸/秒と仮定して，タンパク質Aを合成するのにかかる時間を計算せよ．

22-6. 翻訳後修飾によって初めて活性化されるようなタンパク質の例をあげ，その利点を説明せよ．

22-7. 原核生物と真核生物の翻訳機構の相違について説明せよ．

22-8. 次の用語を簡潔に説明せよ．
　　（a）シグナルペプチド，（b）分子シャペロン，（c）コドン，（d）プロテアソーム，（e）ジスルフィド結合，（f）トランスロケーション

第23章

遺伝子機能の解析技術

　現在われわれは，ゲノムには多くの遺伝情報が書き込まれていると認識している．しかし，1970年頃までは個々の遺伝子がどのような機能をもつのか空想の域をでていなかった．1970年代はじめ，染色体中の特定のDNA断片を取り出すことが可能になった．続いて，試験管内でDNA分子を合成することが可能になり，この人工の遺伝物質を生体内に導入できるようになった．これらの一連の手法は組換えDNA技術（recombinant DNA technology）とよばれ，その技術の進展とともに生物の分子レベルでの理解が飛躍的に進んできた．

　この章では，組換えDNA技術を含む，遺伝子の機能を調べるために用いられる一般的な分子生物学的手法を紹介する．

23.1　DNAクローニング

　特定のDNA断片と同一のコピーであるクローンを大量につくりだす**DNAクローニング**（DNA cloning）には，組換えDNA技術が用いられている[*1]．DNA断片は，それ自身では細胞内で増幅できないため，細胞内で独立して複製される特別なDNAと連結する必要がある．このようなDNAは，目的のDNA断片を細胞内に運びこみ，その複製を補助することから，**ベクター**（vector，「運び屋」の意味）とよばれる．

23.1.1　クローニングベクター

　ベクターとして一般によく用いられているのは，細菌や酵母に存在する環状2本鎖DNAである**プラスミド**（plasmid）である．このプラスミドベクターは複製起点（ori），薬剤耐性遺伝子，さらには標的遺伝子の挿入部位となる各種の制限酵素切断部位からなるMCS（multiple cloning site）領域をもつ（図23.1）．

　pBR322は，もっとも初期に開発されたプラスミドベクターである．全長は4363 bpで，テトラサイクリン耐性遺伝子（Tet^r）とアンピシリン耐性遺伝子（Amp^r）をもつ．その後，pBR322をもとにしてさまざまなベクターが開発されている．アンピシリン耐性遺伝子と大腸菌由来の*lacZ*遺伝子（β-ガラクトシダーゼの遺伝子）をもつpUC系プラスミドは現在でも汎用されており，全長が3000 bp以下と短いので扱いやすく，大腸菌細胞内で多コピーに

[*1] 現在，これらの遺伝子組換え実験は，「遺伝子組換え生物等の使用等の規制による生物の多様性の確保に関する法律」によって規制されている．

組換えDNA技術
DNAを試験管内で自由に改変し，任意の細胞に導入して複製させ発現させる技術の総称．この技術により，遺伝子をクローニングし，細胞や生物個体のゲノムを自由に改変することができる．生物学や医学・農学の研究に大きく寄与している．

プラスミド
細菌の染色体外遺伝子の一つ．染色体とは独立して複製され，細菌の生存に必須ではないが，薬剤耐性遺伝子や性決定遺伝子を含むものがある．また，プラスミドの複製起点があれば細菌中で自律増殖できるため，それを利用して人工的につくられたプラスミドが組換えDNA技術のベクターとして用いられている．

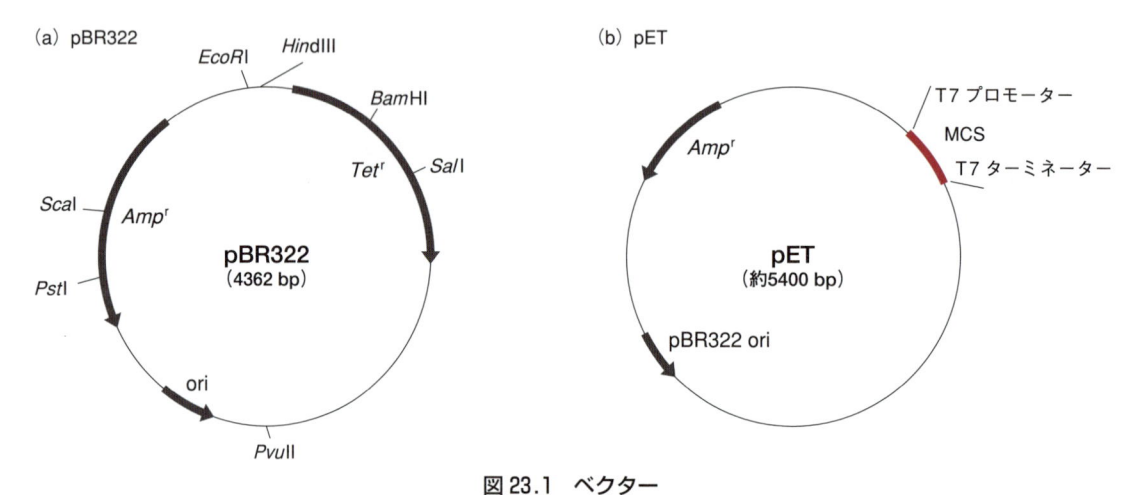

図23.1 ベクター
Amp^r, Tet^r：薬剤耐性遺伝子，ori：複製起点，MCS：multi cloning site.
EcoRI, HindIII, BamHI, SalI, PvuII, PstI, ScaI は制限酵素切断部位．矢印は遺伝子の向きを示す．

β-ガラクトシダーゼ

X-Gal（5-ブロモ-4-クロロ-3-インドリル-β-D-ガラクトシド）という無色の基質を青色に変化させる作用がある．pUC系プラスミドでは，この酵素をコードする lacZ 遺伝子の途中に標的遺伝子の挿入部位があるため，遺伝子が挿入された大腸菌では活性のある酵素が産生されない．したがって，遺伝子が挿入されたかどうかをコロニーの色で識別できる．

コスミドベクター

線状の2本鎖DNAからなるλファージは，そのDNA末端に互いに相補的な12塩基の5′突出末端（cos配列）をもち，大腸菌のなかで相補的に結合して環状の2本鎖DNAとなって複製される．このcos配列を含んだ領域をもつプラスミドDNAをコスミドベクターとよび，数十kbの長いDNA断片をクローニングできる．

複製されるため，大量の分離・精製が容易に行える．

プラスミドベクターの欠点は，挿入できるDNA断片が短いことである．20 kb を超える長いDNA断片をプラスミドでクローニングすることは難しい．この問題を解決するためのクローニングベクターが，λ（ラムダ）ファージやコスミドである．λファージは，50 kb の2本鎖線状DNAをゲノムとしてもち，大腸菌に感染するウイルスである．一方**コスミド**（cosmid）は，プラスミドとファージベクターの長所をあわせもったベクターである．さらに，**細菌人工染色体**（bacterial artificial chromosome, **BAC**）や**酵母人工染色体**（yeast artificial chromosome, **YAC**）をベクターとして用いると，2000 kb までの巨大なDNA断片をクローニングできる．BACベクターはヒトゲノムプロジェクトで物理地図の作成や塩基配列決定に大きく貢献した．

表23.1 制限酵素と認識配列

酵素名	認識配列と切断部位	末端の種類
AluI	5′-AG|CT-3′ 3′-TC|GA-5′	平滑末端
SmaI	5′-CCC|GGG-3′ 3′-GGG|CCC-5′	平滑末端
EcoRI	5′-G|AATTC-3′ 3′-CTTAA|G-5′	5′突出末端
BamHI	5′-G|GATCC-3′ 3′-CCTAG|G-5′	5′突出末端
PstI	5′-CTGCA|G-3′ 3′-G|ACGTC-5′	3′突出末端
BglI	5′-GCCNNNN|NGGC-3′ 3′-CGGN|NNNNCCG-5′	3′突出末端

23.1.2 DNA クローニング

ここではプラスミドを用いたクローニングについて述べる（図 23.2）．DNA クローニングでは，**制限酵素**（restriction enzyme）を利用する．制限酵素とは特異的塩基配列を認識して，2 本鎖 DNA の塩基間のホスホジエステル結合を 3'-OH と 5'-P のかたちに加水分解するエンドヌクレアーゼである．制限酵素には，一カ所で 2 本鎖を切断し平滑末端を生じる酵素と，数塩基離れた位置で 2 本鎖を切断して突出末端をつくる酵素がある（表 23.1）．同じ制限酵素で処理したクローニングしたい DNA 断片とプラスミド DNA 断片を混合し，アニーリングさせた後，**DNA リガーゼ**（DNA ligase）[*2]で連結させる．こうして，目的の DNA 断片を含んだプラスミド（組換え DNA 分子）が得られる．

組換え DNA 分子を細胞に取り込ませる過程を**形質転換**（transformation）とよぶ．DNA のような巨大な分子は，通常は細胞膜を透過できない．大腸菌（*Escherichia coli*）の形質転換では，細胞を高イオン強度の塩化カルシウムにさらす（カルシウム法）か，瞬間的に電気刺激を与える（電気穿孔法）こと

制限酵素
2 本鎖 DNA の特異的配列を認識して切断するエンドヌクレアーゼ．細菌がウイルスの感染を防ぐ（制限する）ために産生する酵素で，細菌自身の DNA はメチル化されているために切断を免れ，メチル化されていないウイルス DNA だけが切断され不活化される．この酵素で切断した DNA 断片は特定の末端配列をもつために，同じ酵素で切断した他の DNA 断片と連結しやすい．

[*2] リガーゼによるホスホジエステル結合の再構築には，ATP が必要である．

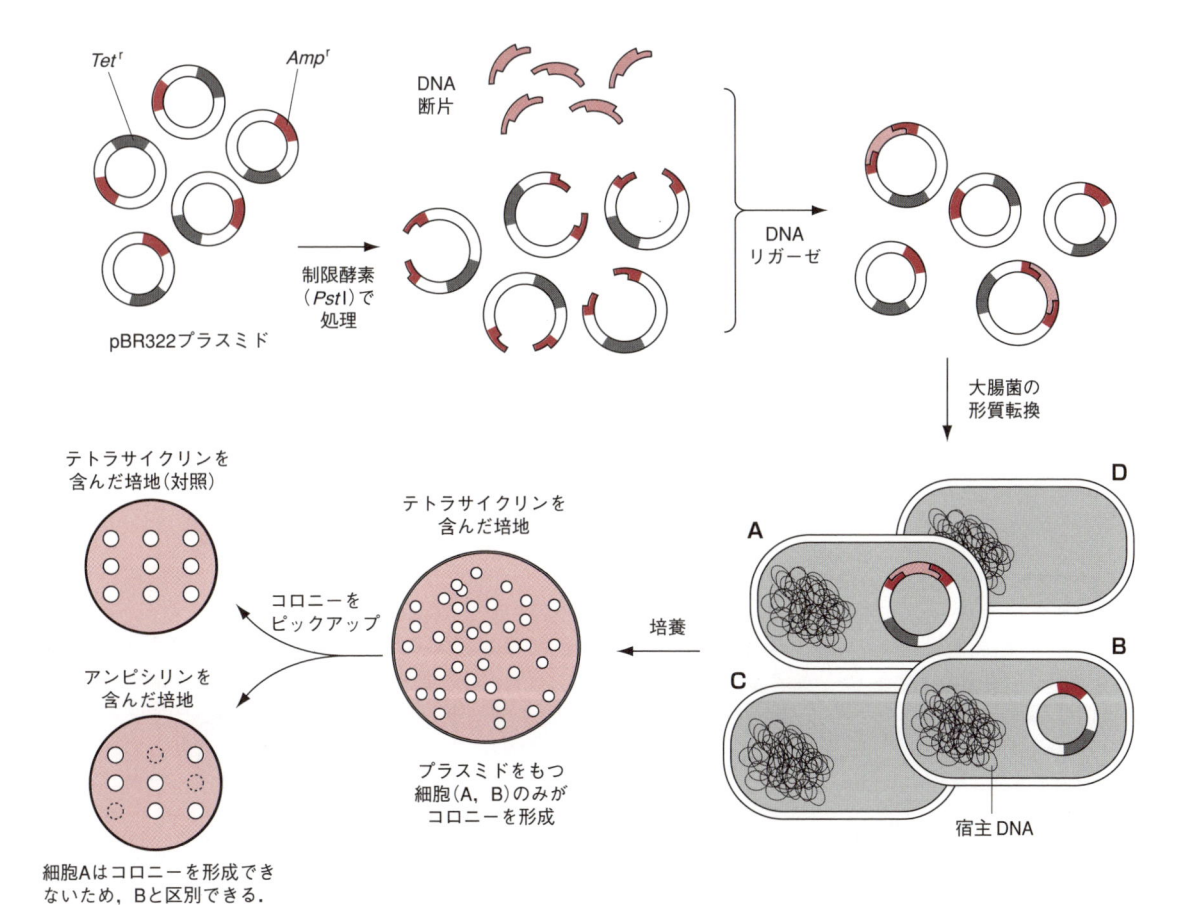

図 23.2 DNA クローニング

形質転換
DNAクローニングにおいては，細菌にDNAを取り込ませる過程を形質転換とよぶ．もともとは，細胞に取り込まれたDNAが細胞染色体と組換えを起こして細菌の形質が変化する現象を指す．

で細胞膜の透過性を変化させ，外来性DNAを導入する．しかし，目的のDNA断片を正しく導入したプラスミドを取り込むのは一部の大腸菌のみであるため，その大腸菌を選択的に識別する必要がある．その方法の一つが薬剤選択である．たとえば，アンピシリン耐性遺伝子をもつベクターを用いた場合，培養液中にアンピシリンを添加することで，形質転換細胞だけが選択的に増殖できる．こうして目的の大腸菌を増殖させ，同一のDNA断片をもつプラスミドを大量に得ることができる．

23.2　DNAライブラリー

耐熱性DNAポリメラーゼ
高温でも変性・失活しないDNAポリメラーゼ．PCRでは熱変性のステップで反応液を94℃程度の高温にするため，高温でも安定な耐熱性DNAポリメラーゼが利用されている．多用されているのは，高度好熱細菌（Thermus aquaticus）由来のTaqポリメラーゼであるが，3'→5'エキソヌクレアーゼ活性を欠くために複製時の誤りが多い．正確な複製を期待する際には，Pyrococcus furious 由来のPfuポリメラーゼなどを用いる．

ある生物のゲノムDNAや，ある生物の細胞に発現しているmRNAに対応するDNA断片をベクターに導入した集団を，DNAライブラリーとよぶ．DNAライブラリーは，すべての遺伝情報のなかから目的とするDNA断片や遺伝子を同定しクローニングするために利用される（図23.3）．

23.2.1　cDNAライブラリー

細胞に発現するmRNA群は，組織や発達段階によって異なるため，同一個体からさまざまなcDNAライブラリーを作製することができる．出発材料からmRNAを抽出し，逆転写酵素によってcDNAを合成し，mRNAを分解後，1本鎖cDNAをDNAポリメラーゼにより2本鎖にする（図23.5を参照）．これらのcDNAをプラスミドベクターに導入し，cDNAライブラリーを構築する．cDNAクローンの塩基配列からはタンパク質のアミノ酸

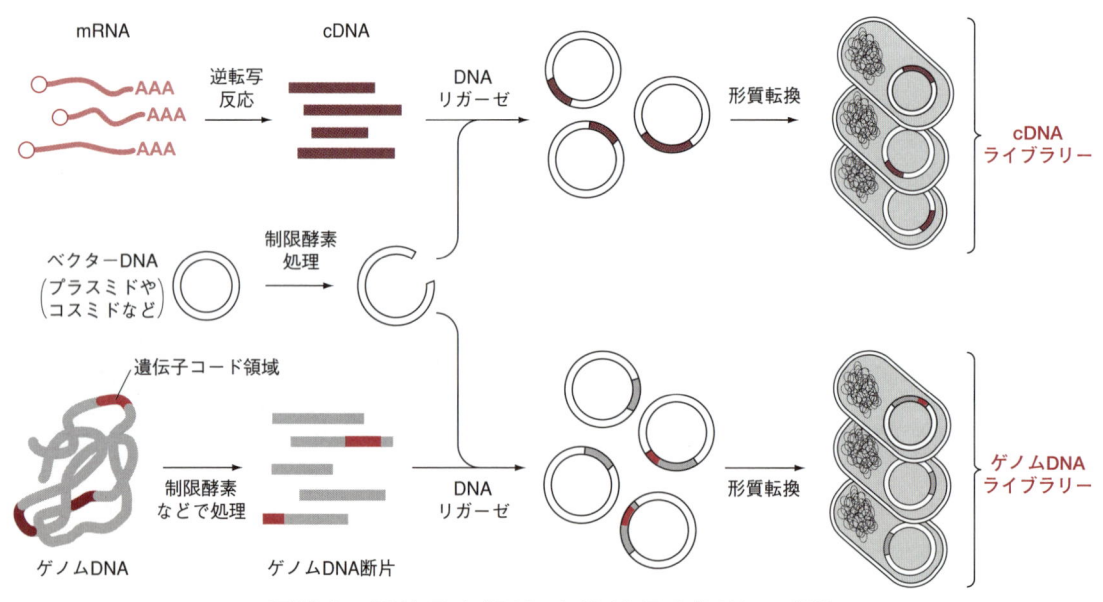

図23.3　cDNAライブラリーとゲノムライブラリーの構築

配列を予測できる．また，細胞や個体に cDNA を導入し，コードするタンパク質を高発現させるためにも利用される．

23.2.2 ゲノムライブラリー

生物の組織や細胞からゲノム DNA を抽出し，それを制限酵素で断片化してファージやコスミドベクターに導入したものがゲノムライブラリーである．ゲノムライブラリーは cDNA ライブラリーとは異なり，エキソンだけでなく，イントロンや転写調節領域，遺伝子間の領域も含んでいる．遺伝子の構造を明らかにしたり，転写調節領域の配列から遺伝子の発現調節を解析することができる．

23.3　PCR 法による遺伝子増幅

1980 年代に，特定の DNA 断片を短時間で増幅できる手法として**ポリメラーゼ連鎖反応**(polymerase chain reaction, **PCR**)が開発された．PCR を利用するためには，目的とする DNA 断片の配列の一部が判明していなければならない．

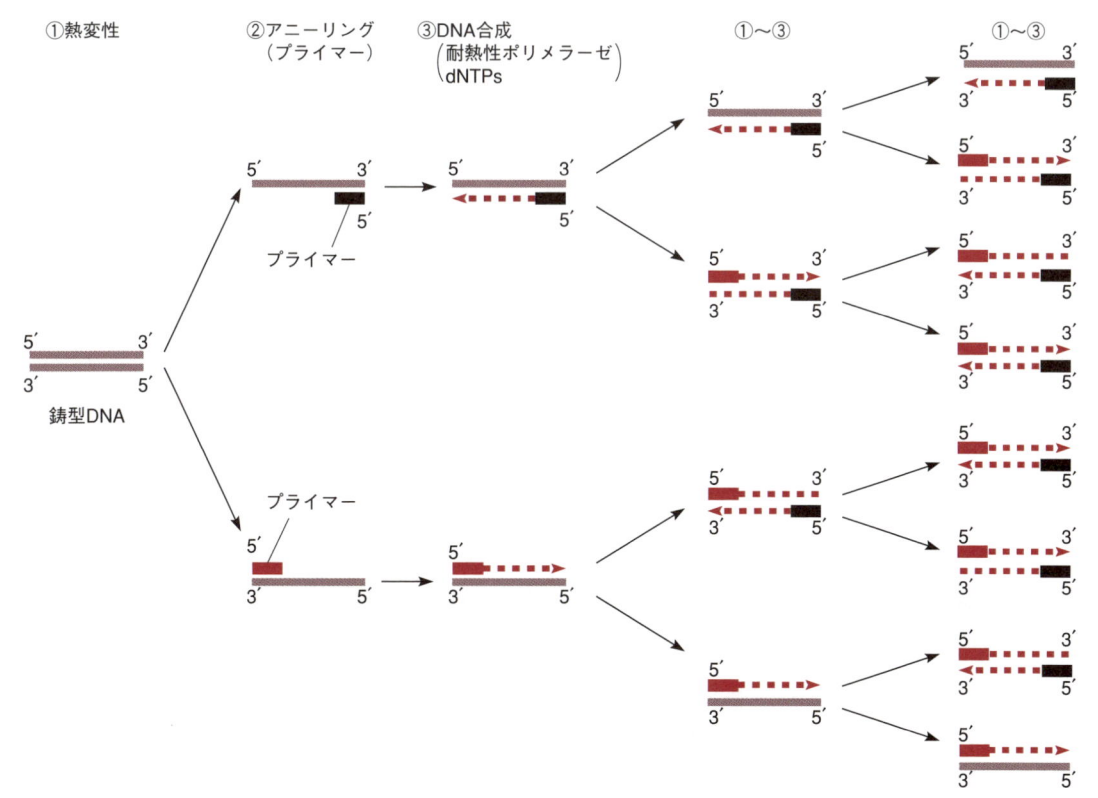

図 23.4　PCR による DNA の増幅

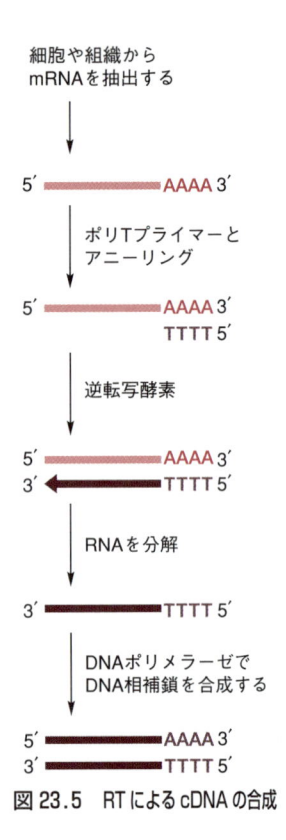

PCR法では，三つの反応(熱変性，アニーリング，DNA伸長)からなるサイクルが繰り返される(図23.4)．はじめに，2本鎖DNAを94℃程度に加熱して1本鎖のDNAにする(熱変性)．次に，温度を50〜60℃に下げて，増幅させたいDNA断片の両端に相補的な一対の短いオリゴヌクレオチド(プライマーとよぶ)を1本鎖DNAにアニーリングさせる．続いて，耐熱性DNAポリメラーゼがプライマーの3′末端のヒドロキシ基にDNA鎖を伸長させる．次のサイクルでは，新たに合成されたDNA鎖も鋳型となり，サイクルを重ねるごとに目的とするDNA断片が指数関数的に増幅される．

PCR法を応用して，mRNAの検出や定量，cDNAクローニングを行うことができる．まず，目的とする細胞や組織から分離(精製)したmRNAを鋳型として，逆転写酵素(第20章を参照)によりオリゴ(dT)をプライマーとしてmRNAに相補的なcDNAを合成する(図23.5)．このcDNAを鋳型として，増幅しようとするDNA断片の両端に相補的な一対のプライマーの存在下でPCR反応を行う．この方法は，逆転写PCR法(reverse transcriptase-PCR, RT-PCR)とよばれている．

PCR法を用いれば，ごく微量の試料から特定のDNA断片を簡単に増幅できるため，病原菌体の遺伝子検査や法医学，古生物学にも利用されている．たとえば，結核菌は細胞分裂の速度が大腸菌の約50分の1とたいへん遅く，培養系の検査では結果を得るまでに時間がかかった．最近では，喀痰から核酸を抽出し，結核菌のゲノムDNAに特異的なプライマーを用いたPCRを行うことで，わずか数時間で検出できるようになった．

図23.5 RTによるcDNAの合成

23.4　DNA塩基配列の決定法

塩基配列を解読する方法で，一般的によく使われる**ジデオキシ塩基配列決定法(dideoxy sequencing method)**[3]について説明する(図23.6)．この方法では，DNA合成の材料としてデオキシリボヌクレオシド三リン酸(deoxyribonucleoside triphosphate, dNTP)だけでなく，**2′,3′-ジデオキシヌクレオシド三リン酸**(2′,3′-dideoxynucleoside triphosphate, ddNTP)を反応液に加える．ddNTPはデオキシリボースの3′ヒドロキシ基を欠損しているため，DNAの伸長過程でddNTPが取り込まれると，次のdNTPとホスホジエステル結合を形成することができず，伸長反応が停止する．まず，2本鎖DNAを熱変性によって1本鎖DNAにして，プライマーをアニーリングさせる．反応系には，DNAポリメラーゼと高濃度の四種類のdNTP，低濃度の四種類のddNTPが含まれており，四種類のddNTPそれぞれに違う色の蛍光標識をつけておくことで重合の停止した塩基の種類を識別できる．この反応液を1塩基長の違いを分離できるポリアクリルアミドゲルを用いて電気泳動し，蛍光標識された娘鎖DNAをDNAシーケンサーの蛍光検出器で順番に読み

*3 F. Sangerらが開発したことからサンガー法，あるいはその反応様式からチェーンターミネーション法ともよばれる．

ポリアクリルアミドゲル
アクリルアミドと，架橋剤である N, N′-メチレンビスアクリルアミドとを共重合させると，三次元の網目をつくりゲル化する．分離したいDNAやタンパク質のサイズに合わせて，アクリルアミドの濃度を変え，網目の大きさを調節できる．たとえば，500 nt以下のDNA塩基配列決定には，6％アクリルアミドを使用する．

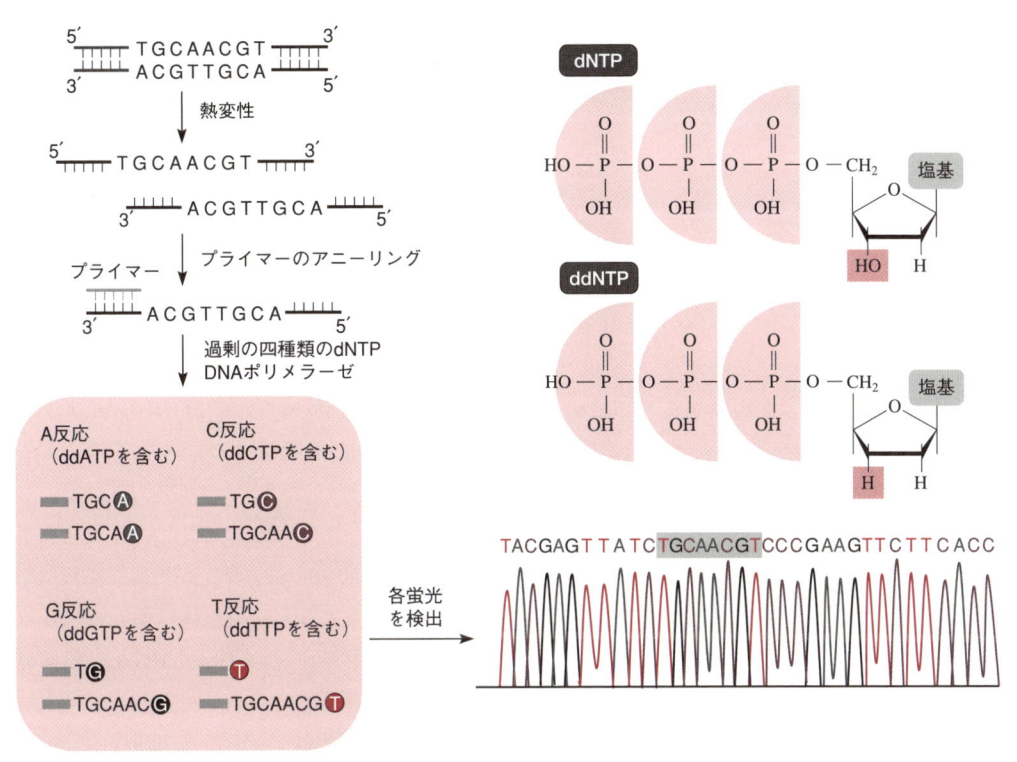

図 23.6　ジデオキシ法による塩基配列決定

取っていく．こうして ATGC からなる塩基配列情報を得ることができる．これまでに述べた PCR 反応と塩基配列決定法を併用することによって，わずかな試料から迅速に DNA 塩基配列情報を得られるようになった．

自分のゲノムを知る

　2003 年，ヒトゲノムの塩基配列解読が終了し，今や私たちはゲノムの 1 文字 1 文字を知ることができるようになった．この情報にはどんな有用性があるのだろうか．私たちの塩基配列を比較してみると，その配列は同一ではない．およそ 1000 塩基対に一つ，各個人ごとの違いがあるのだ．これを 1 塩基多型（single nucleotide polymorphism, SNP）という．

　このような塩基配列の違いがプロモーターにあれば，遺伝子発現に影響がでるだろう．また，タンパク質をコードする領域にあれば，その機能に支障を生じるかもしれない．このような違いが，病気のかかりやすさや薬への感受性などの性質と関連していることが明らかになりつつある．現在，ヒトゲノム上の全 SNP を同定し，さまざまな疾患と SNP との関連を明らかにしようとするプロジェクトが国際的に進められている．これによって，いくつかの疾患の原因が SNP のようなありふれた塩基配列の違いであると判明するかもしれない．

　しかしゲノム配列の多様性の解析は，医学的に大きな進展をもたらす一方で，負の面もある．疾患と関連した遺伝子が明らかになり健康な人に対しても検査が行われるようになれば，疾患と関連した多型をもつ人が（発症していないにもかかわらず）生命保険などへの加入を拒否される事態や，就職や婚姻の障害になる可能性もある．われわれの「知らないでいる権利」を守ることも重要ではないだろうか．

23.5 外来遺伝子の細胞での発現

ここでは，特定のタンパク質のcDNAを細胞へ導入することによって，外来のタンパク質を発現させる手法について説明する．

23.5.1 発現ベクター

タンパク質を発現させるためのベクターを**発現ベクター**（expression vector）という．発現ベクターは，MCSの前後にプロモーターと終結シグナルが組み込まれており，MCSに組み込まれた外来遺伝子cDNAが効率よくRNAに転写されるようにしている（図23.1bを参照）．ベクターを導入する細胞の種類に応じて，一番適したプロモーター（をもつベクター）を選択する．たとえば，大腸菌では，T7 RNAポリメラーゼによって転写されるpET系がよく利用されている[*4]．

細胞に導入されたcDNAを含む発現プラスミドは染色体に挿入されることなく独立して存在し，細胞のRNAポリメラーゼによってRNAに転写されて，タンパク質が翻訳される．ほ乳動物細胞でのこのような遺伝子発現は一過性で，2〜3日後にピークに達し，その後はプラスミドDNAの分解によりすみやかに減少する．一方，ほ乳動物細胞に導入された外来性のDNAは，効率はきわめて低いが，細胞の染色体に安定に組み込まれる．このような細胞を，薬剤選択マーカーとなる遺伝子の発現により選別する．

23.5.2 プラスミド以外の発現ベクター

ヒトや動物細胞に感染するDNAウイルスやRNAウイルスの遺伝子を改変したものが，発現ベクターとして用いられる．このようなウイルスベクターでは，本来ウイルスがもつ感染経路を利用してほ乳動物細胞に効率よく遺伝子を導入できる．

たとえば，アデノウイルスベクターを利用すれば，分裂していない細胞に目的の遺伝子を一過的に発現させることができる．一方，RNAウイルスであるレトロウイルスベクターに組み込まれたRNAは，分裂細胞に取り込まれて2本鎖DNAに変換され染色体に組み込まれるため，持続的な発現を期待できる．培養細胞における組換え遺伝子の発現は，タンパク質どうしの相互作用や細胞内局在の解明など，塩基配列からは明らかにできなかった機能の解析に有用である．

23.6 遺伝子改変生物

遺伝子の機能を生物個体で調べるために，組換えDNAを挿入されたゲノ

[*4] ほ乳類細胞に対しては，サイトメガロウイルスプロモーターなどのさまざまなプロモーターが利用されている．さらに，ポリ（A）付加シグナルが挿入されることで，転写産物の3′末端にはポリ（A）が付加されて安定化される．

ムをもつ個体がつくられる．このような生物を**組換え生物**(transgenic organism, genetic modified organism)，とくに動物個体を遺伝子改変動物あるいは**トランスジェニック動物**(transgenic animal)とよぶ．生物の基本的なしくみを解明するためのさまざまなモデル生物が存在するが，ここでは，ゲノムがヒトに近く，疾患モデルとしても有用であるマウスの遺伝子改変法について説明する．

トランスジェニックマウス(transgenic mouse)を作出するには，生殖細胞系列にある細胞のゲノムに組換えDNAを安定に挿入する必要がある．まず，受精直後の雄性前核に組換えDNA溶液を直接マイクロインジェクション(微量注入)する．この操作により，ゲノム上のランダムな位置に，多数のコピーの組換えDNAが挿入される．この受精卵を仮親である偽妊娠マウスの子宮に戻し，その結果トランスジェニックマウスが生まれる(図23.7)．導入される組換えDNAに特定のプロモーターが組み込まれていると，特定の組織で発現される．たとえば，血管平滑筋αアクチン遺伝子に由来するプロモーターを利用すると，血管特異的に任意の遺伝子を高発現するトランスジェニックマウスを作製することができる．

モデル生物
実験室で研究しやすい代表的な生物．より単純な実験系で，増殖や世代交代が早く，なおかつ遺伝的な操作がしやすいなどの理由で選ばれる．

雄性前核
受精後，卵子の核は雌性前核を形成し，進入した精子の頭部が膨張して雄性前核となる．雄性前核のほうが大きい．

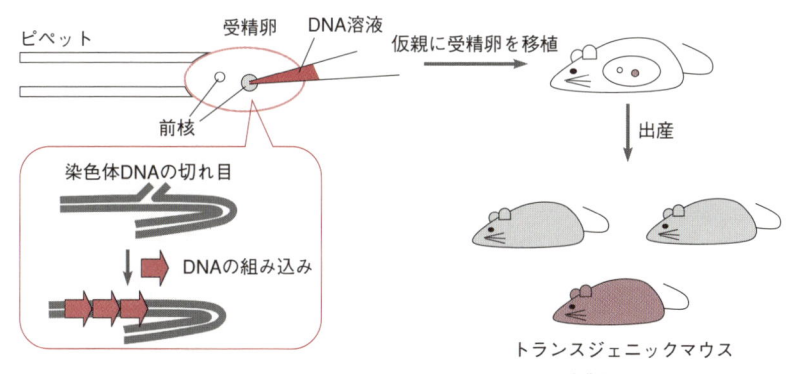

図23.7 トランスジェニックマウスの作製
ピペットで受精卵を固定して，ガラス管によってDNA溶液を雄性前核へ注入する．ランダムに存在する染色体DNAの切れ目に，連結したDNA断片が多コピー組み込まれる．

一方，ある特定の遺伝子の機能を明らかにするためにその遺伝子を破壊して，その遺伝子をもたないマウスを作成することができる(図23.8)．このような遺伝子欠損マウスを**ノックアウトマウス**(knockout mouse)，そして，このようにゲノムの特定領域に組換えDNAを導入することを**遺伝子ターゲティング**(gene targeting)とよぶ．ノックアウトマウスの樹立には**胚性幹細胞**(embryonic stem cell, ES cell)を用いる．ES細胞は，受精卵の胚盤胞中の内部細胞塊から得られる細胞で分化全能性をもち，これを初期胚に注入すると，生殖細胞を含むすべての細胞へ分化していく．ゲノムDNA断片を細胞へ導入すると，高効率で相同組換えが起こる．つまり，一部をあらかじめ

トランスフェクション
真核生物の細胞に組換えDNAを導入すること．おもに，三つの方法が利用されている．リン酸カルシウム法では，リン酸カルシウムとDNAが凝集して細胞表面に共沈したものを細胞に取り込ませる．リポソーム法では，細胞膜と融合する性質をもつリポソーム(脂質の小胞)に，あらかじめDNAを取り込ませて細胞へ導入する．電気穿孔(エレクトロポレーション)法では，DNA溶液中に細胞を浸して電気刺激を与え，細胞膜の性質を一時的に変化させてDNAを導入する．

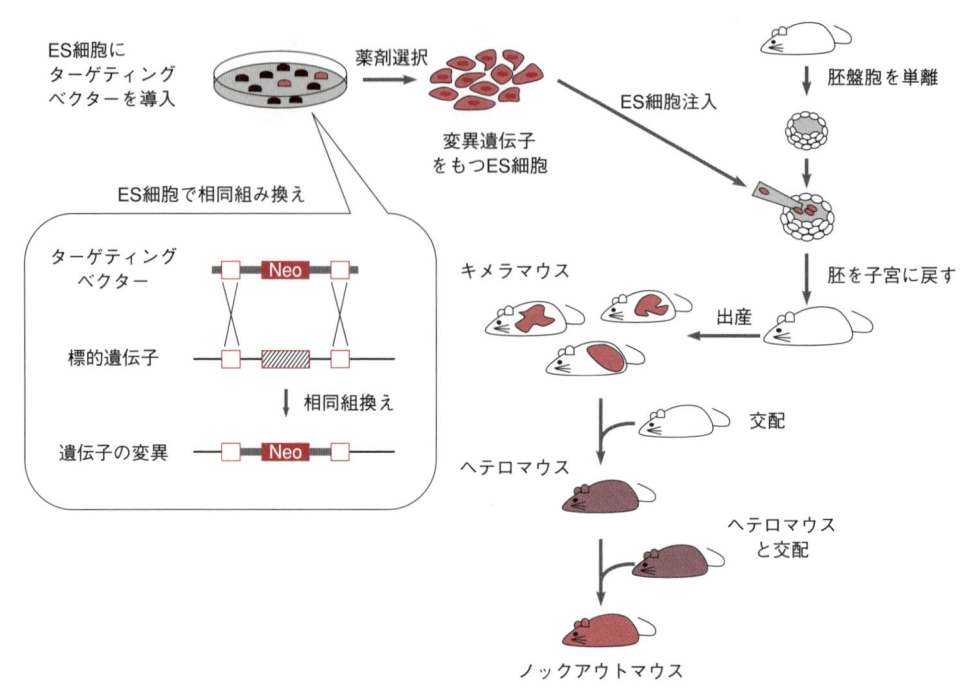

図 23.8 ノックアウトマウスの作製
標的遺伝子をネオマイシン耐性遺伝子 (Neo) で置き換えたターゲティングベクターを ES 細胞に導入して相同組換えを起こさせる．この遺伝子改変 ES 細胞を胚へ戻してノックアウトマウスを得る．

欠損させたゲノムをもつ組換え DNA (ターゲティングベクター) を細胞に導入して，目的の遺伝子を欠損したゲノムをもつ ES 細胞を作製できる．ターゲティングベクターに，薬剤耐性マーカーを挿入することによって，相同組換えした細胞を効率よく選び出すことができる．この遺伝子改変 ES 細胞を初期胚に注入し，胚ごと仮親に戻す．こうして，ES 細胞由来の細胞と元の胚由来の細胞が混合した状態の**キメラ** (chimera) マウスが生まれる．このなかから，ES 細胞由来の生殖細胞をもつキメラマウスを選び，野生型マウスと交配させる．こうして，ゲノムの片方のアレル (対立遺伝子のうちの一つ) が遺伝子改変されたヘテロ接合体が生まれる．次にヘテロ接合体どうしを交配させることで，両アレルとも遺伝子が改変されたホモ接合体が得られる．

　ある遺伝子の機能を明らかにするために作製された多くの遺伝子改変マウスが疾患モデル[5]として医学研究に大いに役立っている．これらのマウスを用いて，新薬の効果を確かめる臨床実験や，病因遺伝子の分子メカニズムの解析が行われている．

*5　遺伝病，がん，自己免疫疾患など．

23.7 核酸のハイブリッド形成を利用した遺伝子解析

相補的な1本鎖DNAどうしは相補的塩基対を形成して2本鎖になる。このような相補的塩基対形成は，DNA-DNA間だけでなくDNA-RNA間やRNA-RNA間でも起こり，一般に核酸の**ハイブリッド形成**（hybridization）とよばれる[*6]。

このハイブリッド形成を利用して，多数のDNAやRNAのなかから特定の配列を分離・検出するのが**サザンブロット法**（southern blotting）や**ノーザンブロット法**（northern blotting）である。たとえば，ある疾患とある遺伝子変異（塩基配列の違い）との間に関連がある場合には，DNA上の変異の検出にサザンブロット法が利用される（図23.9）。サザンブロット法は，DNAに対してプローブ（DNAまたはRNA）をハイブリッド形成させる。健常者と患者からそれぞれDNAを抽出し，適当な制限酵素で断片化した後，アガロースゲル電気泳動でDNA断片を分離する。それをニトロセルロース膜などに移し（ブロッティング），標識DNAプローブとハイブリッド形成させる。その結果，プローブと相補的塩基対を形成する配列の存在を検出できる。

一方，RNAを検出する方法をノーザンブロット法とよぶ。多くの遺伝子は特定の細胞や組織に限定して発現している。また，それらの遺伝子発現は一定ではなく，外部からの刺激やシグナルによって変動する。遺伝子発現，とくにmRNAの発現レベルを解析するためには，目的の組織からmRNAを含む全RNAを抽出し，サザンブロット法と同様にアガロースゲル電気泳動で分離し，ニトロセルロース膜などに移す。その後，検出したいmRNAに対応する標識プローブ（DNA，オリゴヌクレオチド）と，厳しい条件（高温，低塩濃度）でハイブリッド形成を行う。標識の強さからmRNA量を推定でき

[*6] 相補的塩基対形成のうち，由来の異なる1本鎖どうしで行うものをハイブリッド形成とよぶ。由来が同じ核酸どうしや，PCRのプライマーに対しては，アニーリングという用語を使う。

プローブ
特定の物質，部位，状態などを特異的に検出する物質の総称。DNAやRNAプローブは，蛍光物質や放射性同位元素で標識されたオリゴヌクレオチドで，ハイブリッド形成により相補的な塩基配列をもつ核酸を検出できる。また，抗原-抗体反応を利用して特定のタンパク質を検出する抗体プローブなどもある。

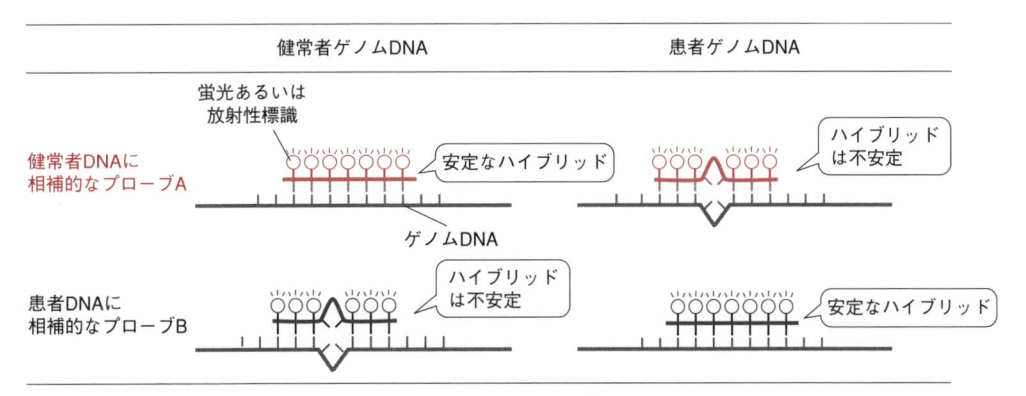

図23.9　DNAの変異の同定

蛍光標識した二種類のDNAプローブを用意する。一方は健常者の塩基配列と完全に一致した塩基配列をもち（プローブA），もう一つは予想される変異遺伝子の塩基配列と一致したもの（プローブB）である。プローブAは健常者DNAのみと安定なハイブリッドを形成し，プローブBは患者DNAとのみ安定なハイブリッドを形成する。安定なハイブリッドの蛍光を観察することで遺伝子変異の有無を検出できる。

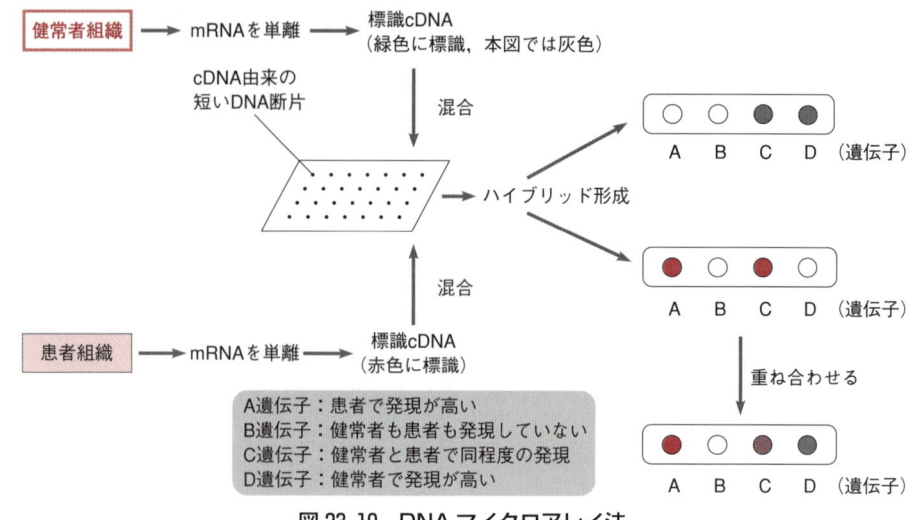

図23.10 DNAマイクロアレイ法

健常者組織 → mRNAを単離 → 標識cDNA（緑色に標識，本図では灰色）
患者組織 → mRNAを単離 → 標識cDNA（赤色に標識）

cDNA由来の短いDNA断片と混合 → ハイブリッド形成

A遺伝子：患者で発現が高い
B遺伝子：健常者も患者も発現していない
C遺伝子：健常者と患者で同程度の発現
D遺伝子：健常者で発現が高い

DNAマイクロアレイ
ガラスやシリコンの基板上に，DNAを規則正しく配列したもの．DNAチップともいい，1枚あたりに数万種類の断片を並べられる．細胞の全cDNAやそれに対応するオリゴヌクレオチドを配列したDNAマイクロアレイを用いて，mRNAの発現パターンの解析ができる．

るため，組織間や刺激の前後でのmRNA量の比較ができる．

最近では，細胞や組織を総合的に理解するために網羅的な遺伝子発現解析が積極的に行われるようになってきた．そこでよく用いられるのが，**DNAマイクロアレイ**（DNA microarray）**法**である（図23.10）．マイクロアレイ（DNAチップ）とは，多種類のDNA断片を顕微鏡用スライドガラスに規則正しく貼りつけたものである．現在では，ヒトやマウスの全遺伝子を網羅するようなオリゴヌクレオチドが並んだアレイも存在する．比較したい二種類の組織から全mRNAを抽出し，cDNAに変換する．各組織由来のcDNAを異なる蛍光色素で標識してマイクロアレイとハイブリッド形成させ，レーザースキャナーで蛍光を検出すると，ハイブリッド形成したドットのみに蛍光が観察される．マイクロアレイは膨大な数の遺伝子の発現を一挙に解析でき，機能的に関連している遺伝子群を見出すことができる．

このような遺伝子発現の違いは，疾患の病態の理解につながるだけでなく，薬剤に対する感受性などの個人差の原因とも考えられている．

23.8 遺伝子解析技術の医療分野での応用

ここまでに述べてきた遺伝子解析技術は，医療分野において診断と治療に応用されている．ここでは，将来的に注目される応用例をいくつか説明する．

処方された薬物がその患者に効果があるかどうかを知ることは非常に重要である．また，副作用が生じるかどうかも重要である．薬物反応における個人差は，薬物の吸収，分布，代謝，排泄によるもの，あるいは標的受容体の多様性による個人差の影響が大きい．このような個人差の多くは，限られた数の遺伝子多型の組合わせに依存している．したがって，特定の薬剤ごとに

DNAマイクロアレイを用意し，数百程度の多型を解析することで，患者ごとに異なる処方を行える可能性がある（オーダーメイド薬）．

ある研究の一環として多数のヒトゲノムサンプルを採取して，塩基配列を解析した結果，興味深い現象が明らかになった．同じヒトでも塩基配列は同一ではなく，個体によってゲノムの塩基配列がわずかに違っていたのである．そのほとんどが，**1塩基多型**（single-nucleotide polymorphism, SNP）とよばれる変化であった．このSNPは，ヒトゲノム中に約300万カ所，すなわち約500～1000 bpに1カ所の割合で存在する．この違いが，酒に強いか弱いか，疾患にかかりやすいかどうか，薬が効きやすいかどうかなどの個人差の原因になっていると考えられている．SNP解析が進めば，副作用の少ないオーダーメイド医療が可能になるだろう．さらには高精度の遺伝子地図を作製することにより，SNPは疾患に関連したマーカーとなりうる．

治療のために投与されるタンパク質には，インスリン，血液凝固第Ⅷ因子，インターフェロン，エリスロポエチンなどがあるが，現在では組換えタンパク質が利用されている．以前はヒトの組織や血液から抽出されていたが，組換えタンパク質を利用することによって，血液凝固因子製剤にエイズウイルスが混入して感染する[*7]などの安全性の問題を回避できる．組換えタンパク質を産生する宿主には，大量調製に向く点で細菌が適しているが，細菌タンパク質の混入による副作用，ヒトでは見られるタンパク質の糖鎖付加などの翻訳後修飾がないなどの問題もあり，ほ乳動物細胞の発現系へ関心が集まっている[*8]．

すでに，ヒトの組織に存在する組織幹細胞を利用して骨髄移植などの治療がなされているが，最近では胚性幹細胞（ES細胞）の作製と操作に関する技術が進歩し，細胞を用いた治療が注目されている．損傷を受けた組織が幹細胞によって修復・再生されるという現象は，実際に生体内で起こっていることである．患者と同じゲノムをもつクローンES細胞を作製して遺伝子操作を加え，目的の細胞に分化させる技術が確立すれば，治療に用いられる可能性が大きく広がることは間違いない（第24章コラムを参照）．

23.9　遺伝子治療

遺伝子治療とは，患者の細胞に直接遺伝的改変を加えて治療を行うことである．生殖細胞の遺伝的改変は基本的に禁止されているため，体細胞の遺伝子が改変される．遺伝子改変による効果としては，遺伝子の高発現による遺伝子機能の増強，相同組換えによる変異遺伝子の修正，siRNAを利用した遺伝子発現の阻害，毒素遺伝子の導入によって標的細胞を殺す，サイトカインなどの導入によって免疫系細胞を補助する，などが考えられる．細胞への遺伝子導入は，生体外（*ex vivo*）で行われる場合と生体内（*in vivo*）で行われ

1塩基多型
ゲノム配列の一部に見られる一塩基の差異．ヒトゲノム上の存在頻度は高く（1,000塩基対に一つ），自動化した方法で容易に検出できる．高密度のSNP地図を作成することで，遺伝子と疾患との関連や薬剤への感受性との関連などが明らかになる可能性がある．

オーダーメイド医療
薬の効果や副作用は個人によって異なるので，SNPやDNAマイクロアレイによる遺伝子発現の情報をもとに，患者個人に最適な治療方法を計画すること．

疾患マーカー
ある遺伝子の発現が特異的に高まったり，あるいは特定の遺伝子に変異が生じる疾患がある．このような遺伝子の発現や変異を疾患マーカーとよび，それを調べることで疾患を特定できる．

[*7]　薬害エイズ事件として知られている．

[*8]　培養細胞の利用だけでなく，ヤギやヒツジの乳汁中に組換えタンパク質を分泌させるなど，トランスジェニック動物を利用する考えもある．

る場合がある（図23.11）。前者の場合，患者の細胞を取り出して培養し，その細胞に遺伝子導入を行う。期待される遺伝子発現のある細胞を選択し，増殖させて患者の体内へ戻す．この方法には，採取が容易で長期にわたって生存する造血系細胞などが用いられる．一方，標的とする細胞の培養が困難で，効率よく体内へ戻せない場合には後者の方法を用いる．その場合は，外来遺伝子をいかに目的の細胞に導入し，効率よく発現させるかが鍵となる．現在，ウイルスベクターを中心としたさまざまなベクターが開発されて利用されている．

ウイルスベクター
ウイルスが細胞へ感染し維持されるしくみを利用して，目的とする遺伝子を導入するベクター．レトロウイルスベクターやアデノウイルスベクターが確立されており，アデノ随伴ウイルスやHIVウイルスベクターの研究も進められている．

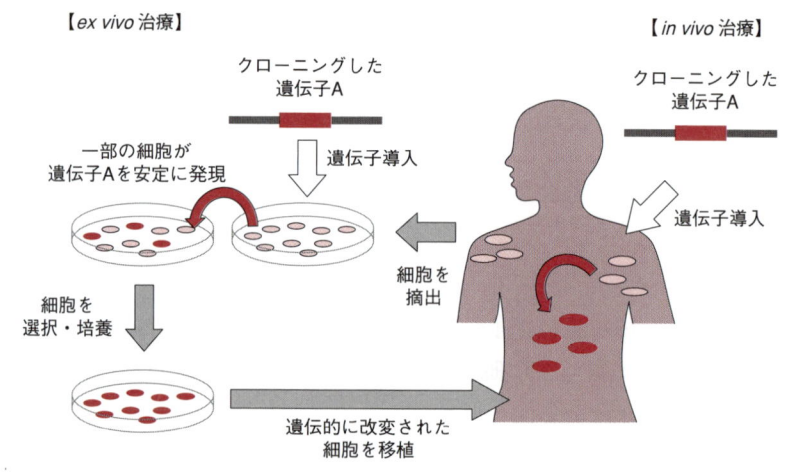

図23.11　in vivo 遺伝子治療と ex vivo 遺伝子治療

章末問題

23-1. DNA断片をプラスミドベクターに結合させるために必要な酵素は何か．

23-2. 10.0 kbの環状プラスミドを制限酵素で切断し，電気泳動で分離したところ，次のような大きさのDNA断片が検出された．このプラスミドの制限酵素地図を作成せよ．

EcoRI	10.0 kb
BamHI	5.0, 4.0, 1.0 kb
PstI	10 kb
EcoRI＋BamHI	5.0, 2.5, 1.5, 1.0 kb
EcoRI＋PstI	7.0, 3.0 kb
BamHI＋PstI	4.0, 3.5, 1.5, 1.0 kb

23-3. 発現ベクターを培養細胞中に導入する方法を説明せよ．

23-4. ノックアウトマウスを作製するために使う細胞は何か．

23-5. PCR法によるDNA増幅を三つのステップに分けて説明せよ．

23-6. cDNAライブラリーとゲノムライブラリーの違いを説明せよ．

23-7. ジデオキシ塩基配列決定法で使われるデオキシリボヌクレオシド三リン酸（dNTP）とジデオキシヌクレオシド三リン酸（ddNTP）の構造の違いと，ddNTPの役割について説明せよ．

23-8. トランスジェニックマウスはどのような操作で作製されるか説明せよ．

23-9. サザンブロット法とノーザンブロット法の相違点は何か．また，特定の疾患における遺伝子の変異検出方法について説明せよ．

第 24 章

遺伝子発現と細胞の増殖，分化，死

私たちの体は，一つの受精卵から多様な細胞をつくり，それらの大きさと形を調節し，機能をもつ組織へとまとめ，さらには老いた細胞を除去することで，全体として統合性を保っている．本章では，個体を形成（発生；development）し維持（maintenance）してゆく一連の過程が，ゲノム DNA に遺伝情報としてプログラムされたものであることを説明する．

24.1　細胞の誕生と分化

24.1.1　受精卵とその全能性

一般に，細胞が新しい特性を獲得することを**分化**（differentiation）とよび，分化する前の元の細胞を**幹細胞**（stem cell）とよぶ．幹細胞は，分化した細胞をつくる能力と**自己複製能**（self-renewal）とをあわせもつ（図 24.1）．幹細胞は自己複製を行い，そこで新しい細胞が誕生すると同時に，より分化した幹細胞をつくる．同様に，前駆幹細胞，さらには増殖しない分化細胞（終末分化細胞）ができる．

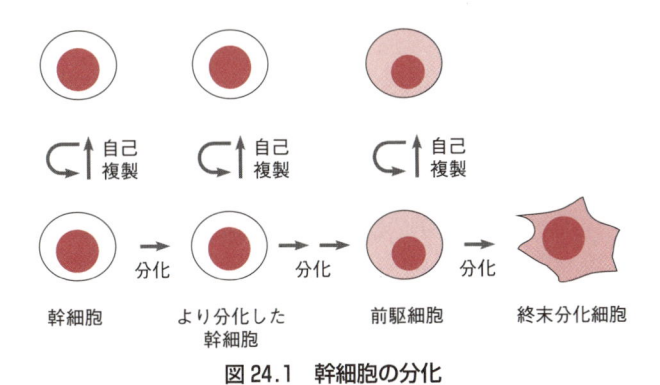

図 24.1　幹細胞の分化

受精卵は，体を構成するあらゆる細胞に分化する能力をもつ．このような能力を**全能性**（totipotency）とよび，受精卵は自然界で唯一，全能性を備えた細胞である[*1]．胚発生の過程で，胚盤胞期の内部細胞塊とよばれる均一な細胞集団をシャーレで培養すると，**胚性幹細胞**（embryonic stem cell，ES 細胞）ができる（図 24.2）．ES 細胞は，ある特定の条件下ではすべての細胞に分化できる全能性を発揮する．

幹細胞
その細胞と同じ細胞をつくる能力（自己複製能）をもち，なおかつ新しい特性を獲得して分化する能力も兼ね備えた細胞．終末分化細胞に至るまでに，さまざまな分化能を備えた前駆幹細胞が存在する．

全能性
分化全能性ともよばれる．細胞が成体を構成するすべての体細胞と生殖細胞に分化する能力．胚をつくる細胞が発生のどの時期まで全能性をもつかは，動物の種類により異なる．

[*1] マウスの場合，8 細胞期の各細胞をバラバラにして（偽妊娠）雌マウスの子宮に移植するとそれぞれから正常なマウスが生まれる．このことから，これらの細胞も全能性をもつといえる．しかし，次の 16 細胞期ではもはや正常なマウスが生まれないことから，それらの細胞は多能性（pluripotency）であって，全能性とは区別される．

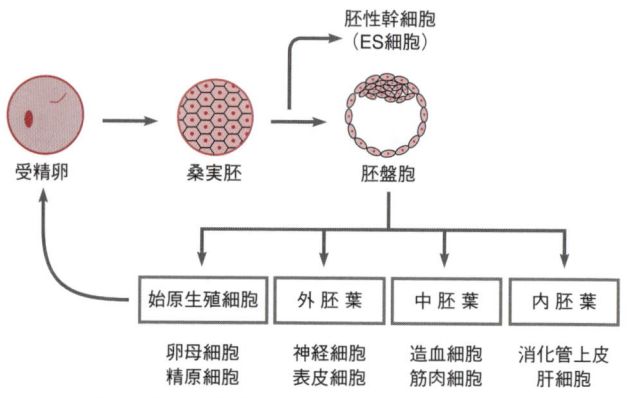

図24.2 受精卵から各胚葉への分化と脱分化

24.1.2 細胞の運命

胚盤胞期を過ぎると,内細胞塊は三つの層に分かれ,それぞれが分化できる細胞の種類が限られてくる(図24.2).内胚葉の細胞は消化管や肝臓,外胚葉は神経や表皮,そして中胚葉は血液や筋骨格系へ分化できるが,別の胚葉に由来する細胞には分化できなくなる.さらに分化が進むと,たとえば神経になることが運命づけられた細胞は神経細胞へは分化するが表皮細胞には分化できなくなる[*2].

*2 胚葉が形成される時期に生殖細胞へ分化する細胞が決まるが,生殖細胞は受精によって再び全能性を獲得できる.

24.1.3 組織における幹細胞の役割

一般に多細胞生物では,細胞の寿命は個体の寿命より短い.細胞は,その寿命によって,あるいは病気や外傷によって脱落する.つまり新しい細胞を供給する源となる幹細胞から,分化した細胞が供給されなければならない.

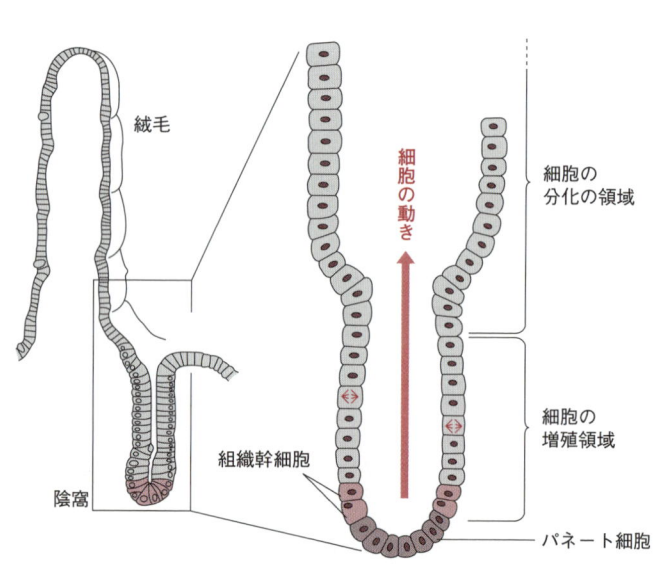

図24.3 腸上皮組織の維持

たとえば，小腸の上皮は一層の細胞からなるが，その寿命は2〜3日と短い．上皮細胞のなかの陰窩とよばれるくぼみの基底部には抗菌物質を分泌するパネート細胞があり，それに接して幹細胞（組織幹細胞）が存在する（図24.3）．これが陰窩の外側に向かって絶えず前駆幹細胞を供給し，さらにこれらが増殖・分化して新たな上皮細胞を供給することで，上皮組織が維持されている．

24.2 発生の進行と遺伝子発現プログラム

24.2.1 遺伝子発現プログラム

発生過程の進行につれて特定の時期に特定の遺伝子が働くことは，ショウジョウバエの唾液腺染色体の**パフ**（puff）の観察によって古くから知られていた（図24.4）．発生の過程において，各領域においてこのパフの現れるパターンが決まっているということは，遺伝子が発現するゲノム領域と時期があらかじめゲノムにプログラムされていることを示している．しかもこの遺伝子発現のプログラムは一方向性で，いったん進むと元には戻れない．自然界においては唯一，受精卵のみが遺伝子発現の**再プログラム化**（reprogramming）を行うことができる．

一方，人工的な処理によっても核の再プログラム化を行うことができる．核を除いた卵子に終末分化した体細胞の核を移植し，電気刺激などの処理を加えると再び発生が始まるのである（図24.5）．つまり，遺伝子発現プログラムが再プログラム化される．再プログラム化された細胞が体のすべての細胞

唾液腺染色体
ハエなどの双翅類（とくにその幼虫）の唾液腺，食道，小腸，神経細胞には，巨大染色体が存在する．細胞分裂をともなわずにDNAの複製が十数回繰り返され，染色分体が平行に並んだ多糸染色体である．DNA密度の高い部分が縞になり，光学顕微鏡で観察できる．

パフ
多糸染色体に見られる，局部的に膨張した構造．転写が活発で，mRNAが盛んに合成されている領域である．

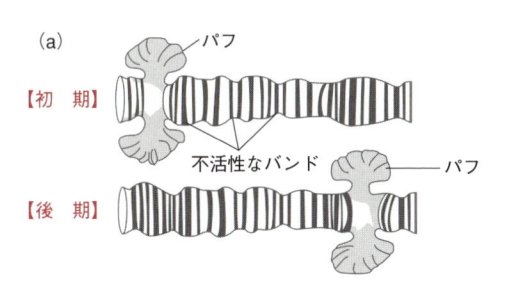

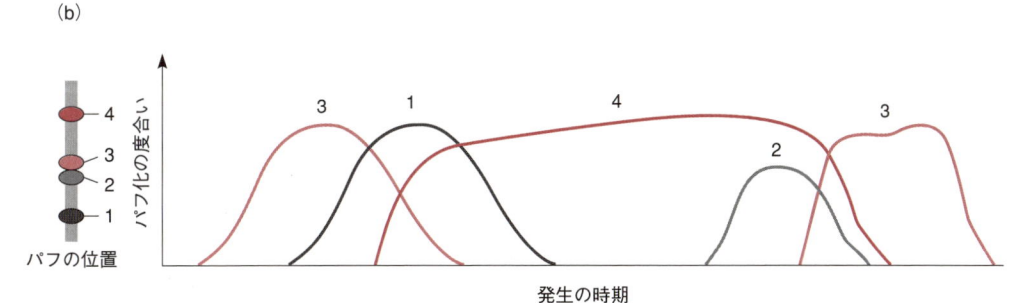

図24.4 発生過程におけるパフの消長

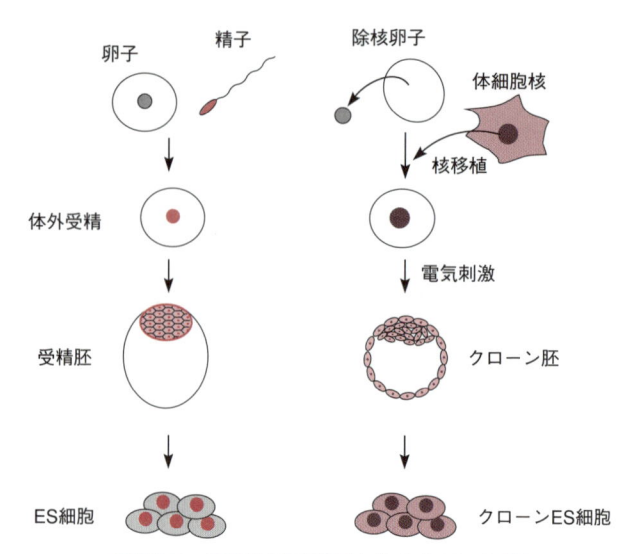

図 24.5　核の再プログラム化とクローン胚

に分化できる能力をもっていることは，核移植胚を仮親に移植することでクローン羊ドリーが誕生した研究から明らかである（コラムを参照）．しかし，その成功頻度の低さや生まれた個体が短命であるなどの理由から，この再プログラム化では適切なクロマチンの凝集状態を実現できないことが原因であると推測されている．

24.2.2　発生過程における遺伝子発現の制御機構

　ショウジョウバエのパフの例で示したように，それぞれの分化段階にある細胞は，特定の遺伝子をある一定の期間だけ発現させる．また，ある特定の細胞への分化が決まると，細胞の世代を超えてその性質が受け継がれる．このような現象を可能にしているしくみはどのようなものだろうか．

　まずは，遺伝子発現の量を規定する制御配列に特異的に結合する，細胞特異的な転写因子による制御である．つまり，細胞特異的な転写因子が発生過程の特定の時期に働いている．例として筋細胞の発生について説明する（図24.6）．筋細胞は，その前駆細胞である筋芽細胞が分化し融合したもので，アクチンやミオシン，細胞膜イオンチャネルなど，筋細胞に特徴的な遺伝子を発現している．体節にある中胚葉系の細胞から筋芽細胞への分化を促すのが，転写因子 MyoD である．MyoD の発現によって筋芽細胞に分化すると，MyoD によってさらに別の転写因子 Myogenin の発現が促され，それが筋細胞に特徴的な一群の遺伝子発現を誘導することで筋芽細胞は筋細胞へと最終分化する．

　組織特異的な転写因子の存在があるとしても，なぜ MyoD を発現する筋芽細胞の娘細胞はやはり同じ筋芽細胞なのであろうか．この**細胞記憶**（cell

エピジェネティクス
世代を超えて，娘細胞に同じ形質が受け継がれる細胞記憶の現象は，エンハンサーなどのDNA 配列による遺伝子発現制御では説明がつかないエピジェネティクス，あるいはエピジェネティックな現象とよばれる．その機構は，クロマチンの化学修飾，つまりヒストンのアセチル化や DNA のメチル化によるクロマチン構造の制御である．

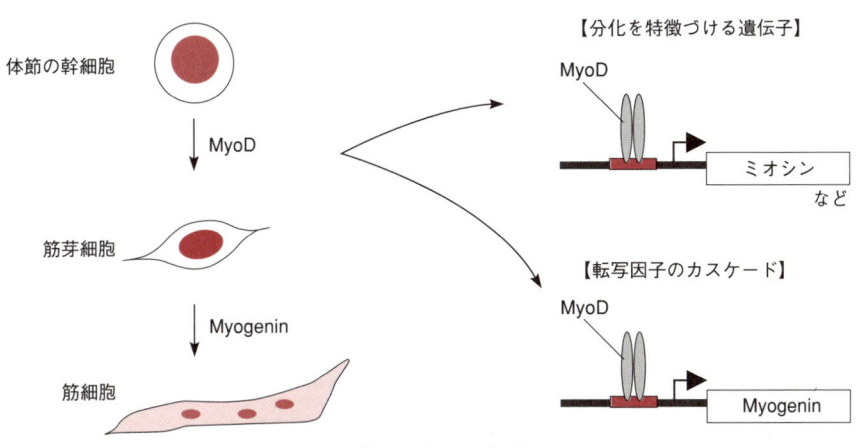

図 24.6　骨格筋の運命を決定づける MyoD

memory）という現象が普遍的であるのは，世代を超えて遺伝子発現と密接に関連するクロマチンの凝集状態が記憶されるためである．このクロマチン構造の制御は，エンハンサーなどの DNA 配列による制御の「上；epi」という意味で，**エピジェネティクス**（epigenetics）とよばれる．

24.3　細胞の増殖

　一つの細胞はその構成成分を倍に増やし，分裂することで二つの細胞となる．この倍化と分裂を含む一連の決められた順序で進む過程を**細胞周期**（cell cycle）とよび，細胞の増殖に必須の過程である．真核細胞の細胞周期は四つに分けられる（図 24.7）．核と細胞質が分裂する **M 期**（M は Mitosis；有糸分裂）と DNA が複製される **S 期**（S は Synthesis；合成）は，染色体を含めた細胞構造のダイナミックな変化をともなう時期である．染色体の数を n で表すと，S 期の前の染色体は $2n$，S 期の後では $4n$，さらに M 期を経て $2n$ と変化する．M 基の完了から S 期の開始までを **G_1 期**（G は Gap；すきま），S 期の完了から M 期の開始までの時期を **G_2 期**とよび，それぞれ M 期移行と S 期移行のための準備の期間といえる．ヒトの細胞では，細胞の種類によって異なるが，急速に増殖していても 1 周期におおよそ 24 時間かかる．ただし細胞周期はつねに進行しているわけではなく，増殖している一部の細胞でのみ進行している．そして，細胞周期を進行させる分子群と，それを抑制する分子群が存在し，それらによって細胞の増殖が制御されている．

24.3.1　細胞周期の進行

　細胞周期の進行の引き金となるのが **CDK**（cyclin dependent kinase；サイクリン依存性キナーゼ）とよばれるタンパク質キナーゼの一群である．

細胞周期
細胞の内容物が倍加して，細胞が二分裂する順序だった一連の過程．$G_1 \to S \to G_2 \to M$ 期の順に進む．細胞周期のなかには，次のステップに進んでよいかどうかを決める多くのチェックポイントが存在する．

CDK
細胞周期を進めるタンパク質キナーゼ．CDK1（Cdc2），CDK2，CDK4，CDK6 の四種類が存在する．CDK4 と CDK6 はほとんど同じ機能をもつ．特定のサイクリンと結合することで活性型の酵素となり，さまざまな基質をリン酸化する．

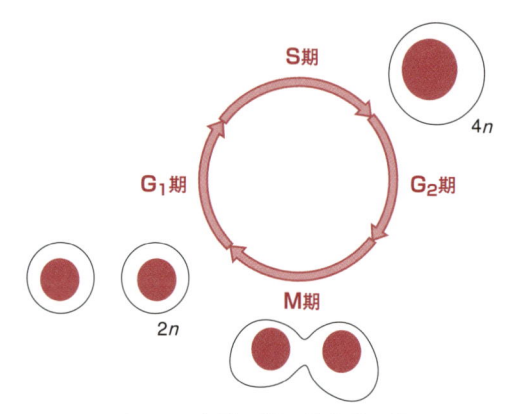

図 24.7　細胞周期と染色体の数

サイクリン
CDK に結合して，そのリン酸化能を活性化する．CDK1-サイクリン B，CDK4/6-サイクリン D などの複合体をつくり，それぞれ M 期と S 期への進入を促進する．ユビキチン-プロテアソーム系で，細胞周期依存的に分解される．

CDK は，**サイクリン**（cyclin）が結合することでリン酸化活性をもつようになる（図 24.8）．CDK の量は細胞周期を通じて一定であるが，サイクリンの量が周期的に増減する．このサイクリンは，プロテアソームによる分解の制御を受ける．つまり，細胞周期進行はサイクリンのタンパク質分解によって制御されている．

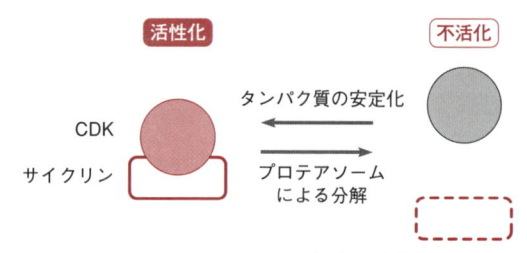

図 24.8　CDK による細胞周期制御

*3　その発見の経緯から Cdc2 ともよばれる．カエル受精卵の研究で活性が示されたことから，CDK1-サイクリン B 複合体のことを卵成熟促進因子（Maturation promoting factor, MPF）ともよぶ．

M 期への進行を促す CDK を M 期 CDK，それと結合するサイクリンを M 期サイクリンとよぶ．M 期 CDK は CDK1[*3]で，サイクリン B と結合することで基質タンパク質をリン酸化して M 期への移行を進める（図 24.9）．

S 期 CDK の代表は CDK4 と CDK6（機能的な差がないので CDK4/6 と書く）であり，サイクリン D と結合することによって活性化されて，基質をリン酸化する．代表的な基質である RB（retinoblastoma；網膜芽細胞腫の原因遺伝子産物）は，S 期への進行を促す遺伝子群の発現を抑制する転写因子であり，リン酸化によって不活化されると，DNA 複製にかかわる遺伝子群の発現が誘導される．

24.3.2　細胞周期の抑制

細胞周期を進行させる CDK に対して，その活性を抑制する **CKI**（CDK inhibitor）とよばれる分子群が存在する．CKI には，CDK に結合してサイク

CKI
CDK に結合することでサイクリンの結合を阻止するか，CDK-サイクリン複合体に結合してリン酸化活性を阻害する因子．その結果，細胞周期を止めるブレーキ役をつとめる．

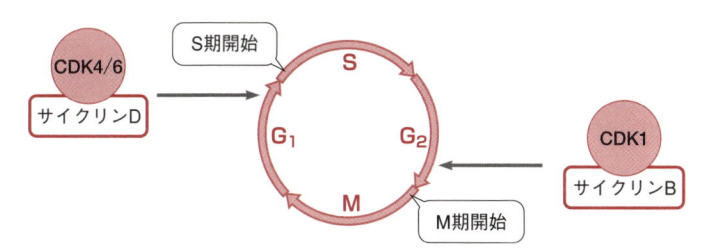

図 24.9 サイクリンの分解による CDK 活性制御

リンと競合阻害するものと，CDK-サイクリン複合体に結合して活性を阻害するものがある（図 24.10）．前者は，p16（p は protein を意味し，16 は分子サイズを表す）などを含むグループで，アンキリンリピートとよばれるドメインが反復する構造をもつ．後者は，p21 や p27 を含み，CDK 阻害領域を共通にもつ．通常は，CKI の発現の調節により細胞周期が制御される．たとえば個体発生の過程では，p27 の遺伝子欠損によりいくつかの臓器で細胞の過剰な増殖が見られる．

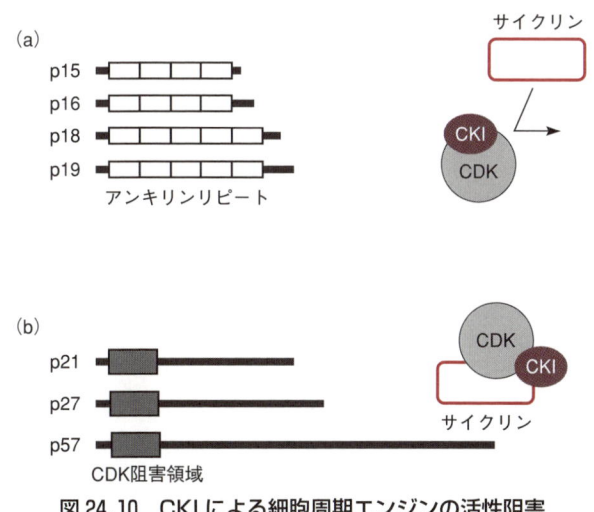

図 24.10 CKI による細胞周期エンジンの活性阻害
(a) サイクリンとの競合．(b) 複合体へ結合し，キナーゼ活性阻害

細胞には，細胞周期の進行が完了しない場合に，ある**チェックポイント**（checkpoint）で止めて，その異常の修復を効率的に行う機構が備わっている．その際に，細胞周期を停止させるのも CKI である．たとえば，DNA 損傷のチェックポイントには二つの経路がある（図 24.11）．一つは G_1 期を停止する経路で，DNA 損傷を認識して ATM キナーゼ[*4] が活性化され，基質である転写因子 p53 をリン酸化する．その結果，活性化された p53 は，CKI の一つである p21 を誘導する．p21 は CDK4/6 に結合してサイクリン D との結合を抑制し，S 期への進行を阻害する．もう一つの経路では，ATM キナー

チェックポイント

細胞周期の進行の過程が正常に完了したかモニターし，そうでなければ完了するまで細胞周期を止める機構が存在する．この細胞周期が停止する時点，あるいはその機構そのものをいう．

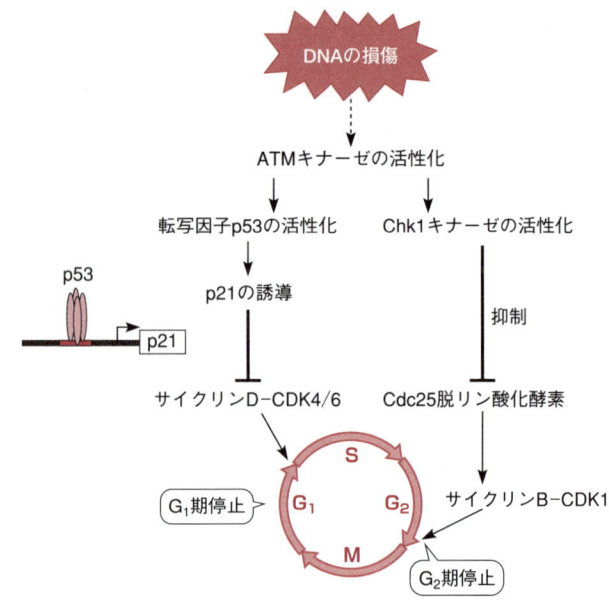

図24.11 DNA損傷チェックポイント

*4 ATMは，毛細血管拡張性失調症の原因遺伝子産物（ataxia telangiectasia mutated）の意味．

ゼは，Chk1キナーゼをリン酸化して活性化させ，それがCdc25脱リン酸化酵素を不活化する．Cdc25は，通常はCDK1を活性化しているので，その抑制によりM期への進行も阻害される．その他にもDNA複製や紡錘体形成の異常を感知するさまざまなチェックポイントが存在し，細胞周期を停止させて異常な細胞をつくらないようにしている．

24.4 細胞の死

アポトーシス
遺伝子発現を介して細胞が積極的に死に至る過程．プログラム細胞死ともよばれる．細胞の老化や外部からの刺激により引き起こされる．細胞が縮小し，核や細胞質が断片化する．

増殖し分化する以外に，死ぬこともまたゲノムにプログラムされた細胞の運命の一つである．老いた細胞や不要となった細胞が，細胞死のプログラムを活性化して自殺する過程を**プログラム細胞死**（programmed cell death），あるいは**アポトーシス**（apoptosis）とよび，個体の統合性を保つうえで重要な過程である*5．アポトーシスを起こした細胞は，マクロファージなどに取り込まれてすみやかに処理されるため，周りの組織に有害な**炎症**（inflammation）を起こさない．これは，細胞が損傷を受けて細胞の内容物を放出して死ぬ**ネクローシス**（necrosis）とは大きく異なる点である．

アポトーシス過程にある細胞は，細胞全体が縮小，あるいは核および細胞が断片化している．生化学的には，ヌクレアーゼによるDNA切断が起こり，ヌクレオソーム単位（約180塩基）のDNA断片が観察される．このように，DNA断片化に至るアポトーシスの経路は，多細胞生物ではよく保存されている．その経路において重要な細胞小器官はミトコンドリアであり，主要な

24.4 ◆ 細胞の死

分子は**カスパーゼ**(caspase)とよばれるタンパク質分解酵素のファミリー，ならびにミトコンドリア膜上で働くBcl-2ファミリーである．カスパーゼは，プロカスパーゼとよばれる不活性な前駆体として合成され，アポトーシスを誘導するシグナルによって自身が切断を受けて，大サブユニットと小サブユニットからなる四量体になることで活性化される（図24.12a）．活性化されたカスパーゼは，さらに同じファミリーのカスパーゼ前駆体を切断し，それらを活性化する．同時に細胞内のさまざまな基質タンパク質を切断する．

Bcl-2ファミリーのなかでアポトーシスを誘導する代表的なタンパク質はBaxとBidである．ともに，ミトコンドリア膜で働き，ミトコンドリアの膜間腔に存在するシトクロムcの細胞質への放出を助ける．このファミリーに属するタンパク質のなかには，Bcl-2タンパク質のように，シトクロムcの細胞質への放出を抑えてアポトーシスを抑制するものもある．

これらの因子を介する二つの細胞死の経路について説明する（図24.12b）．第一は，おもにマクロファージから放出される**腫瘍壊死因子**(tumor necrosis factor, TNF)と，ある種のリンパ球系細胞から放出されるFasリガンドが，腫瘍細胞やウイルス感染細胞を死滅させる経路である．ほとんどの細胞表面には**デスレセプター**(death receptor)が存在し，TNFあるいはFasリガンドが結合することでカスパーゼ8が活性化される．このカスパーゼは，Bidをミトコンドリアに移行させることで，シトクロムcの細胞質への放出を促す．シトクロムcは，細胞質でカスパーゼ9と結合してカスパーゼ9を活性化し，

*5 たとえば，ヒトの手の形態形成過程では，指と指との間の組織の細胞がアポトーシスを起こして，指が1本ずつに分かれる．また，脳でも多くの不要な神経細胞がアポトーシスを起こすことによって，生き残った細胞の神経ネットワークが形成される．成体の組織でも，血液細胞や消化管上皮細胞をはじめとして，絶えず老化した細胞のアポトーシスが起こり，組織が維持されている．さらに，放射線，温熱，そして抗がん剤などで傷害を受けた細胞もアポトーシスによってすみやかに死に至る．

炎 症
異物に対する組織の反応．組織の破壊と修復をともなう．好中球の浸潤と炎症性サイトカイン産生を特徴とする．

ネクローシス
損傷による細胞死．細胞膜の破壊をともない，細胞質を放出するため，周囲に炎症を引き起こす．

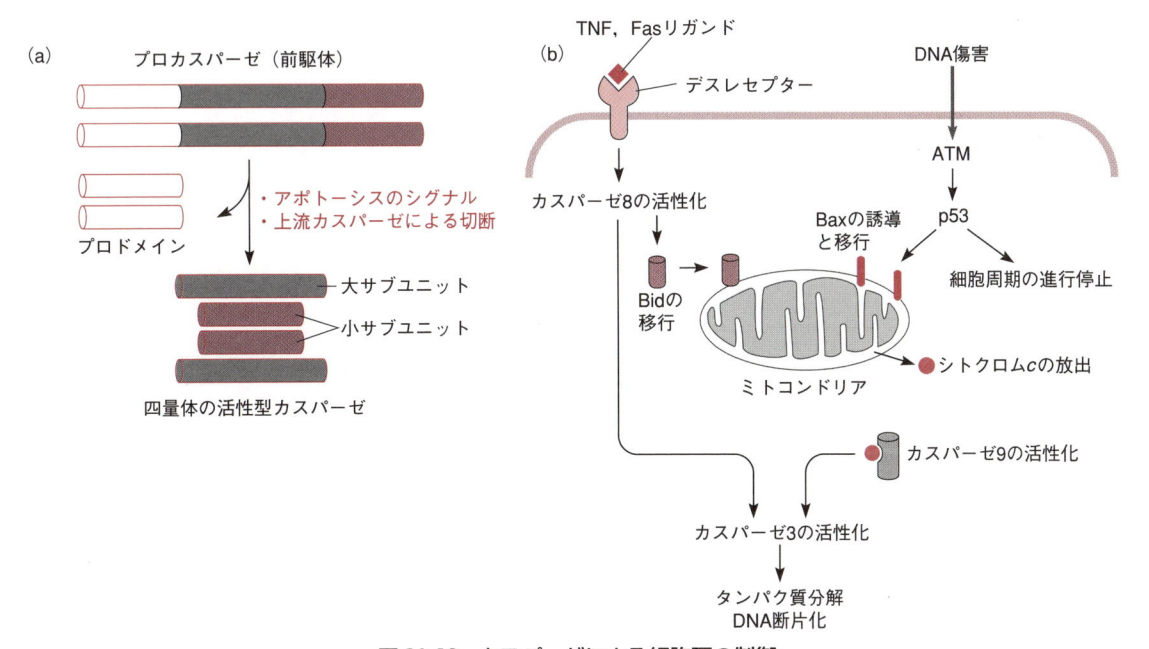

図24.12 カスパーゼによる細胞死の制御
(a)カスパーゼの活性化，(b)細胞死の経路．

アポトーシスに導く．カスパーゼ3の活性化は，カスパーゼ9やミトコンドリアを介さずに直接カスパーゼ8によっても導かれる．

次に，DNA傷害によるアポトーシスの経路を紹介する．細胞に放射線や紫外線が照射されるとDNAが損傷し，その結果として**ATMキナーゼ**の活性化が起こる．このリン酸化酵素により転写因子p53がリン酸化されて活性化を受け，標的遺伝子であるp21の発現を誘導して細胞周期を止める．一方で，活性化p53はBaxの発現を誘導し，ミトコンドリアからシトクロムcの放出を促進してアポトーシスを導く．

24.5 がん

がん遺伝子
変異することで細胞増殖を促進する遺伝子．細胞増殖因子，受容体型キナーゼ，細胞内シグナルを伝える因子，その下流の転写因子など細胞外へのシグナルにかかわる分子群の遺伝子．変異した遺伝子をがん遺伝子，もとの正常な遺伝子を**原がん遺伝子**とよぶが，この区別は厳密にされているわけではない．

がん抑制遺伝子
失活変異を起こすことでがん化に寄与する遺伝子．細胞周期進行抑制にかかわるRB, p53や，DNA修復にかかわるMSH2, XP遺伝子などがある．

細胞の運命は，増殖，分化，あるいは死のどれかである．そして増殖するとしても，その速度は細胞自身のゲノムの情報，あるいは周辺の細胞からのシグナルによって決められている．この制御を外れた異常な増殖を行うのが，がん細胞である．がんは，一連の突然変異の結果として生じる．がんの原因となりうる遺伝子群を**がん関連遺伝子**とよび，**がん遺伝子**(oncogene)と**がん抑制遺伝子**(tumor suppressor gene)に分けられる．

24.5.1 がん遺伝子

正常な細胞には，細胞の増殖の制御にかかわる分子群が存在する．それらは，増殖因子，受容体型キナーゼ，細胞内シグナル伝達因子，その下流の転写因子などである(図24.13)．これらの分子は，通常はさまざまな因子によって活性化と抑制を受けるが，つねに細胞増殖を促進するような遺伝子変異が生じることがある．正式には，この変異した遺伝子をがん遺伝子，そしてもとの正常な遺伝子を**原がん遺伝子**(proto-oncogene)とよぶ．一般に，複数のがん関連遺伝子の遺伝子変異が生じることでがんが生じると考えられている．つまり，あるがん遺伝子の遺伝子増幅，点変異，あるいは染色体転座により遺伝子産物の活性化が起こり，その結果として制御を外れた細胞の増殖が起こる．そのために，細胞周期のチェックポイントなどが機能しにくくなり遺伝子の不安定化(ゲノムの変異が起こりやすい状態)が起こる．これが複数のがん関連遺伝子の変異を招いて，細胞をがんに導く．

たとえば，GタンパクであるRASは，GTPが結合したGTP型RASが活性型である(図24.13，第18章を参照)．正常なRASはGTPase活性をもつためにすみやかに不活性型のGDP型RASへ転換されるが，点変異によってGTPase活性が低下すると活性化状態を維持するようになる．そのため，受容体からのシグナルに過剰に応答し，あるいはそのシグナルに依存しないで下流にシグナルを伝え，細胞増殖を促してしまう．また，慢性骨髄性白血病の患者の90%では，ABLチロシンキナーゼの遺伝子を含む9番染色

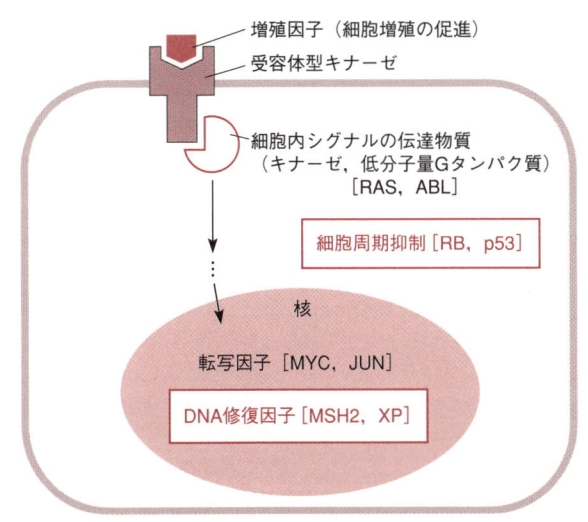

図 24.13　がん遺伝子とがん抑制遺伝子がコードするタンパク質群
□はがん抑制遺伝子を示す．[　]に代表的な遺伝子産物を示す．

体と BCR（break point cluster region）遺伝子をもつ 22 番染色体に転座が起こり，BCR-ABL 融合遺伝子が生じている．その結果，ABL に由来するチロシンキナーゼが定常的に活性化され，細胞の増殖が促進される．細胞増殖シグナルの下流にある転写因子 Myc や Jun もがん遺伝子の代表例である．

24.5.2　がん抑制遺伝子

がん抑制遺伝子は，通常は発がん過程を抑制する遺伝子群である．つまり，その機能が喪失するような変異によって発がんが促進される．そのなかには，細胞周期のブレーキとなる遺伝子や，細胞をアポトーシスに導く遺伝子，そして DNA の複製にかかわる遺伝子などが含まれる（図 24.13）．それらの遺伝子産物の機能喪失は DNA の不安定化を招き，その結果として複数のがん関連遺伝子の変異を生じさせる．

たとえば，小児のがんである**網膜芽細胞腫**の原因遺伝子である RB は S 期 CDK の基質でもあり，リン酸化されて不活化されると，S 期進行を促す遺伝子群の発現が誘導される．したがって，RB 遺伝子の機能が喪失すると，絶えず S 期への進行が促される．RB を含む多くのがん抑制遺伝子は，二つの対立遺伝子の両方に変異が入る「ホモ接合性」となるとがんの発症を導くことが知られている．細胞の RB 遺伝子がヘテロ接合性の場合は保因者となるが発症はしない[*6]．ヒトのがんでもっとも高頻度で変異の見られるがん抑制遺伝子は，細胞周期を止め，あるときはアポトーシスを導く転写因子である p53 である（図 24.11）．

また，DNA 修復のうちミスマッチ修復にかかわるタンパク質である MSH2 は**遺伝性非ポリポーシス大腸がん**の原因遺伝子である．皮膚がんを高率に発症する**色素性乾皮症**（xeroderma pigmentosum，XP）の原因遺伝子も，

[*6] ところが，突然変異や染色体の不分離などのために，一定の確率で，ヘテロ接合性の細胞はホモ接合性の細胞へと変化する．保因者から生まれたヘテロ接合性の子では，もともとすべての網膜細胞がヘテロ接合性であるが，数多くある網膜細胞のいくつかは必ずホモ接合性の変異を起こしてがんを発症する．つまり，RB 遺伝子の変異は優性遺伝するといえる．

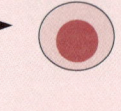

ヌクレオチド除去修復にかかわる XP タンパク質群であることがわかっている（第 20 章を参照）．

● クローン生物の誕生

細胞の分化は一方向性であり，終末分化した細胞はやがて死ぬ運命にある．生殖細胞は唯一の例外で，高度に分化した精子と卵子は受精することによって発生の過程を再び繰り返し，次の世代にそのゲノムを伝えることができる．ほ乳動物では，この原則を人の技術で変えることはできなかった．1997 年にドリーと名づけられたクローン羊が誕生するまで…．

英国ロスリン研究所のキャンベルらは，成体ヒツジの乳腺細胞の核を成熟卵に移植して電気刺激を与え，乳腺細胞の遺伝情報を元に新しい個体を誕生させたのである．この研究は畜産やペット業界はもちろん，医学の領域にも大きなインパクトを与えた．ヒトの細胞を材料とする場合，再び始まった発生過程のどの時点からヒトであるのか，ヒトの成熟卵を研究に使用してよいのかなどの倫理的な問題が，社会を巻き込んでの大きな議論をよんだ．日本では，2004 年に総合科学技術会議がクローン胚の作成を基礎研究に限定して容認する決定を下している．一方，2005 年には国連総会で人間の胚を含むクローン作成を禁止する宣言が採択され，世界のなかでも対立が見られる．

この時点では，分化した細胞の核を再プログラム化するためには，卵に存在する因子と電気刺激が必要であることはわかったが，その機構は不明であった．2006 年，山中らは成体マウスの線維芽細胞に Oct3/4, Sox2, c-Myc, Klf4 の四種類の転写因子を導入するだけで ES 細胞に類似の **iPS 細胞**（induced pluripotent stem cells）を作成することに成功した．つまり，分化した線維芽細胞に遺伝子を導入する（特定の遺伝子を働かせる）だけでクローン胚をつくれる可能性を示した．この発見は，クローン胚作成に卵細胞を使用するという倫理的問題を回避できるだけでなく，核の再プログラム化が特定の遺伝子の発現によって誘導されるものであることを見事に示している．

ヒト線維芽細胞（分化した細胞） → 遺伝子導入 Oct3/4 Sox2 c-Myc Klf4 → ES類似細胞（多能性幹細胞）

章末問題

24-1. ほ乳類の受精卵の卵割の過程と，遺伝子発現の特徴を述べよ．

24-2. 終末分化したマウスの細胞に特定の遺伝子群を導入することで再び分化全能性を獲得できることが知られている．この細胞が分化全能性を獲得したかどうかを確認する方法を説明せよ．

24-3. 筋芽細胞の娘細胞は筋芽細胞であり，神経細胞になることはない．このような現象が起こる理由を説明せよ．

24-4. CDK4/6 の活性化によって S 期の進行が促進される分子機構を説明せよ．

24-5. ヒトのがん細胞においてもっとも高頻度で変異しているのが，がん抑制遺伝子 p53 である．p53 遺伝子の変異によってがんが発生しやすくなる理由を説明せよ．

24-6. アポトーシスで観察される DNA 断片化の生化学特徴を述べよ．

24-7. ヒトやマウスの初代培養細胞は細胞分裂できる回数が限られており，ある分裂回数を超えると細胞周期が進行しなくなる．この現象は細胞老化とよばれる．しかし数多くの初代培養細胞の培養を続けていると，そのなかに無限に増殖する細胞が現れた．その理由を考察せよ．

索 引

【A～Z】

A 型 DNA	71
A 部位	295
ABC トランスポーター	64
ABL チロシンキナーゼ	329
ACP	195
ADP グルコース	69
ALT	210
AMP	253
AMP 依存性プロテインキナーゼ（AMP キナーゼ，AMPK）	194, 202, 239
APRT	257
AP エンドヌクレアーゼ	274
AST	210
ATM キナーゼ	326, 328
ATP	69, 117, 168
――-クエン酸リアーゼ	194
――結合カセット 1 輸送タンパク質	187
――シンテラーゼ	168, 177, 180
B 型 DNA	71
BAC	295
Bax	327
Bcl2 ファミリー	327
BCR 遺伝子	329
BCR-ABL 融合遺伝子	329
Bid	327
C_3 植物	181
C_4 植物	183
cAMP	69, 245
――依存プロテインキナーゼ	143
CAM 植物	184
Cdc25 脱リン酸化酵素	326
CDK	324
cDNA	273
――ライブラリー	307
CDP コリン	69
CDP ジアシルグリセロール	69
cGMP	69
Chk1 キナーゼ	326
CKI	325
CoA	151
COX	200
CpG アイランド	287
CRP	286
CTP	254
――シンテラーゼ	255
D ループ	271
DAG	246, 300
ddNTP	310
DNA	69
――クローニング	305, 307
――結合ドメイン	288
――シーケンサー	311
――ジャイレース	268
――修復	273
――伸長	309
――脱メチル化酵素	288
――チップ	316
――ポリメラーゼ	264, 265, 267, 269
――マイクロアレイ	316
――メチル化	288, 289
――ライブラリー	307
――リガーゼ	267, 307
DNase	259
dNTP	310
EF-Tu	296
Fas リガンド	328
F_0F_1ATPase	168
5-FU	257
G タンパク質	241, 245, 329
――共役型受容体	244
G_1 期	324
G_2 期	324
GABA	224, 245
G_i	246
GLUT	125
GMP	253
Grb2	248
G_s	246
HDL	186
HGPRT	257
HMG-CoA レダクターゼ	201
Hsp	22
IDL	186
IMP	252
IP_3	245, 246
iPS 細胞	330
IUBMB	84
Jun	330
K^+ チャネル	65
lacZ 遺伝子	286
lac オペロン	286
lac リプレッサー	286
LCAT	187
LDL	186
LDL 受容体	187
LT	200
MALDI-TOF 質量分析計	24
MAPK	249
MAPKK	249
MAPKKK	249
MCS	305
miRNA	76
mRNA	74
MSH2	330
MSP	176
Myc	330
MyoD	323
Myogenin	323
M 期	323
NAD^+	128
$NADP^+$	128
NADPH	137
Na^+-K^+ ポンプ	64
Na^+-グルコーストランスポーター	124
NO	227, 243
――合成酵素	227
Notch 受容体	242
OAS	195
OMP	254
ORF	293
p16	325
p21	325
p27	325
p53	326
P680	176
P700	177
P 部位	295
PAGE	23
pBR322	305
PCNA	269
PCR	309
pET 系	312
PG	200
pK_a	14, 15
PKA	246
PKC	248
PLP	209
PRPP	251
pUC 系プラスミド	305
PYY_{3-36}	239
R 状態	142
Ras	329
――-MAP キナーゼ経路	248
――タンパク質	248
RB	324
RNA	72
――干渉	76
――のアルカリ分解	73
――プロセシング	282
――ポリメラーゼ	265, 277, 278
RNase	259
RNaseH	272
RNaseH1	270
rRNA	74, 278, 295
RT-PCR	309

332　索　引

S 期	324	
SDS	23	
——-ポリアクリルアミドゲル電気泳動(SDS-PAGE)	23	
SGLT1	124	
SH2 ドメイン	248	
siRNA	76	
SNP	317	
snRNA	76, 278, 283	
snRNP	283	
Sos	249	
sRNA	75	
SRP	300	
SSB	267	
T7 RNA ポリメラーゼ	312	
TATA ボックス	281	
TFⅡA, B, E, F, H	281	
TFⅡD, H	326	
TGF-β	249	
T_m	73	
TNF	328	
TPP	132, 152	
tRNA	74, 293	
tRNA$_f^{Met}$	296, 299	
tRNA$_i^{Met}$	299	
TX	200	
T 状態	142	
U1 snRNP	283	
UDPG デヒドロゲナーゼ	136	
UDP ガラクトース	69	
——-4-エピメラーゼ	133	
UDP グルクロン酸	69	
UDP グルコース	69	
——ピロホスホリラーゼ	139	
UMP	254	
VLDL	186	
YAC	306	
Z 型 DNA	71	
Z スキーム	179	

【あ】

アイソザイム	99
アクチベーター	286
アクチンフィラメント	61
アコニターゼ	153
アコニット酸ヒドラターゼ	153
8-アザグアニン	69
アシドーシス	192
アシル CoA トランスフェラーゼ	198
アシルカルニチン	189
アシルキャリアタンパク質(ACP)	195
N-アシルスフィンゴシン	200
アスコルビン酸	111, 135
アスパラギナーゼ	211
アスパラギン	17
——酸	17
——酸アミノトランスフェラーゼ(AST)	210
アセチル CoA カルボキシラーゼ	194
アセチルコリン	243, 244
アセト酢酸	192
アセトン	192
アダプタータンパク質	248
アデニル酸シクラーゼ	245
アデニン	67
——ヌクレオチドトランスロカーゼ	169
——ホスホリボシルトランスフェラーゼ(APRT)	257
アデノウイルスベクター	313
S-アデノシルメチオニン	217
アデノシン	68
——一リン酸(AMP)	253
——三リン酸(ATP)	117
——デアミナーゼ	260
——デアミナーゼ欠損症	260
アドレナリン	233
アナプレロティック	156
アニーリング	73, 309
アノマー	29
アフィニティークロマトグラフィー	22
アポ B-100	186, 187
アポ E 受容体	186
アポ酵素	85
アポトーシス	326, 327
アポリポタンパク質	185, 186
アミタール	172
アミノアシル tRNA	75, 293
——シンテターゼ	293
アミノ基転移反応	209
アミノ酸	14, 16〜17
——の異化	209
——の生合成	222
——の配列決定法	25
——のヒドロキシ化	302
——のリン酸化	302
アミノトランスフェラーゼ	209
アミノプテリン	257
アミノ末端	18
5-アミノレブリン酸	225
——シンターゼ	225
アミロース	34
アミロペクチン	34
アラキドン酸	197
アラニン	16
——アミノトランスフェラーゼ(ALT)	210
アルカプトン尿症	220
アルギナーゼ	213
アルギニノコハク酸シンテターゼ	213
アルギニノコハク酸リアーゼ	213
アルギニン	17
アルコールデヒドロゲナーゼ	130, 137
アルコール発酵	130
アルデヒド	27
——デヒドロゲナーゼ	137
アルドース	27
アルドステロン	47, 203, 243
アルドラーゼ	127
α-アマニチン	278
α-アミラーゼ	123
α-限界デキストリン	123
α ヘリックス	19, 53
α-リノレン酸	197
アロキサンチン	260
アロステリックエフェクター	97, 142
アロステリック酵素	21, 97
アロプリノール	69, 260
アロラクトース	287
アンチコドン	291, 293
暗反応	173, 180
イオン交換クロマトグラフィー	22
イオンチャネル共役型受容体	244
異化	6, 114
鋳型	264
鋳型鎖	277
イソクエン酸	153
——デヒドロゲナーゼ	153
——リアーゼ	158
イソプレノイド	41
イソプレン	41, 101
イソペンテニル二リン酸	41, 201
イソロイシン	16
1 塩基多型(SNP)	317
一次構造	19
一次胆汁酸	203
一次転写産物	282
一酸化窒素(NO)	227, 243
1 本鎖 DNA 結合タンパク質	267
遺伝暗号	291
遺伝子改変動物	313
遺伝子組換え実験	305
遺伝子ターゲティング	314
遺伝子治療	317
遺伝性非ポリポーシス大腸がん	329
イニシエーター	281
イノシトール 1,4,5-トリスリン酸(IP$_3$)	245, 246
イノシトールリン脂質	247
イノシン 5'-一リン酸(IMP)	253
イミノ酸	15
インスリン	233, 237, 240, 302
——受容体	235
——受容体基質	235
——様増殖因子	245
インテグラーゼ	273
イントロン	282
インヒビター 1	142

ウラシル	67	**【か】**		還元	119
ウリジン	68	壊血病	111	還元的ペントースリン酸サイクル	179
——5′——リン酸(UMP)	254	(転写の)開始	280	幹細胞	319
——二リン酸グルコースピロホス		(翻訳の)開始	295	緩衝液	4
ホリラーゼ	136	開始因子	295, 298	緩衝作用	4
エイコサノイド	200	開始コドン	291	肝臓	232
エイズウイルス	317	開始前複合体	281	γ-アミノ酪酸(GABA)	224
エキソサイトーシス	58	解糖系	125	γ-カルボキシグルタミン酸	15
エキソヌクレアーゼ	259	外来遺伝子	312		
エキソペプチダーゼ	207	化学浸透圧モデル	168	偽遺伝子	137
エキソン	282	鍵と鍵穴モデル	81	気孔	183
液胞	11	核	8	キサンチン	67
エストラジオール	203, 243	核酸	67	——オキシダーゼ	260
エドマン分解	25	核小体低分子RNA(snoRNA)	285	——デヒドロゲナーゼ	260
エナンチオマー	28	核内受容体	66	基質特異性	81
エネルギー倹約遺伝子	237	核内低分子RNA(snRNA)	76, 278, 283	基質レベルのリン酸化	128
エノラーゼ	128	核内低分子リボ核酸タンパク質		奇数鎖脂肪酸	191
エピジェネティクス	323	(snRNP)	283	キチン	35
エピマー	28	核膜孔	301	拮抗阻害	92
エリスロマイシン	299	核様体	8	偽妊娠マウス	313
エルゴカルシフェロール	103	核ラミナ	59	キネシン	61
エロンガーゼ	197	カスパーゼ	327, 328	基本転写因子群	281
塩基	67	カタラーゼ	11	キメラマウス	315
塩基除去修復	274	カタル	86	逆転写PCR法	309
炎症	326, 327	脚気	112	逆転写酵素	272, 308, 309
——メディエーター	200	活性化エネルギー	80	キャップ構造	282
塩析	22	活性中心	82	吸エルゴン的反応	115
延長酵素(エロンガーゼ)	197	活性部位	82	狂牛病	302
エンドサイトーシス	58	滑走クランプ	269	共役二重結合	175
エンドヌクレアーゼ	259, 307	カベオラ	53	共役反応	115
エンドペプチダーゼ	207	カベオリン	53	局所仲介質	241
エンハンサー	287	ガラクトキナーゼ	133	局所調節因子	200
応答配列	287	ガラクトース-1-リン酸ウリジリルト		局所ホルモン	200
岡崎フラグメント	266	ランスフェラーゼ	133	巨赤芽球性貧血	110
オキサロ酢酸	154	ガラクトース血症	133	キラル	14
オキソアシル-ACPシンターゼ		ガラクトセレブロシド	45, 200	キロミクロン	186
(OAS)	195	ガラクトリピド	45	——レムナント	186
2-オキソグルタル酸	153	カルシトリオール	204	筋芽細胞	323
——デヒドロゲナーゼ	153	カルシフェロール	103	筋細胞	323
オーダーメイド薬	317	カルニチン	189, 189	金属活性化	86
オートクリン	242	——アシルトランスフェラーゼ1		金属酵素	86
オプシン	101		189	筋肉	230
オープンリーディングフレーム	293	——アシルトランスフェラーゼ2		グアナーゼ	260
オペレーター	285		189	グアニル酸シクラーゼ	244
オペロン	285	カルバモイルリン酸	254	グアニン	67
オリゴ-1,6-グルコシダーゼ	123	——シンターゼⅠ	213	グアノシン	68
オリゴ(dT)	309	——シンターゼⅡ	254, 255	グアノシン一リン酸(GMP)	253
オリゴ糖	33	カルビンサイクル	180	クエン酸サイクル	149
オリゴマイシン	172	カルボキシ末端	18	——の調節	155
オリゴマータンパク質	21	カルモジュリン	144, 248	クエン酸シンターゼ	153
オルニチン	15	カロテン	101	組換え	275
——回路	211, 213	がん	250	——DNA技術	305
——トランスカルバモイラーゼ		——遺伝子	328, 329	——修復	276
	213	——関連遺伝子	328	——生物	313
オロチジン5′——リン酸(OMP)	254	——抑制遺伝子	328, 329	——タンパク質	317
		ガングリオシド	45	クラスリン被覆小胞	58

グラナ	10, 174	クロモソーム	76	コラーゲン	15	
グリオキシソーム	158	クロラムフェニコール	299	コリ回路	145, 231	
グリオキシル酸	158	クロロフィル	10, 175	コリパーゼ	185	
──サイクル	158	── a	175	コール酸	185, 203	
グリコゲニン	141	── b	175	ゴルジ体	11, 300	
グリコーゲン	32, 34	クローン	305, 330	コルチゾール	47, 203	
──合成	139	──ES 細胞	317	コレカルシフェロール	103, 204	
──シンターゼ	140	──胚	330	コレステロール	46, 201	
──の分解	137	形質転換	307	──エステル	39	
──ホスホリラーゼ	137	血液凝固因子製剤	317	コンフォメーション病	302	
グリココール酸	185	血小板由来増殖因子	245			
グリコサミノグリカン	35	ケト原性アミノ酸	145, 222	**【さ】**		
N-グリコシド結合	302	ケトース	27, 29	催奇形性	102	
O-グリコシド結合	31, 302	ケトン	27	細菌人工染色体	306	
グリシン	16	──体	192	サイクリック AMP(cAMP)	69, 245	
──開裂系	216	ケノデオキシコール酸	203	サイクリック GMP(cGMP)	69	
クリステ	8	ゲノム	73, 312	サイクリン	324	
グリセルアルデヒドキナーゼ	132	──ライブラリー	297	── B	324	
グリセルアルデヒド-3-リン酸デヒド		ゲルろ過クロマトグラフィー	22	──依存性キナーゼ	324	
ロゲナーゼ	128	原核細胞	6, 8	最大反応速度(V_{max})	87	
グリセロリン脂質	42, 199	原がん遺伝子	329	サイトカイン	242	
グリセロール 3-リン酸シャトル	170	減数分裂	276	再プログラム化	321	
グルカゴン	233	──酵素	278	細胞記憶	323	
グルクロノシルトランスフェラーゼ		──ヒストン	76	細胞骨格	59	
	136	──プロモーター	281	細胞質ゾル	12	
グルクロン酸経路	135	高エネルギーリン酸化合物	118	細胞周期	323	
グルコキナーゼ	232	光化学系	173	細胞説	6	
グルココルチコイド	47	── I	177, 179	サザンブロット法	315	
グルコース	27	── II	176, 178	サブユニット	21	
──-アラニン回路	214, 231	抗がん剤	257	サーモゲニン	172	
──トランスポーター	63, 233	光合成	173	サルベージ経路	257	
──-6-リン酸イソメラーゼ	125	──色素	175	酸化	119	
──-6-リン酸デヒドロゲナーゼ		──炭素還元サイクル	179	──還元電位	120	
	133	(DNA ポリメラーゼの) 校正	270	──的リン酸化	162	
──-6-リン酸デヒドロゲナーゼ		(アミノアシル tRNA シンターゼの)		三次構造	19	
欠損症	135	校正	293	30S 開始複合体	296	
──-6-リン酸ホスホグルコム		抗生物質	299	30 nm 繊維	77	
ターゼ	135	酵素	80	酸性リン脂質	200	
グルコセレブロシド	45, 200	──-基質複合体	82	酸素発生複合体	178	
グルタミナーゼ	211	──反応速度論	86	3′ 非翻訳領域	282	
グルタミン	17	──共役型受容体	244	3′ ポリ(A)テール	74	
──-PRPP アミドトランスフェ		酵母人工染色体	306	三炭糖(トリオース)	27	
ラーゼ	254	高密度リポタンパク質(HDL)	186	ジアシルグリセロール(DAG)	246	
──シンターゼ	212	抗葉酸剤	257	色素性乾皮症(XP)	275, 329	
グルタミン酸	17, 245	国際生化学分子生物学連合(IUBMB)		シグナル伝達	241, 250	
──デヒドロゲナーゼ	211		84	シグナル認識粒子	300	
クレアチン	224	古細菌	7	シグナル配列	300	
──キナーゼ	230	コスミド	306	シグナル分子	241	
──ホスホキナーゼ	224	5′ 非翻訳領域	282	シグナルペプチダーゼ	300	
──リン酸	224	5′ キャップ構造	74	シグマ(σ)因子	278	
グレリン	238, 239	五炭糖(ペントース)	27	シクロオキシゲナーゼ(COX)	200	
クロイツフェルト-ヤコブ病	302	骨髄移植	317	シクロヘキシミド	299	
L-グロノラクトンオキシダーゼ	111	コード鎖	277	自己複製能	319	
クロマチン	76	コドン	291	脂質	39	
──再構成複合体	288	コハク酸	154	──二重層	49	
クロマトグラフィー	22	──デヒドロゲナーゼ	93, 154, 164	──のアシル化	302	

——のプレニル化	302	真正細菌	7	相同組換え	275	
システイン	17	新生児黄疸	136	相補的DNA(cDNA)	273	
ジスルフィド結合	20, 302	シンターゼ	154	相補的塩基対	71	
シチジン	68	(転写の)伸長	280	阻害剤	92	
シチジン 5'-三リン酸(CTP)	254	(ポリペプチド鎖の)伸長	296	組織幹細胞	321	
失活	80	伸長因子	295	ソリブジン	261	
疾患モデル	315	シンテターゼ	154			
ジデオキシ塩基配列決定法	310	浸透圧	2	【た】		
2',3'-ジデオキシヌクレオチド三リン酸(ddNTP)	310	水素イオン濃度(pH)	3	代謝	5, 114	
		膵臓ホスホリパーゼ	185	ダイニン	61	
至適pH	83	膵臓リパーゼ	185	耐熱性DNAポリメラーゼ	308	
至適温度	83	水素結合	2	タウロコール酸	185	
シトクロム	162, 327	水溶性ビタミン	104	唾液腺染色体	321	
—— b_6f 複合体	177	スカッチャード	77	多細胞生物	6	
—— c	162, 165	スクシニル CoA	154	脱共役	172	
シトシン	67	スクシニル CoA-アセト酢酸-CoA トランスフェラーゼ	192	脱分枝酵素	137	
シトルリン	15			多糖	33	
シナプス	242	スクラーゼ	123	単細胞生物	6	
2,4-ジニトロフェノール	172	スクロース	33	炭酸同化	6	
ジヒドロウラシルデヒドロゲナーゼ	260, 261	ステロイド	46	胆汁酸	185, 203	
		——ホルモン	203, 243	単純脂質	39	
1,25-ジヒドロキシコレカルシフェロール(カルシトリオール)	204	ストレプトマイシン	299	単糖	27	
		ストロマ	174	タンパク質	14	
ジヒドロキシフェニルアラニン(DOPA)	15	ストロマラメラ	174	——の消化	207	
		スーパーオキシド	173	——の輸送	299	
ジヒドロ葉酸レダクターゼ	109, 257	スフィンゴ脂質	44, 200	チアミン	104	
ジヒドロリポアミド S-アセチルトランスフェラーゼ	151	スフィンゴシン	44	——ピロリン酸(TPP)	104, 133, 152	
		スフィンゴ糖脂質	45			
ジヒドロリポアミドデヒドロゲナーゼ	151	スフィンゴミエリン	44, 200	チェックポイント	326	
		スフィンゴリン脂質	44	チオレドキシン	256	
脂肪酸	40	スプライシング	283	チオレドキシンレダクターゼ	256	
——シンターゼ	195	スプライソソーム	283	逐次反応	92	
脂肪組織	231	スペルミジン	227	窒素同化	6	
シャイン-ダルガーノ配列	295	スペルミン	227	チミジル酸	256	
自由エネルギー	115	制御配列	287	——シンターゼ	256	
(転写の)終結	280	制限酵素	259, 307	チミジン	68	
(翻訳の)終結	297	制限酵素切断部位	305	チミン	67	
終結シグナル	280, 312	生体外(ex vivo)	318	チモーゲン	98	
集光性色素	175	生体内(in vivo)	318	チャネル	56, 64	
集光性色素タンパク質複合体 II	176	生体膜	49	仲介因子	288	
終止コドン	291, 297	成長ホルモン	233	中間径フィラメント	59	
修飾塩基	76	セカンドメッセンジャー	246	中間密度リポタンパク質(IDL)	186	
従属栄養生物	5	絶食	236	中期染色体	77	
10 nm 繊維	77	セラミド(N-アシルスフィンゴシン)	44, 200	中性脂肪	39, 41	
縮重	291			チューブリン	60	
受精卵	320	セリン	17	腸管循環	203	
腫瘍壊死因子(TNF)	328	セルロース	34	超長鎖脂肪酸	191	
受容体	65, 241	セレブロシド	45, 200	超低密度リポタンパク質(VLDL)	186	
——チロシンキナーゼ	235, 248	セロトニン	224	超二次構造(モチーフ)	20	
脂溶性ビタミン	101	繊維状タンパク質	19	超らせん	71	
小胞体(ミクロソーム)	11, 196	染色質	76	チラコイド	10, 174	
——膜	300	染色体	76	——内腔	174	
真核細胞	6, 8	染色体骨格	77	チロキシン	15	
——のDNAポリメラーゼ	266	セントラルドグマ	73, 292	チロシン	17	
神経成長因子	245	全能性	320	痛風	260	
神経ペプチド Y	238	増殖細胞核抗原	269	定序機構	92	

低分子 RNA(sRNA)	75	トランスアルドラーゼ	135	──除去修復	274, 330
低分子量 GTP 結合タンパク質	248	トランスクリプトーム	24	ネクローシス	327
低密度リポタンパク質(LDL)	186	トランスケトラーゼ	135	熱ショック応答配列	288
デオキシアデノシルコバラミン	110	トランスジェニック動物	313	熱ショックタンパク質(Hsp)	22
デオキシアデノシン	68	トランスバージョン	273	熱変性	309
デオキシグアノシン	68	トランスファー RNA(tRNA)	76	熱力学	115
デオキシシチジン	68	トランスフェクション	313	脳	230
デオキシリボヌクレオシド三リン酸 (dNTP)	310	トランスフォーミング増殖因子	249	脳下垂体	241
2-デオキシ-D-リボース	27, 67, 68	トランスポゾン	276	濃色効果	73
デオキシリボヌクレアーゼ(DNase)	259	トランスポーター	56, 63	ノーザンブロット法	315
デオキシリボヌクレオシド	68	トランスロケーション	297	ノックアウトマウス	313
デオキシリボヌクレオチド	255	トリアシルグリセロール	41, 188, 197, 199		
デカルボキシラーゼ	223	トリオース	27	**【は】**	
デサチュラーゼ	197	──リン酸イソメラーゼ	127	胚性幹細胞(ES 細胞)	314, 320
テストステロン	203, 243	トリカルボン酸輸送系	194	ハイドロパシー指数	53
デスモゾーム	59	トリプトファン	16	ハイパークロミシティー	73
デスレセプター	328	──オペロン	285	胚盤胞	320
テトラサイクリン	299	──ジオキシゲナーゼ	220	ハイブリダイゼーション	73
テトラヒドロビオプテリン	220	トリプレット	291	ハイブリッド形成	315
5,6,7,8-テトラヒドロ葉酸	109	トリヨードチロニン	15	白皮症	227
テトロース	27	トレオニン	17	ハース投影式	30
デノボ経路	251	トレオニンアルドラーゼ	216	発エルゴン的反応	115
7-デヒドロコレステロール	204	トレオニンデヒドロゲナーゼ	216	発現ベクター	312
テロメア	271	トロンボキサン(TX)	200	発生	319
テロメラーゼ	271			パフ	321
電位依存性チャネル	64	**【な】**		パラクリン型	241
電気泳動	23	ナイアシン	105	バリン	16
電子伝達系	162	内因子	111	半透膜	2
転写	277	内部細胞塊	320	パントテン酸	15, 107
──因子	281, 287	内分泌型	241	反応特異性	82
──開始点	278	投げ縄構造	284	半保存的複製	264
──活性化ドメイン	288	70S 開始複合体	296	ヒアルロン酸	37
──単位	278	ナンセンス変異	273	ビオチン	110
デンプン	34	II 型トポイソメラーゼ	268	比活性	86
同化	6, 114	二機能酵素	132	光依存反応	173, 177
糖原性アミノ酸	145, 222	ニコチンアミド	106	光回復酵素	275
糖原性・ケト原性アミノ酸	222	──アデニンジヌクレオチド	106	光呼吸	183
糖脂質	38, 45	──アデニンジヌクレオチドリン酸	106	光酸化	178
糖質コルチコイド	233	ニコチン酸	106	光非依存反応	173, 180
糖新生	145	二次元電気泳動	24	光リン酸化	180
糖タンパク質	36	二次構造	19	非拮抗阻害	92, 94
等張液	2	二次胆汁酸	203	微小管	60
等電点	15	二重らせん	71	ヒスタミン	224
──沈殿	22	二糖	33	ヒスチジン	17
──電気泳動	24	乳酸デヒドロゲナーゼ	99, 129	ヒストン	76, 289
糖尿病	237, 250	尿酸	260	──アセチル化酵素	288
独立栄養生物	5	尿素回路	211, 213	──修飾	289
トコフェロール	103	ヌクレアーゼ	259	──のアセチル化	302
突然変異	273	ヌクレオシド	67	──のメチル化	302
ドデシル硫酸ナトリウム(SDS)	23	──三リン酸	258	ビタミン	85, 101
L-ドーパ	227	──二リン酸キナーゼ	140	── A	101
トポイソメラーゼ	72	ヌクレオソーム	77, 288, 327	── B_1	104
ドメイン	20	ヌクレオチド	68, 251	── B_2	105
トランジッション	273	──キナーゼ	258	── B_6	108
				── C	111, 137
				── D	103, 204

――E	103	フマラーゼ	154	βシート	19, 20
――K	104	フマル酸	154	βストランド	20
必須アミノ酸	222	プライマー	265	ヘテロクロマチン	76
必須脂肪酸	197	プライマーゼ	266	ヘテロ多糖	35
ヒトゲノムプロジェクト	306	プライモソーム	267	ペプチジルトランスフェラーゼ	297
3-ヒドロキシ酪酸	192	プラストキノン	178	ペプチド	18
4-ヒドロキシプロリン	15	プラストシアニン	177	ペプチド結合	18, 19
ヒドロキソコバラミン	110	プラスマローゲン	43	ヘミアセタール	29
非必須アミノ酸	222	プラスミド	305	ヘム	225
ヒポキサンチン	67, 260	フラビンアデニンジヌクレオチド	105	ペラグラ	106
――グアニンホスホリボシルトランスフェラーゼ(HGPRT)	257	フラビンモノヌクレオチド	105	ヘリカーゼ	267, 281
		フラップエンドヌクレアーゼ	270	ペルオキシソーム	11, 182, 191
肥満	199	プリオン	302	変性	19, 72
ピューロマイシン	299	フリップフロップ拡散	51	ヘンダーソン-ハッセルバルヒの式	4
ピリドキサミン	108	プリン	67, 251	ペントース	27, 29
ピリドキサール	108	5-フルオロウラシル(5-FU)	69, 257	ペントースリン酸経路	133
――リン酸(PLP)	108, 209	フルクトキナーゼ	132	補因子	85
ピリドキシン	108	フルクトース	28	放出因子	295
ピリミジン	67, 254	――1-リン酸アルドラーゼ	132	補欠分子族	85
――ダイマー	275	――ビスホスファターゼ2	132	補酵素	85
ピルビン酸	125	フレームシフト変異	273	――A	107, 151
――カルボキシラーゼ	146	プロウイルス	273	補助基質	85
――キナーゼ	128	プロエンザイム	98	補助色素	175
――デカルボキシラーゼ	130	プログラム細胞死	326	ホスファチジルイノシトール	200
――デヒドロゲナーゼ複合体	151	プロゲステロン	203	――3-キナーゼ	235
――トランスロカーゼ	151	プロスタグランジン(PG)	200	ホスファチジルエタノールアミン	199
ピロホスファターゼ	139	プロテアソーム	208	ホスファチジルコリン	199
ピンポン反応	92	プロテインキナーゼ	97	ホスファジン酸	198
フィッシャーの投影式	27	――A(PKA)	143, 246, 188	ホスホグリセリン酸ムターゼ	128
部位特異的組換え	275	――C(PKC)	248	ホスホグリセリン酸キナーゼ	128
フィードバック阻害	98	プロテインシークエンサー	25	6-ホスホグルコノラクトナーゼ	133
フィロキノン	104	プロテインホスファターゼ	97	ホスホグルコムターゼ	133, 139
フェニルアラニン	16	プロテオグリカン	36	6-ホスホグルコン酸デヒドロゲナーゼ	133
――ヒドロキシダーゼ	219	プロテオーム	24		
フェニルケトン尿症	220	プロトロンビン	15	ホスホジエステル結合	69
フェーリング反応	32	プローブ	315	ホスホフルクトキナーゼ1	125
フェレドキシン	177	プロモーター	312	ホスホフルクトキナーゼ2	130
フォトリアーゼ	275	――遠位配列	287	ホスホプロテインホスファターゼ阻害タンパク質	194
フォールディング	21	――近位配列	287		
不拮抗阻害	92, 95	――部位	278	ホスホマンノースイソメラーゼ	133
複合脂質	39	プロリン	16	ホスホリパーゼC	245, 247
複合体I	162, 163	分化	319	5-ホスホリボシル 1α-ピロリン酸(PRPP)	221, 251
複合体II	162, 164	分岐点	283		
複合体III	162, 165	分枝α-ケト酸デヒドロゲナーゼ	218	ホスホリラーゼb	143
複合体IV	162, 167	分枝酵素	141	ホスホリラーゼa	143
複合体V	168	分枝脂肪酸	191	ホモゲンチジン酸ジオキシゲナーゼ	220
複合糖質	36	分子シャペロン	21		
複製	264	分子量	18	ホモ多糖	34
――起点	267, 269, 305	分泌顆粒	300	ポリ(A)シグナル配列	282, 283
――修復	276	ヘキソキナーゼ	125, 133	ポリアクリルアミドゲル	311
――単位	269	ヘキソース	27, 29	ポリアクリルアミドゲル電気泳動(PAGE)	22
――フォーク	266	――の代謝	130		
物理地図	306	ベクター	305	ポリアミン	227
不飽和化酵素(デサチュラーゼ)	197	β-アラニン	15	ポリソーム	298
不飽和脂肪酸	191	β-カロテン	175	ポリメラーゼ連鎖反応(PCR)	309
		β酸化	189	ポーリン	10, 161

ポルフィリン	225
——症	209
ポルホビリノーゲン	225
N-ホルミルメチオニン	296
ホルモン	241
——応答配列	288
——感受性リパーゼ	188
ホロ酵素	85, 278
ポリシストロン性	291
翻訳	291, 295
——後修飾	301, 317

【ま】

マイクロ RNA (miRNA)	76
−10 配列	279
−35 配列	279
膜間腔	161
膜タンパク質	53
膜内在性タンパク質	53
膜表在性タンパク質	53
マトリックス	10, 161
マルターゼ	123
マルトース	33
マロニル CoA	194
マンガン安定化タンパク質	176
慢性骨髄性白血病	329
ミオシン	61
ミオシン軽鎖キナーゼ	248
ミカエリス定数	89
ミカエリス-メンテンの式	88, 89
ミクロソーム	196
ミスセンス変異	273
ミスマッチ修復	273
ミトコンドリア	8, 161
—— DNA	303
ミネラルコルチコイド	47
明反応	173, 177
メチオニン	16
メチルコバラミン	110
5,10-メチレンテトラヒドロ葉酸	257
メッセンジャー RNA (mRNA)	74
メディエーター	288
メトトレキセート	257
メトホルミン	239
メナキノン	104
メナジオン	104
メープルシロップ尿症	218
メラニン	226

6-メルカプトプリン	69
免疫抑制剤	253
網膜芽細胞腫	330
モータータンパク質	61
モチーフ(超二次構造)	20
モノシストロン性	291

【や】

薬剤耐性遺伝子	305
薬剤耐性マーカー	314
薬物受容体	66
夜盲症	102
融解温度 (T_m)	73
雄性前核	313
誘導脂質	39
誘導適合モデル	81
ユークロマチン	76
ユニット	86
ユビキチン	163, 208
葉酸	108
葉緑体	10, 174
四次構造	19
読み枠	293
四炭糖(テトロース)	27

【ら】

D-リボース	67
ラインウィーバー−バークの式	89
ラギング鎖	266
ラクターゼ	123, 138
ラクトース	33
——オペロン(lac オペロン)	286
——不耐症	138
ラフト	52
ラムダ(λ)ファージ	306
卵成熟促進因子(MPF)	324
ランダム機構	92
リガンド	65
リガンド依存性チャネル	64
リシン	17
リスケ鉄-硫黄タンパク質	165
リソソーム	11, 208
律速酵素	201
リーディング鎖	266
リノール酸	197
リプレッサー	285
リブロース 1,5-ビスリン酸カルボキシラーゼ-オキシゲナーゼ	181

リボザイム	101
D-リボース	27, 67
——リン酸ピロホスホキナーゼ	253
リボソーム	74, 75, 294, 295
70S ——	294
80S ——	295
リボソーム RNA (rRNA)	74
リボタンパク質	185
——リパーゼ	186, 187
リボヌクレアーゼ(RNase)	259
—— H1 (RNaseH1)	270
リボヌクレオシド	68
リボヌクレオチドレダクターゼ	255
リボフラビン	105
流動モザイクモデル	50
両面性代謝経路	156
リンカー DNA	76
リンゴ酸	154
——-アスパラギン酸シャトル	170
——シンターゼ	158
——デヒドロゲナーゼ	154
リン酸化	241
リン酸トランスロカーゼ	170
リン酸無水物結合	68
リン脂質	42
ルビスコ	181
レクチン	38
レジスチン	238, 239
レシチンコレステロールアシルトランスフェラーゼ (LCAT)	187
レシュ・ナイハン症候群	258
レチナール	101
レチノイド	101
レチノイン酸	101
レチノール	101
レトロウイルス	272
——ベクター	313
レプチン	199, 238
レプリコン	269
レプリソーム	268
ロイコトリエン(LT)	200
ロイシン	16
ろう	39
六炭糖(ヘキソース)	27
ロドプシン	101

◆編著者略歴

畑山　巧 (はたやま　たくみ)

1947年　大阪府生まれ
1971年　大阪市立大学医学部卒業
1975年　大阪市立大学大学院医学研究科修了
1975年〜大阪市立大学医学部生化学教室
1988年〜京都薬科大学生命薬科学系生化学分野
2012年　京都薬科大学名誉教授
専　門　分子シャペロン，とくにHsp105に関する研究，
　　　　プロテオーム解析を用いたポリグルタミン病や
　　　　糖尿病の病因と治療に関する研究．
医学博士

ベーシック生化学

2009年4月21日　第1版　第1刷　発行	編著者　畑山　巧
2025年2月10日　　　　　第21刷　発行	発行者　曽根　良介
	発行所　(株)化学同人

検印廃止

〒600-8074　京都市下京区仏光寺通柳馬場西入ル
編 集 部 TEL 075-352-3711　FAX 075-352-0371
企画販売部 TEL 075-352-3373　FAX 075-351-8301
　　　　振　替　01010-7-5702
e-mail　webmaster@kagakudojin.co.jp
URL　https://www.kagakudojin.co.jp

JCOPY〈出版者著作権管理機構委託出版物〉
本書の無断複写は著作権法上での例外を除き禁じられています．複写される場合は，そのつど事前に，出版者著作権管理機構（電話 03-5244-5088, FAX 03-5244-5089, e-mail: info@jcopy.or.jp）の許諾を得てください．

本書のコピー，スキャン，デジタル化などの無断複製は著作権法上での例外を除き禁じられています．本書を代行業者などの第三者に依頼してスキャンやデジタル化することは，たとえ個人や家庭内の利用でも著作権法違反です．

印刷　創栄図書印刷(株)
製本

Printed in Japan　©Takumi Hatayama　2009　　無断転載・複製を禁ず　　ISBN978-4-7598-1176-6
乱丁・落丁本は送料小社負担にてお取りかえします．